“十二五”普通高等教育本科国家级规划教材
普通高等教育“十一五”国家级规划教材
信息与通信工程专业核心教材

信息论与编码

（第4版）

陈　运　陈　新　陈伟建　编著

電子工業出版社
Publishing House of Electronics Industry
北京·BEIJING

内 容 简 介

本书为普通高等教育“十一五”国家级规划教材和“十二五”普通高等教育本科国家级规划教材。

本书系统介绍和论述信息的基本概念；信息论的起源、发展及研究内容；香农信息论的三个基本概念：信源熵、信道容量和信息率失真函数，以及与这三个概念相对应的三个编码定理；解决通信系统有效性、可靠性和安全性的三类编码：信源编码、信道编码和安全编码——密码的基本方法，着重介绍密码安全性与信息论的关系，以及边信息泄露的互信息分析新技术等内容。为了便于教学和读者自学，每章后面都附有习题，书后附有部分习题答案和文字符号释义。

本书不追求高深的数学理论，尽可能以通俗易懂、形象生动的语言强化物理概念的描述，特别适合于初学者。已掌握工科高等数学和工程数学的读者都能读懂本书。

本书适合作为高等院校电子信息类相关专业高年级本科生的教材，也可作为低年级研究生的教学参考书，还可供从事信息科学与技术的科研人员和工程技术人员参考。

图书在版编目（CIP）数据

信息论与编码 / 陈运，陈新，陈伟建编著. —4 版. —北京：电子工业出版社，2023.7
ISBN 978-7-121-45948-1

Ⅰ. ①信…　Ⅱ. ①陈…　②陈…　③陈…　Ⅲ. ①信息论-高等学校-教材　②信源编码-高等学校-教材
Ⅳ. ①TN911.2

中国国家版本馆 CIP 数据核字（2023）第 125279 号

责任编辑：韩同平
印　　刷：三河市华成印务有限公司
装　　订：三河市华成印务有限公司
出版发行：电子工业出版社
　　　　　北京市海淀区万寿路 173 信箱　邮编：100036
开　　本：787×1092　1/16　印张：13.75　字数：440 千字
版　　次：2002 年 8 月第 1 版
　　　　　2023 年 7 月第 4 版
印　　次：2025 年 3 月第 5 次印刷
定　　价：55.90 元

凡所购买电子工业出版社图书有缺损问题，请向购买书店调换。若书店售缺，请与本社发行部联系，联系及邮购电话：（010）88254888，88258888。

质量投诉请发邮件至 zlts@phei.com.cn，盗版侵权举报请发邮件至 dbqq@phei.com.cn。

本书咨询联系方式：010-88254525，hantp@phei.com.cn。

第 4 版前言

本书为普通高等教育“十一五”国家级规划教材和“十二五”普通高等教育本科国家级规划教材。作者以本书为教材讲授的“信息论与编码”曾作为“全国千门示范课程”被全程录像，也曾是国家超星数字图书馆的开放课程，并获得“四川省精品课程”。

本书第 1 版于 2002 年 8 月出版，至今已持续出版了 20 多年，先后被三百余所高等院校选作教材。

20 多年前，信息论课程只在不多的院校为研究生开设，为本科生开设的院校可谓凤毛麟角。面对满篇的数学符号和高深的理论，没有坚强毅力和刻苦钻研的精神，恐难以完成课程学习。进入 21 世纪，随着社会信息化进程的加速，信息论作为信息科学理论和技术的基础，教育的需求和普及迫在眉睫。

然而，作者在研究生和本科生教学中发现，由于信息论涉及众多学科和广泛的数学基础，许多学生虽然认识到信息论的重要性，但在繁杂的数学公式面前只能望而却步。针对这种情况，作者在《信息工程理论基础》和《信息理论与编码》两本讲义的基础上，根据多年的教学经验改编成本书的第 1 版。把信息论涉及的数学知识限制在工科高等数学和工程数学的范畴内，对部分定理和性质进行了重新证明和推导，并尽量以通俗形象的语言描述定义、性质和结论的物理概念，使读者读得懂，愿意学，有兴趣学。

本书第 2 版于 2007 年 9 月出版。第 1 版出版四年多的时间内，收到了来自数十所院校师生的电子邮件和信函，就书中的有关问题进行交流，或对本书提出了批评和建议。第 2 版更正了第 1 版的错误与疏漏，针对作者在教学过程中发现的问题，对书的结构进行了一定程度调整，使逻辑性更强；在描述方法上进行了较大的改进，充实了示例，更易于读者理解；在第 1 版介绍信息论的三个基本概念及信源、信道编码的基础上，增加了密码安全性测度一章；补充了较多信源编码的内容；其余章节也进行了不同程度的更新，更注重实用性和先进性。

随着信息论课程教学在 985、211、普通本科及专科和高职院校的不断扩展和普及，教学对象发生了较大的变化。在教学实践中我们发现，先理论、后应用的大板块式讲解方法与现代学生的心理和认知规律有较大差异。一方面，现代学生对枯燥的数学和理论有普遍的恐惧心理，理论知识过于集中，学生难以消化，也很快对课程失去兴趣；另一方面，理论知识和应用方法相隔较远，往往在介绍应用方法之前，学过的理论知识已经被遗忘。

为了解决上述问题，于 2016 年 1 月出版了本书第 3 版。第 3 版对本书的结构进行了大幅度改造，变理论到应用的集中式讲解为分布式讲解，即围绕知识点，先介绍与该知识点相关的数学基础，马上用其进行理论证明和性质推导，接下来就讲解相关的应用方法。然后围绕下一个知识点重复上述三个过程直至完成所有知识点的介绍。我们称这种教学方法为“三明治”教法。该教法在作者教授的“信息加密原理”和“信息论与编码”课程教学实践中均取得了明显的效果。

第 3 版教材秉承了前两版深入浅出、通俗易懂的写作传统，更正了第 2 版中的错误与疏漏，在引入“三明治”教法后，知识点在各章中得到了适当分散和平衡，同时将概念和方法相近的知识点衔接得更紧密，使本书更符合艾宾浩斯记忆规律，便于读者更轻松地掌握本书知识。第 3 版还增加了通信系统模型的描述，对部分信源编码方法的描述方式进行了修订。考虑到越来越多非通信专业开设了信息论课程，第 3 版增加了限失真信源编码一章，方便非通信专业学生对通信系统信源编码知识的了解。此外，对信道编码基本概念和应用方法之间的逻辑关系进行了适当梳理和重新描述并进行了内容的增删，重新编写了有关密码学的内容，着重点放在了介绍信息论与密码算法安全性之间的关联关系上，并具体给出了三种经典密码算法的唯一解距离。介绍了边信息泄露的互信息分析新技术。

本书第 4 版延续了第 3 版的架构，重新编写了信道编码一章（第 5 章），使全书写作风格更趋一致，也更适合于本科阶段的学习。对书中名词、概念、符号表达进行了统一，使其更科学规范。更正了第 3 版的错误与疏漏，删除了部分公式编号，使书面更简洁；增加了文字符号释义，修改了部分示例，每章之后附有习题或思考题，并在书后给出了部分习题答案，以便于读者学习。

本书第 1、5、6、7、9 章和第 2、4 章的部分章节及第 8 章 8.1～8.2 节由陈运教授编写；第 3 章和第 2、4 章部分章节由陈新教授编写；第 8 章 8.3～8.5 节由电子科技大学陈伟建教授编写。全书由陈运教授统稿。

各高校可根据所开课的专业和要求选择全部章节或部分章节进行教学，研究生层次的教学除本教材外，还可选用配套网站上的大量学习材料补充教学内容。建议授课学时数为 32~40 学时。其中第 2、3 章，第 4、5 章，第 7、8 章分别是香农信息论信源熵、信道容量和信息率失真函数三个基本概念及其对应的三种编码应用。注重应用的专业和学校可选第 1、2、3、5 章进行教学，计算机和信息安全专业的学生需要学习第 9 章内容。通信专业的学生可以跳过第 8 章，不关注连续信源和信道的，可以跳过第 6 章和 7.3 节及 7.4 节的内容。

为了方便教学，第 4 版配套的多媒体课件将随后修改，免费提供给使用本教材授课的教师，授课教师可登录华信教育资源网（www.hxedu.com.cn）注册后下载。

作者在此特别感谢责任编辑韩同平！他持之以恒的约稿，认真、负责、一丝不苟的编辑是本书质量的保证。感谢电子科技大学银路教授在本书写作过程中给予的一贯支持！

由于时间和作者的知识水平所限，书中错误疏漏之处在所难免，热忱希望广大读者批评指正。

联系方式：chenyun@uestc.edu.cn
微信号：of85966901
（来信时请务必注明真实姓名、单位、职务、电话和通信地址、邮编。）

作　者
于成都

目　录

第1章 概　　论

1.1 信息的概念和分类

1.1.1 信息的概念

信息的重要性如今已人所共知，那么信息究竟是什么呢？

花朵开放时的色彩是一种信息，它可以引来昆虫为其授粉；成熟的水果会产生香味，诱来动物觅食，动物食后为其传播种子，所以果香也是一种信息；药有苦味，这种信息是味觉感知的；听老师讲课可以得到许多知识，知识也是信息……可见信息处处存在，人的眼、耳、鼻、舌、身都能感知信息。

信息自古就有，但是古代社会文明程度很低，信息传递手段落后，获取信息困难，人们没有意识到信息的存在。随着人类社会的不断进步，人们才意识到信息的存在。对信息的认知程度也随着社会文明程度的提高而不断提高。然而，信息学科毕竟还是一门快速发展的学科，人们对信息还没有一个全面的、系统的、准确的、一致的认识。从不同的学科、不同的角度、不同的方面、不同的层次、不同的深度，对信息有不同的认识。

信息的概念十分广泛，不同的定义有百种之多。例如，“信息是事物之间的差异”“信息是事物联系的普遍形式”“信息是物质和能量在时间和空间中分布的不均匀性”“信息是物质的普遍属性”“信息是收信者事先所不知道的报道”“信息是用以消除随机不确定性的东西”“信息是负熵”“信息是作用于人类感觉器官的东西”“信息是通信传输的内容”“信息是加工知识的原材料”“信息是控制的指令”“信息就是数据”“信息就是情报”“信息就是知识”……

数学家认为“信息是使概率分布发生改变的东西”，哲学家认为“信息是物质成分的意识成分按完全特殊的方式融合起来的产物”……

1928 年，美国数学家哈特莱（Hartley）在《贝尔系统电话杂志》上发表了一篇题为《信息传输》的论文，把信息理解为选择通信符号的方式，并用选择的自由度来计量这种信息的大小。他认为，发信者所发出的信息，就是他在通信符号表中选择符号的具体方式。例如，从符号表中选择了这样一些符号：“I am well”，他就发出了“我平安”的信息；如果选择了“I am sick”这些符号（包括空格），他就发出了“我病了”的信息。发信者选择的自由度越大，所能发出的信息量也就越大。此外，哈特莱还注意到，选择的具体物理内容是无关紧要的，重要的是选择的方式。也就是说，不管符号代表的意义是什么，只要符号表的符号数目一定，“字”的长度一定，那么，发信者所能发出的信息的数量就被限定了。所以他认为“信息是选择的自由度”。

时隔 20 年，另一位美国数学家香农（C. E. Shannon）在《贝尔系统电话杂志》上发表了题为《通信的数学理论》的长篇论文。这篇论文以概率论为工具，深刻阐述了通信工程的一系列基本理论问题，给出了计算信源信息量和信道容量的方法和一般公式，得到了一组表征信息传递重要关系的编码定理，从而创立了信息论。但是香农并没有给出信息的确切定义，他认为“信息就是一种消息”。

后来，随着认识的进一步深化，人们把信息理解为广义通信的内容。美国数学家、控制论的主要奠基人维纳（Winner）在 1950 年出版的《控制论与社会》一书中写道：“人通过感觉器官感知周围世界”“我们支配环境的命令就是给环境的一种信息”，因此，“信息就是我们在适应外部世界，并把这种适应反作用于外部世界的过程中，同外部世界进行交换的内容的名称”“接收信息和使用信息的过程，就是我们适应外界环境的偶然性的过程，也是我们在这个环境中有效地生活的过程”。在这里，维纳把人与外部环境交换信息的过程看成一种广义的通信的过程，认为“信息是人与外界相互作用的过程中所交换的内容的名称”。

这些定义都或多或少地从某种程度上描述了信息的一些特征，但是都不够全面、系统和准确。例如，消息、信号、数据、情报和信息都是在通信系统中传送的东西，但是这些概念之间有着原则的区别。消息是信息的外壳，信息则是消息的内核。同样多的消息，所包含的信息量可能差异很大；反之，不同形式的消息可能包含同样多的信息。信号也不等同于信息，信号只是信息的载体，信息是信号所载荷的内容。至于数据，它只是记录信息的一种形式，而且不是唯一的形式，因此不能把它等同于信息本身。“情报”一词在日语中的确就是信息，但是在汉语中，情报只是一类专门的信息，是信息的一个子集。

维纳对信息的认识也不够准确。因为在人与外界相互作用的过程中，参与内容交换的不仅仅是信息，还有物质和能量。后来维纳自己也认识到“信息既不是物质又不是能量，信息就是信息”。这句话起初被人批评为唯心主义，也有人笑话维纳“说了等于没说”。但是人们后来才意识到，正是维纳揭示了信息的特质，即信息是独立于物质和能量之外存在于客观世界的第三要素。

上述定义虽然各不相同，实质内容并无太大的差异，主要差异在于侧面不同、详略不同、抽象的程度不同和概括的层次高低不同。根据不同的条件，区分不同的层次，可以给信息下不同的定义。最高的层次是最普遍的层次，也是无约束条件的层次，定义事物的信息是该事物运动的状态和状态改变的方式。我们把它叫作“本体论”层次。在这个层次上定义的信息是最广义的信息，使用范围也最广。每引入一个约束条件，定义的层次就降低一点，使用的范围就变窄一点。

例如，引入一个最有实际意义的约束条件——认识主体，即站在认识主体的立场上定义信息。这时本体论层次的信息定义就转化为认识论层次的信息定义。即信息是认识主体（生物或机器）所感知的或所表述的相应事物的运动状态及其变化方式，包括状态及其变化方式的形式、含义和效用。其中认识主体所感知的东西是外部世界向认识主体输入的信息，而认识主体所表述的东西则是其向外部世界输出的信息。

虽然认识论比本体论的层次要低一些，所定义信息的使用范围也要窄一些，但是信息概念的内涵比本体论层次要丰富得多。因为认识主体具有感觉能力、理解能力和目的性，能够感觉到事物运动状态及其变化方式的外在形式和内在含义，并能够判断其效用价值。对认识主体来说，这三者之间是相互依存、不可分割的关系。因此，在认识论层次上研究信息的时候，“事物的运动状态及其变化方式”就不再像本体论层次上那样简单了，它必须同时考虑到形式、含义和效用三个方面的因素。

事实上，认识主体只有在感知了事物运动状态及其变化的形式，理解了它的含义，判明了它的效用之后，才算真正掌握了这个事物的认识论层次的信息，才能做出正确的决策。我们把同时考虑事物运动状态及其变化方式的外在形式、内在含义和效用价值的认识论层次的信息称为“**全信息**”，而把仅仅考虑其中形式因素的部分称为“**语法信息**”，把考虑其中含义因素的部分称为“**语义信息**”，把考虑其中效用因素的部分称为“**语用信息**”。换句话说，认识论层次的信息是同时考虑语法信息、语义信息和语用信息的全信息。

香农信息论仅考虑了事物运动状态及其变化方式的外在形式，实际上研究的是语法信息。从这个角度出发，可以对信息下这样的定义：**信息是对事物运动状态和变化方式的表征，它存在于任何事物之中，可以被认识主体（生物或机器）获取和利用。**从数学观点出发研究香农信息论，可以认为信息是对消息统计特性的一种定量描述。

信息存在于自然界，也存在于人类社会，其本质是运动和变化。可以说哪里有事物的运动和变化，哪里就会产生信息。

信息必须依附于一定的物质形式存在，这种运载信息的物质，称为**信息载体**。

人类交换信息的形式丰富多彩，使用的信息载体非常广泛。概括起来，有语言、文字和电磁波。语言是信息的最早载体；文字和图像使信息保存得更持久，传播范围更大；电磁波则使载荷信息的容量和速度大为提高。

信息本身既看不见，又摸不着，没有气味，没有颜色，没有形状，没有大小，没有质量……总之，它是非常抽象的东西。但信息又处处存在，呼之塞耳，示之濡目。它既区别于物质和能量，又与物质和能量有相互依赖的关系。

综合起来，信息有如下重要性质：

（1）存在的普遍性。信息的本质是事物的运动和变化，只要有事物的存在，就会有事物的运动和变化，就会产生信息。绝对静止的事物是没有的，因此，信息普遍存在。

（2）有序性。信息可以用来消除系统的不确定性，增加系统的有序性。认识论层次的信息是认识主体所感知和表述的事物运动的状态和方式。获得了信息，就可以消除认识主体对于事物运动状态和方式的不确定性。信息的这一性质对人类有特别重要的价值，要使一个系统从无序变为有序，必须从外界获取信息。

（3）相对性。对于同一个事物，不同的观察者所能获得的信息量可能不同。

（4）可度量性。信息虽然很抽象，但它是可以度量的。信息的多少用信息量表示。

（5）可扩充性。信息并非一成不变。随着时间的推移，大部分信息将得到不断扩充。例如，人类对于宇宙的认识就是不断扩充的，人们对信息的认识也在不断地扩充。香农创立信息论之前，很少有人意识到信息的客观存在，如今人们对信息的研究已经非常广泛和深入。

（6）可存储、传输与携带性。信息依附于信息载体而存在，而任何物质都可以成为信息的载体。既然物质可以存储、传输和携带，所以信息可通过信息载体以多种形式存储、传输和携带。

（7）可压缩性。人们得到信息之后，并非原封不动拿来应用，往往要进行加工、整理、概括、归纳，使信息更加精练、可靠，从而浓缩。信息论研究的主要问题之一就是信息的压缩。

（8）可替代性。信息能替代劳力、资本、物质材料甚至时间，正确、及时、有效地利用信息，可创造更多的物质财富，开发或节约更多的能量，节省更多的时间，收到巨大的经济效益。

（9）可扩散性。信息可以在短时间内较大范围地扩散开来。如广播、电视信息，顷刻之间即传遍全球。

（10）可共享性。信息与实物不同，可以大家共享。甲传递一件东西给乙，乙得到，甲便失去。但信息持有者传递一条信息给另一个人的时候，他自己所拥有的信息并不会丧失。正像教师把知识传授给学生一样，学生掌握了知识，但教师并不会成为“白痴”。信息的这种特性对人类具有特别重要的意义。可以说没有信息的共享性就没有人类社会的发展和进步。

（11）时效性。信息以事实的存在为前提。它不是一成不变的死东西，可以随着事实的不断扩大而增值，也会随着事实的过去而衰老，从而失去本身的价值。因此，信息是有“寿命”的。

信息在信息化程度越来越高的社会中将起到越来越重要的作用，是比物质和能量更为宝贵的资源。全面掌握信息的概念，正确、及时、有效地利用信息，能够为人类创造更多的财富。

1.1.2 信息的分类

前面关于信息概念和性质的讨论，使我们对信息有了定性的认识。但要全面、准确地掌握信息的概念，必须对信息有定量的认识。这就要求首先能够确切地描述信息。

由前可知，信息是一种十分复杂的研究对象。要找到一种通用的方法来描述各种各样的信息以及用统一的方法来恰如其分地描述信息的方方面面，显然是非常困难的。要清楚、具体地认识信息，必须对信息进行分类。

信息分类有许多不同的准则和方法。

按照性质，信息可以分为语法信息、语义信息和语用信息。

按照地位，信息可以分为客观信息和主观信息。

按照作用，信息可以分为有用信息、无用信息和干扰信息。

按照应用部门，信息可以分为工业信息、农业信息、军事信息、政治信息、科技信息、文化信息、经济信息、市场信息和管理信息等。

按照携带信息的信号的性质，信息还可以分为连续信息、离散信息和半连续信息等。

……

我们研究信息的目的，就是要准确地把握信息的本质和特点，以便更有效地利用信息。因此，在众多的分类原则和方法中，最重要的就是按照信息性质的分类。

按照性质的不同可以把信息划分成语法信息、语义信息和语用信息三个基本类型。其中最基本也最抽象的类型是语法信息。它是迄今为止在理论上研究得最多的类型。

语法信息考虑的是事物运动状态和变化方式的外在形式。根据事物运动状态和方式在形式上的不同，语法信息还可以进一步分为有限状态和无限状态；其次，事物运动状态可能是连续的，也可能是离散的，于是，又可以分为连续状态语法信息和离散状态语法信息；再者，事物运动状态还可能是明晰的或者是模糊的，这样，又可以分为状态明晰的语法信息和状态模糊的语法信息。

当然，按照事物运动的方式，还可以把信息进一步细分为概率信息、偶发信息、确定信息和模糊信息。香农信息论主要讨论的是语法信息中的概率信息，本书也以概率信息为主要研究对象。

上述分类可以用图 1.1.1 直观地表示。

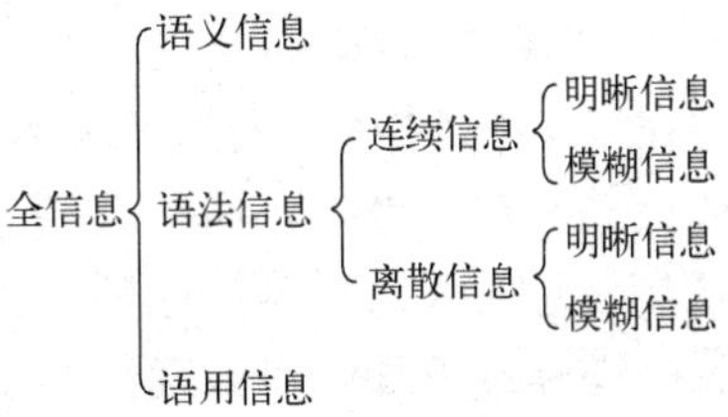

图 1.1.1　不同性质的信息分类

1.2　信息论的起源和发展

1.2.1　信息论创立的理论基础和技术条件

只要有物质运动，就有能量交换，也就存在信息。但是在先进的通信技术出现之前，尽管人们传播信息、利用信息，但并没有意识到信息的存在，认为客观世界是由物质和能量两个要素构成的。

信息是在其载体不断被发现、新的信息传输和传播手段不断发展和变革的过程中逐渐为人们所认识的。首先是语言的产生。人们用语言准确地传递感情和意图，使语言成为传递信息的重要工具，声音成为人类社会主动利用信息的最初载体。其次是文字的产生。纸张发明后，人类开始用书信的方式交换信息，使信息传递的准确性大为提高。印刷术的发明，使信息能大量存储和大量流通，并显著扩大了信息的传递范围。电报、电话的发明，人类进入了电信时代。将电磁波作为载体，不论是载荷信息的容量、传输的距离，还是通信的时效，都有了本质的飞跃。二战期间为了解决密码分析大规模运算的时效问题，研制了全世界首台计算机。计算机的诞生使信息处理能力显著提高。

信息处理和传输手段的革命性变化为信息论的诞生创造了技术条件，同时，它也推动了通信理论的研究和快速发展。通信理论体系的逐步形成，为信息论的创立奠定了坚实的基础。

1.2.2　信息论的诞生和发展现状

在二元论（物质和能量是构成客观世界的二要素）世界里，人们对物物交换、钱物交换早就习以为常，不论哪种传递方式总是有失有得：商人售出商品得到钱，购物者花钱得到自己想要的商品。电报和电话的发明给人们带来了惊喜，也使人们产生困惑：接收者有所得，发送者并无所失，这一特质与二元论世界有很大差别，那么，电话和电报到底传递了什么？人们带着这些疑问和好奇，对通信的本质问题开始了广泛而深入的探索。

1924 年，奈奎斯特（Nyquist）解释了信号带宽和信息速率之间的关系。20 世纪 30 年代，新的调制方式，如调频、调相、单边带调制、脉冲编码调制和增量调制的出现，使人们对信息能量、带宽和干扰的关系有了进一步的认识。1936 年，Armstrong 指出增大带宽可以使抗干扰能力加强，并根据这一思想提出了宽频移的频率调制方法。1939 年，Dudley 发明了带通声码器，指出通信所需带宽至少同待传送消息的带宽应该一样。声码器是最早的语音数据压缩系统。这一时期还诞生了无线电广播和电视广播。通信技术的进步使人们更深入地考虑问题：究竟如何定量地研究通信系统中的信息？怎样才能更有效和更可靠地传递信息？现有的各种通信体制如何改进？等等。

1928 年，哈特莱首先提出了用对数度量信息的概念。哈特莱的工作给香农很大的启示，他在 1941—1944 年对通信和密码进行深入研究，用概率论和数理统计的方法系统地讨论了通信的基本问题，得出了几个重要而带有普遍意义的结论。他阐明了通信系统传递的对象就是信息，并对信息给予科学的定量描述，提出了信息熵的概念。指出通信系统的中心问题是在噪声下如何有效而可靠地传递信息，以及实现这一目标的方法是编码，等等。这些成果在 1948 年以《通信的数学理论》（A mathematical theory of communication）为题公开发表，标志着信息论的正式诞生。与此同时，维纳（Winner）在研究火控系统和人体神经系统时，提出了在干扰作用下的信息最佳滤波理论，成为信息论的一个重要分支。

20 世纪 50 年代，信息论在学术界引起了巨大反响。1951 年，美国无线电工程师协会（IRE）成立了信息论组，并于 1955 年正式出版了信息论汇刊。这一时期，包括香农本人在内的一些科学家做了大量工作，发表了许多重要文章，将香农的科学论断进一步推广，同时信道编码理论有了较大的发展。信源编码的研究落后于信道编码。1959 年，香农在发表的《保真度准则下的离散信源编码定理》（Coding theorems for a discrete source at the fidelity criterion）一文中系统地提出了信息率失真理论（rate-distortion theory），为信源压缩编码的研究奠定了理论基础。

20 世纪 60 年代，信道编码技术有了较大发展，成为信息论的又一重要分支。它把代数方法引入到纠错码的研究中，使分组码技术达到了高峰，找到了可纠正多个错误的码，并提出了可实现的译码方法。此外，卷积码和概率译码有了重大突破，提出了序列译码和维特比（Viterbi）译码方法。

1961 年，香农的重要论文《双路通信信道》开拓了多用户信息理论的研究。

第五次变革是计算机技术与通信技术相结合，促进了网络通信的发展。宽带综合业务数字网（Broad-Integrated Service Digital Network，B-ISDN）的出现，提供了除电话服务以外的多种服务，使人类社会逐渐进入了信息化时代。信息理论的研究得到进一步的发展，多用户理论的研究取得了突破性的进展。至此，香农的单用户信息论已推广到多用户信息论。20 世纪 70 年代以后，多用户信息论，即现在所说的网络信息论成为中心研究课题之一。

后来，随着通信规模的不断扩大，人们逐渐意识到信息安全是通信系统正常运行的必要条件。于是，把密码学也归类为信息论的分支。1980 年后，鉴别信息及最小鉴别信息原理逐渐系统化，各种新兴电子信息技术的发展为信息理论的研究提供了先进的手段和工具，将编码和调制统一考虑的思想终于得到突破，出现了网格编码调制。

20 世纪 90 年代开始，互联网在全世界逐渐普及，催生了许多新的信息技术，同时也出现了许多新的问题，网络编码理论和技术受到热切关注，融合纠错编码和密码的纠错密码理论被提出。随着互联网的发展，计算机网络病毒和木马的泛滥，使信息安全成为各国政府、企业、个人共同关心的问题。

人们对信息的认识越来越深入，先后提出了加权熵、动态熵等概念，建立在模糊数学基础之上的模糊信息的研究也取得了一定的进展。信息论不仅在通信、广播、电视、雷达、导航、计算机、自动控制、电子对抗等电子学领域得到了直接应用，还广泛地渗透到诸如医学、生物学、心理学、神经生理学等自然科学的各个方面，甚至渗透到语言学、美学等领域。

从 20 世纪 60 年代开始，一些社会学家在研究社会问题和社会现象时，先后提出了后工业社会和信息社会的概念，信息论开始向经济学和社会科学领域渗透。1977 年，美国经济学家马克·波拉特发表了长达九卷的《信息经济》报告，用信息论的基本概念研究经济现象和社会现象，将信息论的研究从自然科学领域正式移植到经济学和社会科学领域。此外，随着量子理论的发展，逐渐形成了量子信息论。信息论迅速发展成为涉及范围极广的广义信息论——信息科学。

20 世纪末出现的边信道分析攻击技术，震惊了国际密码学界：经过经典密码分析技术严格分析、评估的密码算法接二连三被边信道分析技术破解。深入分析发现，信息的两个要素当中，只有状态要素得到了较为充分的利用，运动要素利用得很少。进入 21 世纪，对边信道攻防技术的大量研究，使信息的运动要素得到了密集的挖掘和利用。

1.2.3 信息论的未来发展趋势

互联网促进了通信技术、计算机技术、人工智能、信号与信息处理、信息材料等诸多技术的交叉和不断融合。信息论从最初的通信和自动控制的理论基础逐渐扩展为信号与信息处理、人工智能的理论基础，并迅速渗透到计算机、信息材料、生物医学……，从自然科学领域快速移植到经济管理、社会科学领域。信息技术发展的大趋势决定了信息理论的研究也必然呈现学科的交叉性和技术的融合性。例如网络编码、纠错编码与密码结合的纠错密码、信息安全主动防御技术与语义分析、行为分析以及图形熵的结合等。

量子技术、无线移动通信技术的发展和新型材料的发现将使信息传输、计算和能耗方式发生很大改变。量子通信、量子密码的研究和技术发展推动了量子信息论的研究和发展。量子技术和信息技术及新型材料技术的结合将促进后量子信息论的研究和发展。大数据和 AI 技术的飞速发展将会促进语义和语用信息的研究和技术进步，进而推动网络信息论及相关技术进步。

21 世纪之前，人们对信息的状态要素，或者说信息的静态特性，进行了大规模的挖掘和利用，促进了电子信息技术的繁荣和飞速发展。相对而言，信息的运动要素，或者说信息的动态特性，利用得不多也不够深。20 世纪末，诞生了边信道分析攻击技术，这种新的技术与经典密码分析的思路迥异，它利用时间、功率消耗、电磁辐射、声音等“边信息”泄露可轻易获取密码算法密钥。这些研究结果相当令人吃惊：被分析密码算法都是经过一轮又一轮严格筛选和评估的安全算法，为何在边信道攻击面前如此脆弱？深究其原因，是忽略了信息运动要素的结果。边信道攻击的研究成果，不仅开辟了密码分析的新方向，亦可移植到通信、计算机网络、信号与信息处理、人工智能等诸多领域。因此，信息运动要素的挖掘和利用，将会成为热点关注课题。

信息论自诞生到现在仅 70 多年的时间，在人类科学史上是相当短暂的，但它的发展对学术界及人类社会的影响是相当广泛和深远的。信息作为一种资源，如何开发、利用、共享，是人们普遍关心的问题。

1.3 信息论的研究内容

1.3.1 通信系统模型

信息论是研究、解决通信系统的问题而逐步形成的科学概念和理论体系。要掌握信息论的基本知识，首先要了解通信系统。图 1.3.1 给出了通信系统的基本模型。

信源是消息的发生源，即信息的提供者。

信源编码是为了提高通信的有效性而发展的技术，往往通过信息压缩来实现。

加密部分的作用是在保密通信中保障通信内容不被非授权者获知。

信道编码的作用有两个：提高信源和信道的适配性和提高信息传输的可靠性。多路通信还有信号调制部分，将多个信源发出的信号搬移到不同的频段或插入不同的时隙，达到在同一条通信线路上传送多路信号的目的，提高通信效率。

信道是信息传输的通道。信号在传输过程中不可避免地会受到随机和外来噪声的干扰。

信道译码、**解密**和**信源译码**分别是信道编码、加密和信源编码的反过程，使信号恢复到原始状态，然后到达通信的目的地——信宿。

信宿即信息的接收者。

最简单的通信系统可以只包含信源、信道、信宿三个部分（见图 1.3.2）。一般通信系统还包含信源编、译码和信道编、译码四个部分。保密通信系统中还包含加密和解密。现代通信系统对安全的需求，除了加密和解密，还有完整性、不可否认性、可控性和可用性等更多的需求。

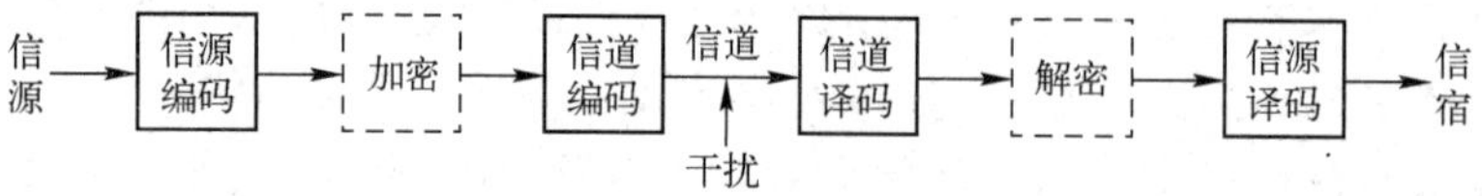

图 1.3.1 通信系统基本模型

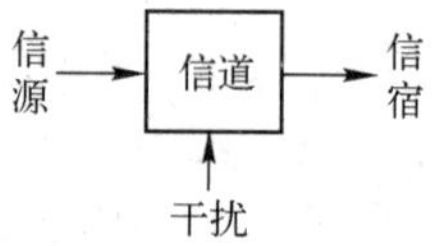

图 1.3.2 简单通信系统模型

1.3.2 信息论研究内容

信息论的研究对象是广义通信系统。不仅电子的、光学的、量子的信号传递系统，任何系统只要能够抽象成通信系统模型，都可以用信息论研究，如神经传导系统、市场营销系统、质量控制系统等。关于信息论的研究内容，一般有以下三种解释。

1. 信息论基础

它亦称香农信息论或狭义信息论。它主要研究信息的测度、信道容量、信息率失真函数，与这三个概念相对应的是香农无失真信源编码定理、信道编码定理和限失真信源编码定理，以及信源和信道编码。

2. 一般信息论

它主要研究信息传输和处理问题。除了香农基本理论，还包括噪声理论、信号滤波和预测、统计检测与估计理论、调制理论。后一部分内容以美国科学家维纳为代表。虽然维纳和香农等人都是运用概率和统计数学的方法研究准确或近似再现消息的问题，都是通信系统的最优化问题，但他们之间有一个重要的区别。维纳研究的重点是在接收端，研究消息在传输过程中受到干扰时，在接收端如何把消息从干扰中提取出来。在此基础上，建立了最佳过滤理论（维纳滤波器）、统计检测与估计理论、噪声理论等。香农研究的对象是从信源到信宿的全过程，是收、发端联合最优化问题，重点是编码。香农编码定理指出：只要在传输前后对消息进行适当的编码和译码，就能保证在有干扰的情况下，最佳地传送消息，并准确或近似地再现消息。为此，发展了信息测度理论、信道容量理论和编码理论等。

随着研究的扩展和深入，适合不同条件和应用环境的编码定理被证明，香农三个编码定理逐渐扩展成三类编码定理。此外，用信息论的条件熵来判定密码体制的安全性也成为信息论的研究内容。

3．广义信息论

广义信息论是一门综合性的新兴学科，至今并没有严格的定义。概括说来，凡是能够用广义通信系统模型描述的过程或系统，都能用信息基本理论来研究。不仅包括一般信息论的所有研究内容，还包括如医学、生物学、心理学、遗传学、神经生理学、语言学、语义学，甚至社会学和经济管理中有关信息的问题。反过来，所有研究信息的识别、控制、提取、变换、传输、处理、存储、显示、价值、作用和信息量的大小的一般规律，以及实现这些原理的技术手段的工程学科，也都属于广义信息论的范畴。

总之，不管研究对象、方法、手段、适用场景是什么，信息论的研究内容总体可归类为对广义通信系统有效性、可靠性、安全性、经济性的研究。人们研究信息论的目的，也是为了高效、可靠、安全、经济并且随心所欲地交换和利用各种各样的信息。

思考题

1.1　信息有哪些独有的性质？

1.2　信息的本质是什么？

1.3　信息的要素有哪些？

第 2 章　离散信源熵

2.1　基本概念

由图 1.3.1 可见，通信系统的源头是信源。信源可以用离散信号也可以用连续信号的形式表达，还可以用半离散、半连续的形式表达，分别称为离散信源、连续信源、半离散或半连续信源。其中最容易理解的是离散信源，我们就从离散信源开始研究。我们现在已经知道信源含有信息，但是在 70 多年前，信息实在是让人捉摸不透的东西，它与物质有很大不同：既看不见又摸不着，可是又处处存在。那么，用什么方法怎样度量信息是研究通信系统首先要解决的问题，也是本章要介绍的主要知识。

信息论是在信息可以度量的前提下，研究有效地、可靠地、安全地传递信息的科学。信息的可度量性是建立信息论的基础。

信息度量的方法有：结构度量、统计度量、语义度量、语用度量、模糊度量等。最常用的是统计度量。它用事件统计发生概率的对数来描述事物的不确定性，得到消息的信息量，进而建立熵的概念。熵的概念是为了解决信息度量问题而提出来的、最终为大家所接受的科学概念，也是香农信息论最基本、最重要的概念。

如果甲告诉乙说："你考上了研究生"，那么乙就得到了信息。如果丙又告诉乙同样的话，那么对乙来说，此次他只是得到了一条消息，并没有得到其他任何信息。其实乙得到信息还有一个前提条件，就是乙参加了研究生考试。如果乙根本没有参加研究生考试，也就不可能考上研究生。那么甲的话对乙来说就没有任何信息。

在这个事件当中，"考上了研究生"是对考试结果的一种描述，而考试的结果不止一种，可见乙在得到消息之前具有不确定性。在得到消息之后，只要甲没说错，乙的不确定性就消除了，也就获得了信息。如果我们把考试结果看成事物的一种状态，把各种不同的结果看成事物状态运动的方向，那么信息就是对事物运动状态（或它的存在方式）的不确定性的一种描述。不确定性即随机性，可以用研究随机现象的数学工具——概率论与随机过程来描述信息。

我们再来看一下上面的例子。当乙再次被告知考上研究生的消息时，事件是完全可信的，这相当于概率为 1 的情况，这种消息不含有不确定性，因此不含有任何信息。同样，若乙根本没有参加研究生考试，那么他被告知的消息是完全不可信的，这相当于概率为 0 的情况，从理念上来说这种消息同样不应该含有任何信息。不过我们在后面的学习中将会看到，当考察随机事件的单次试验结果和平均试验结果时，得到的结论是不一样的。

从随机变量出发来研究信息，正是香农信息论的基本假说。

2.2　离散信源熵的基本概念和性质

信息是由信源发出的，在量度信息之前，首先要研究一下信源。

2.2.1 单符号离散信源的数学模型

信源发出消息，消息载荷信息，而消息又具有不确定性，所以可用随机变量或随机矢量来描述信源输出的消息，或者说用概率空间来描述信源。

一类信源输出的消息常常以一个个符号的形式出现，例如文字、字母等，这些符号的取值是有限的或可数的，这样的信源称为**离散信源**。有的离散信源只涉及一个随机事件，有的离散信源涉及多个随机事件，分别称为**单符号离散信源**和**多符号离散信源**，可分别用离散随机变量和随机矢量来描述。另一类输出连续消息的信源称为**连续信源**，可用随机过程来描述。

对于离散随机变量 X，取值于集合

$$\{a_1, a_2, \cdots, a_i, \cdots, a_n\}$$

其中 n 可以是有限正整数，也可以是可数无限大整数，即 $n \in I$(整数域)，$X \in \{a_i,\ i=1, 2, \cdots, n\}$。规定集合中各个元素的概率为 $p(a_i)$，即

$$p(a_i) = P(X = a_i)$$

其中 $P(X=a_i)$表示括号中随机事件 X 发生某一结果 a_i 的概率。单符号离散信源的数学模型可表示为

$$\begin{pmatrix} X \\ P(X) \end{pmatrix} = \begin{Bmatrix} a_1 & a_2 & \cdots & a_i & \cdots & a_n \\ p(a_1) & p(a_2) & \cdots & p(a_i) & \cdots & p(a_n) \end{Bmatrix}$$

其中 $p(a_i)$满足

$$0 \leqslant p(a_i) \leqslant 1,\ \sum_{i=1}^{n} p(a_i) = 1 \tag{2.2.1}$$

式（2.2.1）表示信源的可能取值共有 n 个：$a_1, a_2, \cdots, a_i, \cdots, a_n$，每次必取其中之一。

需要注意的是，这里大写字母 X, Y, Z 等代表随机变量，指的是信源整体，带下标的小写字母，例如 a_i 代表随机事件的某一结果或信源的某个元素。两者不可混淆。

2.2.2 自信息量及其性质

在以下的讨论中常用到概率论的基本概念和性质。我们先对这些概念和性质进行简要的复习。

随机变量 X, Y 分别取值于集合$\{a_1, a_2, \cdots, a_i, \cdots, a_n\}$和$\{b_1, b_2, \cdots, b_j, \cdots, b_m\}$。$X$ 发生 a_i 和 Y 发生 b_j 的概率分别定义为 $p(a_i)$和 $p(b_j)$，它们一定满足 $0 \leqslant p(a_i), p(b_j) \leqslant 1$ 以及 $\sum_{i=1}^{n} p(a_i) = 1$ 和 $\sum_{j=1}^{m} p(b_j) = 1$。如果考察 X 和 Y 同时发生 a_i 和 b_j 的概率，则二者构成联合随机变量 XY，取值于集合 $\{a_i b_j \mid i = 1, 2, \cdots, n;\ j = 1, 2, \cdots, m\}$，元素 $a_i b_j$ 发生的概率称为联合概率，用 $p(a_i b_j)$ 表示。有时随机变量 X 和 Y 之间有一定的关联关系，一个随机变量发生某结果后，对另一个随机变量发生的结果会产生影响，这时我们用条件概率来描述两者之间的关系。如 X 发生 a_i 以后，Y 又发生 b_j 的条件概率表示为 $p(b_j / a_i)$，代表 a_i 已知的情况下，又出现 b_j 的概率。当 a_i 不同时，即使发生同样的 b_j，其条件概率也不相同，说明了 a_i 对 b_j 的影响。而 $p(b_j)$则是对 a_i 一无所知情况下 b_j 发生的概率，有时相应地称 $p(b_j)$为 b_j 的无条件概率。同理，b_j 已知的条件下 a_i 的条件概率记为 $p(a_i / b_j)$。相应地，$p(a_i)$称为 a_i 的无条件概率。例如，集合 X 表示球类活动，含有三个元素$\{a_1, a_2, a_3\}$，分别代表篮球、排球、乒乓球活动。集合

$Y=\{b_1, b_2, b_3\}$代表喜欢篮球、排球和乒乓球活动的同学。在不知道有哪种球类活动的情况下，假设三个同学参加活动的可能性各占 1/3，即 $p(b_1)=p(b_2)=p(b_3)=1/3$。但如果已知举行的是乒乓球活动，则同学 b_3 参加的可能性就比较大，而同学 b_1 和 b_2 参加的可能性就比较小，即 $p(b_3/a_3)$大，$p(b_1/a_3)$和 $p(b_2/a_3)$小。说明 a_3 发生后对 b_1, b_2 和 b_3 的影响，它与 a_3 发生前 b_1, b_2 和 b_3 本身的概率是不同的。这就是条件概率和无条件概率之间的区别。

无条件概率、条件概率、联合概率满足下面一些性质和关系：

（1）$0\leqslant p(a_i), p(b_j), p(b_j/a_i), p(a_i/b_j), p(a_ib_j)\leqslant 1$

（2）$\sum_{i=1}^{n} p(a_i)=1$，$\sum_{j=1}^{m} p(b_j)=1$，$\sum_{i=1}^{n} p(a_i/b_j)=1$，$\sum_{j=1}^{m} p(b_j/a_i)=1$，$\sum_{j=1}^{m}\sum_{i=1}^{n} p(a_ib_j)=1$

（3）$\sum_{i=1}^{n} p(a_ib_j)=p(b_j)$，$\sum_{j=1}^{m} p(a_ib_j)=p(a_i)$

（4）$p(a_ib_j)=p(a_i)p(b_j/a_i)=p(b_j)p(a_i/b_j)$

（5）当 X 与 Y相互独立时，$p(b_j/a_i)=p(b_j)$，$p(a_i/b_j)=p(a_i)$，$p(a_ib_j)=p(a_i)p(b_j)$

（6）$p(a_i/b_j)=p(a_ib_j)/\sum_{i=1}^{n} p(a_ib_j)$，$p(b_j/a_i)=p(a_ib_j)/\sum_{j=1}^{m} p(a_ib_j)$

1. 自信息量

一个随机事件发生某一结果后所带来的信息量称为**自信息量**，简称**自信息**。定义为其发生概率对数的负值。若随机事件发生 a_i 的概率为 $p(a_i)$，那么它的自信息量 $I(a_i)$为

$$I(a_i)=-\log_2 p(a_i) \tag{2.2.2}$$

自信息量的单位与所用对数的底有关。在信息论中常用的对数底为 2，信息量的单位为比特（bit, binary unit 的缩写）。在信息论的公式推导中，为方便起见，常取自然对数，即以 e 为底的对数，信息量的单位为奈特（nat, nature unit 的缩写）。当随机事件的概率很小时，$I(a_i)$是一个相当大的正整数。为了运算方便，可以取 10 作为对数的底，信息量的单位是笛特（Det, Decimal Unit）或哈特（Hart, Hartley），以纪念科学家哈特莱首先提出用对数值来度量信息。这三个信息量单位之间的转换关系如下：

1 Nat = $\log_2$e ≈ 1.433bit　1 Hart = $\log_2 10$ ≈ 3.322bit　1bit ≈ 0.693 Nat　1bit ≈ 0.301 Hart

由式（2.2.2）可知，一个以等概率出现的二进制码元（0,1）所包含的自信息量为 1 比特。因为当 $p(0)=p(1)=1/2$时，有

$$I(0)=I(1)=-\log_2\frac{1}{2}=\log_2 2=1\ (\text{比特})$$

需要注意的是，信息量是纯数，信息量单位只是为了标示不同底数的对数值，并没有量纲的含义。

【例 2.2.1】 某地二月份天气的概率分布统计如下：

$$\begin{pmatrix} X \\ P(X) \end{pmatrix}=\begin{Bmatrix} a_1(\text{晴}) & a_2(\text{阴}) & a_3(\text{雨}) & a_4(\text{雪}) \\ 0.5 & 0.25 & 0.125 & 0.125 \end{Bmatrix}$$

求四种天气的自信息量。

解：这四种天气的自信息量分别为 $I(a_1)=1$ 比特，$I(a_2)=2$ 比特，$I(a_3)=3$ 比特，$I(a_4)=3$ 比特。

2．自信息量的性质

容易证明，自信息量 $I(a_i)$ 具有下列性质。

（1）$I(a_i)$ 是非负值

定义式（2.2.2）中的 $p(a_i)$ 代表随机事件发生的概率，在闭区间[0,1]上取值。根据对数的性质，$\log_2 p(a_i)$ 为负值，故 $-\log_2 p(a_i)$ 恒为非负值。这一性质从对数的曲线上也很容易理解（见图 2.2.1）。信息量非负说明随机事件发生后总能提供一些信息量，最差情况是零，即什么信息也没提供，但不会因事件发生使不确定性更大。

（2）当 $p(a_i)=1$ 时，$I(a_i)=0$

$p(a_i)=1$ 说明该事件是必然事件。必然事件不含有任何不确定性，所以不含有任何信息量。

（3）当 $p(a_i)=0$ 时，$I(a_i)=\infty$

这是数学运算带来的结果，单从概念上理解，有时难以令人接受。但如果与信息接收者的主观感受联系在一起，则有它的合理之处。说明不可能事件一旦发生，带来的信息量就是非常大的，所产生的后果也是难以想象的。2001 年发生在美国的“911 事件”就是最典型的事例。

（4）$I(a_i)$ 是 $p(a_i)$ 的单调递减函数

$p(a_i)$ 取值于[0,1]，所以 $\dfrac{1}{p(a_i)}\geqslant 1$。$I(a_i)$ 随着 $p(a_i)$ 的增大而减小。由式（2.2.2）可以看出，$I(a_i)=\log_2\dfrac{1}{p(a_i)}$ 也随着 $p(a_i)$ 的增大而减小。用求导的方法也很容易证明，$I(a_i)$ 是 $p(a_i)$ 的单调递减函数（见图 2.2.2）。例 2.2.1 也证实了这一性质。从概念上来说，概率越大的事件，不确定性越小，发生后提供的信息量就越小。

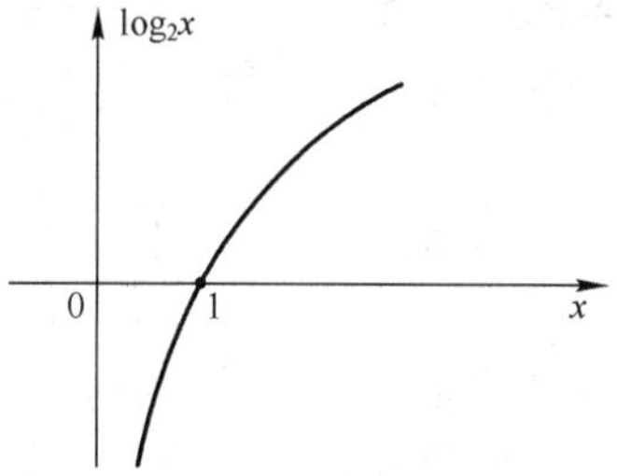

图 2.2.1　对数曲线

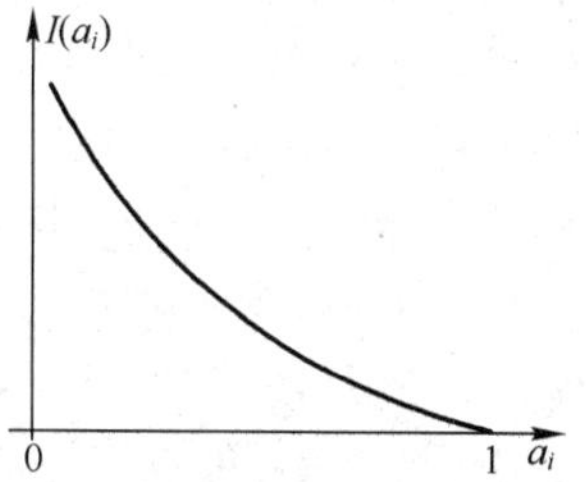

图 2.2.2　自信息量曲线

值得注意的是，a_i 是一个随机量，而 $I(a_i)$ 是 a_i 的函数，所以自信息量也是一个随机变量，它没有确定的值。

3．联合自信息量

为了比较全面地理解信息量的概念，这里我们需要考虑多符号离散信源的情况。其中最简单的是涉及两个随机事件的离散信源，其信源模型为

$$\begin{pmatrix} XY \\ P(X) \end{pmatrix}=\begin{Bmatrix} a_1b_1 & \cdots & a_1b_m & a_2b_1 & \cdots & a_2b_m & \cdots & a_nb_1 & \cdots & a_nb_m \\ p(a_1b_1) & \cdots & p(a_1b_m) & p(a_2b_1) & \cdots & p(a_2b_m) & \cdots & p(a_nb_1) & \cdots & p(a_nb_m) \end{Bmatrix}$$

其中 $0 \leqslant p(a_i b_j) \leqslant 1\ (i=1, 2, \cdots, n;\ j=1,2,\cdots,m)$，$\sum_{i=1}^{n}\sum_{j=1}^{m} p(a_i b_j) = 1$。其自信息量是二维联合集 XY 上元素 $a_i b_j$ 的联合概率 $p(a_i b_j)$ 对数的负值，称为**联合自信息量**，用 $I(a_i b_j)$ 表示，即

$$I(a_i b_j) = -\log_2 p(a_i b_j) \tag{2.2.3}$$

当 X 和 Y 相互独立时，$p(a_i b_j)=p(a_i)p(b_j)$，代入式（2.2.3）有

$$I(a_i b_j) = -\log_2 p(a_i) - \log_2 p(b_j) = I(a_i) + I(b_j)$$

说明两个随机事件相互独立时，同时发生得到的自信息量，等于这两个随机事件各自独立发生得到的自信息量之和。因为两个随机事件毫不相关，是否同时发生，对事件发生的结果没有影响，因此同时发生与各自独立发生提供的信息总量是一样的。

4．条件自信息量

条件自信息量定义为条件概率对数的负值。设 b_j 条件下，发生 a_i 的条件概率为 $p(a_i/b_j)$，那么它的条件自信息量 $I(a_i/b_j)$ 定义为

$$I(a_i / b_j) = -\log_2 p(a_i / b_j) \tag{2.2.4}$$

表示在特定条件（b_j 已定）下随机事件发生 a_i 所带来的信息量。同样，a_i 已知时发生 b_j 的条件自信息量为

$$I(b_j / a_i) = -\log_2 p(b_j / a_i)$$

在给定 $a_i(b_j)$ 条件下，随机事件发生 $b_j(a_i)$ 所包含的不确定度在数值上与条件自信息量 $I(b_j/a_i)[I(a_i/b_j)]$ 相同，但两者的含义不同。不确定度表示含有多少信息，信息量表示随机事件发生后可以得到多少信息。也就是说，一旦符号以一定的概率存在，不管发送与否，它都含有相应的不确定度，也能提供相应的信息量。但是否得到了信息，只有在随机事件已经发生并被接收者接收才有定论。例如，巴黎和伦敦在 2005 年于新加坡举行的 2012 年夏季奥运会举办城市竞争中进入最后一轮角逐，两个城市都有可能胜出，但都没有完全的把握。在投票之前尽管大家都知道非巴黎即伦敦，但结果是不确定的。只有在投票结束并且被宣布以后，大家才得到伦敦胜出的确切消息。

联合自信息量和条件自信息量也满足非负和单调递减性，同时，它们也都是随机变量，其值随着变量 a_i, b_j 的概率变化而变化。

容易证明，自信息量、条件自信息量和联合自信息量之间有如下关系式：

$$\begin{aligned} I(a_i b_j) &= -\log_2 p(a_i)p(b_j / a_i) = I(a_i) + I(b_j / a_i) \\ &= -\log_2 p(b_j)p(a_i / b_j) = I(b_j) + I(a_i / b_j) \end{aligned}$$

2.2.3 信源熵及其性质

1．信源熵的定义

（1）信源熵

已知单符号离散无记忆信源的数学模型

$$\begin{pmatrix} X \\ P(X) \end{pmatrix} = \begin{Bmatrix} a_1 & a_2 & \cdots & a_i & \cdots & a_n \\ p(a_1) & p(a_2) & \cdots & p(a_i) & \cdots & p(a_n) \end{Bmatrix}$$

$$0 \leqslant p(a_i) \leqslant 1 \ (i = 0, 1, 2, \cdots, n)，且 \sum_{i=1}^{n} p(a_i) = 1$$

这里所谓“符号”指的是代表信源整体的随机变量 X。作为信源整体，它的信息量又应该如何测定呢？前述的各种信息量都是单个离散消息的函数，本身都具有随机变量的性质，不能作为信源的总体信息测度。我们定义信源各个离散消息的自信息量的数学期望（即概率加权的统计平均值）为信源的平均信息量，一般称为信源的**信息熵**，也叫**信源熵**或**香农熵**，有时称为**无条件熵**或**熵函数**，简称**熵**，记为 $H(X)$。

$$H(X) = E[I(a_i)] = E[\log_2 \frac{1}{p(a_i)}] = -\sum_{i=1}^{n} p(a_i) \log_2 p(a_i) \qquad (2.2.5)$$

注意：信源熵的自变量是大写的 X，表示信源整体。它实质上是无记忆信源平均不确定度的度量。当取以 2 为底的对数时，信源熵的单位是 bit/sign（比特/符号）。式（2.2.5）中对数的底也可以取大于 1 的其他数，底不同，单位也不同。

X 中各离散消息 a_i 的自信息量 $I(a_i)$为非负值，$p(a_i)$也是非负值，且 $0 \leqslant p(a_i) \leqslant 1$，故信源熵 $H(X)$也是非负值。$H(X)$的定义公式与统计热力学中熵的表示形式相同，这就是信源熵名称的由来。

【例 2.2.2】 再讨论前面的例题，即某地二月份天气构成的信源为

$$\begin{pmatrix} X \\ P(X) \end{pmatrix} = \begin{Bmatrix} a_1(\text{晴}) & a_2(\text{阴}) & a_3(\text{雨}) & a_4(\text{雪}) \\ 0.5 & 0.25 & 0.125 & 0.125 \end{Bmatrix}$$

求信源熵。

解：由式（2.2.5）的定义，该信源的熵为

$$H(X) = -\frac{1}{2}\log_2\frac{1}{2} - \frac{1}{4}\log_2\frac{1}{4} - \left(\frac{1}{8}\log_2\frac{1}{8}\right) \times 2 = 1.75 \ (\text{比特/符号})$$

信源熵和平均自信息量两者在数值上是相等的，但含义并不相同。信源熵表征信源的平均不确定度，平均自信息量是消除信源不确定度所需要的信息的量度。信源一定，不管它是否输出离散消息，只要这些离散消息具有一定的概率特性，必有信源的熵值，该熵值在总体平均的意义上才有意义，因而是一个确定值。在离散信源的情况下，信源熵的值是有限的。而信息量只有当信源输出离散消息并被接收后，才有意义，这就是给予接收者的信息度量。该值本身可以是随机量，如前面所讲的自信息量；也可以与接收者的情况有关，如意义信息量。当信源输出连续消息时，信息量的值可以是无穷大。

概括起来，信源熵 $H(X)$有三种物理含义：

① $H(X)$表示信源输出后，平均每个离散消息所提供的信息量。

② $H(X)$表示信源输出前，信源的平均不确定度。

③ $H(X)$反映了变量 X 的随机性。

（2）条件熵

条件熵是在联合离散符号集合 XY 上的条件自信息量的数学期望。在已知随机变量 Y 的条件下，随机变量 X 的条件熵 $H(X/Y)$定义为

$$H(X/Y) = E[I(a_i/b_j)] = \sum_{j=1}^{m}\sum_{i=1}^{n} p(a_i b_j) I(a_i/b_j) = -\sum_{j=1}^{m}\sum_{i=1}^{n} p(a_i b_j) \log_2 p(a_i/b_j) \qquad (2.2.6)$$

相应地，在给定 X 条件下，Y 的条件熵 $H(Y/X)$为

$$H(Y/X)=E[I(b_j/a_i)]=-\sum_{j=1}^{m}\sum_{i=1}^{n}p(a_ib_j)\log_2 p(b_j/a_i)$$

下面的推导可以说明求条件熵时要用联合概率加权的理由。

先取一个 b_j，在已知 b_j 条件下，X 的条件熵为

$$H(X/b_j)=\sum_{i=1}^{n}p(a_i/b_j)I(a_i/b_j)=-\sum_{i=1}^{n}p(a_i/b_j)\log_2 p(a_i/b_j)$$

上式是仅知某一个 b_j 时 X 的条件熵，它随着 b_j 的变化而变化，仍然是一个随机变量。已知所有的 $b_j(j=1,2,\cdots,m)$时 X 仍然存在的不确定度，应该是进一步把 $H(X/b_j)$在 Y 集合上取数学期望，即

$$\begin{aligned}H(X/Y)&=\sum_{j=1}^{m}p(b_j)H(X/b_j)=-\sum_{j=1}^{m}\sum_{i=1}^{n}p(b_j)p(a_i/b_j)\log_2 p(a_i/b_j)\\&=-\sum_{j=1}^{m}\sum_{i=1}^{n}p(a_ib_j)\log_2 p(a_i/b_j)\end{aligned}$$

式中，$p(a_ib_j)=p(b_j)p(a_i/b_j)$。条件熵是一个确定值，表示信宿在收到 Y 后，信源 X 仍然存在的不确定度。这是传输失真所造成的。有时我们称 $H(X/Y)$为**信道疑义度**，也称为**损失熵**。称条件熵 $H(Y/X)$为**噪声熵**。

【例 2.2.3】 已知 $X, Y\in\{0, 1\}$，XY 构成的联合概率为：$p(00)=p(11)=1/8$，$p(01)=p(10)=3/8$，计算条件熵 $H(X/Y)$。

解： 首先求 $p(b_j)$，由 $p(b_j)=\sum_{i=1}^{2}p(a_ib_j)$，得

$$p(0)=p(b_1=0)=p(a_1b_1=00)+p(a_2b_1=10)=1/8+3/8=1/2$$

同理可求得 $p(1)=p(b_2=1)=1/2$。

再由 $p(a_i/b_j)=p(a_ib_j)/p(b_j)\ (i,j=1,2)$，求出

$$p(0/0)=p(a_1=0/b_1=0)=\frac{p(00)}{p(0)}=\frac{p(a_1b_1=00)}{p(b_1=0)}=\frac{1/8}{1/2}=\frac{1}{4}=p(1/1)$$

同理可得 $p(1/0)=p(0/1)=3/4$。

由式（2.2.6）可得

$$\begin{aligned}H(X/Y)&=-p(00)\log_2 p(0/0)-p(01)\log_2 p(0/1)-p(10)\log_2 p(1/0)-p(11)\log_2 p(1/1)\\&=\left(-\frac{1}{8}\log_2\frac{1}{4}-\frac{3}{8}\log_2\frac{3}{4}\right)\times 2\approx 0.811(\text{比特/符号})\end{aligned}$$

（3）联合熵

联合熵也叫**共熵**，是联合离散符号集合 XY 上的每个元素 a_ib_j 的联合自信息量的数学期望，用 $H(XY)$表示，即

$$H(XY)=\sum_{i=1}^{n}\sum_{j=1}^{m}p(a_ib_j)I(a_ib_j)=-\sum_{i=1}^{n}\sum_{j=1}^{m}p(a_ib_j)\log_2 p(a_ib_j) \tag{2.2.7}$$

2. 信源熵的基本性质和定理

（1）非负性

信源熵是自信息量的数学期望，自信息量是非负值，所以信源熵一定满足非负性。

（2）对称性

当信源含有 n 个离散消息时，信源熵 $H(X)$是这 n 个消息发生概率的函数。我们把 $H(X)$ 写成

$$H(X) = H[p(a_1), p(a_2), \cdots, p(a_n)] = -\sum_{i=1}^{n} p(a_i)\log p(a_i)$$

其中，$0 \leqslant p(a_i) \leqslant 1 (i=1, 2, \cdots, n)$，$\sum_{i=1}^{n} p(a_i) = 1$。熵的对称性指 $p(a_1), p(a_2), \cdots, p(a_n)$的顺序任意互换时，熵的值不变。由式（2.2.7）的等号右边可以看出，当概率的顺序互换时，只是求和顺序不同，并不影响求和结果。

这一性质说明熵的总体特性：它只与信源的总体结构有关，而不在乎个别消息的概率，甚至与消息的取值无关。

（3）最大离散熵定理

定理 信源 X 中包含 n 个不同离散消息时，信源熵

$$H(X) \leqslant \log_2 n \tag{2.2.8}$$

当且仅当 X 中各个消息出现的概率全相等时，上式取等号。

证明： 自然对数具有性质 $\ln x \leqslant x-1$，$x>0$，当且仅当 $x=1$ 时，该式取等号。这个性质可用图 2.2.3 表示。

$$H(X) - \log_2 n = \sum_{i=1}^{n} p(a_i)\log_2 \frac{1}{p(a_i)} - \sum_{i=1}^{n} p(a_i)\log_2 n = \sum_{i=1}^{n} p(a_i)\log_2 \frac{1}{np(a_i)}$$

令 $x = \dfrac{1}{np(a_i)}$，当 $p(a_i) \neq 0 (i = 1, 2, \cdots, n)$时，在上式中引用 $\ln x \leqslant x-1$，$x>0$ 的关系，并注意 $\log_2 x = \ln x \log_2 \mathrm{e}$，得

$$H(X) - \log_2 n \leqslant \sum_{i=1}^{n}\left[\frac{1}{n} - p(a_i)\right]\log_2 \mathrm{e} = \left[\sum_{i=1}^{n}\frac{1}{n} - \sum_{i=1}^{n} p(a_i)\right]\log_2 \mathrm{e} = 0$$

当 $p(a_i) = 0$, $i = 1, 2, \cdots, n$ 时，$H(X) = 0$；若某个 $p(a_i) = 0$，则$-p(a_i)\log_2 p(a_i) = 0$，对熵的贡献为 0。在这两种情况下都不会改变上述公式不等号的方向。故有

$$H(X) \leqslant \log_2 n$$

式中 $\sum_{i=1}^{n} p(a_i) = 1$。当且仅当 $x = \dfrac{1}{n \cdot p(a_i)} = 1$，即 $p(a_i) = \dfrac{1}{n}$ 时，式（2.2.8）的等号成立。

上述定理说明：当信源 X 中各个离散消息以等概率出现时，可得到最大信源熵

$$H_{\max}(X) = \log_2 n$$

若信源只含有两个消息，即 $n=2$，可设一个消息的概率为 p，另一个消息的概率为 $(1-p)$，该信源熵为

$$H(X) = -\left[p\log_2 p + (1-p)\log_2(1-p)\right]$$

这个熵有时用 $H(p)$表示，它与概率 p 的关系如图 2.2.4 所示。当 $p = 0.5$ 时，信源熵达到最大值 1（比特/符号）。

这一结果也不难理解。因为对于两个消息的信源而言，倘若一个消息发生的概率明显大于另一个，比如 $p(a_1) = 0.9$，$p(a_2) = 0.1$，则猜测消息 a_1 发生的错误概率仅为 0.1。但当两

个消息出现的概率相同时，猜测哪一个消息发生的错误概率都是 0.5。对于多个消息的信源也是一样。我们在前面已经讲过，信源熵代表信源的平均不确定度。上述结果说明等概率信源的不确定性最大，因而具有最大熵。

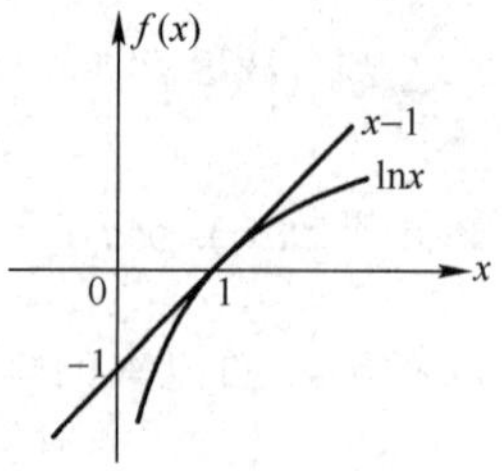

图 2.2.3　自然对数的性质

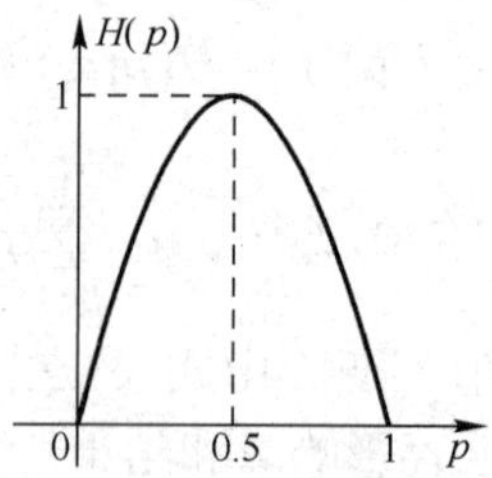

图 2.2.4　$n=2$ 时熵与概率的关系

（4）扩展性

$$\lim_{\varepsilon\to 0} H_{n+1}\left[p(a_1),p(a_2),\cdots,p(a_n)-\varepsilon,p(a_{n+1})=\varepsilon\right]=H_n\left[p(a_1),p(a_2),\cdots,p(a_n)\right] \quad (2.2.9)$$

式（2.2.9）的含义是，一个随机变量取值有 n 种，另一个有 $n+1$ 种。若后者中有一种取值的概率趋于零，而且其他概率均与前者在总体上相等，则两者的熵相同。这是因为

$$\lim_{\varepsilon\to 0}\varepsilon\log_2\varepsilon=0$$

这条性质说明信源的消息数可以增多，但若增多的这些离散消息的概率很小，可忽略其对熵的贡献。虽然概率很小的事件出现后，给予接收者的信息量很大，但在熵的计算中，它占的比重很小，可以忽略不计，这也是熵的总体平均性的体现。熵的扩展性可以很容易推广到增加 s 种取值的情况，条件是增加的 s 种取值的概率均趋于零。

（5）确定性

$$H(1,0)=H(1,0,\cdots,0)=H(0,1,\cdots,0)=\cdots=0$$

这意味着只要有一个 $p(a_i)=1$，则信源熵一定是 0。在这种情况下，随机变量已失去了随机性变成了确知量，即几乎处处等于概率为 1 的那个值。换句话说，信源虽含有许多消息，但只有一个消息几乎必然出现，而其他消息几乎都不出现。显然，这是一个确知信源，从熵的不确定度概念来讲，确知信源的不确定度应为 0。

（6）可加性

在证明熵的可加性时，我们不得不涉及两个以上变量的情况，即多符号离散信源。所谓熵的可加性指

$$H(XY)=H(X)+H(Y/X) \quad (2.2.10)$$

$$H(XY)=H(Y)+H(X/Y)$$

我们仅证明式（2.2.10）。

证明：

$$\begin{aligned}H(XY)&=-\sum_i\sum_j p(a_ib_j)\log_2 p(a_ib_j)\\&=-\sum_i\sum_j p(a_ib_j)\log_2\left[p(a_i)p(b_j/a_i)\right]\\&=-\sum_i\sum_j p(a_i)p(b_j/a_i)\log_2 p(a_i)-\sum_i\sum_j p(a_ib_j)\log_2 p(b_j/a_i)\end{aligned}$$

$$=-\sum_i p(a_i)\log_2 p(a_i)\left[\sum_j p(b_j/a_i)\right]+H(Y/X)$$
$$=H(X)+H(Y/X)$$

其中 $$p(a_ib_j)=p(a_i)p(b_j/a_i),\quad \sum_j p(b_j/a_i)=1$$

可加性是信源熵的一个重要特性。正因为具有可加性，可以证明熵的形式是唯一的，不可能有其他形式存在。

（7）极值性

对任意两个消息数相同的信源$\begin{pmatrix}X\\P(X)\end{pmatrix}\begin{pmatrix}Y\\P(Y)\end{pmatrix}$，$i=1,2,\cdots,n$，有

$$H_n[p(a_1),p(a_2),\cdots,p(a_n)]\leqslant-\sum_{i=1}^{n}p(a_i)\log_2 p(b_i) \tag{2.2.11}$$

其中 $$\sum_{i=1}^{n}p(a_i)=\sum_{i=1}^{n}p(b_i)=1$$

式（2.2.11）的含义是：任一概率分布$\{p(a_i)\}$，它对其他概率分布$\{p(b_i)\}$的自信息量$\left[\log_2\dfrac{1}{p(b_i)}\right]$取数学期望时，必大于$\{p(a_i)\}$本身的熵。

极值性的证明与最大离散熵定理的证明类似，此处不赘述。

由熵的极值性可以证明条件熵小于信源熵（无条件熵），即

$$H(X/Y)\leqslant H(X) \tag{2.2.12}$$

证明： $$H(X/Y)=-\sum_i\sum_j p(b_j)p(a_i/b_j)\log_2 p(a_i/b_j)$$
$$=-\sum_j p(b_j)\left[\sum_i p(a_i/b_j)\log_2 p(a_i/b_j)\right]$$

应用熵的极值性，有

$$H(X/Y)\leqslant-\sum_j p(b_j)\left[\sum_i p(a_i/b_j)\log_2 p(a_i)\right]$$
$$=-\sum_i\left[\sum_j p(b_j)p(a_i/b_j)\right]\log_2 p(a_i)$$
$$=-\sum_i p(a_i)\log_2 p(a_i)$$
$$=H(X)$$

其中 $$\sum_j p(b_j)p(a_i/b_j)=\sum_j p(a_ib_j)=p(a_i)$$

从概念上说，已知 Y 时 X 的不确定度应小于对 Y 一无所知时 X 的不确定度。这是因为已知 Y 后，从 Y 得到了一些关于 X 的信息，从而使 X 的不确定度下降。

同理 $$H(Y/X)\leqslant H(Y)$$

（8）上凸性

设有一个多元函数或矢量函数 $f(a_1,a_2,\cdots,a_n)=f(\boldsymbol{X})$，对任一小于 1 的正数$\alpha(0<\alpha<1)$

及 f 的定义域中任意两个矢量 $\boldsymbol{X}, \boldsymbol{Y}$，若

$$f[\alpha \boldsymbol{X}+(1-\alpha)\boldsymbol{Y}]>\alpha f(\boldsymbol{X})+(1-\alpha)f(\boldsymbol{Y})$$

则称 f 为严格上凸函数。

设 $\boldsymbol{P}, \boldsymbol{Q}$ 为两组归一的概率矢量，即

$$\boldsymbol{P}=[p(a_1),p(a_2),\cdots,p(a_n)]，\boldsymbol{Q}=[p(b_1),p(b_2),\cdots,p(b_n)]$$

且 $$0\leqslant p(a_i)\leqslant 1，0\leqslant p(b_i)\leqslant 1，\sum_{i=1}^{n}p(a_i)=\sum_{i=1}^{n}p(b_i)=1$$

则有 $$H[\alpha \boldsymbol{P}+(1-\alpha)\boldsymbol{Q}]=-\sum_{i=1}^{n}[\alpha p(a_i)+(1-\alpha)p(b_i)]\log[\alpha p(a_i)+(1-\alpha)p(b_i)]$$

假定 $$p(c_i)=\alpha p(a_i)+(1-\alpha)p(b_i)$$

可以证明 $$0\leqslant p(c_i)=\alpha p(a_i)+(1-\alpha)p(b_i)\leqslant 1$$

因为 $$\alpha>0,\quad 1-\alpha>0,\quad p(a_i)\geqslant 0,\quad p(b_i)\geqslant 0$$

所以 $$\alpha p(a_i)+(1-\alpha)p(b_i)\geqslant 0$$

假设 $$p(c_i)=\alpha p(a_i)+(1-\alpha)p(b_i)>1$$

则 $$p(b_i)>\frac{1-\alpha p(a_i)}{1-\alpha}>1,\quad p(a_i)\neq 1 \tag{2.2.13}$$

式（2.2.13）出现了概率大于 1 的结果，这与概率的定义矛盾，故可断定 $p(c_i)$ 不大于 1。

而当 $p(b_i)=\dfrac{1-\alpha p(a_i)}{1-\alpha}$ 时，有

$$\alpha p(a_i)+(1-\alpha)p(b_i)=1$$

所以 $$0\leqslant p(c_i)=\alpha p(a_i)+(1-\alpha)p(b_i)\leqslant 1$$

由 $p(a_i), p(b_i)$ 的归一性有

$$\sum_{i=1}^{n}p(c_i)=\sum_{i=1}^{n}\big[\alpha p(a_i)+(1-\alpha)p(b_i)\big]=\alpha\sum_{i=1}^{n}p(a_i)+(1-\alpha)\sum_{i=1}^{n}p(b_i)=\alpha+1-\alpha=1$$

故 $p(c_i)=\big[\alpha p(a_i)+(1-\alpha)p(b_i)\big]$，可以将其看作一种新的概率分布。由熵的极值性

$$-\alpha\sum_{i=1}^{n}p(a_i)\log_2 p(c_i)\geqslant \alpha H(\boldsymbol{P})$$

当各 $p(a_i), p(b_i)$ 不完全相等时，有

$$-\alpha\sum_{i=1}^{n}p(a_i)\log_2[\alpha p(a_i)+(1-\alpha)p(b_i)]>\alpha H(\boldsymbol{P})$$

同理 $$-(1-\alpha)\sum_{i=1}^{n}p(b_i)\log_2[\alpha p(a_i)+(1-\alpha)p(b_i)]>(1-\alpha)H(\boldsymbol{Q})$$

以上两式相加并整理得

$$H[\alpha \boldsymbol{P}+(1-\alpha)\boldsymbol{Q}]>\alpha H(\boldsymbol{P})+(1-\alpha)H(\boldsymbol{Q}) \tag{2.2.24}$$

这就证明了信源熵具有严格的上凸性。

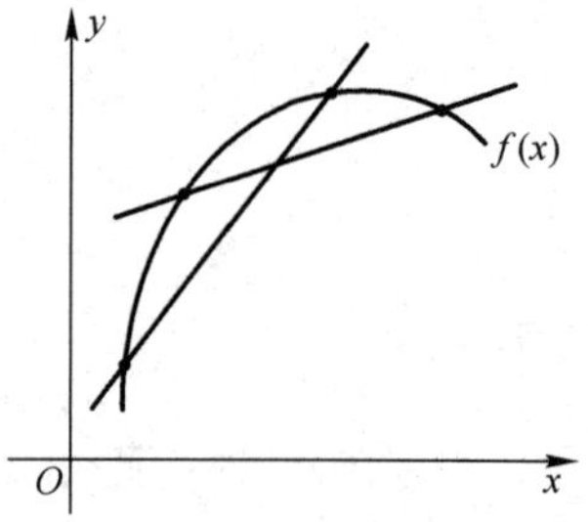

图 2.2.5　上凸性的几何意义

上凸性的几何意义如图 2.2.5 所示。在上凸函数的任两点之间画一条割线，函数总在割线的上方。

严格上凸函数在定义域内的极值必为最大值。这对求最大熵很有用。用上凸性求最大熵时，只需对信源熵求导并取极值即可。

给定信源$\begin{pmatrix} X \\ P(X) \end{pmatrix} = \begin{Bmatrix} a_1 & a_2 & \cdots & a_n \\ p(a_1) & p(a_2) & \cdots & p(a_n) \end{Bmatrix}$，求$H(X)$在$\sum_{i=1}^{n} p(a_i) = 1$限制下的条件极值。即令

$$\frac{\partial}{\partial p(a_i)} \left\{ H(X) + \lambda \left[\sum_{i=1}^{n} p(a_i) - 1 \right] \right\} = 0$$

为了方便起见，上式采用自然对数，因此有

$$-\left[1 + \ln p(a_i)\right] + \lambda = 0$$

式中λ是待定常数。可以求得

$$p(a_i) = \mathrm{e}^{\lambda - 1} = 常量$$

由概率的性质$\sum_{i=1}^{n} p(a_i) = 1$，可得$p(a_i) = 1/n$，于是

$$H(X) = \ln n$$

这就是前面求得的最大离散熵。

2.3　多符号离散平稳信源熵

很多实际信源输出的消息往往是时间和空间上的一系列符号。例如，电报系统发出的是一串有、无脉冲的信号序列。这类信源每次输出的不是一个单个的符号，而是一个符号序列。通常一个消息序列的每一位出现哪个符号都是随机的，而且一般前后符号之间的出现是有统计依赖关系的，这种信源我们称为多符号离散信源。此时可用随机矢量或称随机变量序列来描述信源发出的消息，即

$$\boldsymbol{X} = X_1, X_2, X_3, \cdots$$

此类信源在不同时刻的随机变量X_i和X_{i+r}的概率分布$P(X_i)$和$P(X_{i+r})$一般说来是不相同的，即随机变量的统计特性随着时间的推移而有所变化。这种情况比较复杂，分析起来也比较困难。为了便于研究，我们假定随机矢量$\boldsymbol{X}$中随机变量的各维联合概率分布均不随时间的推移而变化，换句话说，信源所发符号序列的概率分布与时间的起点无关。这种信源我们就称之为多符号离散平稳信源。

2.3.1　多符号离散平稳信源的数学模型

在深入研究多符号离散平稳信源的信息特性之前，先给出它的严格数学定义。

对于随机变量序列$\boldsymbol{X} = X_1 X_2 \cdots X_N$，若任意两个不同时刻$i$和$j$（大于1的任意整数），信源发出消息的概率分布完全相同，即

$$P(X_i = a_1) = P(X_j = a_1) = p(a_1)$$

$$P(X_i = a_2) = P(X_j = a_2) = p(a_2)$$

$$\cdots$$

$$P(X_i = a_n) = P(X_j = a_n) = p(a_n)$$

则称这种信源为一维平稳信源。一维平稳信源无论在什么时刻均以$\{p(a_1), p(a_2), \cdots, p(a_n)\}$

分布发出符号。

除上述条件外，如果联合概率分布 $P(X_i X_{i+1})$ 也与时间起点无关，即

$$P(X_i X_{i+1}) = P(X_j X_{j+1}) \quad (i, j \text{ 为任意整数，且 } i \neq j)$$

则称这种信源为二维平稳信源。这种信源在任何时刻发出两个符号的概率完全相同。

如果各维联合概率分布均与时间起点无关，即对两个不同的时刻 i 和 j，有

$$P(X_i) = P(X_j)$$

$$P(X_i X_{i+1}) = P(X_j X_{j+1})$$

$$P(X_i X_{i+1} X_{i+2}) = P(X_j X_{j+1} X_{j+2})$$

$$\cdots$$

$$P(X_i X_{i+1} X_{i+2} \cdots X_{i+N}) = P(X_j X_{j+1} X_{j+2} \cdots X_{j+N})$$

这种各维联合概率分布均与时间起点无关的完全平稳信源称为**离散平稳信源**。

若单符号离散信源的数学模型为

$$\begin{pmatrix} X \\ P(X) \end{pmatrix} = \begin{Bmatrix} a_1 & a_2 & \cdots & a_i & \cdots & a_n \\ p(a_1) & p(a_2) & \cdots p(a_i) & \cdots & p(a_n) \end{Bmatrix}, \quad 0 \leqslant p(a_i) \leqslant 1, \quad \sum_{i=1}^{n} p(a_i) = 1$$

假定离散信源的符号数为 N 个，且 $X_1, X_2, \cdots, X_N \in \{a_1, a_2, \cdots, a_n\}$，令

$$\alpha_i = (a_{i_1} a_{i_2} \cdots a_{i_N}), \ i = 1, 2, \cdots, n^N; \ i_1, i_2, \cdots, i_N = 1, 2, \cdots, n$$

则矢量 $\boldsymbol{X} \in \{\alpha_1, \alpha_2, \cdots, \alpha_i, \cdots, \alpha_{n^N}\}$

相应的概率分布 $p(\alpha_i) = p(a_{i_1} a_{i_2} \cdots a_{i_N})$

得 $\boldsymbol{X}$ 的数学模型为

$$\begin{pmatrix} \boldsymbol{X} \\ P(\boldsymbol{X}) \end{pmatrix} = \begin{Bmatrix} \alpha_1 & \alpha_2 & \cdots & \alpha_i & \cdots & \alpha_{n^N} \\ p(\alpha_1) & p(\alpha_2) & \cdots p(\alpha_i) & \cdots & p(\alpha_{n^N}) \end{Bmatrix}$$

$$0 \leqslant p(\alpha_i) \leqslant 1, \sum_{i=1}^{n^N} p(\alpha_i) = \sum_{i_1=1}^{n} \sum_{i_2=1}^{n} \cdots \sum_{i_N=1}^{n} p(\alpha_{i_1} \alpha_{i_2} \cdots \alpha_{i_N}) = 1$$

2.3.2　离散平稳无记忆信源熵

为了方便起见，假定随机变量序列的长度是有限的，如果信源输出的消息序列中，符号之间无相互依赖关系，则称这类信源为**离散平稳无记忆信源**，或称为离散平稳无记忆信源的扩展信源。这是离散平稳信源中最简单的一种，序列中符号组的长度即为扩展次数。如上述电报系统中，假设每两个二进制数字组成一组。这样，信源输出的消息是由两个二进制数字组成的符号组。可以将其等效成一个新的信源，由四条消息组成，即{00,01,10,11}。我们把该信源称为二进制离散平稳无记忆信源的二次扩展信源。如果符号组的长度为 3，则称为二进制离散平稳无记忆信源的三次扩展信源。

一般情况下，如果有一个离散无记忆信源 X，取值于集合$\{a_1, a_2, \cdots, a_n\}$，其输出消息序列可用一组组长度为 N 的序列来表示。这时，它就等效成了一个新的信源。新信源每次输出的是长度为 N 的消息序列，用 N 维离散随机矢量来描述，记为 $\boldsymbol{X} = (X_1, X_2, \cdots, X_N)$。其中每个分量 X_i $(i = 1, 2, \cdots, N)$都是随机变量，它们都取值于同一集合$\{a_1, a_2, \cdots, a_n\}$，且分量之间统计独立。则由随机矢量 $\boldsymbol{X}$ 组成的新信源称为离散无记忆信源 X 的 N 次扩展信源。

若单符号离散信源的数学模型为

$$\begin{pmatrix} X \\ P(X) \end{pmatrix} = \begin{Bmatrix} a_1 & a_2 & \cdots & a_i & \cdots & a_n \\ p(a_1) & p(a_2) & \cdots & p(a_i) & \cdots & p(a_n) \end{Bmatrix}, \quad 0 \leqslant p(a_i) \leqslant 1, \quad \sum_{i=1}^{n} p(a_i) = 1$$

则信源 X 的 N 次扩展信源用 X^N 来表示。这个信源有 n^N 个元素（消息序列），相应的数学模型为

$$\begin{pmatrix} X^N \\ P(X^N) \end{pmatrix} = \begin{Bmatrix} \alpha_1 & \alpha_2 & \cdots & \alpha_i & \cdots & \alpha_{n^N} \\ p(\alpha_1) & p(\alpha_2) & \cdots & p(\alpha_i) & \cdots & p(\alpha_{n^N}) \end{Bmatrix}, \quad 0 \leqslant p(\alpha_i) \leqslant 1, \sum_{i=1}^{n^N} p(\alpha_i) = 1 \tag{2.3.1}$$

式（2.3.1）中每个符号 α_i 对应于某个由 N 个单符号信源消息组成的序列。而 α_i 的概率 $p(\alpha_i)$ 是对应的由 N 个单符号信源消息的概率组成的序列概率。因为信源是无记忆的，所以消息序列 $\alpha_i = (a_{i_1}, a_{i_2}, \cdots, a_{i_N})$ 的概率为

$$p(\alpha_i) = p(a_{i_1}) p(a_{i_2}) \cdots p(a_{i_N}), \quad i_1, i_2, \cdots, i_N \in \{1, 2, \cdots, n\}$$

根据信源熵的定义，N 次扩展信源的熵（或称为序列信息的熵）为

$$H(\boldsymbol{X}) = H(X^N) = -\sum_{\boldsymbol{X}} P(\boldsymbol{X}) \log_2 P(\boldsymbol{X}) = -\sum_{X^N} p(\alpha_i) \log_2 p(\alpha_i) \tag{2.3.2}$$

可以证明，离散平稳无记忆信源 X 的 N 次扩展信源的熵就是单符号离散信源 X 的熵的 N 倍，即

$$H(X^N) = NH(X) \tag{2.3.3}$$

证明： 式（2.3.2）中的求和符号 Σ 是对信源 X^N 中所有 n^N 个元素求和，可以等效成 N 个求和，而其中的每一个又是对 X 中的 n 个元素求和。所以得

$$\begin{aligned} \sum_{X^N} p(\alpha_i) &= \sum_{i_1=1}^{n} \sum_{i_2=1}^{n} \cdots \sum_{i_N=1}^{n} p(a_{i_1}) p(a_{i_2}) \cdots p(a_{i_N}) \\ &= \sum_{i_1=1}^{n} p(a_{i_1}) \sum_{i_2=1}^{n} p(a_{i_2}) \cdots \sum_{i_N=1}^{n} p(a_{i_N}) = 1 \end{aligned}$$

式（2.3.2）可改写成

$$\begin{aligned} H(X^N) &= -\sum_{X^N} p(\alpha_i) \log_2 p(a_{i_1}) p(a_{i_2}) \cdots p(a_{i_N}) \\ &= -\sum_{X^N} p(\alpha_i) \log_2 p(a_{i_1}) - \sum_{X^N} p(\alpha_i) \log_2 p(a_{i_2}) - \cdots - \sum_{X^N} p(\alpha_i) \log_2 (a_{i_N}) \end{aligned} \tag{2.3.4}$$

式中共有 N 项，考察其中第一项

$$\begin{aligned} -\sum_{X^N} p(\alpha_i) \log_2 p(a_{i_1}) &= -\sum_{X^N} p(a_{i_1}) p(a_{i_2}) \cdots p(a_{i_N}) \log_2 p(a_{i_1}) \\ &= -\sum_{i_1=1}^{n} p(a_{i_1}) \log_2 p(a_{i_1}) \sum_{i_2=1}^{n} p(a_{i_2}) \cdots \sum_{i_N=1}^{n} p(a_{i_N}) \end{aligned}$$

因为

$$\sum_{i_k=1}^{n} p(a_{i_k}) = 1, \quad k = 2, 3, \cdots, N$$

所以

$$-\sum_{X^N} p(\alpha_i) \log_2 p(a_{i_1}) = -\sum_{i_1=1}^{n} p(a_{i_1}) \log_2 p(a_{i_1}) = H(X)$$

同理，式（2.3.4）中的其余各项均等于 $H(X)$。于是

$$H(\boldsymbol{X})=H(X^N)=H(X)+H(X)+\cdots+H(X)=NH(X)$$

【例 2.3.1】 有一离散平稳无记忆信源

$$\begin{pmatrix} X \\ P(X) \end{pmatrix}=\begin{Bmatrix} a_1 & a_2 & a_3 \\ 0.5 & 0.25 & 0.25 \end{Bmatrix},\quad \sum_{i=1}^{3} p(a_i)=1$$

求这个信源的二次扩展信源的熵。

解：我们先求这个离散平稳无记忆信源的二次扩展信源。按照前面的定义，扩展信源的每个元素是信源 X 的输出长度为 2 的消息序列。因为信源 X 有 3 个不同的消息，每两个消息组成的不同排列共有 $3^2=9$ 种，构成二次扩展信源的 9 个不同的元素。又因为扩展信源是无记忆的，所以

$$p(\alpha_i)=p(a_{i_1})p(a_{i_2}) \quad (i_1, i_2=1, 2, 3; i=1, 2, \cdots, 9)$$

由上式可得表 2.3.1。

表 2.3.1 二次扩展信源

X^2 信源的元素	α_1	α_2	α_3	α_4	α_5	α_6	α_7	α_8	α_9
对应的消息序列	a_1a_1	a_1a_2	a_1a_3	a_2a_1	a_2a_2	a_2a_3	a_3a_1	a_3a_2	a_3a_3
概率 $p(\alpha_i)$	1/4	1/8	1/8	1/8	1/16	1/16	1/8	1/16	1/16

按照熵的定义，二次扩展信源的熵为

$$H(\boldsymbol{X})=H(X^N)=-\sum_{i=1}^{9} p(\alpha_i)\log_2 p(\alpha_i) \tag{2.3.5}$$

将表 2.3.1 中的数据代入式（2.3.5）可得

$$H(\boldsymbol{X})=3(\text{比特/符号})$$

如果先计算信源 X 的熵

$$H(X)=\frac{1}{2}\log_2\frac{1}{2}-\frac{1}{4}\log_2\frac{1}{4}-\frac{1}{4}\log_2\frac{1}{4}=1.5(\text{比特/符号})$$

再利用式（2.3.3）同样可得

$$H(\boldsymbol{X})=2H(X)=2\times1.5=3(\text{比特/符号})$$

这个结果告诉我们：计算扩展信源的熵时，不必构造新的信源，可直接从原信源 X 的熵导出，即一个离散平稳无记忆信源 X 的 N 次扩展信源的熵等于单符号信源 X 熵的 N 倍。

需要注意的是，信源 X 的熵 $H(X)$ 与其序列信息熵 $H(\boldsymbol{X})$ 的单位都是比特/符号，但两个单位中“符号”的含义不同，前者指的是某个 a_i，而后者指的是某个 α_i，它是由两个 a_i 构成的符号组。

式（2.3.3）的结论很容易理解。因为求序列信息的熵，实际上是求 N 个符号的联合熵，当序列中的 N 个符号相互独立时，由熵的可加性知道，这 N 个符号的联合熵就等于各符号熵之和；又因为各符号熵都等于 $H(X)$，所以离散平稳无记忆信源的 N 次扩展信源的熵，等于单符号信源熵 $H(X)$ 的 N 倍。

2.3.3 离散平稳有记忆信源熵

离散平稳信源一般是指有记忆信源，即发出的各个符号之间具有统计关联关系的一类

信源。这种统计关联性可用两种方式表示。第一种方式是用信源发出的一个符号序列的整体概率，即 N 个符号的联合概率来反映有记忆信源的特征，这种信源是发出符号序列的有记忆信源。第二种表示方式是用信源发出的符号序列中各个符号之间的条件概率来反映记忆特征，这是发出符号序列的马尔可夫信源。

我们先来研究第一类有记忆信源中最简单的离散平稳信源，即二维平稳信源 $\boldsymbol{X}=X_1X_2$ 的信源熵。由前面的讨论可知，所谓二维平稳信源，就是信源发出的符号序列中，每两个符号看作一组，每组代表信源 $\boldsymbol{X}=X_1X_2$ 的一个消息。由平稳的定义可知，每组中的后一个符号与前一个符号有统计关联关系，而这种概率性的关联与时间的起点无关。对于有限关联长度的平稳信源来说，为了便于分析，我们假定符号序列的组与组之间是统计独立的。这与实际情况并不相符，由此得到的信源熵仅仅是近似值，与实际熵有一定的差距。但是当每组中符号的个数很多（组的长度很长）时，组与组之间关联性比较强的只是前一组末尾的一些符号和后一组开头的一些符号。随着每组序列长度的增加，这种差距会越来越小。

假定 $X_1, X_2\in\{a_1, a_2, \cdots, a_n\}$，则矢量

$$\boldsymbol{X}\in\{a_1a_1,\cdots,a_1a_n,a_2a_1,\cdots,a_2a_n,\cdots,a_na_1,\cdots,a_na_n\}$$

令
$$\alpha_i=(a_{i_1}a_{i_2})\qquad i_1,i_2=1,2,\cdots,n$$

则
$$i=1,2,\cdots,n^2$$

相应的概率分布
$$p(\alpha_i)=p(a_{i_1}a_{i_2})=p(a_{i_1})p(a_{i_2}/a_{i_1})$$

得 $\boldsymbol{X}$ 的数学模型为
$$\begin{pmatrix}\boldsymbol{X}\\P(\boldsymbol{X})\end{pmatrix}=\begin{Bmatrix}\alpha_1 & \alpha_2 & \cdots & \alpha_i & \cdots & \alpha_{n^2}\\ p(\alpha_1) & p(\alpha_2) & \cdots & p(\alpha_i) & \cdots & p(\alpha_{n^2})\end{Bmatrix}$$

$$0\leqslant p(\alpha_i)\leqslant 1,\quad \sum_{i=1}^{n^2}p(\alpha_i)=\sum_{i_1=1}^{n}\sum_{i_2=1}^{n}p(a_{i_1})p(a_{i_2}/a_{i_1})=\sum_{i_1=1}^{n}p(a_{i_1})\sum_{i_2=1}^{n}p(a_{i_2}/a_{i_1})=1$$

即新的信源也满足概率的归一性。根据信源熵的定义

$$\begin{aligned}H(\boldsymbol{X})=H(X_1X_2)&=-\sum_{i_1=1}^{n}\sum_{i_2=1}^{n}p(a_{i_1}a_{i_2})\log_2 p(a_{i_1}a_{i_2})\\&=-\sum_{i_1=1}^{n}\sum_{i_2=1}^{n}p(a_{i_1}a_{i_2})\log_2 p(a_{i_1})p(a_{i_2}/a_{i_1})\\&=-\sum_{i_1=1}^{n}\sum_{i_2=1}^{n}p(a_{i_1}a_{i_2})\log_2 p(a_{i_1})-\sum_{i_1=1}^{n}\sum_{i_2=1}^{n}p(a_{i_1}a_{i_2})\log_2 p(a_{i_2}/a_{i_1})\\&=H(X_1)+H(X_2/X_1)\end{aligned}\tag{2.3.6}$$

其中
$$\sum_{i_2=1}^{n}p(a_{i_1}a_{i_2})=p(a_{i_1})$$

由式（2.3.6）得到这样一个结论：两个有相互依赖关系的随机变量 X_1 和 X_2 所组成的随机矢量 $\boldsymbol{X}=X_1X_2$ 的联合熵 $H(\boldsymbol{X})$，等于第一个随机变量的熵 $H(X_1)$ 与第一个随机变量 X_1 已知的前提下，第二个随机变量 X_2 的条件熵 $H(X_2/X_1)$之和。当随机变量 X_1 和 X_2 相互统计独立时，则由概率的性质有

$$p(\alpha_i)=p(a_{i_1}a_{i_2})=p(a_{i_1})p(a_{i_2})$$

代入式（2.3.6），得 $H(\boldsymbol{X})=-\sum_{i_1=1}^{n}\sum_{i_2=1}^{n}p(a_{i_1})p(a_{i_2})\log_2 p(a_{i_1})p(a_{i_2})$

$$=-\sum_{i_1=1}^{n}p(a_{i_1})\log_2 p(a_{i_1})\sum_{i_2=1}^{n}p(a_{i_2})-\sum_{i_2=1}^{n}p(a_{i_2})\log_2 p(a_{i_2})\sum_{i_1=1}^{n}p(a_{i_1})$$

$$=H(X_1)+H(X_2)$$

其中

$$\sum_{i_1=1}^{n}p(a_{i_1})=\sum_{i_2=1}^{n}p(a_{i_2})=1$$

即随机变量 X_1 和 X_2 统计独立时，二维离散平稳无记忆信源 $\boldsymbol{X}=X_1X_2$ 的熵 $H(\boldsymbol{X})$等于 X_1 的熵 $H(X_1)$和 X_2 的熵 $H(X_2)$ 之和。当 X_1 和 X_2 取值于同一集合时，$H(X_1)=H(X_2)=H(X)$，$H(\boldsymbol{X})=2H(X)=H(X^2)$，与离散无记忆信源的二次扩展信源的情况相同。所以我们可以把离散无记忆信源的二次扩展信源看成二维离散平稳信源的特例，反过来又可以把二维离散平稳信源看成离散无记忆信源的二次扩展信源的推广。

在式（2.2.12）中，我们已经证明条件熵小于等于无条件熵，即

$$H(X_2/X_1)\leqslant H(X_2)$$

故有

$$H(X_1X_2)\leqslant H(X_1)+H(X_2) \tag{2.3.7}$$

式（2.3.7）说明，二维离散平稳有记忆信源的熵小于等于二维平稳无记忆信源的熵。这是因为对于二维离散平稳无记忆信源 $X^2=X_1X_2$ 来说，X_1 和 X_2 之间不存在任何统计依赖关系，也就是说，前后两个符号是互不相关的两码事，第一个符号发生与否对第二个符号不产生任何影响。因此，已知 X_1 的情况下 X_2 仍然存在的不确定度 $H(X_2/X_1)$，与对 X_1 一无所知的情况下 X_2 本身存在的不确定度 $H(X_2)$ 是一样的，即 $H(X_2/X_1)=H(X_2)$，所以两个随机变量的联合熵等于各随机变量的无条件熵之和。而对二维离散平稳有记忆信源来说，X_1 和 X_2 之间存在统计依赖关系，前一个符号发生以后，后一个符号到底是什么虽然是不确定的，但是第一个符号的发生已经提供了第二个符号的部分相关信息，其不确定度当然要比 X_1 和 X_2 统计独立的情况下要小些。

【例 2.3.2】 设某二维离散信源 $\boldsymbol{X}=X_1X_2$ 的原始信源 X 的信源模型为

$$\begin{pmatrix}X\\P(X)\end{pmatrix}=\begin{Bmatrix}a_1 & a_2 & a_3\\1/4 & 4/9 & 11/36\end{Bmatrix}$$

$\boldsymbol{X}=X_1X_2$ 中前后两个符号的条件概率见表 2.3.2。求二维离散信源熵和平均符号熵。

表 2.3.2　例 2.3.2 的表

X_1 \ $P(X_2/X_1)$ \ X_2	a_1	a_2	a_3
a_1	7/9	2/9	0
a_2	1/8	3/4	1/8
a_3	0	2/11	9/11

解： 原始单符号信源 X 的熵为

$$H(X)=-\sum_{i=1}^{3}p(a_i)\log_2 p(a_i)\approx 1.542(\text{比特/符号})$$

由表 2.3.2 的条件概率确定的条件熵为

$$H(X_2/X_1)=-\sum_{i_1=1}^{3}\sum_{i_2=1}^{3}p(a_{i_1})p(a_{i_2}/a_{i_1})\log_2 p(a_{i_2}/a_{i_1})\approx 0.870(\text{比特/符号})$$

条件熵 $H(X_2/X_1)$ 比信源熵（无条件熵）$H(X)$ 减小了 0.672(比特/符号)，这正是由于符号之间的依赖性所造成的。信源 $\boldsymbol{X}=X_1X_2$ 平均每发一个消息所能提供的信息量即联合熵为

$$H(X_1X_2)=H(X_1)+H(X_2/X_1)\approx 1.542+0.870=2.412(\text{比特/符号})$$

则每一个信源符号所提供的平均信息量

$$H_2(X)=\frac{1}{2}H(\boldsymbol{X})=\frac{1}{2}H(X_1X_2)=1.206(\text{比特/符号})$$

小于信源 X 所提供的平均信息量 $H(X)$，这同样是由于符号之间的统计相关性所引起的。

将二维离散平稳有记忆信源推广到 N 维的情况，可以证明

$$H(\boldsymbol{X})=H(X_1)+H(X_2/X_1)+H(X_3/X_1X_2)+\cdots+H(X_N/X_1X_2\cdots X_{N-1}) \tag{2.3.8}$$

证明：

$$H(\boldsymbol{X})=H(X_1X_2\cdots X_N)$$

令

$$Y_1=X_1X_2\cdots X_{N-1},\ Y_2=X_1X_2\cdots X_{N-2},\ \cdots,\ Y_{N-2}=X_1X_2$$

则

$$\begin{aligned}H(\boldsymbol{X})&=H(Y_1X_N)=H(Y_1)+H(X_N/Y_1)\\&=H(X_1X_2\cdots X_{N-1})+H(X_N/X_1X_2\cdots X_{N-1})\\&=H(Y_2)+H(X_{N-1}/Y_2)+H(X_N/X_1X_2\cdots X_{N-1})\\&=H(X_1X_2\cdots X_{N-2})+H(X_{N-1}/X_1X_2\cdots X_{N-2})+H(X_N/X_1X_2\cdots X_{N-1})\\&\cdots\\&=H(Y_{N-2})+H(X_3/Y_{N-2})+\cdots+H(X_N/X_1X_2\cdots X_{N-1})\\&=H(X_1X_2)+H(X_3/X_1X_2)+\cdots+H(X_N/X_1X_2\cdots X_{N-1})\\&=H(X_1)+H(X_2/X_1)+H(X_3/X_1X_2)+\cdots+H(X_N/X_1X_2\cdots X_{N-1})\end{aligned} \tag{2.3.9}$$

式（2.3.9）表明：N 维离散平稳有记忆信源 $\boldsymbol{X}$ 的熵 $H(\boldsymbol{X})$是 $\boldsymbol{X}$ 中起始时刻随机变量 X_1 的熵与各阶条件熵之和。由于信源是平稳的，这个和值与起始时刻的选择无关，对时刻的推移来说，它是一个固定不变的值。根据这一性质可以证明，条件熵 $H(X_N/X_1X_2\cdots X_{N-1})$随 N 的增加是非递增的，即

$$H(X_N/X_1X_2\cdots X_{N-1})\leqslant H(X_N/X_2X_3\cdots X_{N-1})=H(X_{N-1}/X_1X_2\cdots X_{N-2}) \tag{2.3.10}$$

当 $N=3$ 时，有 $$H(X_3/X_1X_2)\leqslant H(X_3/X_2)=H(X_2/X_1)$$

当 $N=2$ 时，有 $$H(X_2/X_1)\leqslant H(X_2)=H(X_1)$$

重复运用式（2.3.10）的结果，可得到一般的结论：

$$H(X_N/X_1X_2\cdots X_{N-1})\leqslant H(X_{N-1}/X_1X_2\cdots X_{N-2})\leqslant\cdots\leqslant H(X_2/X_1)\leqslant H(X_1) \tag{2.3.11}$$

上述结论的证明见参考文献 6。式（2.3.8）的矢量熵 $H(\boldsymbol{X})$，即离散平稳有记忆信源的联合熵 $H(X_1X_2\cdots X_N)$表示平均发一个消息（由 N 个符号组成）所提供的信息量。从数学角度出发，信源平均每发一个符号所提供的信息量应为

$$H_N(\boldsymbol{X})=\frac{1}{N}H(X_1X_2\cdots X_N) \tag{2.3.12}$$

我们称 $H_N(\boldsymbol{X})$ 为平均符号熵。当 $N\to\infty$时，平均符号熵取极限值，称为**极限熵**或**极限信息量**，用 H_∞表示，即

$$H_\infty=\lim_{N\to\infty}\frac{1}{N}H(X_1X_2\cdots X_N)$$

N 维离散平稳信源实际上就是原始信源在不断地发出符号，符号之间的统计关联关系也并不仅限于长度 N 之内，而是伸向无穷远。所以要研究实际信源，必须求出信源的极限

熵 H_∞，才能确切地表达多符号离散平稳有记忆信源平均每发一个符号提供的信息量。

问题的关键在于极限熵是否存在。当离散有记忆信源是平稳信源时，根据式（2.3.11）的结论及式（2.3.8）和式（2.3.12），从数学上可以证明，极限熵是存在的，且等于关联长度 $N\to\infty$ 时，条件熵 $H(X_N/X_1X_2\cdots X_{N-1})$ 的极限值（见参考文献 6）。即

$$H_\infty=\lim_{N\to\infty}H_N(\boldsymbol{X})=\lim_{N\to\infty}H(X_N/X_1X_2\cdots X_{N-1})$$

极限熵代表了一般离散平稳有记忆信源平均每发一个符号所提供的信息量。要准确地计算出这个熵值，必须测定信源的无穷阶联合概率和条件概率分布，这是相当困难的。有时为了简化分析，往往用条件熵或平均符号熵作为极限熵的近似值。在有些情况下，即使 N 值并不很大，这些熵值也很接近于 H_∞，如下面我们要讨论的马尔可夫信源的极限熵。

2.3.4 马尔可夫信源的极限熵

在许多信源的输出序列中，符号之间的依赖关系是有限的。也就是说，任何时刻信源符号发生的概率只与前面已经发出的若干个符号有关，而与更前面发出的符号无关。

例如，在随机变量序列中，时刻（$m+1$）的随机变量 X_{m+1} 只与它前面已经发生的 m 个随机变量 $X_1X_2\cdots X_m$ 有关，与更前面的随机变量无关。一般假定这种信源符号序列 $\boldsymbol{X}$ 中每一时刻的随机变量都取值且取遍于单符号信源符号集 $X\in\{a_1,a_2,\cdots,a_n\}$。这种信源仍然是一次发出一个符号，但记忆长度是 m，发出的当前符号只与它前面的 m 个符号有关。

与上一小节所讲的多符号离散平稳信源有所不同，这种信源发出符号时不仅与符号集有关，还与信源的状态有关。所谓“状态”，指与当前输出符号有关的前 m 个随机变量序列$(X_1X_2\cdots X_m)$的某一具体消息，用 s_i 表示，把这个具体消息看作某个状态：

$$s_i=\{a_{k_1},a_{k_2},\cdots,a_{k_m}\}$$

$$a_{k_1},a_{k_2},\cdots,a_{k_m}\in\{a_1,a_2,\cdots,a_n\}$$

$$k_1,k_2,\cdots,k_m=1,2,\cdots,n$$

$$i=1,2,\cdots,n^m$$

当信源在$(m+1)$时刻发出符号 $a_{k_{m+1}}$ 时，我们可把 s_j 看成另一种状态：

$$s_j=s_{i+1}=\{a_{k_2},\cdots,a_{k_m},a_{k_{m+1}}\}$$

$$a_{k_2},\cdots,a_{k_m},a_{k_{m+1}}\in\{a_1,a_2,\cdots,a_n\}$$

$$k_2,k_3,\cdots,k_m,k_{m+1}=1,2,\cdots,n$$

$$j=1,2,\cdots,n^m$$

所有的状态构成状态空间，每种状态以一定的概率发生，其数学模型为

$$\begin{pmatrix}S\\P(S)\end{pmatrix}=\begin{Bmatrix}s_1 & s_2 & \cdots & s_i & \cdots & s_{n^m}\\p(s_1) & p(s_2) & \cdots & p(s_i) & \cdots & p(s_{n^m})\end{Bmatrix},\ 0\leqslant p(s_i)\leqslant 1,\ \sum_{i=1}^{n^m}p(s_i)=1$$

我们再回顾一下上述过程：当信源处于状态 s_i 时，再发符号 $a_{k_{m+1}}$，状态发生了改变，变成了 s_j。由于 X_{m+1} 只与其前面的 m 个随机变量有关，所以状态 s_j 只依赖于状态 s_i，与更前面的状态无关，且这种状态之间的依赖关系一直延伸到无穷。从数学上来说，由 m 个符号组成的状态就构成了一个有限平稳的马尔可夫链。总结起来，状态 s_j 与两个因素有关：前一个状态 s_i，

当前发出的符号 $a_{k_{m+1}}$。当信源处于状态 s_i 时，发出符号 $a_{k_{m+1}}$ 的概率记为 $p(a_{k_{m+1}}/s_i)$。$a_{k_{m+1}}$ 发出后，状态由 s_i 变为 s_j。状态的转移也满足一定的概率分布，用 $p(s_j/s_i)$表示，称为状态的一步转移概率。这种信源满足马尔可夫信源的约束条件，因此称为 m 阶马尔可夫信源。

m 阶马尔可夫信源的状态序列可以用描述马尔可夫链的状态转移图来描述。在状态转移图上，每个圆圈代表一种状态，状态之间的有向线代表某一状态向另一状态的转移，有向线一侧的数字表示条件概率 $p(a_{k_{m+1}}/s_i)$。

【例 2.3.3】 设信源符号 $X\in\{a_1, a_2, a_3\}$，信源所处的状态 $S\in\{s_1, s_2, s_3, s_4, s_5\}$。各状态之间的转移情况由图 2.3.1 给出，求所有状态的一步转移概率。

解： 将图 2.3.1 中信源在 s_i 状态下发符号 $a_{k_{m+1}}\in\{a_1,a_2,a_3\}$ 的条件概率 $p(a_{k_{m+1}}/s_i)$ 用矩阵表示为

$$\begin{array}{c} \\ s_1 \\ s_2 \\ s_3 \\ s_4 \\ s_5 \end{array}\begin{array}{c} \begin{array}{ccc} a_1 & a_2 & a_3 \end{array} \\ \begin{bmatrix} 1/2 & 1/4 & 1/4 \\ 0 & 1/2 & 1/2 \\ 0 & 3/4 & 1/4 \\ 1 & 0 & 0 \\ 1/4 & 1/4 & 1/2 \end{bmatrix} \end{array}$$

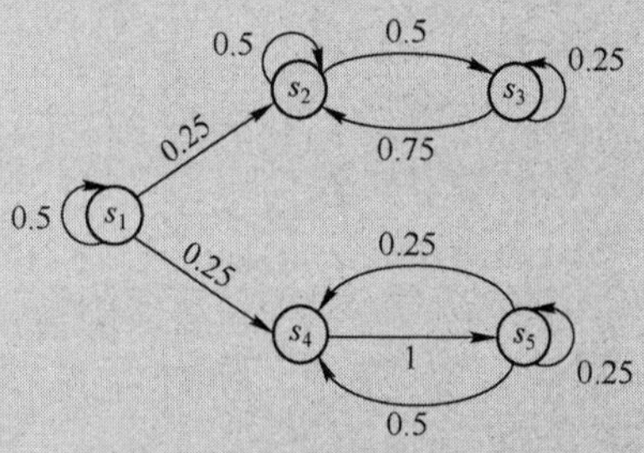

图 2.3.1　状态转移图

由矩阵可明显看出，$\sum\limits_{k_{m+1}=1}^{3} p(a_{k_{m+1}}/s_i)=1,\ i=1,2,3,4,5$。

图 2.3.1 中，当处于状态 s_1 时信源发出 a_1 的概率是 1/2，发出 a_1 后状态仍回到 s_1，说明状态一步转移概率 $p(s_1/s_1)$= 1/2。以此类推，得出所有状态的一步转移概率

$$\begin{array}{c} \\ s_1 \\ s_2 \\ s_3 \\ s_4 \\ s_5 \end{array}\begin{array}{c} \begin{array}{ccccc} s_1 & s_2 & s_3 & s_4 & s_5 \end{array} \\ \begin{bmatrix} 1/2 & 1/4 & 0 & 1/4 & 0 \\ 0 & 1/2 & 1/2 & 0 & 0 \\ 0 & 3/4 & 1/4 & 0 & 0 \\ 0 & 0 & 0 & 0 & 1 \\ 0 & 0 & 0 & 3/4 & 1/4 \end{bmatrix} \end{array}$$

一般有记忆信源发出的是有关联性的各符号构成的整体消息，即发出的是一组符号或符号序列，并用符号间的联合概率描述这种关联性。马尔可夫信源的不同之处在于它用符号之间的转移概率（条件概率）来描述这种关联关系。换句话说，马尔可夫信源以转移概率发出每个信源符号，转移概率的大小取决于它与前面符号之间的关联性。对 m 阶有记忆离散信源，它在任何时刻发出某一符号的概率只与前面 m 个符号有关，我们把这 m 个符号看成信源在该时刻的状态。换句话说，一个状态就是一个长度为 m 的序列。这样，信源输出依赖长度为 m+1 的随机序列就转化为对应的状态序列，因此我们可以用状态转移概率来计算马尔可夫信源的熵。当 $m=1$ 时，任何时刻信源符号发生的概率只与前面一个符号有关，称为一阶马尔可夫信源。

由 m 阶马尔可夫信源的定义，并考虑其平稳性，可以推导出

$$H_\infty = \lim_{N\to\infty} H(X_N/X_1\cdots X_{N-1}) = H(X_{m+1}/X_1X_2\cdots X_m) \tag{2.3.13}$$

这表明 m 阶马尔可夫信源的极限熵 H_∞就等于 m 阶条件熵，记为 H_{m+1}。

信源处于状态 s_i 时，再发下一个符号 $a_{k_{m+1}}$，则信源从状态 s_i 转移到状态 s_j，由此可知条件概率 $p(a_{k_{m+1}}/s_i)$ 与状态一步转移概率 $p(s_j/s_i)$之间存在明确的对应关系。利用这种对应

关系可以证明 m 阶马尔可夫信源的熵

$$H_\infty = H_{m+1} = -\sum_{i=1}^{n^m}\sum_{j=1}^{n^m} p(s_i)p(s_j/s_i)\log_2 p(s_j/s_i) \tag{2.3.14}$$

其中，$p(s_i)(i=1,2,\cdots,n^m)$是 m 阶马尔可夫信源稳定后的状态极限概率。式（2.3.13）和式（2.3.14）的推导和证明过程见参考文献 18。

在以上的分析中我们看到，正是利用了 m 阶马尔可夫信源“有限记忆长度”这一根本特性，才能使式（2.3.13）中的无限大参数 N 变为有限值 m，把求极限熵的问题变成了一个求 m 阶条件熵的问题。

在式（2.3.14）中，状态一步转移概率 $p(s_j/s_i)$是给定或测定的。那么，求解条件熵 H_{m+1} 的关键就是要得到 $p(s_i)(i=1,2,\cdots,n^m)$。$p(s_i)$是马尔可夫信源稳定后（$N\to\infty$）各状态的极限概率。

由有限齐次马尔可夫链的各态历经定理（见参考文献 17）可知，马尔可夫信源的状态极限概率是方程组

$$p(s_j) = \sum_{i=1}^{n^m} p(s_i)p(s_j/s_i)，\quad j=1,2,\cdots,n^m$$

满足条件

$$p(s_j)>0，\quad \sum_{j=1}^{n^m} p(s_j)=1$$

的唯一解。

有了 $p(s_i)$和测定的 $p(s_j/s_i)$，就可由式（2.3.14）求出 m 阶马尔可夫信源的熵 H_{m+1}。

【例 2.3.4】 某二元 2 阶马尔可夫信源，原始信源 X 的符号集为$\{a_1=0，a_2=1\}$，其状态空间共有 $n^m=2^2=4$ 个不同的状态 s_1,s_2,s_3,s_4，即

$$S\in\{s_1=00，s_2=01，s_3=10，s_4=11\}$$

其状态转移图如图 2.3.2 所示。求 H_3。

解： 由图 2.3.2 可知，当信源处于状态 $s_1=00$ 时，其后发出符号 0 的概率是 0.8，即 $p(0/00)=p(a_1/s_1)=0.8$，状态仍停留在 s_1，即 $p(s_1/s_1)=p(a_1/s_1)=0.8$。当信源仍处于状态 s_1，而发出的符号为 1 时，状态转移至 $s_2=01$，故一步转移概率 $p(1/00)=p(a_2/s_1)=p(s_2/s_1)=0.2$。当信源处于状态 $s_2=01$ 时，其一步转移概率为 $p(0/01)=p(a_1/s_2)=p(s_3/s_2)=0.5$，$p(1/01)=p(a_2/s_2)=p(s_4/s_2)=0.5$。

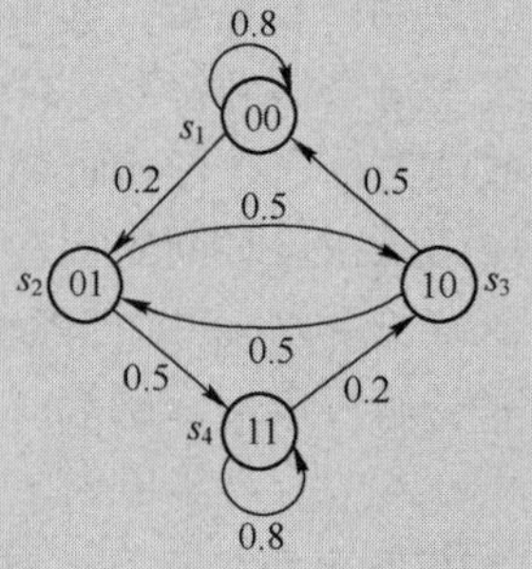

图 2.3.2　二元 2 阶马尔可夫信源状态转移图

同理，当信源处于状态 $s_3=10$ 时

$$p(0/10)=p(a_1/s_3)=p(s_1/s_3)=0.5$$

$$p(1/10)=p(a_2/s_3)=p(s_2/s_3)=0.5$$

当信源处于状态 $s_4=11$ 时

$$p(0/11)=p(a_1/s_4)=p(s_3/s_4)=0.2$$

$$p(1/11)=p(a_2/s_4)=p(s_4/s_4)=0.8$$

容易验证

$$\sum_{j=1}^{4} p(s_j/s_i)=1，\quad p(s_i)>0$$

由

$$p(s_j) = \sum_{i=1}^{4} p(s_i)p(s_j/s_i) \qquad j=1,2,3,4 \tag{2.3.15}$$

可求出稳定状态下的 $p(s_j)$，$p(s_j)$称为状态极限概率。

将一步转移概率代入式（2.3.15）得

$$
\begin{aligned}
p(s_1) &= 0.8\,p(s_1) + 0.5\,p(s_3) \\
p(s_2) &= 0.2\,p(s_1) + 0.5\,p(s_3) \\
p(s_3) &= 0.5\,p(s_2) + 0.2\,p(s_4) \\
p(s_4) &= 0.5\,p(s_2) + 0.8\,p(s_4)
\end{aligned}
\tag{2.3.16}
$$

解式（2.3.16）的方程组，并考虑关系式

$$p(s_1)+p(s_2)+p(s_3)+p(s_4)=1$$

得 $p(s_1)=p(s_4)=5/14 \qquad p(s_2)=p(s_3)=2/14$

根据式（2.3.14）计算出极限熵

$$H_\infty = H_{2+1} = -\sum_{i=1}^{4}\sum_{j=1}^{4} p(s_i)p(s_j/s_i)\log_2 p(s_j/s_i) \approx 0.801(\text{比特/符号})$$

需要注意的是，H_∞并非在任何情况下都存在。首先应记住的是，我们讨论的是平稳信源。其次，对 n 元 m 阶马尔可夫信源来说，只有状态极限概率 $p(s_j)$，$j=1, 2, \cdots, n^m$ 都存在时，方能计算出 H_∞。从理论上可以证明：如果 m 阶马尔可夫信源稳定后具有各态历经性，则状态极限概率 $p(s_j)$可根据式（2.3.15）求出。

必须强调指出的是，m 阶马尔可夫信源和消息长度为 m 的有记忆信源，其所含符号的依赖关系不同，对相应关系的数学描述不同，平均信息量的计算公式也不同。m 阶马尔可夫信源的记忆长度虽为有限值 m，但符号之间的依赖关系延伸到无穷，通常用状态转移概率（条件概率）来描述这种依赖关系。可理解为马尔可夫信源以转移概率发出每个信源符号，所以平均每发一个符号提供的信息量应是极限熵 H_{m+1}。而对于长度为 m 的有记忆信源 $\boldsymbol{X}$，发出的则是一组组符号序列，每 m 个符号构成一个符号序列组，代表一个消息。组与组之间是相互统计独立的，因此符号之间的相互依赖关系仅限于每组之间的 m 个符号，一般用这 m 个符号的联合概率来描述符号间的依赖关系。对于这种有记忆信源，平均每发一个符号（不是一个消息）提供的信息量，是 m 个符号的联合熵的 $1/m$，即平均符号熵

$$H_m(\boldsymbol{X}) = \frac{1}{m}H(X_1X_2\cdots X_m)$$

2.3.5 冗余度、自然语信源及信息变差

实际信源可能是非平稳的，则极限熵 H_∞就不一定存在。有时为了方便起见假定它是平稳的，并测得 N 足够大时的条件概率分布 $P(X_N/X_1X_2\cdots X_{N-1})$，再计算出 $H_N(\boldsymbol{X})$，近似表示极限熵 H_∞。即便如此，计算 N 足够大时的 $H_N(\boldsymbol{X})$往往也是十分困难的。这种情况下，一般进一步假设离散平稳信源是 m 阶马尔可夫信源，信源熵用 m 阶马尔可夫信源的熵 H_{m+1} 来近似，需要测定的条件概率要少得多。近似程度的高低取决于记忆长度 m。越接近实际信源，要求的 m 值就越大；反之，对信源简化得越多，需求的 m 值就越小。最简单的马尔可夫信源是记忆长度 $m=1$ 的信源，信源熵 $H_2=H_{1+1}=H(X_2/X_1)$。当 $m=0$ 时，信源变为离散无记忆信源，其熵可用 $H_1(X)$表示。继续简化下去，可假定信源是等概率分布的离散无记忆信源，这种信源的熵就是最大熵值 $H_0(X)=\log_2 n$。

如果我们把不同的多符号离散信源都用马尔可夫信源来逼近，则记忆长度不同，熵值就不同，意味着平均每发一个符号就有不同的信息量。由式（2.3.11）的结论，结合离散熵的性质可知

$$\log_2 n = H_0 \geqslant H_1 \geqslant H_2 \geqslant \cdots \geqslant H_m > H_\infty$$

由此可见，信源的记忆长度越长，熵就越小。只有当记忆长度为 0，即信源符号间彼此没有任何依赖关系且呈等概率分布时，信源熵才达到最大值。换句话说，信源符号的相关性越强，所提供的平均信息量就越小。

以英语信源为例。英语字母有 26 个，加上 1 个空格，共 27 个符号。根据熵的性质，信源的最大熵

$$H_0 = \log_2 27 \approx 4.76(\text{比特/符号})$$

但实际上，英语中的字母并非等概率出现，字母之间还有严格的依赖关系。如果我们对英语书中 27 个符号出现的概率加以统计，可得表 2.3.3。

表 2.3.3　27 个英语符号出现的概率

符号	概率	符号	概率	符号	概率
空格	0.1987	S	0.052	Y,W	0.012
E	0.105	H	0.047	G	0.011
T	0.072	D	0.035	B	0.01
O	0.065	L	0.029	V	0.008
A	0.063	C	0.023	K	0.003
N	0.059	F,U	0.022	X	0.002
I	0.055	M	0.021	J,Q	0.0008
R	0.054	P	0.017	Z	0.0007

如果不考虑上述符号间的依赖关系，即近似地认为信源是离散无记忆信源，根据离散信源熵的定义可得

$$H_1(X) = -\sum_{i=1}^{27} p(a_i)\log_2 p(a_i) \approx 4.03(\text{比特/符号})$$

按表 2.3.2 的概率分布，随机地选择英语字母并排列起来，得到一个信源输出序列：

AI __ NGAE __ ITE __ NNR __ ASAEV __ OTE __ BAINTHA __ HYROO __ POER __ SETRYGAIETRWCO__EHDUARU__EUEU__C__FT__NSREM__DIY__EESE__F__O__SRIS__R__UNNASHOR…

序列中“__”代表空格。这个序列看起来有点像英语，但不是。因为字母间没有组合成有意义的单词，更谈不上有意义的句子了。其实英语的某个字母出现以后，后面的字母并非完全随机出现，而是满足一定关系的条件概率分布。例如，字母 T 后面出现 H, R 的可能性较大，出现 J, K, M, N 的可能性极小，而根本不会出现 Q, F, X。换句话说，英语字母之间有强烈的依赖性。而上述序列仅考虑了字母出现的概率，完全忽略了这种依赖关系。

为了进一步逼近实际情况，可把英语信源近似地看作 1, 2, …, ∞阶马尔可夫信源，求得相应的熵

$$H_2 \approx 3.32(\text{比特/符号}) \quad H_3 \approx 3.10(\text{比特/符号})$$

若把英语信源近似成 2 阶马尔可夫信源，可得到其中某个输出序列：

IANKS __ CAN __ OU __ ANG __ RLER __ THTTED __ OF __ TO __ SHOR __ OF __ TO __ HAVEMEM__A__I__MAND__AND__BUT__WHISS__ITABLY__THERVEREER…

可以看出，此序列中被空格分开的 2 个或 3 个字母，组成的大都是有意义的英语单词，而 4 个以上字母组成的“单词”，很难从英语词典中查到。这是因为该序列仅考虑了 3 个以下字母之间的依赖关系，而实际英语信源字母间的依赖关系会延伸到更多的符号。不仅字母之间有依赖关系，单词之间也有依赖关系。

容易推知，有依赖关系的字母数越多，即马尔可夫信源的阶数越高，输出的序列就越

接近于实际情况。当依赖关系延伸到无穷远时，信源输出的就是真正的英语。此时可求出马尔可夫信源的极限熵

$$H_\infty \approx 1.41\ (\text{比特/符号})$$

对各阶马尔可夫信源熵的计算结果，验证了信源熵随信源符号相关性增加而减小的结论。对一般离散平稳信源来说，H_∞就是实际信源熵。这表明理论上只要有传送H_∞的手段，就能把信源所包含的信息全部发送出去。但实际上确定 H_∞非常困难，只好用 H_{m+1} 来代替。$H_{m+1}>H_\infty$，表现在传输手段上必然是富余的。显然这样做很不经济，特别是有时只能得到H_1，甚至H_0，那就更不经济了。这种浪费是由信源符号的相关性引起的。

为了衡量符号间的相互依赖程度，我们定义信源熵的**相对率**η为信源实际的信源熵与同样符号数的最大熵的比值,即

$$\eta = H_\infty / H_0$$

并定义信源的**冗余度**ξ为 1 减去信源熵的相对率η，即

$$\xi = 1 - \eta = (H_0 - H_\infty)/ H_0 \tag{2.3.17}$$

冗余度也称为**多余度**、**剩余度**或**富余度**。式（2.3.17）说明，信源的符号数一定，符号间的记忆长度越长，H_∞就越小，$I_{0\infty} = H_0 - H_\infty$就越大。我们称 $I_{0\infty}$为**信息变差**。信源的实际熵应为H_∞，但 H_∞很难得到，于是我们用 H_0 来表达信源。两者之差代表了语言结构所确定的信息，故 $I_{0\infty}$也称为**结构信息**。$I_{0\infty}$越大，冗余度就越大。可见冗余度能够用来衡量信源符号间的依赖程度。

就上述英语信源而言　　　　　$\xi = (4.76 - 1.4)/4.76 \approx 0.71$

这说明写英语文章时，有 71%是由语言结构定好的，只有 29%是写文字的人可以自由选择的。这也意味着在传递或存储英语信息时，不必传送所有的字母。或者说，信源可以大幅度地压缩。比如 100 页的书，大约只要传输 29 页就可以了，其余 71 页可以压缩掉，从而大大提高传输效率或节约大量存储空间。信源的冗余度表示信源可压缩的程度。

从提高传输效率的观点出发，总是希望减小或去掉信源的冗余度。如发中文电报，为了经济与节省时间，总希望在原意不变的情况下，尽可能把中文写得简洁些。因为汉语也有很大的冗余度，也是可以压缩的。例如，把“中华人民共和国”压缩成“中国”，原意未变，电文简洁得多，冗余度大大减小。

但冗余度也有它的用处。冗余度大的消息具有强的抗干扰能力。当干扰使消息在传输过程中出现错误时，我们能通过前后字之间的关联关系纠正错误。例如，收到电文“×华人民×和国”，很容易把它纠正为“中华人民共和国”。但若我们发的是压缩后的电文“中国”，而接收端收到的是“×国”，我们就不知道电文是“中国”“美国”“英国”“法国”还是“德国”……；若我们收到的电文是“中×”，则原文有可能是“中国”“中间”“中立”“中心”“中级”……。所以，从提高抗干扰能力角度出发，总希望增加或保留信息的冗余度。

一般人都有这样的经验：听中文广播时，注意力无须太集中，即使边听边做其他事，同样能听懂广播的大意。因为听者并不是在听完了一句话的所有字之后才听懂整句话的意思。例如，“中央人民广播电台”这句话，听者是在听到第 3 或第 4 个字之后，就已经知道了整句话的意思。但是听外语则不然。以英语为例，初学的人都有这样的体会：哪怕注意力高度集中地去听，而且句子中的每一个单词都学过，要想一遍听懂也非易事。如果一篇

文章中有几个生词，往往是成句成段地听不懂。这是因为听者对每个单词的发音都不太熟悉，对句型也不太熟悉，必须听完了一句话的每个单词，才能了解全句的意思。反应稍有迟缓，后面的单词或句子就听漏了。这其实是语言冗余度不够所造成的。了解到这一点我们就会明白，英语听力要过关，除了多听多练，其实并无多少捷径可走。但是学了 10 年、20 年外语仍然不会用，并非用功不够之过，而是学习方法不佳。从信息论的观点出发，什么才是较好的学外语方法？这个问题留给读者自己思考。

以后我们讨论信源编码和信道编码时会知道：信源编码就是通过减小或消除冗余度来提高通信效率的，而信道编码是通过增加冗余度来提高通信的抗干扰能力，即提高通信的可靠性的。通信的效率问题和可靠性问题往往是一对矛盾。

习题

2.1 试问四进制、八进制脉冲所含信息量是二进制脉冲的多少倍？

2.2 假设有一副充分洗乱了的扑克牌（含 52 张牌），试问

（1）任一特定排列所给出的信息量是多少？

（2）若从中抽取 13 张牌，所给出的点数都不相同，能得到多少信息量？

2.3 居住某地区的女孩子有 25%是大学生，在女大学生中有 75%是身高 160cm 以上的，而女孩子中身高 160cm 以上的占总数的一半。假如我们得知“身高 160cm 以上的某女孩是大学生”的消息，问获得多少信息量？

2.4 设离散无忆信源 $\begin{pmatrix} X \\ P(X) \end{pmatrix} = \begin{Bmatrix} a_1=0 & a_2=1 & a_3=2 & a_4=3 \\ 3/8 & 1/4 & 1/4 & 1/8 \end{Bmatrix}$，其发出的消息为

202120130213001203210110321010021032011223210

求：（1）此消息的自信息量是多少？（2）在此消息中平均每个符号携带的信息量是多少？

2.5 设信源 $\begin{pmatrix} X \\ P(X) \end{pmatrix} = \begin{Bmatrix} a_1 & a_2 & a_3 & a_4 & a_5 & a_6 \\ 0.2 & 0.19 & 0.18 & 0.17 & 0.16 & 0.17 \end{Bmatrix}$，求该信源的熵，并解释为什么 $H(X) > \log 6$ 不满足信源熵的极值性？

2.6 同时掷两个正常的骰子，也就是各面呈现的概率都为 1/6，求：

（1）“3 和 5 同时出现”这个事件的自信息量；

（2）“两个 1 同时出现”这个事件的自信息量；

（3）两个点数的各种组合（无序对）的熵或平均信息量；

（4）两个点数之和（即 2, 3, …, 12 构成的子集）的熵；

（5）两个点数中至少有一个是 1 的自信息量。

2.7 证明：$H(X_1X_2\cdots X_n) \leqslant H(X_1)+H(X_2)+\cdots+H(X_n)$。

2.8 证明：$H(X_3/X_1X_2) \leqslant H(X_3/X_1)$，并说明等式成立的条件。

2.9 有两个离散随机变量 X 和 Y，其和为 $Z=X+Y$（一般加法），若 X 和 Y 相互独立，求证：$H(X) \leqslant H(Z)$, $H(Y) \leqslant H(Z)$。

2.10 设有一个信源，它产生 0, 1 序列的信息。它在任意时间而且不论以前发生过什么符号，均按 $p(0)=0.4$, $p(1)=0.6$ 的概率发出符号。

（1）试问这个信源是否是平稳的？

（2）试计算 $H(X^2)$, $H((X_3/X_1X_2)$ 及 $\lim\limits_{N\to\infty} H(X)$；

（3）试计算 $H(X^4)$并写出 X^4 信源中可能有的所有符号。

2.11　设 $X = X_1, X_2, \cdots, X_N$ 是平稳离散有记忆信源，试证明：

$$H(X_1 X_2 \cdots X_N) = H(X_1) + H(X_2/X_1) + H(X_3/X_2 X_1) + \cdots + H(X_N/X_1 X_2 \cdots X_{N-1})$$

2.12　某一无记忆信源的符号集为{0, 1}，已知 $P(0)= 1/4, P(1)= 3/4$。

（1）求平均符号熵；

（2）有 100 个符号构成的序列，求某一特定序列（例如有 m 个“0”和（$100-m$）个“1”）的自信息量的表达式；

（3）计算（2）中序列的熵。

2.13　一阶马尔可夫信源的状态图如题 2.13 图所示。信源 X 的符号集为{0, 1, 2}。

求：（1）平稳后信源的概率分布；（2）信源的极限熵 H_∞。

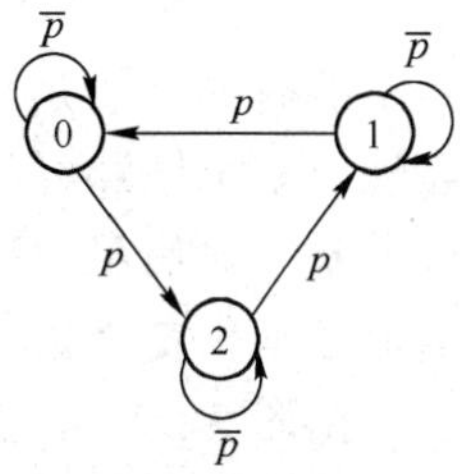

题 2.13 图

2.14　黑白气象传真图的消息只有黑色和白色两种，即信源 X = {黑，白}。设黑色出现的概率为 p（黑）= 0.3，白色的出现概率 p(白)= 0.7。

（1）假设图上黑白消息出现前后没有关联，求熵 $H(X)$；

（2）假设消息前后有关联，其依赖关系为 p(白/白)= 0.9，p(黑/白)= 0.1，p(白/黑)= 0.2，p(黑/黑)= 0.8，求此一阶马尔可夫信源的熵 $H_2(X)$；

（3）分别求上述两种信源的冗余度，比较 $H(X)$和 $H_2(X)$的大小，并说明其物理意义。

第 3 章　无失真离散信源编码

3.1　基 本 概 念

编码的目的是为了优化通信系统。一般来说，通信系统的性能指标主要指有效性、可靠性、安全性和经济性。所谓优化，就是使这些指标达到最佳。除了经济性，其他三个指标正是一般信息论研究的对象。按照不同的编码目的，编码问题可分为三类：信源编码、信道编码和安全编码——密码。

由图 3.1.1 可见，信源编码位于通信系统的前端，直接对信源发出的信号进行变换或处理。**信源编码**是以提高通信有效性为目的的编码，通常通过压缩信源的冗余度来实现。采用的一般方法是压缩每个信源符号的平均比特数或信源的码率，同样多的信息用较低的码率来传送，使单位时间内传送的平均信息量增加，从而提高通信的有效性。

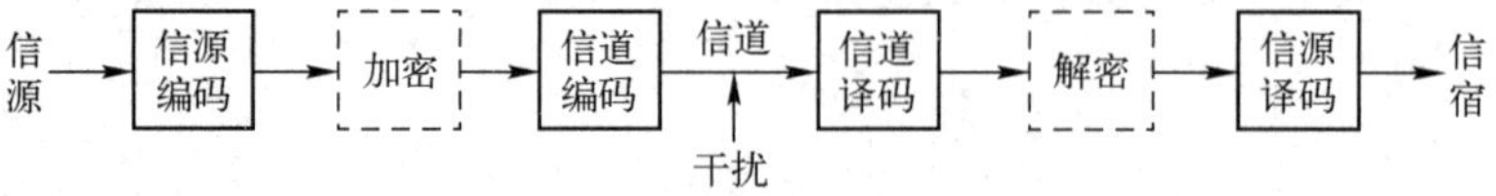

图 3.1.1　通信系统的基本模型

信道编码是以提高信息传输的可靠性为目的的编码。通常通过增加信源的冗余度来实现，采用的一般方法是增大码率或带宽，与信源编码正好相反。

密码则是以提高通信系统的安全性为目的的编码。通常通过加密和解密来实现。从信息论的观点出发，加密可视为“增熵”的过程，解密可视为“减熵”的过程。此处所谓“增熵”和“减熵”，实际是“信源”变化和观察点移动所造成的结果，与前面所讲的“信息不增”原理并不矛盾，其中的道理留给读者思考。

信源编码理论是信息论的一个重要分支，其理论基础是信源编码的两个定理：无失真信源编码定理和限失真信源编码定理。前者是离散信源或数字信号编码的基础，后者则是连续信源或模拟信号编码的基础。

一般情况下，信源编码可分为离散信源编码、连续信源编码、相关信源编码和变换编码几类。前两类主要讨论独立信源编码问题，后两类讨论非独立信源编码问题。离散信源可做到无失真编码，而连续信源则只能做到限失真编码。

离散信源编码是针对离散信号或数字信号实施的编码，又分为无失真编码和限失真编码。无失真编码要求编码器编出的码字与信源符号有一一对应关系，以保证信源符号被全部表达，没有失真。限失真编码则在满足通信需求的前提下，允许一定的失真。

本章讨论无失真离散信源编码问题。在介绍编码方法之前，先介绍香农的两个编码定理。编码定理是信源编码的理论基础。

3.2　无失真离散信源编码定理

对于信源来说有两个重要问题：一个是信源输出的信息量的计算问题，另一个是如何更有效地表示信源输出的问题。为了提高通信效率，往往要对信源所发送的消息进行变换。变换方法之一就是信源编码。

对于任何信源，人们都希望把所有的信息毫无保留地传送到接收端，即实现无失真传送。那么，首先要实现对信源的无差错编码。如今数字技术应用得越来越多，模拟信源也常常通过数字化技术变成数字信号来传送。所以，我们来讨论一下无失真离散信源的编码定理。

所谓信源编码，就是用能够满足信道特性，或者说适合于信道传输的符号序列，一般称为码序列，来代表信源输出的消息。完成编码功能的器件，称为编码器。

离散信源输出的消息是由一个个离散符号组成的随机序列

$$\boldsymbol{X}=(X_1\,X_2\,\cdots\,X_l\,\cdots\,X_L)$$

$$X_l\in\{\,a_1,a_2,\cdots,a_i,\cdots,a_n\,\}$$

信源编码就是把信源输出的随机符号序列变成码序列

$$\boldsymbol{Y}=(Y_1\,Y_2\,\cdots\,Y_k\,\cdots\,Y_K)$$

$$Y_k\in\{\,b_1,b_2,\cdots,b_j,\cdots,b_m\,\}$$

要做到无失真传送，就要求信源消息与码序列必须一一对应。即每个信源消息（某个符号序列）可以编成唯一的一个码字（码序列）；反过来，每个码字只能译成一个固定的消息。这种码称为唯一可译码。有时消息太多，不可能或者没有必要给每个消息都分配一个码字。那么问题是，给多少消息分配码字可以做到几乎无失真译码？传送码字需要一定的信息率。所谓信息率，指每个符号能够容纳的信息量，或单位时间内每个符号能够容纳的信息量。显然，码字越多，所需的信息率就越大。因此，编多少码字的问题可以转化为对信息率大小的讨论。我们当然希望传送同样的消息时信息率越小越好，但是不是可以任意小呢？肯定不是。那么信息率到底最小能小到多少还能做到无失真译码呢？这就是信源编码定理要研究的内容。

无失真离散信源编码有定长和变长两种方法。前者的码字长度 K 是固定的，相应的编码定理称为定长（信源）编码定理，是寻求最小 K 值的编码方法。后者 K 是变值，相应的编码定理称为变长（信源）编码定理。此时的 K 值最小意味着它的数学期望，也就是 K 的平均值最小。以下分别加以讨论。

3.2.1　定长编码定理

由 L 个符号组成的、每个符号的熵为 $H(X)$的平稳无记忆信源符号序列 $X_1\,X_2\cdots X_l\cdots X_L$，可用 K 个符号 $Y_1\,Y_2\cdots Y_k\cdots Y_K$（每个符号有 m 种可能取值）进行定长编码，对任意 $\varepsilon>0,\ \delta>0$，只要

$$\frac{K}{L}\log_2 m\geqslant H(X)+\varepsilon \tag{3.2.1}$$

则当 L 足够大时，必可使译码差错小于 δ。反之，当

$$\frac{K}{L}\log_2 m\leqslant H(X)-2\varepsilon$$

时，译码差错一定是有限值，当 L 足够大时，译码必定出错。

上述定理包含正定理和逆定理两个部分。定理的严格证明牵涉到复杂的数学问题。一

般性证明是通过计算信源符号自信息量的均值和方差，把信源消息分成两个互补集合，一个有编码，一个无编码，再利用切比雪夫不等式，求出有编码集合中码字个数的上下限，分别用上限证明正定理部分，用下限证明逆定理部分。因篇幅所限，此处省略证明过程，感兴趣的读者可参考相关书籍。

不等式（3.2.1）中，m 代表码序列中每个符号的可能取值数，假定 m 个取值是等概率的，则单个符号的信息量为 $\log_2 m$。对于定长编码，每个码字的长度都是 K，故码字的总数是 m^K。若信源是平稳无记忆的，长度为 K 的码序列的总信息量就等于各符号信息量之和，即

$$\log_2 m^K = K\log_2 m$$

$K\log_2 m$ 代表的是消息（长为 L 的信源符号序列）的信息量。平均每个符号的信息量，即平均符号熵则为 $\dfrac{K\log_2 m}{L}$。显然，传送一个信源符号所需的信息率就是 $\dfrac{K}{L}\log_2 m$。定长编码定理中的正定理说明：信息率略大于单符号熵时，可做到几乎无失真译码，条件是 L 必须足够大。可以证明，只要

$$L \geqslant \frac{\sigma^2[I(a_i)]}{\varepsilon^2\delta} \tag{3.2.2}$$

译码差错率一定小于任意正数δ。$\sigma^2[I(a_i)]$是自信息量 $I(a_i)$的方差。逆定理说明：若信息率比信源熵略小一点（小一个ε），译码差错未必超过限定值δ，但若比 $H(X)$小 2ε，则译码失真一定大于δ，$L\to\infty$时，必定失真。

现在我们明白了，信源熵 $H(X)$其实就是一个界限，或者说是一个临界值。当编码器输出的信息率超过这个临界值时，就能无失真译码，否则就不行。

无失真离散信源编码定理从理论上阐明了编码效率接近于 1，即 $H(X)\Big/\left(\dfrac{K}{L}\log_2 m\right)\to 1$ 的理想编码器的存在性，代价是在实际编码时取无限长的信源符号（$L\to\infty$）进行统一编码。具体来说，就是给定ε和δ，用式（3.2.2）规定的 L 计算所有可能信源消息的概率，按由大到小的次序排列，选用概率较大的消息进行编码，于是有编码的消息构成一个集合 A_ε，直到该集合的概率 $p(A_\varepsilon)\geqslant 1-\delta$，意味着译码差错概率必小于$\delta$，即完成了编码过程。只要$\delta$足够小，就可实现几乎无失真译码，所需的信息率也不会超过 $H(X)+\varepsilon$；若ε足够小，编码效率就接近于 1。

理想编码器实际上是很难实现的。

【例 3.2.1】 设某单符号信源模型为

$$\begin{pmatrix} X \\ P(X) \end{pmatrix} = \begin{Bmatrix} a_1 & a_2 & a_3 & a_4 & a_5 & a_6 & a_7 & a_8 \\ 0.4 & 0.18 & 0.10 & 0.10 & 0.07 & 0.06 & 0.05 & 0.04 \end{Bmatrix}$$

要求编码效率达到 90%，求无失真编码所需序列长度 L。

解：计算得

$$H(X)\approx 2.5525(\text{比特/符号})$$

$$\sigma^2[I(a_i)] = E[I^2(a_i)] - H^2(X) \approx 1.3082$$

若要求编码效率为 90%，即

$$\frac{H(X)}{H(X)+\varepsilon} = 0.90$$

则 $$\varepsilon \approx 0.2836$$

设译码差错率为 10^{-6}，由式（3.2.2）可得

$$L \geqslant \frac{1.3082}{0.2836^2 \times 10^{-6}} \approx 1.6265 \times 10^7$$

由此可见，在差错率和效率的要求都不苛刻的情况下，就必须有 1600 多万个信源符号一起编码，技术实现非常困难。不仅如此，它的编码效率也不高。对 8 种可能的取值编定长码，要无差错地译码，每种取值需用 3 个比特，其编码效率

$$\eta = 2.5525/3 \approx 85.08\%$$

为了解决这一问题，就出现了不等长编码，也称变长编码。

对于平稳无记忆信源的变长编码，我们有下面的定理。

3.2.2 变长编码定理

若一离散无记忆信源的信源熵为 $H(X)$，对信源符号进行 m 元变长编码，一定存在一种无失真编码方法，其码字平均长度 $\bar{K}$ 满足不等式

$$1+\frac{H(X)}{\log_2 m} > \bar{K} \geqslant \frac{H(X)}{\log_2 m} \tag{3.2.3}$$

其平均信息率 R 满足不等式

$$H(X) \leqslant R < H(X)+\varepsilon \tag{3.2.4}$$

式中，ε为任意正数。

证明：设信源符号 $X \in \{a_1, a_2, \cdots, a_i, \cdots, a_n\}$，概率为 $p(a_i)(i=1,2,\cdots,n)$，若对 a_i 用一个长度为 k_i 的码字，使

$$1-\frac{\log_2 p(a_i)}{\log_2 m} > k_i \geqslant -\frac{\log_2 p(a_i)}{\log_2 m} \tag{3.2.5}$$

只要我们规定 $-\dfrac{\log_2 p(a_i)}{\log_2 m}$ 为整数时，式（3.2.5）取等号，非整数时，k_i 取比它大一些的最接近的整数，则满足上式的整数必存在。将式（3.2.5）分别乘以 $p(a_i)$再对 i 求和，得

$$1-\sum_{i=1}^{n} p(a_i)\frac{\log_2 p(a_i)}{\log_2 m} > \sum_{i=1}^{n} p(a_i) k_i \geqslant -\sum_{i=1}^{n} p(a_i)\frac{\log_2 p(a_i)}{\log_2 m}$$

对 k_i 求数学期望就是平均值 $\bar{K}$，故

$$1+\frac{H(X)}{\log_2 m} > \bar{K} \geqslant \frac{H(X)}{\log_2 m}$$

对于平稳无记忆信源来说，当信源输出的是长度为 L 的消息序列时，容易证明式（3.2.3）可改进为

$$1+\frac{LH(X)}{\log_2 m} > \bar{K} \geqslant \frac{LH(X)}{\log_2 m}$$

此时的 $\bar{K}$ 代表平均码字长度。

已知信源平均信息率为

$$R = \frac{\bar{K}}{L}\log_2 m$$

故有
$$H(X) \leqslant R < H(X) + \frac{\log_2 m}{L}$$

当 L 足够大时，可使 $\frac{\log_2 m}{L} < \varepsilon$。这就证明了式（3.2.4）。

一般变长编码所要求的信源符号长度 L 比定长编码小得多。由式（3.2.4）得到编码效率的下界

$$\eta = \frac{H(X)}{R} > \frac{H(X)}{H(X) + \frac{\log_2 m}{L}}$$

例如编 2 元码，$m=2$，$\log_2 m = 1$。仍然沿用定长编码的例子，$H(X) \approx 2.5525$ (比特/符号)，若要求$\eta > 90\%$，则

$$\frac{2.5525}{2.5525 + \frac{1}{L}} = 0.9 \qquad L \approx \frac{1}{0.2836} \approx 3.5261$$

只要 4 个符号一起编码，即可满足对编码的效率要求。

3.2.3 码字唯一可译条件

离散信源编码分为定长编码和变长编码。定长编码很简单，但是编码效率比较低。为了提高编码效率，需要对信源冗余度进行压缩，于是常采用变长统计编码方法达到信息压缩的目的。然而变长编码在译码时如何区分成了一个新的问题。

变长编码允许把等长的消息变换成不等长的码序列。通常把经常出现的消息编成短码，不常出现的消息编成长码。这样可使平均码长最短，从而提高通信效率，代价是增加了编译码设备的复杂度。例如，在变长码字组成的序列中，要正确识别每个长度不同的码字的起点就比定长码复杂得多。另外，接收到一个变长码序列后，有时不能马上断定码字是否真正结束，因而不能立即译出该码，要等到后面的符号收到后才能正确译出，这就是所谓的译码同步和译码延时问题。

【例 3.2.2】

信源消息	出现概率	码 A	码 B	码 C	码 D
a_1	0.5	0	0	0	0
a_2	0.25	0	1	01	10
a_3	0.125	1	00	011	110
a_4	0.125	10	11	0111	1110

显然码 A 与信源消息不是一一对应的，因而它不是唯一可译码。码 B 虽然能完成消息的唯一编码，但它仍不是唯一可译的。因为若收到“00”，可译为 a_1a_1，也可译为 a_3。同样“11”也不是唯一可译的。码 C 虽然是唯一可译的，但它要等到下一个“0”收到后才能确定码字的结束，译码有延时。只有码 D 既是唯一可译的，又没有延时。

如果一个码的任何一个码字都不是其他码字的前缀，则称该码为**前缀码**、**异前置码**、**异字头码**、**逗点码**，也称为**即时码**。

显然，码 D 是即时码。即时码可以用**树图**法来构造。对于 m 元或 m 进制树图，在最顶部画一个起始点，称为**树根**。从根部引出 m 条线段，每条线段都称为**树枝**。通过树枝到达另一个**节点**，从这个节点往下，又可以分出 m 个树枝。如此下去，就可以构造出一个树

形图，称为 m 元或 m 进制**码树图**。自根部起，通过一条树枝到达的节点称为一级节点，一级节点最多有 m 个；通过两条树枝到达的节点称为二级节点，二级节点最多有 m^2 个……通过 n 条树枝到达的节点称为 n 级节点，最多有 m^n 个。下面不再有树枝的节点称为**终端节点**或**终节点**。除了树根和终节点，其余的节点都称为**中间节点**。串联的树枝称为**联枝**。从树根开始到每一个终节点的联枝代表一个码字。3 元码树图如图 3.2.1 所示。

在码树图中，当每一个码字的串联枝数都相同时，就是**定长码**，此时的码树称为**满树**，如图 3.2.1（a）所示。码长为 N 的满树的终节点个数为 m^N，即可表示 m^N 个码字。当有些树枝未用时，称为**非满树**，如图 3.2.1（b）所示。非满树构造的就是**变长码**。如果每一个码字都被安排在终节点上，这种码就是异前置码。

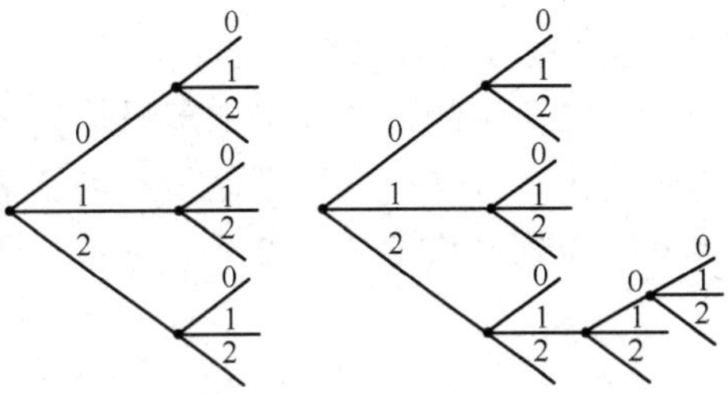

图 3.2.1　3 元码树图

m 元长度为 k_i（$i=1,2,\cdots,n$）的异前置码存在的充要条件是

$$\sum_{i=1}^{n} m^{-k_i} \leqslant 1 \tag{3.2.6}$$

式（3.2.6）称为克拉夫特不等式。

现在来证明这个不等式。

设异前置码第 i 个码字的长度为 k_i（$i=1,2,\cdots,n$）。我们构造一个码树图，在第 k_i 级，总共有 m^{k_i} 个节点。第 i 个码字占据了第 k_i 级的 $1/m^{k_i}$。根据异前置码的定义，其后的树枝不能再用。对于 N 级满树而言，其后不能用的树枝数为 m^{N-k_i}，那么总共不用的树枝数为 $\sum_{i=1}^{n} m^{N-k_i}$。N 级满树第 N 级上的总树枝数已知为 m^N，所以必有

$$\sum_{i=1}^{n} m^{N-k_i} \leqslant m^N \tag{3.2.7}$$

两边除以 m^N，得

$$\sum_{i=1}^{n} m^{-k_i} \leqslant 1$$

这是异前置码存在的必要条件。

反之，如果式（3.2.6）成立，则式（3.2.7）必成立，总可以把第 N 级上的树枝分成 n 组，各组中从第 N 级开始删除 m^{N-k_i}（$i=1,2,\cdots,n$）个树枝。相对于 N 级满树而言，等于删除了所有可能的 k_i 级节点的 $\dfrac{1}{m^{k_i}} = m^{-k_i}$。在该组中以第 k_i 级的节点作为终节点，就构造好了第 i 个码字。对所有的 n 个码字均如法炮制，则总共删除了所有 m^N 个节点中的 $\sum_{i=1}^{n} m^{-k_i}$ 个树枝。由于 $\sum_{i=1}^{n} m^{-k_i} \leqslant 1$，于是构造了一个异前置码。这是异前置码存在的充分条件。

假设信源 $\begin{pmatrix} X \\ P(X) \end{pmatrix} = \begin{Bmatrix} a_1 & a_2 & \cdots & a_i & \cdots & a_n \\ p(a_1) & p(a_2) & \cdots & p(a_i) & \cdots & p(a_n) \end{Bmatrix}$，若对 a_i 编一个长度为 k_i 的码字，使

$$1 - \frac{\log_2 p(a_i)}{\log_2 m} > k_i \geqslant -\frac{\log_2 p(a_i)}{\log_2 m} \tag{3.2.8}$$

只要我们规定 $-\frac{\log_2 p(a_i)}{\log_2 m}$ 为整数时，式（3.2.8）取等号，非整数时，k_i 取比它大一些的最接近整数，则满足上式的 k_i 必存在。

由式（3.2.8）得
$$k_i \log_2 m \geqslant -\log_2 p(a_i)$$
或
$$m^{k_i} \geqslant \frac{1}{p(a_i)} \Rightarrow p(a_i) \geqslant m^{-k_i}$$
两边对 i 求和得
$$\sum_{i=1}^{n} m^{-k_i} \leqslant 1$$
码字长度满足克拉夫特不等式，因而是异前置码。异前置码是一种唯一可译码。

香农证明的信源编码定理虽然指出了理想编码器的存在性，但是并没有给出实用码的结构及构造方法，编码理论正是为了解决这一问题而发展起来的科学理论。下面介绍几种典型的离散信源编码方法。

3.3 香 农 编 码

设有离散无记忆信源 $\begin{pmatrix} X \\ P(X) \end{pmatrix} = \begin{Bmatrix} a_1 & a_2 & \cdots & a_i & \cdots & a_n \\ p(a_1) & p(a_2) & \cdots & p(a_i) & \cdots & p(a_n) \end{Bmatrix}$，$0 \leqslant p(a_i) \leqslant 1$，$\sum_{i=1}^{n} p(a_i) = 1$。二进制香农码的编码步骤如下：

（1）将信源符号按概率从大到小的顺序排列，为方便起见，令 $p(a_1) \geqslant p(a_2) \geqslant \cdots \geqslant p(a_n)$；

（2）令 $p(a_0) = 0$，用 $p_a(a_j)\ (j = i+1)$ 表示第 i 个码字的累加概率，则
$$p_a(a_j) = \sum_{i=0}^{j-1} p(a_i), \quad j = 1, 2, \cdots, n$$

（3）确定满足下列不等式的整数 k_i，并令 k_i 为第 i 个码字的长度
$$-\log_2 p(a_i) \leqslant k_i < 1 - \log_2 p(a_i) \tag{3.3.1}$$

（4）将 $p_a(a_j)$ 用二进制数表示，并取小数点后 k_i 位作为符号 a_i 的编码。

【例 3.3.1】 有一单符号离散无记忆信源
$$\begin{pmatrix} X \\ P(X) \end{pmatrix} = \begin{Bmatrix} a_1 & a_2 & a_3 & a_4 & a_5 & a_6 \\ 0.25 & 0.25 & 0.2 & 0.15 & 0.1 & 0.05 \end{Bmatrix}$$
对该信源编二进制香农码。

解： 其编码过程如表 3.3.1 所示。

由表 3.3.1 可计算出给定信源香农码的平均码长
$$\bar{K} = 0.25 \times 2 \times 2 + (0.2 + 0.15) \times 3 + 0.10 \times 4 + 0.05 \times 5 = 2.7(\text{比特/符号})$$

如果对上述信源采用等长编码，要做到无失真译码，每个符号至少要用 3bit 来表示。比较起来，香农编码无疑对信源进行了“压缩”。

表 3.3.1 二进制香农编码

i	a_i	$P(a_i)$	j	$p_a(a_j)$	k_i	码字
	a_0	0				
1	a_1	0.25	1	0.000	2	00（0.000）$_2$
2	a_2	0.25	2	0.250	2	01（0.010）$_2$
3	a_3	0.20	3	0.500	3	100（0.100）$_2$
4	a_4	0.15	4	0.700	3	101（0.101）$_2$
5	a_5	0.10	5	0.850	4	1101（0.1101）$_2$
6	a_6	0.05	6	0.950	5	11110（0.11110）$_2$

由离散无记忆信源熵的定义，可计算出

$$H(X)=-\sum_{i=1}^{6}p(a_i)\log_2 p(a_i)\approx 2.4233(\text{比特/符号})$$

对上述信源采用香农编码所需的信息率

$$R=\frac{\bar{K}}{L}\log_2 m$$

在本例中，由于是对单符号信源编二进制码，所以 $L=1$，$m=2$。定义信源熵和信息率之比为编码效率，则

$$\eta=\frac{H(X)}{R}=\frac{H(X)}{\bar{K}}=\frac{2.4233}{2.7}\approx 89.75\%$$

可见编码效率并不是很高。当不等式（3.3.1）左边的等号成立时，香农编码有很高的编码效率。

3.4 费诺编码

费诺（Fano）编码也是一种常见的信源编码方法，其编码步骤如下：

（1）将概率按从大到小的顺序排列，不失一般性，令 $p(a_1)\geqslant p(a_2)\geqslant\cdots\geqslant p(a_n)$。

（2）按编码进制数将概率分组，使每组概率和尽可能接近或相等。如编二进制码就分成两组，编 m 进制码就分成 m 组。

（3）给每组分配一位码元。

（4）将每一分组再按同样原则划分，重复步骤（2）和（3），直至概率不再可分为止。

【例 3.4.1】 对例 3.3.1 中的信源编二进制费诺码。

解： 编码过程如表 3.4.1 所示。

上述码字还可用码树图来表示，如图 3.4.1 所示。

该信源平均码长为 $$\bar{K}=\sum_{i=1}^{6}p(a_i)k_i=2.45(\text{比特/符号})$$

编码效率为 $$\eta=\frac{H(X)}{\dfrac{\bar{K}}{L}\log_2 m}=\frac{H(X)}{\bar{K}}=\frac{2.4233}{2.45}\approx 98.91\%$$

表 3.4.1 例 3.4.1 的表

信源符号	概率	编码				码字	码长
a_1	0.25	0	0			00	2
a_2	0.25		1			01	2
a_3	0.20	1	0			10	2
a_4	0.15		1	0		110	3
a_5	0.10			1	0	1110	4
a_6	0.05				1	1111	4

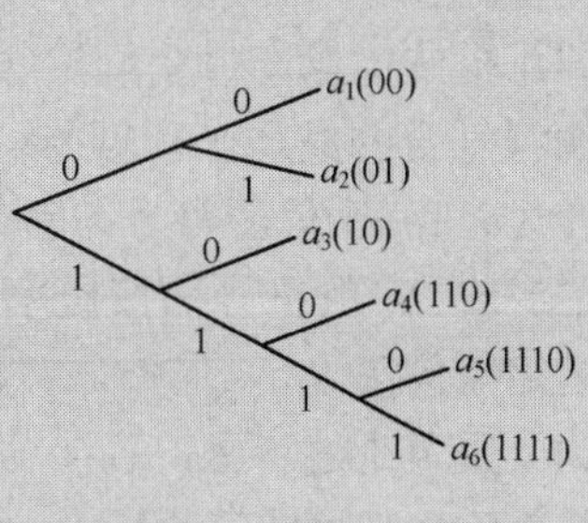

图 3.4.1 例 3.4.1 的码树图

在本例中，费诺码有较高的编码效率。费诺码比较适合于每次分组概率都很接近的信源，特别是对每次分组概率都相等的信源进行编码时，可达到理想的编码效率。

【例 3.4.2】 有一单符号离散无记忆信源

$$\begin{pmatrix} X \\ P(X) \end{pmatrix} = \begin{Bmatrix} a_1 & a_2 & a_3 & a_4 & a_5 & a_6 & a_7 & a_8 \\ 1/4 & 1/4 & 1/8 & 1/8 & 1/16 & 1/16 & 1/16 & 1/16 \end{Bmatrix}$$

对该信源编二进制费诺码。

解： 编码过程如表 3.4.2 所示。

该信源熵为 $H(X) = 2.75$ (比特/符号)

平均码长 $\bar{K} = (0.25 + 0.25) \times 2 + 0.125 \times 2 \times 3 + 0.0625 \times 4 \times 4 = 2.75$ (比特/符号)

编码效率 $\eta = 1$

达到了最佳编码效率。之所以如此，是因为每次所分两组的概率恰好相等。

例 3.4.2 的码树图如图 3.4.2 所示。

表 3.4.2 例 3.4.2 的表

<table>
<tr><th>信源符号</th><th>概率</th><th colspan="4">编　码</th><th>码字</th><th>码长</th></tr>
<tr><td>a_1</td><td>0.25</td><td rowspan="2">0</td><td>0</td><td rowspan="2" colspan="2"></td><td>00</td><td>2</td></tr>
<tr><td>a_2</td><td>0.25</td><td>1</td><td>01</td><td>2</td></tr>
<tr><td>a_3</td><td>0.125</td><td rowspan="6">1</td><td rowspan="2">0</td><td>0</td><td rowspan="2"></td><td>100</td><td>3</td></tr>
<tr><td>a_4</td><td>0.125</td><td>1</td><td>101</td><td>3</td></tr>
<tr><td>a_5</td><td>0.0625</td><td rowspan="4">1</td><td rowspan="2">0</td><td>0</td><td>1100</td><td>4</td></tr>
<tr><td>a_6</td><td>0.0625</td><td>1</td><td>1101</td><td>4</td></tr>
<tr><td>a_7</td><td>0.0625</td><td rowspan="2">1</td><td>0</td><td>1110</td><td>4</td></tr>
<tr><td>a_8</td><td>0.0625</td><td>1</td><td>1111</td><td>4</td></tr>
</table>

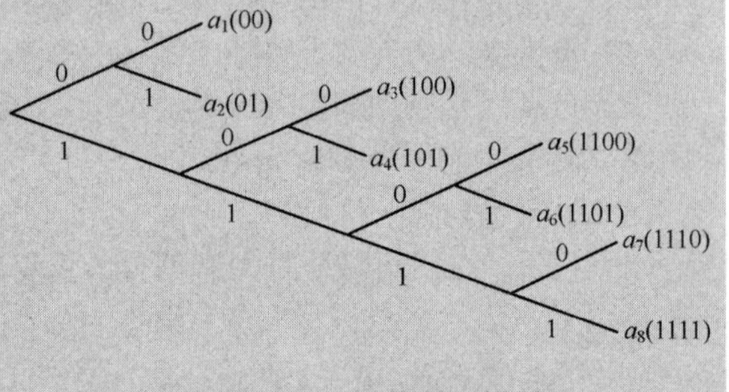

图 3.4.2 例 3.4.2 的码树图

3.5 霍夫曼编码

霍夫曼（Huffman）编码是一种效率比较高的变长无失真信源编码方法。首先介绍二进制霍夫曼码的编码方法，其编码步骤如下：

（1）将信源符号按概率从大到小的顺序排列，为方便起见，令 $p(a_1) \geqslant p(a_2) \geqslant \cdots \geqslant p(a_n)$。

（2）给两个概率最小的信源符号 $p(a_{n-1})$ 和 $p(a_n)$ 各分配一个码位“0”和“1”，将这两个信源符号合并成一个新符号，并用这两个最小的概率之和作为新符号的概率，得到一个只包含（n–1）个信源符号的新信源，称为信源的第一次缩减信源，用 S_1 表示。

（3）将 S_1 的符号仍按概率从大到小的顺序排列，重复步骤（2），得到只含（n–2）个符号的缩减信源 S_2。

（4）重复上述步骤，直至缩减到两个符号为止，此时所剩两个符号的概率之和必为 1。然后从最后一级缩减信源开始，依编码路径向前返回，就得到各信源符号所对应的码字。

下面举一个例子。

【例3.5.1】 对例3.3.1中的信源编二进制霍夫曼码。

解：编码过程如图3.5.1所示。

将图3.5.1左右颠倒过来重画一下，即可得到二进制霍夫曼码的码树图，如图3.5.2所示。

信源符号	概率	缩减信源					码字	码长
		S_1	S_2	S_3	S_4	S_5		
a_1	0.25		0.3	0.45	0.55	0 1.0	01	2
a_2	0.25		0		0		10	2
a_3	0.2			1	1		11	2
a_4	0.15	0.15	0				001	3
a_5	0.10	0	1				0000	4
a_6	0.05	1					0001	4

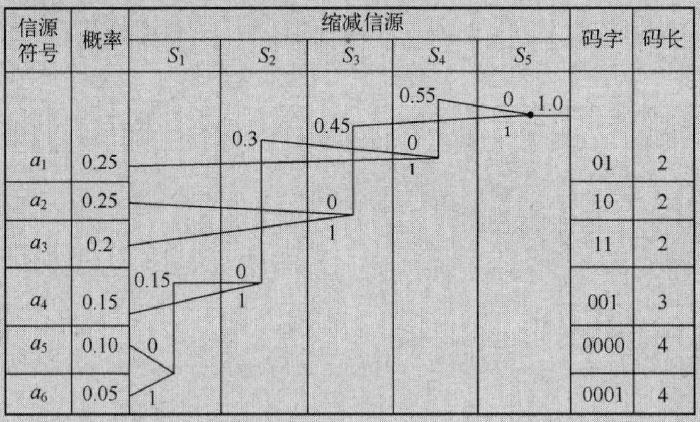

图3.5.1　例3.5.1的图1

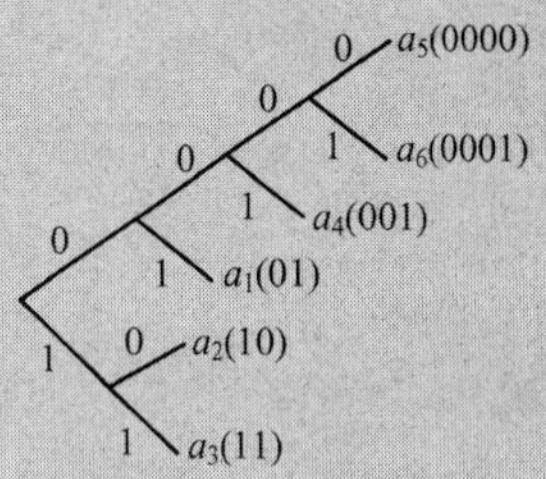

图3.5.2　例3.5.1的图2

需要特别强调的是，在图3.5.1中读取码字的时候，一定要从后向前读取，此时编出来的码字才是可分离的异前置码。若从前向后读取码字，则码字不可分离。

本例的平均码长和编码效率与例3.4.1费诺码的$\bar{K}$和η相同，分别为2.45和98.91%。

若采用定长编码，码长$K=3$，则编码效率$\eta=2.55/3=85\%$。可见霍夫曼码的编码效率提高了13.91%。

霍夫曼码的编法并不唯一。首先，每次对缩减信源两个概率最小的符号分配"0"和"1"码元是任意的，所以可得到不同的码字。只要在各次缩减信源中保持码元分配的一致性，即能得到可分离码字。不同的码元分配，得到的具体码字不同，但码长k_i不变，平均码长$\bar{K}$也不变，所以没有本质区别。其次，缩减信源时，若合并后的新符号概率与其他符号概率相等，从编码方法上来说，这几个符号的次序可任意排列，编出的码都是正确的，但得到的码字不相同。不同的编法得到的码长k_i也不尽相同。

现在我们来看一个例子。

【例3.5.2】 单符号离散无记忆信源

$$\begin{pmatrix} X \\ P(X) \end{pmatrix} = \begin{Bmatrix} a_1 & a_2 & a_3 & a_4 & a_5 \\ 0.4 & 0.2 & 0.2 & 0.1 & 0.1 \end{Bmatrix}$$

用两种不同的方法对其进行二进制霍夫曼编码。

解：方法一：合并后的新符号排在其他相同概率符号的后面，编码过程如图3.5.3所示。相应的码树图如图3.5.4所示。

对于单符号信源编二进制霍夫曼码，编码效率主要决定于信源熵和平均码长之比。对相同的信源编码，其熵是一样的。采用不同的编法，得到的平均码长可能不同。显然，平均码长越短，编码效率就越高。

方法一的平均码长是

$$\bar{K}_1 = 0.4 \times 1 + 0.2 \times 2 + 0.2 \times 3 + (0.1+0.1) \times 4 = 2.2 \text{(比特/符号)}$$

方法二：合并后的新符号排在其他相同概率符号的前面，编码过程如图 3.5.5 所示，相应的码树图如图 3.5.6 所示。

信源符号	概率	缩减信源				码字	码长
		S_1	S_2	S_3	S_4		
a_1	0.4			0.6	0 1 1.0	1	1
a_2	0.2		0.4	0 1		01	2
a_3	0.2		0			000	3
a_4	0.1	0.2 0	1			0010	4
a_5	0.1	1				0011	4

图 3.5.3　例 3.5.2 的图 1

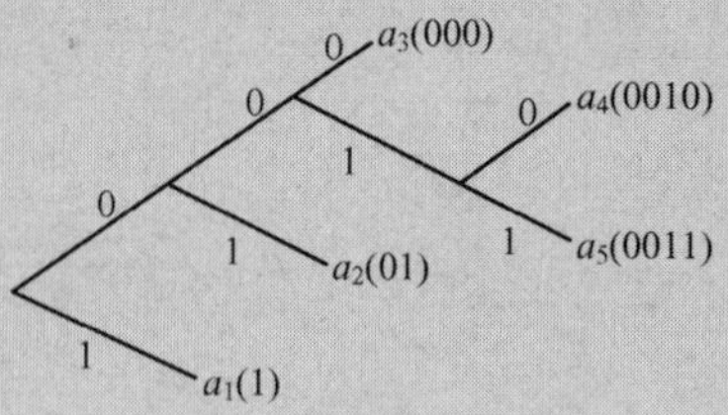

图 3.5.4　例 3.5.2 的图 2

信源符号	概率	缩减信源				码字	码长
		S_1	S_2	S_3	S_4		
a_1	0.4		0.4	0.6 0	0 1 1.0	00	2
a_2	0.2	0.2	0	1		10	2
a_3	0.2		1			11	2
a_4	0.1	0				010	3
a_5	0.1	1				011	3

图 3.5.5　例 3.5.2 的图 3

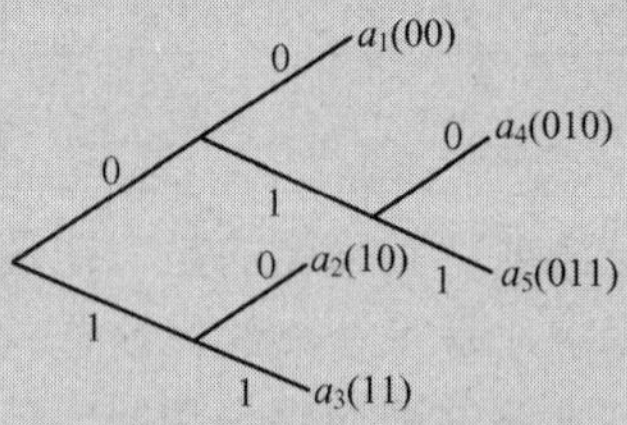

图 3.5.6　例 3.5.2 的图 4

方法二的平均码长是

$$\bar{K}_2 = (0.4+0.2+0.2)\times 2 + (0.1+0.1)\times 3 = 2.2\ (\text{比特/符号})$$

$\bar{K}_2 = \bar{K}_1$，可见本例中两种编法的平均码长相同，所以有相同的编码效率。

在实际应用中，选择哪种编码方法好呢？

我们定义码字长度的方差为码长 k_i 与平均码长 $\bar{K}$ 之差的平方的数学期望，记为σ^2，即

$$\sigma^2 = E[(k_i - \bar{K})^2] = \sum_{i=1}^{n} p(a_i)(k_i - \bar{K})^2$$

例 3.5.2 中两种码的方差分别为

$$\sigma_1^2 = 0.4(1-2.2)^2 + 0.2(2-2.2)^2 + 0.2(3-2.2)^2 + (0.1+0.1)(4-2.2)^2 = 1.36$$

$$\sigma_2^2 = (0.4+0.2+0.2)(2-2.2)^2 + (0.1+0.1)(3-2.2)^2 = 0.16$$

可见第二种编码方法的码长方差要小许多，这意味着第二种编码方法的码长变化较小，比较接近于平均码长。确实，图 3.5.3 中用第一种方法编出的 5 个码字有 4 种不同的码长，而图 3.5.5 中用第二种方法对同样的 5 个符号编码，结果只有两种不同的码长。显然第二种编码方法更简单，更容易实现，所以更好一些。

由此得出结论：在霍夫曼码编码过程中，对缩减信源符号按概率由大到小的顺序重新排列时，应使合并后的新符号尽可能排在靠前的位置，这样可使合并后的新符号重复编码次数减少，使短码得到充分利用。

上面讨论的是二进制霍夫曼码，其编码方法可以推广到 m 进制霍夫曼码。所不同的只是每次把 m 个概率最小的符号分别用 $0, 1, \cdots, m-1$ 等码元来表示，然后再合并成一个新的信源符号，其余步骤与二进制编码相同。

在编 m 进制霍夫曼码时，为了使平均码长最短，必须使最后一步缩减信源有 m 个信源符号。这样，第一步给概率最小的符号分配码元时，所取的符号数就不一定是 m 个。

为了说明这个问题，我们引进全树和非全树的概念。

所谓**全树**，就是码树图中每个中间节点后续的树枝数必为 m。若有些节点的后续树枝数不足 m，就称为**非全树**。必须用非全树时，第一次分配码元就不能取 m 个符号。

二进制码元不存在非全树的情况。因为后续树枝数是 1 时，这个树枝就可以取消从而使码字长度缩短。

对于 m 进制编码，若所有码字构成全树，可分离的码字数必为

$$m+k(m-1) \tag{3.5.1}$$

式中 k 为非负整数。因为从根节点开始，必须伸出 m 个树枝才能构成全树。以后每次从一个节点分出 m 个树枝，码字数就增加 m–1 个，即去掉原来的 1 个码字，加上 m 个码字，所以总码字数必为 $m+k(m-1)$ 个才能构成全树。若信源所含的符号数 n 不能构成 m 进制的全树，就必须增加 s 个不用的码字来形成全树。显然

$$s<m-1$$

若 $s=m-1$，意味着某个中间节点之后只有一个分枝，为了节约码长，这一分枝自然可以省略。

当有 s 个码字不用时，第一次对最小概率符号分配码元时就只取 $(m-s)$ 个符号，分别配以 0，1,$\cdots$，$m-s-1$，把这些符号的概率相加作为一个新符号的概率，与其他符号一起重新排列。以后每次就可以取 m 个符号，分别配以 0, 1,$\cdots$,m–1，如此下去，直至所有概率相加得 1 为止，即得到各符号的 m 进制码字。

【例 3.5.3】 对信源 $\begin{pmatrix} X \\ P(X) \end{pmatrix}=\begin{Bmatrix} a_1 & a_2 & a_3 & a_4 & a_5 & a_6 & a_7 & a_8 \\ 0.4 & 0.18 & 0.1 & 0.1 & 0.07 & 0.06 & 0.05 & 0.04 \end{Bmatrix}$ 编三进制霍夫曼码。

解：本例中，$m=3$，$n=8$。

令 $k=3$，将 m 和 n 的数值代入式（3.5.1）得

$$m+k(m-1)=9$$

则不用的码字数为 $s=9-n=1$，所以第一次取 $m-s=2$ 个符号进行编码。编码过程及码字如图 3.5.7 所示，相应的码树图如图 3.5.8 所示。

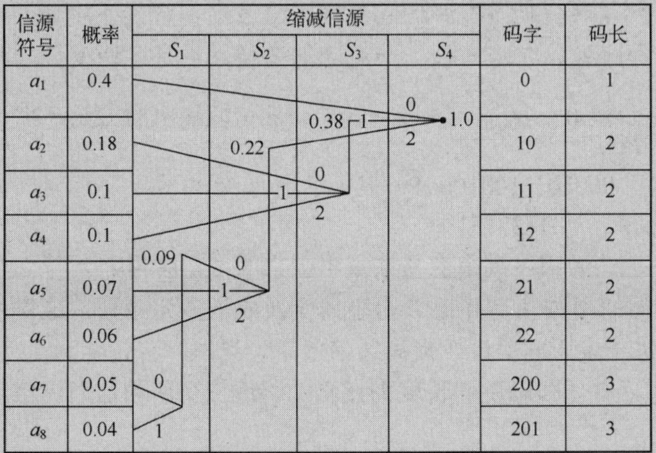

信源符号
概率
缩减信源
S_1
S_2
S_3
S_4
码字
码长
a_1 0.4 0 1
a_2 0.18 10 2
a_3 0.1 11 2
a_4 0.1 12 2
a_5 0.07 21 2
a_6 0.06 22 2
a_7 0.05 200 3
a_8 0.04 201 3
0.09
0.22
0.38
1.0

图 3.5.7 例 3.5.3 的图 1

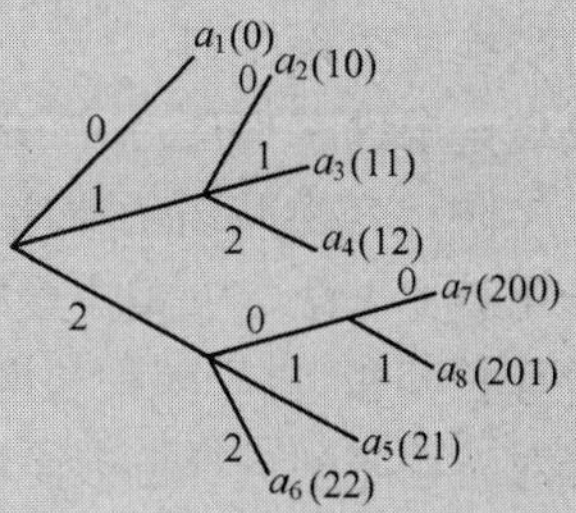

图 3.5.8 例 3.5.3 的图 2

信源熵为 $$H(X)=-\sum_{i=1}^{8}p(a_i)\log_2 p(a_i)\approx 2.55(\text{比特/符号})$$

平均码长为 $\bar{K}=0.4\times 1+(0.18+0.1+0.1+0.07+0.06)\times 2+(0.05+0.04)\times 3=1.69$ (比特/符号)

相应的信息率为 $$R=\frac{\bar{K}}{L}\log_2 3\approx 2.68(\text{比特/符号})$$

编码效率 $$\eta=2.55/2.68\approx 95.15\%$$

可见霍夫曼码的编码效率相当高。不仅如此，它对编码器的要求也简单得多。

香农码、费诺码和霍夫曼码都考虑了信源的统计特性，使经常出现的信源符号对应较短的码字，使信源的平均码长缩短，从而实现了对信源的压缩。香农码有系统的、唯一的编码方法，但在很多情况下，编码效率不是很高。费诺码和霍夫曼码的编码方法都不唯一。费诺码比较适合于对分组概率相等或接近的信源编码。费诺码也可以编 m 进制码，但 m 越大，信源的符号数越多，可能的编码方案就越多，编码过程就越复杂，有时短码未必能得到充分利用。比较而言，霍夫曼码对信源的统计特性没有特殊的要求，编码效率比较高，对编码设备的要求也比较简单，因此综合性能优于香农码和费诺码。

3.6 游程组合编码

3.3～3.5 节介绍的三种信源编码方法，主要针对无记忆信源。当信源有记忆时，虽然上述编码方法都可以用，但编码效率并不高，尤其是对二元相关信源，往往要采取一些额外的措施，才能使编码效率得到改善，而有时改善的效果并不理想。所以人们希望找到一种变换方法，使其对平稳相关信源的编码更有效。游程编码就是这样一种方法，适用于连 0 和连 1 较多的二元平稳信源。

所谓**游程**，指数字序列中连续出现相同符号的一段。二元序列只有两种符号，即“0”和“1”。这些符号可连续出现，连“0”这一段称为“0”游程，连“1”这一段称为“1”游程。它们的长度分别称为游程长度 l_0 和 l_1。由于是二进制序列，“0”游程和“1”游程总是交替出现。若规定二元序列总是从“0”开始，第一个游程是“0”游程，则第二个游程必为“1”游程，第三个又是“0”游程……对于随机序列，游程的长度是随机的，其取值可为 1,2,3,⋯，∞。

这样，可以用交替出现的“0”游程和“1”游程的长度，来表示任意二元序列。这种序列称为游程长度序列，简称游程序列。它是一种一一对应的变换，也是可逆变换，称为游程变换。例如，二元信源 $\begin{Bmatrix}0 & 1\\ p_0 & p_1\end{Bmatrix}$，$0\leqslant p_0,p_1\leqslant 1, p_0+p_1=1$，该信源输出的二元序列

$$000101110010001\cdots$$

可变换成游程序列 $$31132131\cdots$$

已规定游程序列从“0”开始，由上述游程序列很容易恢复出原来的二元序列。

游程变换减弱了原序列符号间的相关性，并把二元序列变换成了多元序列，这样就适合用其他方法，如霍夫曼编码，进一步压缩信源，提高通信效率。当然，首先要测定“0”游程长度和“1”游程长度的概率分布，即以游程长度为元素，构造一个新的信源，然后才能对游程序列进行霍夫曼编码。

多元序列也可以变换成游程序列，如 m 元序列可有 m 种游程。但是变换成游程序列

时，需要增加标志位才能区分游程序列中的“长度”是 m 种游程中的哪一种的长度，否则变换就不可逆。这样一来，增加的标志位可能会抵消压缩编码得到的好处。所以，对多元序列进行游程变换的意义不大。

若二元序列的概率特性已知，由于二元序列与游程变换序列的一一对应性，可计算出游程序列的概率特性。

先设二元序列为独立序列，令“0”和“1”的概率分别为 p_0 和 p_1，长度为 i 的“0”游程记为 l_i^0，则 0 游程长度概率为

$$p(l_i^0) = p_0^{l_i^0 - 1} p_1 \tag{3.6.1}$$

式中，$l_i^0 = 1, 2, \cdots$，游程长度至少是 1。从理论上来说，游程长度可以为无穷大，但很长的游程实际出现的概率非常小。在计算 $p(l_i^0)$ 时，必然已有“0”出现，否则就不是“0”游程。若下一个符号是“1”，则游程长度为 1，其概率是 $p_1 = 1 - p_0$；若下一个符号为“0”，再下一个符号为“1”，则游程长度为 2，其概率将为 $p_0 p_1$。以此类推，可得到式（3.6.1）。容易证明

$$\sum_{l_i^0=1}^{\infty} p(l_i^0) = \frac{p_1}{1 - p_0} = 1 \tag{3.6.2}$$

同理可得“1”游程长度 l_j^1 的概率为

$$p(l_j^1) = p_1^{l_j^1 - 1} p_0 \tag{3.6.3}$$

同样易证

$$\sum_{l_j^1=1}^{\infty} p(l_j^1) = \frac{p_0}{1 - p_1} = 1 \tag{3.6.4}$$

于是我们可以构造出两个信源：“0”游程长度信源和“1”游程长度信源，分别是

$$\begin{pmatrix} L_0 \\ P(L_0) \end{pmatrix} = \begin{Bmatrix} l_1^0 = 1 & l_2^0 = 2 & \cdots & l_i^0 = i & \cdots \\ p(l_1^0) & p(l_2^0) & \cdots & p(l_i^0) & \cdots \end{Bmatrix},\ 0 \leqslant p(l_i^0) \leqslant 1, \sum_{l_i^0=1}^{\infty} p(l_i^0) = 1$$

和

$$\begin{pmatrix} L_1 \\ P(L_1) \end{pmatrix} = \begin{Bmatrix} l_1^1 = 1 & l_2^1 = 2 & \cdots & l_j^1 = j & \cdots \\ p(l_1^1) & p(l_2^1) & \cdots & p(l_j^1) & \cdots \end{Bmatrix},\ 0 \leqslant p(l_j^1) \leqslant 1, \sum_{l_j^1=1}^{\infty} p(l_j^1) = 1$$

根据式（3.6.1）和式（3.6.2），可计算“0”游程长度的熵为

$$\begin{aligned} H(L_0) &= -\sum_{l_i^0=1}^{\infty} p(l_i^0) \log_2 p(l_i^0) = -\sum_{l_i^0=1}^{\infty} p_0^{l_i^0-1} p_1 \log_2 (p_0^{l_i^0-1} p_1) \\ &= -\log_2 p_1 \sum_{l_i^0=1}^{\infty} p(l_i^0) - p_1 \sum_{l_i^0=1}^{\infty} p_0^{l_i^0-1} (l_i^0 - 1) \log_2 p_0 \end{aligned} \tag{3.6.5}$$

由 $\dfrac{\mathrm{d}p_0^{l_i^0-1}}{\mathrm{d}p_0} = (l_i^0 - 1) p_0^{l_i^0-2}$ 推导出

$$(l_i^0 - 1) p_0^{l_i^0-1} = p_0 \frac{\mathrm{d}p_0^{l_i^0-1}}{\mathrm{d}p_0} \tag{3.6.6}$$

将式（3.6.6）代入式（3.6.5）得

$$\begin{aligned}H(L_0)&=-\log_2 p_1-p_1p_0\log_2 p_0\sum_{l_i^0=1}^{\infty}\frac{\mathrm{d}}{\mathrm{d}p_0}p_0^{l_i^0-1}\\&=-\log_2 p_1-p_1p_0(\log_2 p_0)\frac{\mathrm{d}}{\mathrm{d}p_0}\sum_{l_i^0=1}^{\infty}p_0^{l_i^0-1}\\&=-\log_2 p_1-p_1p_0(\log_2 p_0)\frac{\mathrm{d}}{\mathrm{d}p_0}\left(\frac{1}{1-p_0}\right)\\&=-\log_2 p_1-p_1p_0(\log_2 p_0)\frac{1}{(1-p_0)^2}\\&=H(p_0)/p_1\end{aligned}\tag{3.6.7}$$

式中，$H(p_0)$为原二元序列的熵。

“0”游程序列的平均游程长度

$$L_0=E(l_i^0)=\sum_{l_i^0=1}^{\infty}l_i^0p(l_i^0)=\sum_{l_i^0=1}^{\infty}l_i^0p_0^{l_i^0-1}p_1=p_1\sum_{l_i^0=1}^{\infty}\frac{d}{dp_0}p_0^{l_i^0}-1=\frac{1}{p_1}$$

同理，由式（3.6.3）和式（3.6.4）可得“1”游程长度的熵和平均游程长度

$$\begin{aligned}H(L_1)&=H(p_0)/p_0\\L_1&=E(l_j^1)=1/p_0\end{aligned}\tag{3.6.8}$$

“0”游程序列的熵与“1”游程序列的熵之和除以它们的平均游程长度之和，即为对应原二元序列的熵 $H(X)$，由式（3.6.7）至式（3.6.8）得

$$H(X)=\frac{H(L_0)+H(L_1)}{L_0+L_1}=H(p_0)=H(p_1)\tag{3.6.9}$$

可见游程变换后符号熵没有变。这很容易理解，因为游程变换是一一对应的可逆变换，所以变换后熵值不变。这也说明变换后的游程序列是独立序列。

【例 3.5.4】二元离散无记忆信源中，0 和 1 发生的概率分别为 p_0=0.6, p_1=0.4。求二元序列（000101110010000111100110001011110）的游程-霍夫曼组合编码。

解：已知二元序列的最长游程是 4，分别构造 0 游程和 1 游程长度信源。

0 游程长度信源为 $\begin{pmatrix}L_0\\p(L_0)\end{pmatrix}=\begin{Bmatrix}1 & 2 & 3 & 4 & \cdots\\0.4 & 0.24 & 0.144 & 0.0864 & \cdots\end{Bmatrix}$

1 游程长度信源为 $\begin{pmatrix}L_1\\p(L_1)\end{pmatrix}=\begin{Bmatrix}1 & 2 & 3 & 4 & \cdots\\0.6 & 0.24 & 0.96 & 0.0384 & \cdots\end{Bmatrix}$

0 游程长度编码和 1 游程长度编码分别见图 3.5.9 和图 3.5.10。

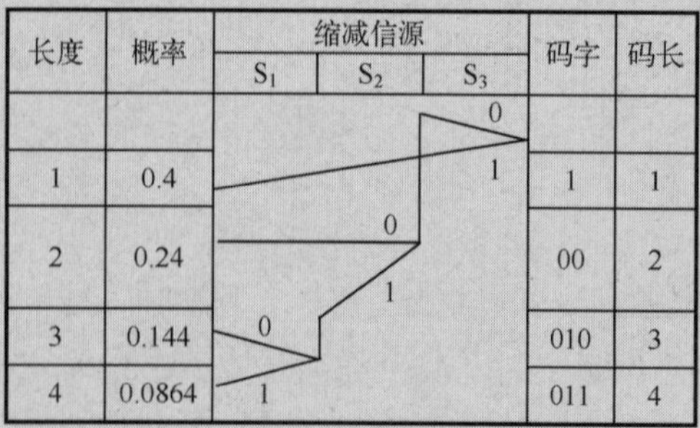

图 3.5.9　例 3.5.4 的 0 游程长度编码

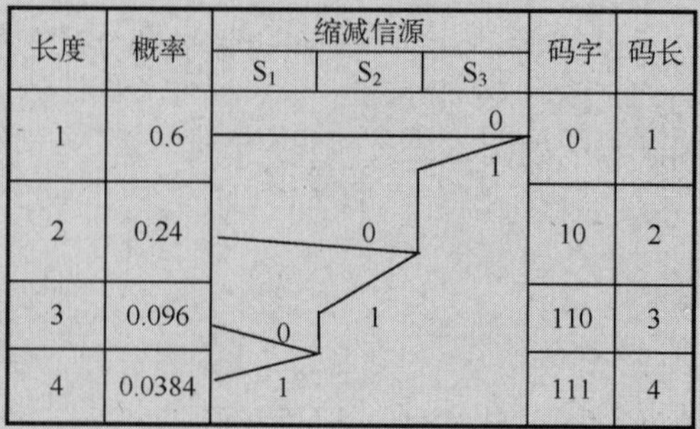

图 3.5.10　例 3.5.4 的的 1 游程长度编码

对二元序列编码时，遇到 0，用 0 游程长度码字代替；遇到 1，用 1 游程长度码字代替。编码结果为：(01001110000011111001001001101)。

上述二元序列在编码后只压缩了 2 个比特。分析图 3.5.9 和图 3.5.10，只有长度为 4 的游程编码后压缩了 1 个比特，而信源发出的二元序列中仅有 2 个 4 比特长的游程，0 游程和 1 游程各 1 个。实际上，游程-霍夫曼组合编码适用于游程长度较长且频繁出现的二元序列编码，而且使用混合制编码理论上会有更高的编码效率。

对于有相关性的二元序列，也可以证明变换后的游程序列是独立序列，并且也有 $H(X)=\dfrac{H(L_0)+H(L_1)}{L_0+L_1}$ 的结论。只是此时的 $H(L_0), H(L_1)$，L_0 和 L_1 的具体表达形式不同，它们是相关符号的联合概率和条件概率的函数。由于游程变换有较好的去相关效果，因而对游程序列进行霍夫曼编码，可获得较高的编码效率。

假设"0"游程长度的霍夫曼编码效率为 η_0，"1"游程长度的霍夫曼编码效率为 η_1，由编码效率的定义和式（3.6.9）可得对应二元序列的编码效率

$$\eta=\frac{H(L_0)+H(L_1)}{\dfrac{H(L_0)}{\eta_0}+\dfrac{H(L_1)}{\eta_1}} \tag{3.6.10}$$

假设 $\eta_0>\eta_1$，则有

$$\eta_0>\eta>\eta_1$$

当"0"游程和"1"游程的编码效率都很高时，采用游程编码的效率也很高，至少不会低于两种游程编码中较低的那个效率。由式（3.6.10）还可看出，要想使编码效率 η 尽可能高，应使式（3.6.10）的分母尽可能小，这就要求尽可能提高熵值较大的游程的编码效率，因为它在分母中占的比重较大。

理论上来说，游程长度可为 1 到无穷大。要建立游程长度和码字之间的一一对应的码表是困难的。一般情况下，游程越长，出现的概率就越小；当游程长度趋于无穷大时，出现的概率也趋于 0。按照霍夫曼码的编码规则，概率越小，码字越长，但小概率的码字对平均码长影响较小，所以在实际应用时，常对长码采用截断处理的方法。

取一个适当的 n 值，游程长度为 1, 2, …, 2^{n-1}, 2^n，所有大于 2^n 者，都按 2^n 来处理。然后按照霍夫曼码的编码规则，将上列 2^n 种概率从大到小排队，构成码树并得到相应的码字。由于所有长度大于等于 2^n 的游程，只有一个码字 C，为了区分这些长度，在 C 之后再加一个 n 位的自然码 A，代表余数。例如，当游程长度恰为 2^n 时，就用 $C\underbrace{00\cdots00}_{n个}$ 来表示。游程长度为 2^n+1 时，用 $C\underbrace{00\cdots01}_{n个}$ 来表示，为 $2^{n+1}-1$ 时，用 $C\underbrace{11\cdots11}_{n个}$ 来表示。当游程长度大于或等于 2^{n+1} 时，就需要用两个或两个以上的 C。例如，游程长度为 2^{n+1}，码字为 $C\underbrace{00\cdots00}_{n个}\,C\underbrace{00\cdots00}_{n个}$；游程长度为 $2^{n+2}-1$ 的码字是 $C\underbrace{00\cdots00}_{n个}\,C\underbrace{11\cdots11}_{n个}$。以此类推，可得到所有游程长度的码字。

需要注意的是，"0"游程和"1"游程应分别编码，建立各自的码字和码表。两个码表中的码字可以重复，但 C 码必须不同。设 C_0 和 C_1 分别是"0"游程和"1"游程码表中的码字，当译码器碰到 $C_0\underbrace{00\cdots00}_{n个}$ 时，需要根据后面的码字来判断这个"0"游程的长度。若后面的码字是 C_1，则该"0"游程的长度为 2^n；若后面的码字是 C_0，则该"0"游程的长度

大于 2^n。由此可见，C 码必须与两个码表中的码字都是异前置的。

习题

3.1　设信源 $\begin{pmatrix} X \\ P(X) \end{pmatrix} = \begin{Bmatrix} a_1 & a_2 & a_3 & a_4 & a_5 & a_6 & a_7 \\ 0.2 & 0.19 & 0.18 & 0.17 & 0.15 & 0.1 & 0.01 \end{Bmatrix}$

（1）求信源熵 $H(X)$；　（2）编二进制香农码；　（3）计算其平均码长及编码效率。

3.2　对习题 3.1 的信源编二进制费诺码，计算其编码效率。

3.3　对习题 3.1 的信源分别编二进制和三进制霍夫曼码，计算各自的平均码长及编码效率。

3.4　设信源 $\begin{pmatrix} X \\ P(X) \end{pmatrix} = \begin{Bmatrix} a_1 & a_2 & a_3 & a_4 & a_5 & a_6 & a_7 & a_8 \\ 1/2 & 1/4 & 1/8 & 1/16 & 1/32 & 1/64 & 1/128 & 1/128 \end{Bmatrix}$

（1）计算信源熵；

（2）编二进制香农码和二进制费诺码；

（3）计算二进制香农码和费诺码的平均码长和编码效率；

（4）编三进制费诺码；

（5）计算三进制费诺码的平均码长和编码效率。

3.5　设无记忆二进制信源 $\begin{pmatrix} X \\ P(X) \end{pmatrix} = \begin{Bmatrix} 0 & 1 \\ 0.9 & 0.1 \end{Bmatrix}$

先把信源序列编成数字 0,1,2,…,8，再替换成二进制变长码字，如题 3.4 表所示。

题 3.4 表

序　列	数　字	二 元 码 字
1	0	1000
01	1	1001
001	2	1010
0001	3	1011
00001	4	1100
000001	5	1101
0000001	6	1110
00000001	7	1111
00000000	8	0

（1）验证码字的可分离性；

（2）求对应于一个数字的信源序列的平均长度 $\bar{K}_1$；

（3）求对应于一个码字的平均长度 $\bar{K}_2$；

（4）计算 $\bar{K}_2/\bar{K}_1$，并计算编码效率；

（5）若用 4 位信源符号合起来编成二进制霍夫曼码，求它的平均码长 $\bar{K}$，并计算编码效率。

3.6　有二元平稳马尔可夫链，已知 $p(0/0)=0.8$，$p(1/1)=0.7$，求它的符号熵。用三个符号合成一个来编二进制霍夫曼码，求新符号的平均码长和编码效率。

3.7　对习题 3.6 的信源进行游程编码。若“0”游程长度的截止值为 16，“1”游程长度的截止值为 8，求编码效率。

第 4 章　离散信道容量

信道是构成信息流通系统的重要部分，其任务是以信号形式传输和存储信息。在物理信道一定的情况下，人们总是希望传输的信息越多越好。而传输信息的多少不仅与物理信道本身的特性有关，还与载荷信息的信号形式和信源输出信号的统计特性有关。本章主要讨论在什么条件下，通过信道的信息量最大，即所谓的信道容量问题。

4.1　互信息量和平均互信息量

4.1.1　单符号离散信道的数学模型

回顾第 1 章简单通信系统模型，包含信源、信道、信宿三个部分。信号在信道上传输往往会受随机的或固有的噪声或干扰的影响，即实际信道都是有扰信道，如图 4.1.1 所示。

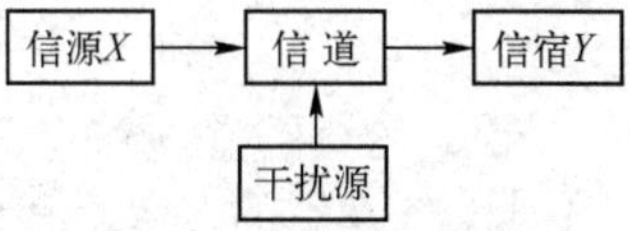

图 4.1.1　简单通信系统模型

信号在信道中传输，不可避免地会引入噪声或干扰，从而使信号通过信道后产生错误和失真。那么，信号通过信道传输后究竟有多少信息量能够被信宿收到呢？换句话说，X 和 Y 之间有多少互信息量？为了分析这个问题，我们先从最简单的单符号离散信道开始，建立信道的数学模型。

由前两章的讨论可知，通信系统中的信号具有随机性，信道的输入 X 和输出 Y 自然也都有随机性，所以，可以把 X 和 Y 看成两个有一定依赖性的随机信号源。只要知道信道的输入信号、输出信号以及它们之间的依赖关系，信道的全部特性就确定了。

假设信源 X 的数学模型为

$$\begin{pmatrix} X \\ P(X) \end{pmatrix} = \begin{Bmatrix} a_1 & a_2 & \cdots & a_i & \cdots & a_n \\ p(a_1) & p(a_2) & \cdots & p(a_i) & \cdots & p(a_n) \end{Bmatrix};\ 0 \leqslant p(a_i) \leqslant 1,\ \sum_{i=1}^{n} p(a_i) = 1 \tag{4.1.1}$$

信宿 Y 的数学模型为

$$\begin{pmatrix} Y \\ P(Y) \end{pmatrix} = \begin{Bmatrix} b_1 & b_2 & \cdots & b_j & \cdots & b_m \\ p(b_1) & p(b_2) & \cdots & p(b_j) & \cdots & p(b_m) \end{Bmatrix};\ 0 \leqslant p(b_j) \leqslant 1,\ \sum_{j=1}^{m} p(b_j) = 1 \tag{4.1.2}$$

一般说来，输入和输出信号都是广义的时间连续的随机信号，可用随机过程来描述。信道的一般数学模型如图 4.1.2 所示。这个数学模型也可用数学符号表示为

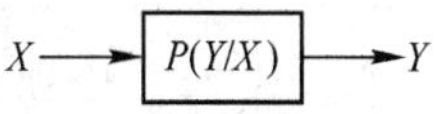

图 4.1.2　一般信道的数学模型

$$\{X \quad P(Y/X) \quad Y\} \tag{4.1.3}$$

对于单符号离散信道，式（4.1.3）中的 X 和 Y 均为一维随机变量，条件概率分布也是一维的。

4.1.2　互信息量及其性质

1．互信息量的定义

设信道输入和输出分别用随机变量 X 和 Y 表示，取值的离散消息集合分别由式（4.1.1）

和式（4.1.2）定义。由于信宿事先不知道信源在某一时刻发出的是哪一个消息，所以每个消息是随机事件的一个可能结果。如果信道是理想的，当信源发出消息 a_i 后，信宿必能准确无误地收到该消息，彻底消除对 a_i 的不确定度，所获得的信息量就是 a_i 的不确定度 $I(a_i)$，即 a_i 本身含有的全部信息。

一般而言，信道中总是存在着噪声和干扰。信源发出的消息 a_i 通过信道后，信宿只可能收到由干扰作用引起的某种变型 b_j。信宿收到 b_j 后推测信源发出 a_i 的概率，这一过程可由后验概率 $p(a_i/b_j)$来描述。相应地，信源发出消息 a_i 的概率 $p(a_i)$称为先验概率。我们定义 a_i 的后验概率与先验概率比值的对数为 b_j 对 a_i 的**互信息量**，也称**交互信息量**，用 $I(a_i;b_j)$表示，即

$$I(a_i;b_j)=\log_2\frac{p(a_i/b_j)}{p(a_i)} \qquad i=1,2,\cdots,n;\ j=1,2,\cdots,m \tag{4.1.4}$$

【例 4.1.1】 继续讨论例 2.2.1，即某地二月份天气构成的信源为

$$\begin{pmatrix} X \\ P(X) \end{pmatrix}=\begin{Bmatrix} a_1(\text{晴}) & a_2(\text{阴}) & a_3(\text{雨}) & a_4(\text{雪}) \\ 0.5 & 0.25 & 0.125 & 0.125 \end{Bmatrix}$$

某一天有人告诉你：“今天不是晴天。”把这句话作为收到的消息 b_1。当收到 b_1 后，各种天气发生的概率就变成后验概率了。其中 $p(a_1/b_1)=0$，$p(a_2/b_1)=0.5$，$p(a_3/b_1)=0.25$，$p(a_4/b_1)=0.25$。求 b_1 与各种天气之间的互信息量。

解：对天气 a_1，因 $p(a_1/b_1)=0$，不必再考虑 a_1 与 b_1 之间的互信息量。依据式（4.1.4），对天气 a_2 可计算出

$$I(a_2;b_1)=\log_2\frac{p(a_2/b_1)}{p(a_2)}=\log_2\frac{1/2}{1/4}=1(\text{比特})$$

同理可计算出 b_1 对 a_3, a_4 的互信息量 $I(a_3;b_1)=I(a_4;b_1)=1$(比特)。这表明从 b_1 分别得到了 a_2, a_3, a_4 各 1 比特的信息量。也可以理解为消息 b_1 使 a_2, a_3, a_4 的不确定度各减少了 1 比特。

将式（4.1.4）展开，同时考虑到式（2.2.2）和式（2.2.4），有

$$I(a_i;b_j)=-\log_2 p(a_i)+\log_2 p(a_i/b_j)=I(a_i)-I(a_i/b_j) \tag{4.1.5}$$

式（4.1.5）表明：互信息量等于自信息量减去条件自信息量。自信息量在数量上与随机事件发出 a_i 的不确定度相同，可以理解为对 b_j 一无所知的情况下 a_i 存在的不确定度。同理，条件自信息量在数量上等于已知 b_j 的条件下，a_i 仍然存在的不确定度。两个不确定度之差，是不确定度被消除的部分，代表已经确定的东西，实际是从 b_j 得到的关于 a_i 的信息量。在实际工作和生活中，当我们不能够直接得到某事件的信息时，往往通过其他事件获得该事件的信息，这实质上是互信息量概念的应用。

同样的道理，可定义 a_i 对 b_j 的互信息量为

$$I(b_j;a_i)=\log_2\frac{p(b_j/a_i)}{p(b_j)}=I(b_j)-I(b_j/a_i) \quad i=1,2,\cdots,n;\ j=1,2,\cdots,m \tag{4.1.6}$$

这相当于站在输入端观察问题。观察者在输入端出现 a_i 前、后观察到的输出端的 b_j 的情况不一样，故从 a_i 中也可提取关于 b_j 的信息量，这就是观察者得知输入端发出 a_i 前、后，对输出端出现 b_j 的不确定度的差 [式（4.1.6）等号右端]。

当然，观察者还可以既不站在输入端，也不站在输出端，而是站在通信系统的总体立

场上，从宏观的角度观察问题。在通信前，可以认为输入随机变量 X 和输出随机变量 Y 之间没有任何关联关系，即 X 和 Y 统计独立。根据概率的性质，“输入端出现 a_i 和输出端出现 b_j”的概率为

$$p'(a_i b_j) = p(a_i) p(b_j)$$

先验不确定度提供的信息量

$$I'(a_i b_j) = \log_2 \frac{1}{p(a_i) p(b_j)} = I(a_i) + I(b_j)$$

在通信后，输入随机变量 X 和输出随机变量 Y 之间由信道的统计特性相联系。“输入端出现 a_i 和输出端出现 b_j”的联合概率为

$$p(a_i b_j) = p(a_i) p(b_j / a_i) = p(b_j) p(a_i / b_j)$$

后验不确定度提供的信息量

$$I(a_i b_j) = \log_2 \frac{1}{p(a_i b_j)}$$

这样，通信后流经信道的信息量，等于通信前、后不确定度的差，即

$$\begin{aligned} I(a_i ; b_j) &= I'(a_i b_j) - I(a_i b_j) = I(a_i) + I(b_j) - I(a_i b_j) \\ &= \log_2 \frac{p(a_i b_j)}{p(a_i) p(b_j)} \quad i=1,2,\cdots,n; j=1,2,\cdots,m \end{aligned}$$

上面给出了互信息量的三种不同表达式，表达了观察者从不同角度对输入 a_i 与输出 b_j 之间的互信息量的描述。在稍后的讨论中可以知道，这三种表达式实际上是等效的。在实际应用中可根据具体情况选用一种较为方便的表达式。互信息量的引出，使信息流通问题进入了定量分析的范畴，为信息流通的定量测量打下了坚实的基础，把信息理论发展到了一个更深的层次，可以认为是信息论发展的又一个里程碑。

2．互信息量的性质

（1）对称性

互信息量的对称性表示为

$$I(a_i ; b_j) = I(b_j ; a_i)$$

上式推导如下：

$$\begin{aligned} I(a_i ; b_j) &= \log_2 \frac{p(a_i / b_j)}{p(a_i)} = \log_2 \frac{p(a_i / b_j)\, p(b_j)}{p(a_i) p(b_j)} = \log_2 \frac{p(a_i b_j) / p(a_i)}{p(b_j)} \\ &= \log_2 \frac{p(b_j / a_i)}{p(b_j)} = I(b_j ; a_i) \end{aligned}$$

式中 $p(a_i b_j) = p(b_j) p(a_i / b_j)$， $p(b_j / a_i) = p(a_i b_j) / p(a_i)$

互信息量的对称性表明两个随机事件的可能结果 a_i 和 b_j 之间的统计约束程度。当后验概率 $p(a_i / b_j)$大于先验概率 $p(a_i)$时，$I(a_i; b_j)$为正值，说明信宿收到的 b_j 提供了有关 a_i 的信息。这样，信宿对信源发出的离散消息 a_i 的不确定度减小了。

互信息量的对称性，反映了输入和输出之间“你中有我，我中有你”的交互关系，说明从 b_j 得到的关于 a_i 的信息量 $I(a_i; b_j)$与从 a_i 得到的关于 b_j 的信息量 $I(b_j; a_i)$是一样的，只是

观察者观察的角度不同而已。

（2）当 X 和 Y 相互独立时，互信息量为 0

如果 X 发生的概率与 Y 没有任何关系，则 $p(a_ib_j)=p(a_i)p(b_j)$。此时

$$I(a_i;b_j)=\log_2\frac{p(a_ib_j)}{p(a_i)p(b_j)}=\log_2\frac{p(a_i)p(b_j)}{p(a_i)p(b_j)}=\log_2 1=0 \quad i=1,2,\cdots,n;j=1,2,\cdots,m$$

这表明 a_i 与 b_j 之间不存在统计约束关系，从 b_j 得不到关于 a_i 的任何信息，反之亦然。

（3）互信息量可为正值或负值

如前所述，当后验概率大于先验概率时，互信息量为正值。反之，当后验概率小于先验概率时，互信息量就为负值。当后验概率与先验概率相等时，互信息量为 0，这就是两个随机事件相互独立的情况。

当互信息量为负值时，说明信宿在收到 b_j 后，不仅没有使 a_i 的不确定度减小，反而使 a_i 的不确定度更大。这是通信受到干扰或发生错误所造成的。

消息 a_i 与消息对 b_jc_k 之间的互信息量定义为

$$I(a_i;b_jc_k)=\log_2\frac{p(a_i/b_jc_k)}{p(a_i)} \tag{4.1.7}$$

3．条件互信息量

条件互信息量的含义是在给定 c_k 条件下，a_i 与 b_j 之间的互信息量，用 $I(a_i;b_j/c_k)$ 表示。其定义式为

$$I(a_i;b_j/c_k)=\log_2\frac{p(a_i/b_jc_k)}{p(a_i/c_k)} \tag{4.1.8}$$

再引用互信息量的定义和式（4.1.7）得到

$$I(a_i;b_jc_k)=I(a_i;c_k)+I(a_i;b_j/c_k) \tag{4.1.9}$$

需要注意的是，c_k 不仅是 b_j 的已知条件，也是 a_i 的已知条件。上式推导过程如下：

$$\begin{aligned}I(a_i;b_jc_k)&=\log_2\frac{p(a_i/b_jc_k)}{p(a_i)}=\left[\log_2\frac{p(a_i/b_jc_k)}{p(a_i/c_k)}\cdot\frac{p(a_i/c_k)}{p(a_i)}\right]\\&=\log_2\frac{p(a_i/c_k)}{p(a_i)}+\log_2\frac{p(a_i/b_jc_k)}{p(a_i/c_k)}\\&=I(a_i;c_k)+I(a_i;b_j/c_k)\end{aligned}$$

式（4.1.9）表明：一个联合事件发生 $b_j c_k$ 后所提供的有关 a_i 的信息量 $I(a_i;b_j c_k)$，等于 c_k 发生后提供的有关 a_i 的信息量 $I(a_i;c_k)$ 与给定 c_k 条件下再出现 b_j 后所提供的有关 a_i 的信息量 $I(a_i;b_j/c_k)$ 之和。

不难证明，式（4.1.9）中 b_j 和 c_k 的位置可以互换，即

$$I(a_i;c_kb_j)=I(a_i;b_j)+I(a_i;c_k/b_j)$$

4.1.3 平均互信息量及其性质

4.1.2 节讨论了信宿收到某一个 $b_j\ (j=1,2,\cdots,m)$，从信源发送的某个 $a_i\ (i=1,2,\cdots,n)$ 中获得了多少信息量。信宿获得的信息量仍随着信源发送的具体消息而变化，为了研究信道输入输出之间互信息量的定量关系，我们用平均互信息量描述信宿在总体平均意义上获得的

关于信源的信息量。

1. 平均互信息量的定义

在本章 4.1.2 节中我们给出了互信息量的定义，并已清楚互信息量 $I(a_i; b_j)$是定量地研究信息流通问题的重要基础。但它只能定量地描述输入随机变量发出某个具体消息 a_i、输出变量出现某一具体消息 b_j时，流经信道的信息量。另外，“输入 a_i，输出 b_j”是一个概率为 $p(a_i b_j)$的随机事件，相应的 $I(a_i; b_j)$也是随 a_i 和 b_j 的变化而变化的随机量。可见，互信息量还不能从整体上作为信道中信息流通的测度。这种测度应该是从整体的角度出发，在平均意义上度量每通过一个符号流经信道的平均信息量。同时，作为一个测度，它不能是随机量，必须是一个确定量。为了客观地测度信道中流通的信息，我们定义互信息量 $I(a_i; b_j)$在联合概率空间 $P(XY)$中的统计平均值为

$$I(X;Y) = \sum_{i=1}^{n}\sum_{j=1}^{m} p(a_i b_j) I(a_i;b_j) = \sum_{i=1}^{n}\sum_{j=1}^{m} p(a_i b_j)\log_2 \frac{p(a_i / b_j)}{p(a_i)} \tag{4.1.10}$$

称 $I(X; Y)$是 Y 对 X 的**平均互信息量**，也称**平均交互信息量**或**交互熵**。这是从接收端观察到的结果。

同理，X 对 Y 的平均互信息量定义为

$$I(Y;X) = \sum_{i=1}^{n}\sum_{j=1}^{m} p(a_i b_j) I(b_j;a_i) = \sum_{i=1}^{n}\sum_{j=1}^{m} p(a_i b_j)\log_2 \frac{p(b_j / a_i)}{p(b_j)} \tag{4.1.11}$$

式（4.1.11）是从发送端观察到的结果。考虑关系式 $p(a_i / b_j) = p(a_i b_j) / P(b_j)$，由式（4.1.10）很容易推出

$$I(X;Y) = \sum_{i=1}^{n}\sum_{j=1}^{m} p(a_i b_j)\log_2 \frac{p(a_i b_j)}{p(a_i)P(b_j)} \tag{4.1.12}$$

$I(X; Y)$克服了 $I(a_i; b_j)$的随机性，成为一个确定的量，因此可作为信道中流通信息量的整体测度。

2. 平均互信息量的物理意义

式（4.1.10）至式（4.1.12）给出了平均互信息量的三种不同形式的表达式，我们将从三种不同的角度出发，阐明平均互信息量的物理意义。

（1）从接收端观察

$$\begin{aligned} I(X;Y) &= \sum_{i=1}^{n}\sum_{j=1}^{m} p(a_i b_j)\log_2 \frac{p(a_i / b_j)}{p(a_i)} \\ &= \sum_{i=1}^{n}\sum_{j=1}^{m} p(a_i b_j)\log_2 \frac{1}{p(a_i)} - \sum_{i=1}^{n}\sum_{j=1}^{m} p(a_i b_j)\log_2 \frac{1}{p(a_i / b_j)} \\ &= H(X) - H(X/Y) \end{aligned} \tag{4.1.13}$$

其中条件熵
$$H(X/Y) = -\sum_{i=1}^{n}\sum_{j=1}^{m} p(a_i b_j)\log_2 p(a_i / b_j)$$

表示收到随机变量 Y 后，对随机变量 X 仍然存在的不确定度，这是 Y 关于 X 的后验不确定度，通常称它为**信道疑义度**，或简称**疑义度**。相应地称 $H(X)$为 X 的先验不确定度。由于 $H(X/Y)$又代表了在信道中损失的信息，有时还称它为**损失熵**。

式（4.1.13）告诉我们，Y 对 X 的平均互信息量是对 Y 一无所知的情况下，X 的先验不

确定度与收到 Y 后关于 X 的后验不确定度之差，即收到 Y 前、后关于 X 的不确定度减少的量，也就是从 Y 获得的关于 X 的平均信息量。

（2）从发送端观察

$$\begin{aligned}I(Y;X) &= \sum_{i=1}^{n}\sum_{j=1}^{m} p(a_i b_j)\log_2 \frac{p(b_j / a_i)}{p(b_j)} \\ &= \sum_{i=1}^{n}\sum_{j=1}^{m} p(a_i b_j)\log_2 \frac{1}{p(b_j)} - \sum_{i=1}^{n}\sum_{j=1}^{m} p(a_i b_j)\log_2 \frac{1}{p(b_j / a_i)} \\ &= H(Y) - H(Y/X)\end{aligned} \tag{4.1.14}$$

其中条件熵
$$H(Y/X) = -\sum_{i=1}^{n}\sum_{j=1}^{m} p(a_i b_j)\log_2 p(b_j / a_i)$$

表示发出随机变量 X 后，对随机变量 Y 仍然存在的平均不确定度。如果信道中不存在任何噪声，发送端和接收端必存在确定的对应关系，发出 X 后必能确定对应的 Y。而现在不能完全确定对应的 Y，这显然是由信道噪声所引起的，因此，条件熵 $H(Y/X)$常被称为**噪声熵**。

式（4.1.14）说明：X 对 Y 的平均互信息量 $I(Y;X)$，等于 Y 的先验不确定度 $H(Y)$，与发出 X 后关于 Y 的后验不确定度 $H(Y/X)$之差，即发 X 前、后关于 Y 的不确定度减小的量。

（3）从外部观察通信系统整体

$$\begin{aligned}I(X;Y) &= \sum_{i=1}^{n}\sum_{j=1}^{m} p(a_i b_j)\log_2 \frac{p(a_i b_j)}{p(a_i)p(b_j)} \\ &= \sum_{i=1}^{n}\sum_{j=1}^{m} p(a_i b_j)\log_2 \frac{1}{p(a_i)} + \sum_{i=1}^{n}\sum_{j=1}^{m} p(a_i b_j)\log_2 \frac{1}{p(b_j)} - \sum_{i=1}^{n}\sum_{j=1}^{m} p(a_i b_j)\log_2 \frac{1}{p(a_i b_j)} \\ &= H(X) + H(Y) - H(XY)\end{aligned} \tag{4.1.15}$$

其中联合熵 $H(XY)$表示输入随机变量 X，经信道传输到达信宿，输出随机变量 Y，即收、发双方通信后，整个系统仍然存在的不确定度。如果在通信前，我们把 X 和 Y 看成两个相互独立的随机变量，那么通信前整个系统的先验不确定度即 X 和 Y 的联合熵等于 $H(X)+H(Y)$；通信后，我们把信道两端出现 X 和 Y 看成是由信道的传递统计特性联系起来的、具有一定统计关联关系的两个随机变量，这时整个系统的后验不确定度由 $H(XY)$描述。式（4.1.15）说明信道两端随机变量 X 和 Y 之间的平均互信息量等于通信前、后整个系统不确定度减小的量。

以上从三种不同的角度说明：从一个事件获得另一个事件的平均互信息需要消除不确定度，一旦消除了不确定度，就获得了信息，这就是所谓“信息就是负熵”的概念。

【例 4.1.2】 把已知信源$\begin{pmatrix} X \\ P(X) \end{pmatrix} = \begin{Bmatrix} a_1 & a_2 \\ 0.5 & 0.5 \end{Bmatrix}$接到如图 4.1.3 所示的信道上，求在该信道上传输的平均互信息量 $I(X;Y)$、疑义度 $H(X/Y)$、噪声熵 $H(Y/X)$和联合熵 $H(XY)$。

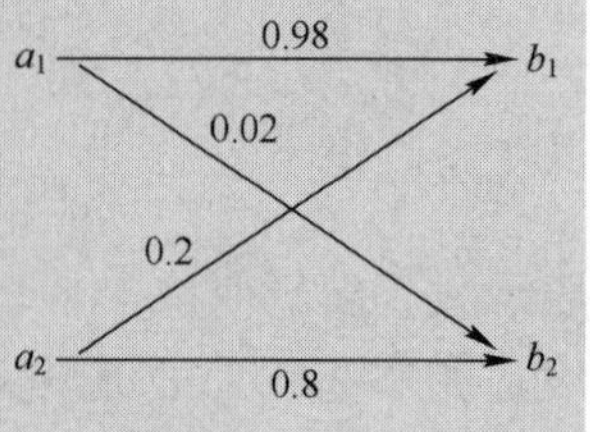

图 4.1.3　例 4.1.2 的图

解：（1）由 $p(a_i b_j) = p(a_i)p(b_j / a_i)$，求出各联合概率：

$$p(a_1 b_1) = p(a_1)p(b_1 / a_1) = 0.5 \times 0.98 = 0.49$$
$$p(a_1 b_2) = p(a_1)p(b_2 / a_1) = 0.5 \times 0.02 = 0.01$$

$$p(a_2b_1)=p(a_2)p(b_1/a_2)=0.5\times0.20=0.10$$
$$p(a_2b_2)=p(a_2)p(b_2/a_2)=0.5\times0.80=0.40$$

（2）由 $p(b_j)=\sum_{i=1}^{n}p(a_ib_j)$，得到 Y 各消息概率：

$$p(b_1)=\sum_{i=1}^{2}p(a_ib_1)=p(a_1b_1)+p(a_2b_1)=0.49+0.10=0.59$$
$$p(b_2)=1-p(b_1)=1-0.59=0.41$$

（3）由 $p(a_i/b_j)=p(a_ib_j)/p(b_j)$，求 X 的各后验概率：

$$p(a_1/b_1)=p(a_1b_1)/p(b_1)=0.49/0.59\approx0.831$$
$$p(a_2/b_1)=1-p(a_1/b_1)=0.169$$

同样可得 $p(a_1/b_2)\approx0.024,\quad p(a_2/b_2)=0.976$

（4）$$H(X)=-\sum_{i=1}^{2}p(a_i)\log_2 p(a_i)=-(0.5\log_2 0.5+0.5\log_2 0.5)=1(\text{比特/符号})$$

$$H(Y)=-\sum_{j=1}^{2}p(b_j)\log_2 p(b_j)=-(0.59\log_2 0.59+0.41\log_2 0.41)\approx0.977(\text{比特/符号})$$

$$H(XY)=-\sum_{i=1}^{n}\sum_{j=1}^{m}p(a_ib_j)\log_2 p(a_ib_j)$$
$$=-(0.49\log_2 0.49+0.01\log_2 0.01+0.10\log_2 0.10+0.40\log_2 0.40)\approx1.432(\text{比特/符号})$$

（5）$$I(X;Y)=H(X)+H(Y)-H(XY)=1+0.977-1.432=0.545(\text{比特/符号})$$

（6）$$H(X/Y)=-\sum_{i=1}^{2}\sum_{j=1}^{2}p(a_ib_j)\log_2 p(a_i/b_j)$$
$$=-(0.49\log_2 0.831+0.01\log_2 0.024+0.10\log_2 0.169+0.40\log_2 0.976)$$
$$\approx0.455(\text{比特/符号})$$

疑义度也可由下式简单计算：

$$H(X/Y)=H(XY)-H(Y)=1.432-0.977=0.455(\text{比特/符号})$$

（7）$$H(Y/X)=-\sum_{i=1}^{2}\sum_{j=1}^{2}p(a_ib_j)\log_2 p(b_j/a_i)$$
$$=-(0.49\log_2 0.98+0.01\log_2 0.02+0.10\log_2 0.20+0.40\log_2 0.80)$$
$$\approx0.432(\text{比特/符号})$$

噪声熵也可通过下式计算：

$$H(Y/X)=H(XY)-H(X)=0.432(\text{比特/符号})$$

3. 平均互信息量的性质

（1）对称性

$$I(X;Y)=I(Y;X) \tag{4.1.16}$$

根据互信息量的对称性 $I(a_i;b_j)=I(b_j;a_i)$，由平均互信息量的定义式可得

$$I(X;Y)=\sum_{i=1}^{n}\sum_{j=1}^{m}p(a_ib_j)I(a_i;b_j)=\sum_{i=1}^{n}\sum_{j=1}^{m}p(a_ib_j)I(b_j;a_i)=I(Y;X)$$

平均互信息量的对称性说明：对于信道两端的随机变量 X 和 Y，由 Y 提取到的关于 X 的信息量与从 X 中提取到的关于 Y 的信息量是一样的。$I(X;Y)$和 $I((Y;X)$只是观察者的立足

点不同，是对信道两端的随机变量 X 和 Y 之间的信息流通的总体测度的两种不同的表达形式而已。

（2）非负性

$$I(X;Y) \geqslant 0 \tag{4.1.17}$$

在前面讨论两个具体消息 a_i 和 b_j 之间的互信息量 $I(a_i;b_j)$ 时我们知道，如果后验概率 $p(a_i/b_j)$ 小于先验概率 $p(a_i)$，由 b_j 获得的关于 a_i 的互信息量 $I(a_i;b_j)$ 就会出现负值。考虑到平均互信息量不是从两个具体消息出发，而是从随机变量 X 和 Y 的整体角度出发，并在平均意义上观察问题的，所以平均互信息量不会出现负值。

在式（4.1.12）两端同乘以−1，得

$$-I(X;Y) = \sum_{i=1}^{n}\sum_{j=1}^{m} p(a_i b_j)\log_2 \frac{p(a_i)p(b_j)}{p(a_i b_j)}$$

根据著名不等式 $\ln x \leqslant x-1, x>0$

并注意到 $\log_2 x = \ln x \log_2 \mathrm{e}$，有

$$\begin{aligned}
-I(X;Y) &= \sum_{i=1}^{n}\sum_{j=1}^{m} p(a_i b_j)\log_2 \frac{p(a_i)p(b_j)}{p(a_i b_j)} \leqslant \sum_{i=1}^{n}\sum_{j=1}^{m} p(a_i b_j)\left[\frac{p(a_i)p(b_j)}{p(a_i b_j)} - 1\right]\log_2 \mathrm{e} \\
&= \left[\sum_{i=1}^{n}\sum_{j=1}^{m} p(a_i)p(b_j) - \sum_{i=1}^{n}\sum_{j=1}^{m} p(a_i b_j)\right]\log_2 \mathrm{e} \\
&= \left[\sum_{i=1}^{n} p(a_i)\sum_{j=1}^{m} p(b_j) - \sum_{i=1}^{n}\sum_{j=1}^{m} p(a_i b_j)\right]\log_2 \mathrm{e} \\
&= 0
\end{aligned}$$

即 $I(X;Y) \geqslant 0$

当且仅当 X 和 Y 相互独立，即 $p(a_i\, b_j) = p(a_i)p(b_j)$ 对所有 i, j 都成立时，式中等号才能成立，即

$$I(X;Y) = 0$$

式中 $\sum_{i=1}^{n} p(a_i) = 1, \quad \sum_{j=1}^{m} p(b_j) = 1, \quad \sum_{i=1}^{n}\sum_{j=1}^{m} p(a_i b_j) = 1$

平均互信息量的非负性告诉我们：从整体和平均的意义上来说，信道每传递一条消息，总能提供一定的信息量，或者说接收端每收到一条消息，总能提取到关于信源 X 的信息量，等效于总能使信源的不确定度有所下降。也可以说从一个事件提取关于另一个事件的信息，最坏的情况是 0，不会由于知道了一个事件，反而使另一个事件的不确定度增加。当然，保密通信中故意置乱的情况除外。

（3）极值性

$$I(X;Y) \leqslant H(X) \tag{4.1.18}$$

$$I(Y;X) \leqslant H(Y) \tag{4.1.19}$$

由式（4.1.13）、式（4.1.14）、式（4.1.16）和式（4.1.17）有

$$I(X;Y) = H(X) - H(X/Y) \geqslant 0$$

$$I(Y;X) = H(Y) - H(Y/X) \geqslant 0$$

再考虑到条件熵 $H(X/Y)$ 和 $H(Y/X)$ 均为非负量，立即得到式（4.1.18）和式（4.1.19）的

结论。

平均互信息量的极值性，说明从一个事件提取关于另一个事件的信息量，至多是另一个事件的熵那么多，不会超过另一个事件自身所含的信息量。

当随机变量 X 和 Y 是确定的一一对应关系时，从数学上来说

$$p(a_i/b_j)=\begin{cases}1, & i=j\\ 0, & i\neq j\end{cases}$$

此时

$$H(X/Y)=-\sum_{i=1}^{n}\sum_{j=1}^{m}p(a_ib_j)\log_2 p(a_i/b_j)=0$$

则

$$I(X;Y)=H(X) \tag{4.1.20}$$

当 X 与 Y 相互独立时，$p(a_i/b_j)=p(a_i)$

$$H(X/Y)=-\sum_{i=1}^{n}\sum_{j=1}^{m}p(a_ib_j)\log_2 p(a_i/b_j)=-\sum_{i=1}^{n}\sum_{j=1}^{m}p(a_ib_j)\log_2 p(a_i)$$

$$=\sum_{i=1}^{n}p(a_i)\log_2 p(a_i)=H(X)$$

则

$$I(X;Y)=0 \tag{4.1.21}$$

其中 $\sum_{j=1}^{m}p(a_ib_j)=p(a_i)$。

式（4.1.20）的含义是：当两个事件一一对应时，从一个事件可以充分获得关于另一个事件的信息，从平均的意义上来说，信源的信息量可全部通过信道。式（4.1.21）的含义是：两个事件相互独立时，从一个事件不能得到关于另一个事件的任何信息，这等效于信道中断的情况。

（4）凸函数性

由平均互信息量的定义

$$I(X;Y)=\sum_{i=1}^{n}\sum_{j=1}^{m}p(a_ib_j)\log_2\frac{p(b_j/a_i)}{p(b_j)}$$

$$=\sum_{i=1}^{n}\sum_{j=1}^{m}p(a_i)p(b_j/a_i)\log_2\frac{p(b_j/a_i)}{\sum_{i=1}^{n}p(a_i)p(b_j/a_i)}$$

可以看出：平均互信息量是信源概率分布 $\{p(a_i),\ \ i=1,2,\cdots,n\}$ 和表示输入输出之间关系的信道转移概率分布 $\{p(b_j/a_i),\ \ i=1,2,\cdots,n;j=1,2,\cdots,m\}$ 的函数，即

$$I(X;Y)=f[p(a_i),p(b_j/a_i)]$$

若固定信道，调整信源，则平均互信息量就是信源概率分布 $\{p(a_i),\ \ i=1,2,\cdots,n\}$ 的函数

$$I(X;Y)=f[p(a_i)]$$

反之，若固定信源，调整信道，则平均互信息量就是信道转移概率分布 $\{p(b_j/a_i),\ i=1,2,\cdots,n;j=1,2,\cdots,m\}$ 的函数

$$I(X;Y)=f[p(b_j/a_i)]$$

$f[p(a_i)]$ 和 $f[p(b_j/a_i)]$ 具有不同的数学特性。

① $I(X;Y)$是输入信源概率分布$\{p(a_i),\ \ i=1,2,\cdots,n\}$的上凸函数。

所谓上凸函数，是指同一信源集合$\{a_1, a_2,\cdots, a_n\}$，对应两个不同的概率分布$\{p_1(a_i),\ \ i=1,2,\cdots,n\}$和$\{p_2(a_i),\ \ i=1,2,\cdots,n\}$，若有小于 1 的正数$0<\alpha<1$，使不等式

$$f[\alpha p_1(a_i)+(1-\alpha)p_2(a_i)] \geqslant \alpha f[p_1(a_i)]+(1-\alpha)f[p_2(a_i)] \tag{4.1.22}$$

成立，则称函数f为$\{p(a_i), i=1, 2,\cdots, n\}$的上凸函数。如果式（4.1.22）中仅有大于号成立，则称f为严格的上凸函数。

证明： 令$p_3(a_i)=\alpha p_1(a_i)+(1-\alpha)p_2(a_i)$，因$p_3(a_i)$是$p_1(a_i)$和$p_2(a_i)$的线性组合，$\{p_3(a_i),\ \ i=1,2,\cdots,n\}$构成一个新的概率分布（参见 2.2.3 节对熵的上凸性的证明）。当固定信道特性为$p_0(b_j/a_i)$时，由$\{p_3(a_i),\ \ i=1,2,\cdots,n\}$确定的平均互信息量为

$$\begin{aligned}
I[p_3(a_i)] &= I[\alpha p_1(a_i)+(1-\alpha)p_2(a_i)] \\
&= \sum_{i=1}^{n}\sum_{j=1}^{m} p_3(a_i)p_0(b_j/a_i)\log_2\frac{p_0(b_j/a_i)}{p_3(b_j)} \\
&= -\sum_{i=1}^{n}\sum_{j=1}^{m}[\alpha p_1(a_i)+(1-\alpha)p_2(a_i)]p_0(b_j/a_i)\log_2\frac{p_3(b_j)}{p_0(b_j/a_i)} \\
&= -\alpha\sum_{j=1}^{m}\left[\sum_{i=1}^{n}p_1(a_i)p_0(b_j/a_i)\right]\log_2 p_3(b_j) - (1-\alpha)\sum_{j=1}^{m}\left[\sum_{i=1}^{n}p_2(a_i)p_0(b_j/a_i)\right]\log_2 p_3(b_j) + \\
&\quad \sum_{i=1}^{n}\sum_{j=1}^{m}[\alpha p_1(a_i)+(1-\alpha)p_2(a_i)]p_0(b_j/a_i)\log_2 p_0(b_j/a_i) \\
&= -\alpha\sum_{j=1}^{m}p_1(b_j)\log_2 p_3(b_j) - (1-\alpha)\sum_{j=1}^{m}p_2(b_j)\log_2 p_3(b_j) + \\
&\quad \sum_{i=1}^{n}\sum_{j=1}^{m}[\alpha p_1(a_i)+(1-\alpha)p_2(a_i)]p_0(b_j/a_i)\log_2 p_0(b_j/a_i)
\end{aligned} \tag{4.1.23}$$

其中

$$p_l(b_j)=\sum_{i=1}^{n}p_l(a_i)p_0(b_j/a_i),\quad l=1,2,3$$

根据熵的极值性

$$-\sum_{i=1}^{n}p(a_i)\log_2 q(a_i) \geqslant -\sum_{i=1}^{n}p(a_i)\log_2 p(a_i)$$

有

$$\begin{aligned}
-\sum_{j=1}^{m}p_1(b_j)\log_2 p_3(b_j) &\geqslant -\sum_{j=1}^{m}p_1(b_j)\log_2 p_1(b_j) \\
-\sum_{j=1}^{m}p_2(b_j)\log_2 p_3(b_j) &\geqslant -\sum_{j=1}^{m}p_2(b_j)\log_2 p_2(b_j)
\end{aligned} \tag{4.1.24}$$

将式（4.1.24）代入式（4.1.23）得

$$\begin{aligned}
I[p_3(a_i)] \geqslant & -\alpha\sum_{j=1}^{m}p_1(b_j)\log_2 p_1(b_j) - (1-\alpha)\sum_{j=1}^{m}p_2(b_j)\log_2 p_2(b_j) + \\
& \sum_{i=1}^{n}\sum_{j=1}^{m}[\alpha p_1(a_i)+(1-\alpha)p_2(a_i)]p_0(b_j/a_i)\log_2 p_0(b_j/a_i)
\end{aligned}$$

$$=\alpha\sum_{i=1}^{n}\sum_{j=1}^{m}p_1(a_i)p_0(b_j/a_i)\log_2\frac{p_0(b_j/a_i)}{p_1(b_j)}+(1-\alpha)\sum_{i=1}^{n}\sum_{j=1}^{m}p_2(a_i)p_0(b_j/a_i)\log_2\frac{p_0(b_j/a_i)}{p_2(b_j)}$$
$$=\alpha I[p_1(a_i)]+(1-\alpha)I[p_2(a_i)] \tag{4.1.25}$$

仅当 $p_3(a_i)=p_1(a_i)$ 且 $p_3(a_i)=p_2(a_i)$ 时，式（4.1.25）等号成立。一般情况下

$$I[p_3(a_i)] = I[\alpha p_1(a_i)+(1-\alpha)p_2(a_i)]>\alpha I[p_1(a_i)]+(1-\alpha)I[p_2(a_i)]$$

这就证明了平均互信息量是信源概率分布 $\{p(a_i),\ \ i=1,2,\cdots,n\}$ 的严格上凸函数。

【例 4.1.3】 设二进制对称信道的输入概率空间为

$$\begin{pmatrix}X\\P(X)\end{pmatrix}=\begin{Bmatrix}0 & 1\\ p & \overline{p}=1-p\end{Bmatrix}$$

信道转移概率如图 4.1.4 所示，求 $I(X;Y)$。

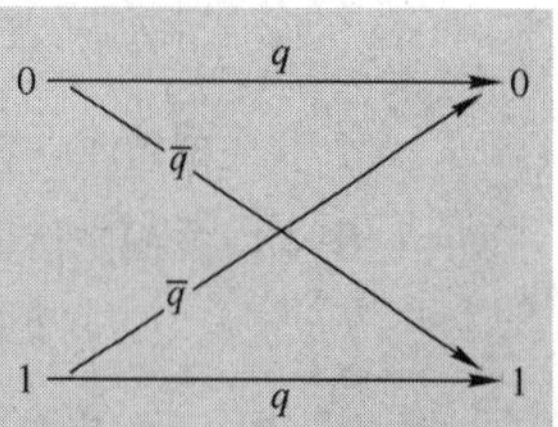

图 4.1.4　例 4.1.3 的图

解：由信道特性决定的条件熵为

$$\begin{aligned}H(Y/X)&=-\sum_{i=1}^{2}\sum_{j=1}^{2}p(a_i)p(b_j/a_i)\log_2 p(b_j/a_i)\\&=p(a_1)[-p(b_1/a_1)\log_2 p(b_1/a_1)-p(b_2/a_1)\log_2 p(b_2/a_1)]+\\&\quad p(a_2)[-p(b_1/a_2)\log_2 p(b_1/a_2)-p(b_2/a_2)\log_2 p(b_2/a_2)]\\&=p(a_1)[-q\log_2 q-\overline{q}\log_2\overline{q}]+p(a_2)[-\overline{q}\log_2\overline{q}-q\log_2 q]\\&=\sum_{i=1}^{2}p(a_i)\{-[\overline{q}\log_2\overline{q}+q\log_2 q]\}\\&=\sum_{i=1}^{2}p(a_i)H(q)=H(q)\end{aligned}$$

由

$$p(b_j)=\sum_{i=1}^{n}p(a_i)p(b_j/a_i)$$

求得

$$p(b_1)=p(Y=0)=pq+\overline{p}\,\overline{q}$$
$$p(b_2)=p(Y=1)=p\overline{q}+\overline{p}q$$

所以

$$H(Y)=-\{(p\overline{q}+\overline{p}q)\log_2(p\overline{q}+\overline{p}q)+(pq+\overline{p}\,\overline{q})\log_2(pq+\overline{p}\,\overline{q})\}=H(p\overline{q}+\overline{p}q)$$

平均互信息量

$$I(X;Y)=H(Y)-H(Y/X)=H(p\overline{q}+\overline{p}q)-H(q) \tag{4.1.26}$$

在式（4.1.26）中，当 q 不变即固定信道特性时，可得 $I(X;Y)$随输入概率分布 $\{p,\overline{p}\}$ 变化的曲线，如图 4.1.5 所示。由图可见，二进制对称信道特性固定后，输入呈等概率分布时，平均而言在接收端可获得最大信息量。对称信道条件熵 $H(q)$与信源概率分布无关，是个相对固定值，故当信源熵最大时，接收端获得的信息量也最大。

② $I(X;Y)$是信道转移概率分布$\{p(b_j/a_i), i=1,2,\cdots,n; j=1,2,\cdots,m\}$的下凸函数。

这个结论可在固定信源 $p(a_i)$、调整信道 $p(b_j/a_i)$的情况下得到。即有两个不同的信道特性 $p_1(b_j/a_i)$和 $p_2(b_j/a_i)$将信道两端的输入和输出（即 X 和 Y）联系起来，如果用小于 1 的正数 $0<\alpha<1$ 对 $p_1(b_j/a_i)$和 $p_2(b_j/a_i)$进行线性组合，得到信道特性

$$p_3(b_j/a_i)=\alpha p_1(b_j/a_i)+(1-\alpha)p_2(b_j/a_i)$$

所谓下凸函数，是指

$$I\left[p_3(b_j/a_i)\right]=I\left[\alpha p_1(b_j/a_i)+(1-\alpha)p_2(b_j/a_i)\right]\leqslant \alpha I\left[p_1(b_j/a_i\right]+(1-\alpha)I\left[p_2(b_j/a_i)\right]$$

下凸函数的证明与上凸函数类似，此处不赘述。

在式（4.1.26）中，当 p 不变即信源特性固定时，$I(X;Y)$就是信道特性 q 的函数，其随 q 变化的曲线如图 4.1.6 所示。由图可见，当二进制对称信道特性 $q=\overline{q}=1/2$ 时，信道输出端获得信息量最小，即等于 0。说明信源的全部信息都损失在信道中了。这是一种最差的信道。

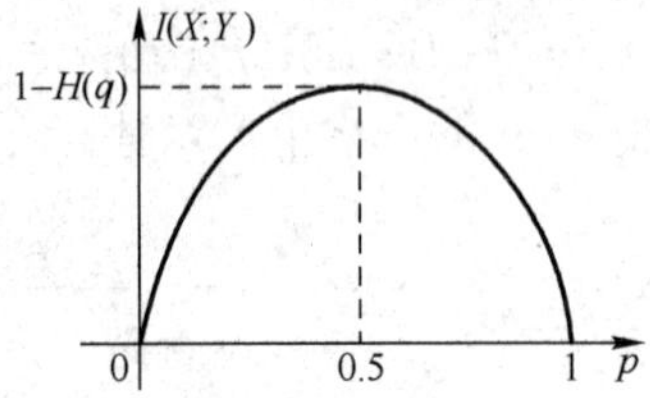

图 4.1.5　固定信道特性后，$I(X;Y)$ 随 p 变化的曲线

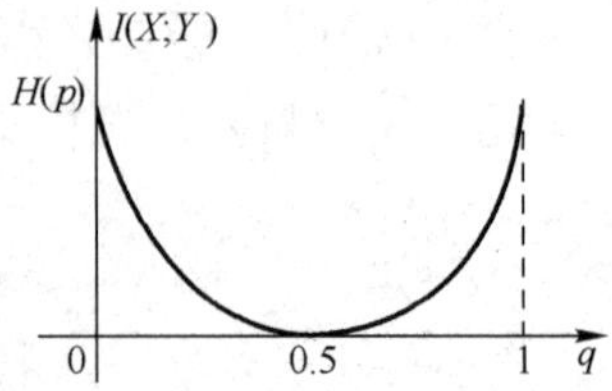

图 4.1.6　固定信源特性后，$I(X;Y)$ 随 q 变化的曲线

如果上凸函数在该函数的定义域内有极值的话，这个极值一定是极大值；而下凸函数在定义域内的极值一定是极小值。由此可见，上述①和②是两个互为对偶的问题。在以后的讨论中我们会逐渐明白，①是研究信道容量的理论基础，而②是研究信源的信息率失真函数的理论基础。

（5）数据处理定理

在一些实际的通信系统中，常常出现串联信道的情况，如微波中继接力通信就是一种串联信道。另外，对于信宿收到的信号或数据，常常需要进行适当的处理，以使输出消息变换成更有用的形式，这种处理称为数据处理。一般可将数据处理系统看成一种信道，它与前面传输数据的信道构成串联的关系。

图 4.1.7 表示两级单符号离散信道串联的情况。信道 I 的输入随机变量为 X，取值于集合$\{a_1, a_2, \cdots, a_n\}$，其输出随机变量为 Y，取值于集合$\{b_1, b_2, \cdots, b_m\}$；信道Ⅱ的输入随机变量是 Y，输出随机变量为 Z，取值于集合$\{c_1, c_2, \cdots, c_k, \cdots, c_l\}$。假设 Y 条件下 X 和 Z 相互独立，则有以下定理。

数据处理定理：当消息经过多级处理后，随着处理器数目的增多，输入消息与输出消息之间的平均互信息量趋于变小。

图 4.1.7 的两级串联信道可看成两级级联处理器的情况。其数据处理定理的数学表达式为

$$I(X;Z)\leqslant I(Y;Z) \tag{4.1.27}$$

$$I(X;Z)\leqslant I(X;Y) \tag{4.1.28}$$

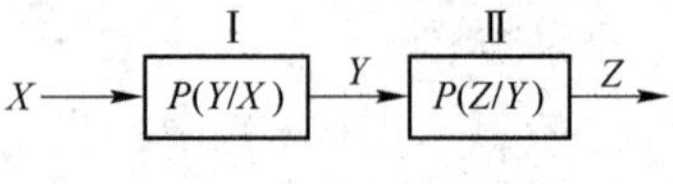

图 4.1.7　两级串联信道的情况

证明：对式（4.1.7）求数学期望，得到 X 与 YZ 之间的平均互信息量

$$\begin{aligned}I(X;YZ)=E[I(a_i;b_jc_k)]&=\sum_{i=1}^{n}\sum_{j=1}^{m}\sum_{k=1}^{l}p(a_ib_jc_k)\log_2\frac{p(a_i/b_jc_k)}{p(a_i)}\\&=-\sum_{i=1}^{n}\sum_{j=1}^{m}\sum_{k=1}^{l}p(a_ib_jc_k)\log_2 p(a_i)+\sum_{i=1}^{n}\sum_{j=1}^{m}\sum_{k=1}^{l}p(a_ib_jc_k)\log_2 p(a_i/b_jc_k)\\&=-\sum_{i=1}^{n}p(a_i)\log_2 p(a_i)-H(X/YZ)\\&=H(X)-H(X/YZ)\end{aligned} \tag{4.1.29}$$

其中，$\sum_{j=1}^{m}\sum_{k=1}^{l}p(a_ib_jc_k)=p(a_i)$。

同理，对式（4.1.8）求数学期望，得到 Z 已知条件下 X 和 Y 之间的平均互信息量

$$\begin{aligned}I(X;Y/Z)&=E[I(a_i;b_j/c_k)]=\sum_{i=1}^{n}\sum_{j=1}^{m}\sum_{k=1}^{l}p(a_ib_jc_k)\log_2\frac{p(a_i/b_jc_k)}{p(a_i/c_k)}\\&=-\sum_{i=1}^{n}\sum_{j=1}^{m}\sum_{k=1}^{l}p(a_ib_jc_k)\log_2 p(a_i/c_k)+\sum_{i=1}^{n}\sum_{j=1}^{m}\sum_{k=1}^{L}p(a_ib_jc_k)\log_2 p(a_i/b_jc_k)\\&=-\sum_{i=1}^{n}\sum_{k=1}^{l}p(a_ic_k)\log_2 p(a_i/c_k)-H(X/YZ)\\&=H(X/Z)-H(X/YZ)\end{aligned}\tag{4.1.30}$$

其中，$\sum_{j=1}^{m}p(a_ib_jc_k)=p(a_ic_k)$。

式（4.1.29）减去式（4.1.30）得到

$$I(X;Z)=I(X;YZ)-I(X;Y/Z)\tag{4.1.31}$$

同理可得

$$I(X;Y)=I(X;YZ)-I(X;Z/Y)\tag{4.1.32}$$

因为已假设在 Y 条件下 X 与 Z 相互独立，故有 $I(X;Z/Y)=0$，由式（4.1.32）得

$$I(X;Y)=I(X;YZ)$$

代入式（4.1.31）有

$$I(X;Z)=I(X;Y)-I(X;Y/Z)$$

考虑到 $I(X;Y/Z)$ 为非负量，得到式（4.1.28）的结果，即

$$I(X;Z)\leqslant I(X;Y)$$

同理可得式（4.1.27）的结果，即

$$I(X;Z)\leqslant I(Y;Z)$$

式（4.1.27）和式（4.1.28）的结论表明：两级串联信道输入与输出消息之间的平均互信息量既不会超过信道 I 输入与输出消息之间的平均互信息量，也不会超过信道Ⅱ输入与输出消息之间的平均互信息量。数据处理定理说明：当对信号、数据或消息进行多级处理时，每处理一次，就有可能损失一部分信息，也就是说，数据处理会把信号、数据或消息变成更有用的形式，但是绝不会创造出新的信息。这就是所谓的信息不增原理，与热熵不减是同样的道理。

【例 4.1.4】 如图 4.1.7 所示的两级串联信道。设信源 $\begin{pmatrix}X\\P(X)\end{pmatrix}=\begin{Bmatrix}a_1 & a_2\\0.5 & 0.5\end{Bmatrix}$，信道 I 输入与输出的反向信道转移概率 $P(X/Y)=\begin{Bmatrix}p(a_1/b_1) & p(a_1/b_2) & p(a_2/b_1) & p(a_2/b_2)\\0.8 & 0.2 & 0.2 & 0.8\end{Bmatrix}$，信道Ⅱ输入与输出的反向信道转移概率 $P(Y/Z)=\begin{Bmatrix}p(b_1/c_1) & p(b_1/c_2) & p(b_2/c_1) & p(b_2/c_2)\\0.9 & 0.1 & 0.1 & 0.9\end{Bmatrix}$。计算 $I(X;Y), I(Y;Z), I(X;Z)$。

解：（1）将信源概率 $p(a_i)$、信道 I 反向信道转移概率 $p(a_i/b_j)$ 代入公式

$$p(a_i)=\sum_{j=1}^{2}p(b_j)p(a_i/b_j)$$

有

$$0.5=0.8p(b_1)+0.2p(b_2)$$

$$0.5 = 0.2p(b_1) + 0.8p(b_2)$$

解方程组得

$$p(b_1) = p(b_2) = 0.5$$

（2）由反向信道转移概率 $p(a_i/b_j)$ 的对称性可知，条件熵 $H(X/Y)$ 与 $P(Y)$ 无关，故有

$$I(X;Y) = H(X) - H(X/Y) = 1 + 0.8\log_2 0.8 + 0.2\log_2 0.2 \approx 1 - 0.722 = 0.278(\text{比特/符号})$$

同理，条件熵 $H(Y/Z)$ 与 $P(Z)$ 无关。于是

$$I(Y;Z) = H(Y) - H(Y/Z) = 1 + 0.9\log_2 0.9 + 0.1\log_2 0.1 \approx 0.531(\text{比特/符号})$$

（3）将 $p(b_j)$ 和 $p(b_j/c_k)$ 代入公式 $p(b_j) = \sum_{k=1}^{2} p(c_k)p(b_j/c_k)$，有

$$0.5 = 0.9p(c_1) + 0.1p(c_2)$$

$$0.5 = 0.1p(c_1) + 0.9p(c_2)$$

解得

$$p(c_1) = p(c_2) = 0.5$$

（4）将 $p(c_k)$ 和 $p(b_j/c_k)$ 代入公式 $p(b_jc_k)= p(c_k)p(b_j/c_k)$，解得

$$\begin{pmatrix} YZ \\ P(YZ) \end{pmatrix} = \begin{Bmatrix} b_1c_1 & b_1c_2 & b_2c_1 & b_2c_2 \\ 0.45 & 0.05 & 0.05 & 0.45 \end{Bmatrix}$$

（5）Y 条件下 X 与 Z 无关，意味着 $p(a_i/b_j)= p(a_i/b_jc_k)$。则

$$p(a_ib_jc_k) = p(b_jc_k)p(a_i/b_jc_k) = p(b_jc_k)p(a_i/b_j) \tag{4.1.33}$$

将 $p(b_jc_k)$ 和 $p(a_i/b_j)$ 代入式（4.1.33），得

$$\begin{pmatrix} XYZ \\ P(XYZ) \end{pmatrix} = \begin{Bmatrix} a_1b_1c_1 & a_1b_1c_2 & a_1b_2c_1 & a_1b_2c_2 & a_2b_1c_1 & a_2b_1c_2 & a_2b_2c_1 & a_2b_2c_2 \\ 0.36 & 0.04 & 0.01 & 0.09 & 0.09 & 0.01 & 0.04 & 0.36 \end{Bmatrix}$$

（6）利用 $p(a_ic_k) = \sum_{j=1}^{2} p(a_ib_jc_k)$，将 $p(a_ib_jc_k)$ 代入得

$$\begin{pmatrix} XZ \\ P(XZ) \end{pmatrix} = \begin{Bmatrix} a_1c_1 & a_1c_2 & a_2c_1 & a_2c_2 \\ 0.37 & 0.13 & 0.13 & 0.37 \end{Bmatrix}$$

由联合熵定义有

$$H(XZ) = -0.37\times 2\times\log_2 0.37 - 0.13\times 2\times\log_2 0.13$$

$$\approx 1.061 + 0.765 = 1.826(\text{比特/符号})$$

（7）输入与信道II输出端平均互信息量

$$I(X;Z) = H(X) + H(Z) - H(XZ) = 1 + 1 - 1.826 = 0.174(\text{比特/符号})$$

计算结果符合数据处理定理结论。

如果我们想通过 Y 尽可能多地获得关于 X 的信息，也就是想增加互信息量，必须付出代价，比如采用多次测量的方法。

假如 Y 的取值有 m 种，如果测量两次得 Y_1Y_2，则 Y_1Y_2 的取值可达到 m^2 种，一般情况下比原来的 m 种多得多。现在我们来计算一下由 Y_1Y_2 获得的关于 X 的平均互信息量。

假设一次测量的平均互信息量为

$$I(X;Y_1)= H(X)- H(X/Y_1)$$

则两次测量的平均互信息量为

$$I(X;Y_1Y_2)= H(X)- H(X/Y_1Y_2)$$

先计算条件熵 $H(X/Y_1Y_2)$。应用熵的极值性：

$$
\begin{aligned}
H(X/Y_1Y_2) &= -\sum_{i=1}^{n}\sum_{j_1=1}^{m}\sum_{j_2=1}^{m} p(b_{j_1}b_{j_2})p(a_i/b_{j_1}b_{j_2})\log_2 p(a_i/b_{j_1}b_{j_2}) \\
&= -\sum_{j_1=1}^{m}\sum_{j_2=1}^{m} p(b_{j_1}b_{j_2})\sum_{i=1}^{n} p(a_i/b_{j_1}b_{j_2})\log_2 p(a_i/b_{j_1}b_{j_2}) \\
&\leqslant -\sum_{j_1=1}^{m}\sum_{j_2=1}^{m} p(b_{j_1}b_{j_2})\sum_{i=1}^{n} p(a_i/b_{j_1}b_{j_2})\log_2 p(a_i/b_{j_1}) \\
&= -\sum_{i=1}^{n}\sum_{j_1=1}^{m}\left[\sum_{j_2=1}^{m} p(b_{j_1}b_{j_2})p(a_i/b_{j_1}b_{j_2})\right]\log_2 p(a_i/b_{j_1}) \\
&= -\sum_{i=1}^{n}\sum_{j_1=1}^{m} p(b_{j_1})p(a_i/b_{j_1})\log_2 p(a_i/b_{j_1}) = H(X/Y_1)
\end{aligned}
$$

即
$$H(X/Y_1Y_2) \leqslant H(X/Y_1)$$
所以
$$I(X;Y_1Y_2) \geqslant I(X;Y_1)$$
即互信息量增加了。可以证明：取测量值 Y 的次数越多，关于 X 的条件熵将越小。尤其是当各次测量值相互独立时，小得就更显著。当取 N 次测量，而 N 趋于无穷大时，这 N 维矢量的取值域中有 m^N 个元，增加很多。若将其分割成互不相交的 n 组，只要分割得恰当，可使信源输出 a_i 时矢量 $\boldsymbol{Y}$ 落在第 i 组的概率接近于 1，从而使 X 和 $\boldsymbol{Y}$ 成为确定的一一对应关系。已知 $\boldsymbol{Y}$ 后 X 不再具有不确定性，即 $H(X/\boldsymbol{Y})\to 0$，也就是说，从 $\boldsymbol{Y}$ 取得关于 X 的全部信息，与直接观察到 X 一样。当然这样做的代价是相当高的，因为要做无数次测量。每测量一次，必然要消耗一定的能量，其实是以热熵为代价，换取更多的信息量。

由于条件熵永远是正值，所以不管怎样设计测量系统，至多使之为零，意味着所能获得的信息不会超过 $H(X)$。同时，当已用某种方式取得 $\boldsymbol{Y}$ 后，不管怎样对 $\boldsymbol{Y}$ 进行处理，所得的信息都不会超过 $I(X;\boldsymbol{Y})$。每处理一次，只会使信息量减少，至多不变。也就是说，在任何信息流通系统中，最后获得的信息量，至多是信源提供的信息。一旦在某一过程中丢失了一些信息，以后的系统不管怎样处理，如果不能接触到丢失信息的输入端，就不能再恢复已丢失的信息。

4.1.4 各种熵之间的关系

以上我们讨论了离散信源的无条件熵、条件熵、联合熵和平均互信息量（交互熵）的概念。为了便于理解，我们把它们的关系列于表 4.1.1 中。

表 4.1.1 各种熵之间的关系

名称	符号	关系	图示	名称	符号	关系	图示
无条件熵	$H(X)$	$H(X)=H(X/Y)+I(X;Y)\geqslant H(X/Y)$ $H(X)=H(XY)-H(Y/X)$	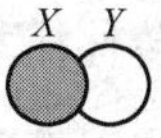	条件熵	$H(X/Y)$	$H(X/Y)=H(XY)-H(Y)=H(X)-I(X;Y)$	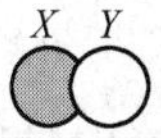
	$H(Y)$	$H(Y)=H(Y/X)+I(X;Y)\geqslant H(Y/X)$ $H(Y)=H(XY)-H(X/Y)$			$H(Y/X)$	$H(Y/X)=H(XY)-H(X)=H(Y)-I(X;Y)$	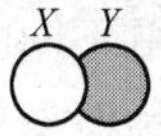
联合熵	$H(XY)=H(YX)$	$H(XY)=H(X)+H(Y/X)$ $=H(Y)+H(X/Y)$ $=H(X)+H(Y)-I(X;Y)$ $=H(X/Y)+H(Y/X)+I(X;Y)$		交互熵	$I(X;Y)=I(Y;X)$	$I(X;Y)=H(X)-H(X/Y)=H(Y)-H(Y/X)$ $=H(XY)-H(Y/X)-H(X/Y)$ $=H(X)+H(Y)-H(XY)$	

4.2 单符号离散信道的信道容量

4.2.1 单符号离散信道容量定义

设单符号离散信道的输入

$$X \in \{a_1, a_2, \cdots, a_i, \cdots, a_n\} \qquad (4.2.1)$$

相应的输出 $Y \in \{b_1, b_2, \cdots, b_j, \cdots, b_m\}$ （4.2.2）

其信道模型如图 4.2.1 所示。

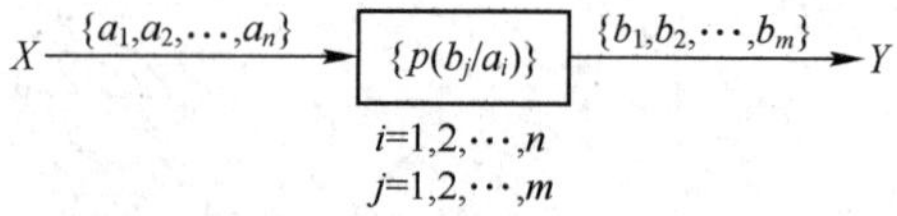

图 4.2.1 单符号离散信道的模型

信道统计特性由条件概率 $p(b_j/a_i)$描述，有时我们把 $p(b_j/a_i)$称为**信道转移概率**或**信道传递概率**。为直观起见，常用**信道转移概率矩阵**（简称**信道矩阵**）来表示信道特性。若行表示输入 X，列表示输出 Y，则图 4.2.1 的信道矩阵为 n 行 m 列矩阵。

$$\begin{bmatrix} p(b_1/a_1) & p(b_2/a_1) & \cdots & p(b_m/a_1) \\ p(b_1/a_2) & p(b_2/a_2) & \cdots & p(b_m/a_2) \\ \vdots & \vdots & \ddots & \vdots \\ p(b_1/a_n) & p(b_2/a_n) & \cdots & p(b_m/a_n) \end{bmatrix} \qquad (4.2.3)$$

式（4.2.3）是已知输入 X 的情况下，信道输出 Y 表现出来的统计特性。它描述的是信道输入和输出之间的相互依赖关系。反过来，已知输出 Y，考察输入 X 的统计变化规律，即用反向条件概率 $p(a_i/b_j)$也可以描述信道两端的相互依赖关系。$p(a_i/b_j)$称为**反向信道转移概率**，它所构造的矩阵称为**反向信道矩阵**。这是一个 m 行 n 列的矩阵

$$\begin{bmatrix} p(a_1/b_1) & p(a_2/b_1) & \cdots & p(a_n/b_1) \\ p(a_1/b_2) & p(a_2/b_2) & \cdots & p(a_n/b_2) \\ \vdots & \vdots & \ddots & \vdots \\ p(a_1/b_m) & p(a_2/b_m) & \cdots & p(a_n/b_m) \end{bmatrix}$$

如果信源熵为 $H(X)$，我们希望在信道的输出端接收的信息量就是 $H(X)$。但由于干扰的存在，一般情况下在输出端只能接收到 $I(X;Y)$。它是平均意义上每传送一个符号流经信道的平均信息量。从这个意义上讲，我们也可以把 $I(X;Y)$理解为信道的**信息传输率**（或**信息率**），即

$$R = I(X;Y)$$

由平均互信息量的性质可知，$I(X;Y) \leqslant H(X)$。这意味着输出端 Y 只能获得关于输入 X 的部分信息。

$I(X;Y)$是信源无条件概率分布$\{p(a_i)\}$和信道转移概率分布$\{p(b_j/a_i)\}$的二元函数，当决定信道特性的$\{p(b_j/a_i)\}$固定后，$I(X;Y)$随$\{p(a_i)\}$的变化而变化。调整$\{p(a_i)\}$，在接收端就能获得不同的信息量。由平均互信息的性质已知，$I(X;Y)$是$\{p(a_i)\}$的上凸函数。因此总能找到一种概率分布$\{p(a_i)\}$（即某一种信源），使信道所能传送的信息率为最大。我们定义这个最大的信息传输率为**信道容量**，记为 C。即

$$C = \max_{p(a_i)} R = \max_{p(a_i)} I(X;Y)$$

有时我们关心的是信道在单位时间内能够传输的最大信息量。若信道平均传输一个符号需要 t 秒，则单位时间的信道容量为

$$C_t = \frac{1}{t} \max_{p(a_i)} I(X;Y)$$

C_t 的单位是比特/秒。C_t 实际是信道在单位时间内的最大信息传输率。

显然，C 和 C_t 都是求平均互信息量 $I(X;Y)$ 的条件极大值的问题。当 $\{p(a_i)\}$ 调整好以后，C 和 C_t 已与 $\{p(a_i)\}$ 无关而仅仅是信道转移概率的函数，只与信道的统计特性有关。所以，信道容量是完全描述信道特性的参量，是信道能够传送的最大信息量。

4.2.2 几种特殊离散信道的信道容量

一般信道容量的计算问题，并不是一个简单问题。从数学上来说，它是对平均互信息量 $I(X;Y)$ 求极大值的问题。假定信道输入和输出端的符号集分别是式（4.2.1）和式（4.2.2），我们先讨论某些特殊类型信道的信道容量，然后再讨论一般离散信道容量的计算问题。

1．离散无噪信道的信道容量

这里所谓的“无噪”，是广义的无噪概念，并非指信道上真的没有噪声，而是指信道的输入和输出之间有双向确定的一对一关系、或单向确定的一对多关系。举例来说，信道上传送的 0、1 信号，通常用高低不同的电平表示。假设幅度为 0V（伏）的低电平表示“0”，幅度为 1V 的方波表示“1”，经过信道传输，方波往往会变形，但如果在接收端设置一个判决阈值，比如 0.5V，把信号分成两类，凡是幅值高于阈值的信号判定为 1，否则判定为 0。这样，信号在传输的过程中不管怎么变形，只要高电平不低于 0.5V、低电平不高于 0.5V，接收端都不会出现错判，可以完全正确地恢复出发送消息，换个角度，可以理解成完全忽视失真的影响。此时，我们可以把信道视为“无噪”。

广义的离散无噪信道，一般可分成三种情况。

（1）具有一一对应关系的无噪信道

这种信道如图 4.2.2 所示。此时输入 X 和输出 Y 符号集的元素个数相等，即 $n = m$。图 4.2.2（a）和（b）的信道矩阵分别是

$$\begin{bmatrix} 1 & 0 & 0 & \cdots & 0 \\ 0 & 1 & 0 & \cdots & 0 \\ 0 & 0 & 1 & \cdots & 0 \\ \vdots & \vdots & \vdots & \ddots & \vdots \\ 0 & 0 & 0 & \cdots & 1 \end{bmatrix}, \quad \begin{bmatrix} 0 & \cdots & 0 & 0 & 1 \\ 0 & \cdots & 0 & 1 & 0 \\ 0 & \cdots & 1 & 0 & 0 \\ \vdots & \iddots & \vdots & \vdots & \vdots \\ 1 & \cdots & 0 & 0 & 0 \end{bmatrix}$$

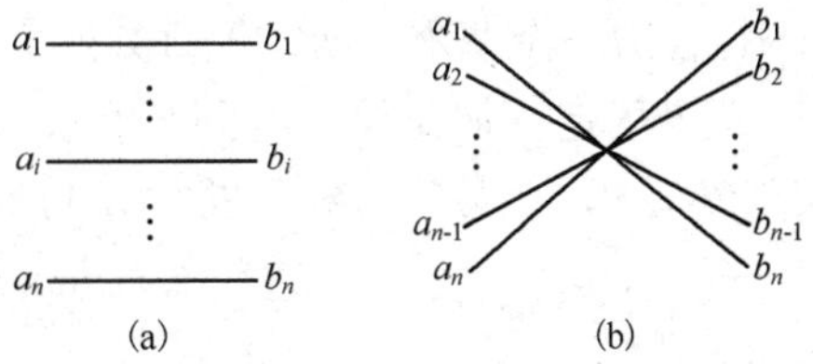

图 4.2.2　一一对应的无噪信道

因为信道矩阵中所有元素均是“1”或“0”，X 和 Y 有确定的对应关系，已知 X 后 Y 没有不确定性，收到 Y 后 X 也不存在不确定性。所以噪声熵 $H(Y/X)=0$，信道疑义度 $H(X/Y)=0$，故有

$$I(X;Y) = H(X) = H(Y)$$

根据信道容量的定义，有

$$C = \max_{p(a_i)} I(X;Y) = \max_{p(a_i)} H(X) = \log_2 n \tag{4.2.4}$$

式（4.2.4）表明当信源呈等概率分布时，具有一一对应的确定关系的无噪信道达到信道容

量，其值就是信源 X 的最大熵值。这个结果还表明，信道容量只决定于信道的输入符号数 n，与信源无关，是表征信道特性的一个参量。

（2）具有扩展性能的无噪信道

这种信道的举例如图 4.2.3 所示。此时输入 X 的符号集个数小于输出 Y 的符号集个数，即 $n<m$。图 4.2.3 信道的信道矩阵是

$$\begin{bmatrix} p(b_1/a_1) & p(b_2/a_1) & p(b_3/a_1) & 0 & 0 & 0 & 0 & 0 \\ 0 & 0 & 0 & p(b_4/a_2) & p(b_5/a_2) & p(b_6/a_2) & 0 & 0 \\ 0 & 0 & 0 & 0 & 0 & 0 & p(b_7/a_3) & p(b_8/a_3) \end{bmatrix}$$

虽然信道矩阵中的元素不全是“1”或“0”，但每列中只有一个非零元素，也就是说，已知 Y 后，X 不再有任何不确定度。例如，输出端收到 b_2 后可以确定输入端发送的是 a_1，收到 b_7 后可以确定输入端发送的是 a_3，等等。所以，信道疑义度 $H(X/Y)=0$。故有

$$I(X;Y)=H(X)$$

显然其信道容量

$$C=\max_{p(a_i)} I(X;Y)=\max_{p(a_i)} H(X)=\log_2 n$$

与一一对应信道不同的是，此时输入端符号熵小于输出端符号熵，即 $H(X)<H(Y)$。由于信道疑义度 $H(X/Y)=0$，接收端可以收到发送端发出的全部信息，也就意味着发出的信息没有损失，所以这种信道也称为无损信道。

（3）具有归并性能的无噪信道

这种信道举例如图 4.2.4 所示。其信道矩阵为

$$\begin{bmatrix} 1 & 0 & 0 \\ 1 & 0 & 0 \\ 0 & 1 & 0 \\ 0 & 1 & 0 \\ 0 & 0 & 1 \end{bmatrix}$$

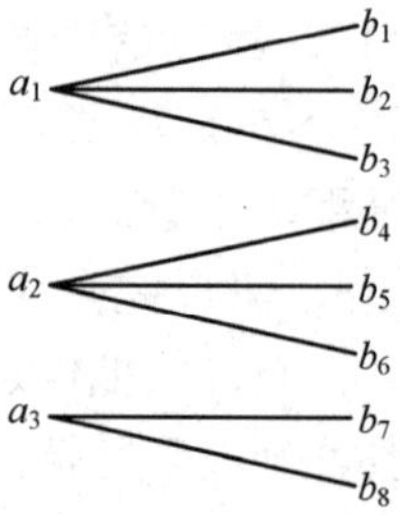

图 4.2.3　具有扩展性能的无噪信道举例

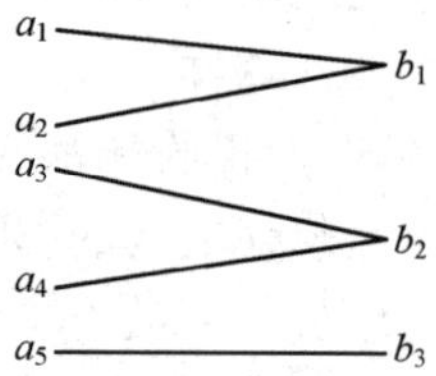

图 4.2.4　具有归并性能的无噪信道举例

信道矩阵中的元素非“0”即“1”，每行仅有一个非零元素，但每列的非零元素个数大于 1。也就是说，已知某一个 a_i，对应的 b_j 完全确定；但是已经收到某一个 b_j，对应的 a_i 不完全确定。所以，这种信道的噪声熵 $H(Y/X)=0$，但是信道疑义度 $H(X/Y)\neq 0$。相应的信道容量为

$$C=\max_{p(a_i)} I(X;Y)=\max_{p(a_i)} H(Y)=\log_2 m \tag{4.2.5}$$

这里需要特别注意的是，在求信道容量时，调整的始终是输入端的概率分布 $p(a_i)$。尽管式（4.2.5）中 $I(X;Y)$ 等于输出端符号熵 $H(Y)$，但是在求极大值时，调整的仍然是输入端的概率分布 $\{p(a_i)\}$，而不能用输出端的概率分布 $\{p(b_j)\}$ 来代替。对于图 4.2.4，其信道容量是 $\log_2 3\approx 1.585$(比特/符号)。那么，要达到这一信道容量，对应信源的概率分布是什么呢？由信道矩阵有

$$p(b_1)=p(a_1)\times 1+p(a_2)\times 1$$
$$p(b_2)=p(a_3)\times 1+p(a_4)\times 1$$
$$p(b_3)=p(a_5)\times 1$$

只要 $p(b_1)=p(b_2)=p(b_3)=1/3$，$H(Y)$ 达到最大值，即达到信道容量 C。此时使 $p(b_1)=$

$p(b_2)=p(b_3)$的信源概率分布$\{p(a_i)\}$，$i=1,2,\cdots,5$ 存在，但不是唯一的。这种信道的输入符号熵大于输出符号熵，即 $H(X)>H(Y)$。

综合以上三种无噪信道的分析，我们得出一个结论：无噪信道的信道容量 C 只取决于信道的输入符号数 n，或输出符号数 m，与信源无关，是表征信道特性的一个参量。

2. 强对称离散信道的信道容量

若单符号离散信道$\{X \quad P(Y/X) \quad Y\}$的输入随机变量 X 和输出随机变量 Y 取值的集合均由 n 个不同符号组成，即 $X\in\{a_1, a_2, \cdots, a_i, \cdots, a_n\}$，$Y\in\{b_1, b_2, \cdots, b_j,\cdots, b_n\}$，每个符号的正确传递概率为 $\bar{p}=1-p$，其他（n–1）个符号的错误传递概率为 $\dfrac{p}{n-1}$，则信道矩阵为（$n\times n$）阶对称矩阵

$$\boldsymbol{P}_{n\times n}=\begin{bmatrix} \bar{p} & \dfrac{p}{n-1} & \cdots & \dfrac{p}{n-1} \\ \dfrac{p}{n-1} & \bar{p} & \cdots & \dfrac{p}{n-1} \\ \vdots & \vdots & \ddots & \vdots \\ \dfrac{p}{n-1} & \dfrac{p}{n-1} & \cdots & \bar{p} \end{bmatrix}$$

上述信道称为**强对称信道或均匀信道**。这类信道中总的错误概率是 p，对称平均地分配给（n–1）个输出符号。信道矩阵中不仅每行之和等于 1，每列之和也等于 1。一般信道矩阵中，每列之和不一定等于 1。

构造一个集合$\left\{\bar{p} \quad \underbrace{\dfrac{p}{n-1} \quad \cdots \quad \dfrac{p}{n-1}}_{(n-1)\text{个}}\right\}$，观察强对称信道矩阵，它的每一行和每一列都是这一集合各个元素的不同排列。由平均互信息量的定义

$$I(X;Y)=H(Y)-H(Y/X)$$

其中条件熵 $$H(Y/X)=-\sum_{i=1}^{n}\sum_{j=1}^{n}p(a_i)p(b_j/a_i)\log_2 p(b_j/a_i)=\sum_{i=1}^{n}p(a_i)H_{ni} \qquad (4.2.6)$$

上式中 $H_{ni}=-\sum\limits_{j=1}^{n}p(b_j/a_i)\log_2 p(b_j/a_i)$。这一项是固定 $X=a_i$ 时对 Y 求和，相当于在信道矩阵中选定了某一行，对该行上各列元素的自信息量求加权和。由于信道的对称性，每一行都是同一集合诸元素的不同排列，所以

$$H_{ni}=-\bar{p}\log_2\bar{p}-(n-1)\times\left(\frac{p}{n-1}\log_2\frac{p}{n-1}\right)$$

当 a_i 不同时，H_{ni} 只是求和顺序不同，求和结果完全一样。所以 H_{ni} 与 X 无关，为一常数。将此常数代入式（4.2.6）得

$$H(Y/X)=H_{ni}$$

$$I(X;Y)=H(Y)-H_{ni}$$

于是得信道容量 $$C=\max_{p(a_i)}\left[H(Y)-H_{ni}\right]$$

这就变成求一种输入概率分布$\{p(a_i)\}$使 $H(Y)$取最大值的问题了。现已知输出符号集 Y 共有 n 个符号，则 $H(Y)\leqslant\log_2 n$。根据最大离散熵定理，只有当 $p(b_j)=1/n$，即输出端呈等概率分

布时，$H(Y)$才达到最大值 $\log_2 n$。要获得这一最大值，可通过公式

$$p(b_j)=\sum_{i=1}^{n}p(a_i)p(b_j/a_i),\ j=1\ 2,\cdots,n$$

寻找相应的输入概率分布。一般情况下，不一定存在一种输入符号的概率分布$\{p(a_i)\}$，使输出符号 $p(b_j)$达到等概率分布。但对于强对称离散信道，其输入、输出之间概率关系可用矩阵形式表示为

$$\begin{bmatrix}p(b_1)\\p(b_2)\\\vdots\\p(b_n)\end{bmatrix}=\boldsymbol{P}_{n\times n}^{\mathrm{T}}\begin{bmatrix}p(a_1)\\p(a_2)\\\vdots\\p(a_n)\end{bmatrix}=\begin{bmatrix}\bar{p} & \frac{p}{n-1} & \cdots & \frac{p}{n-1}\\ \frac{p}{n-1} & \bar{p} & \cdots & \frac{p}{n-1}\\ \vdots & \vdots & \ddots & \vdots\\ \frac{p}{n-1} & \frac{p}{n-1} & \cdots & \bar{p}\end{bmatrix}\begin{bmatrix}p(a_1)\\p(a_2)\\\vdots\\p(a_n)\end{bmatrix} \tag{4.2.7}$$

其中 $\boldsymbol{P}_{n\times n}^{\mathrm{T}}$ 是 $\boldsymbol{P}_{n\times n}$ 的转置。对于对称矩阵，$\boldsymbol{P}_{n\times n}^{\mathrm{T}}=\boldsymbol{P}_{n\times n}$，故有式（4.2.7）等号右端。式（4.2.7）中，信道矩阵中的每一行都由同一集合$\left\{\bar{p}\ \underbrace{\frac{p}{n-1}\ \cdots\ \frac{p}{n-1}}_{(n-1)\text{个}}\right\}$中的诸元素的不同排列组成，所以保证了当输入符号集 X 是等概率分布，即 $p(a_i)=1/n$，$i=1,2,\cdots,n$ 时，输出符号集 Y 一定是等概率分布，这时 $H(Y)=\log_2 n$。相应的信道容量为

$$\begin{aligned}C&=\log_2 n-H_{ni}=\log_2 n-H\left(\bar{p},\frac{p}{n-1},\cdots,\frac{p}{n-1}\right)\\&=\log_2 n+\bar{p}\log_2\bar{p}+p\log_2\frac{p}{n-1}\end{aligned} \tag{4.2.8}$$

式（4.2.8）说明：当输入符号集呈等概率分布时，强对称离散信道能够传输最大的平均信息量，即达到信道容量，这个信道容量只与信道的输出符号集元素个数 n 和相应信道矩阵中的任一行矢量$\left\{\bar{p}\ \underbrace{\frac{p}{n-1}\ \cdots\ \frac{p}{n-1}}_{(n-1)\text{个}}\right\}$有关。

当 $n=2$ 时，就是二进制均匀信道，根据式（4.2.8）可得

$$C=1+\bar{p}\log_2\bar{p}+p\log_2 p=1-H(p)$$

其中 $H(p)=-(\bar{p}\log_2\bar{p}+p\log_2 p)$。二进制均匀信道容量曲线如图 4.2.5 所示。

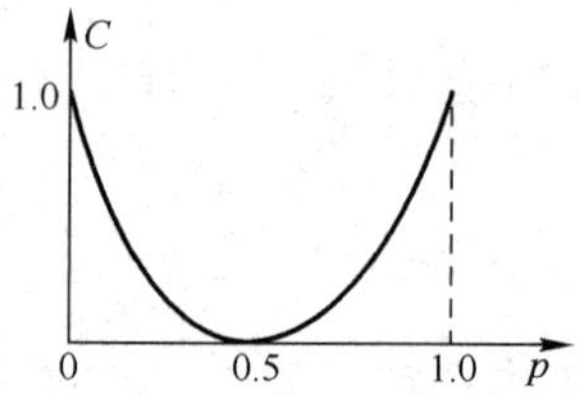

图 4.2.5　二进制均匀信道容量曲线

3. 对称离散信道的信道容量

如果一个矩阵的每一行都是同一集合 $Q\in\{q_1, q_2, \cdots, q_m\}$中诸元素的不同排列，则称矩阵的行是可排列的；如果一个矩阵的每一列都是同一集合 $P\in\{p_1, p_2, \cdots, p_n\}$中诸元素的不同排列，则称矩阵的列是可排列的；如果一个矩阵的行和列都是可排列的，则称这个矩阵是可排列的，或称它具有可排列性。如果一个信道矩阵具有可排列性，它所表示的信道称为**对称信道**。

对于对称离散信道，当 $m<n$ 时，Q 是 P 的子集；反之，当 $m>n$ 时，P 是 Q 的子集。因为矩阵中的每一个元素既是行集合 Q 中的元素，又是列集合 P 中的元素，当 $m\neq n$ 时，Q 和 P 中，其中一个必定是另一个的子集。当 $m=n$ 时，Q 和 P 中的所有元素重合，此时的

Q 和 P 是同一集合。

例如 $$\boldsymbol{P}_1=\begin{bmatrix}1/3 & 1/3 & 1/6 & 1/6\\ 1/6 & 1/6 & 1/3 & 1/3\end{bmatrix},\quad \boldsymbol{P}_2=\begin{bmatrix}1/2 & 1/3 & 1/6\\ 1/6 & 1/2 & 1/3\\ 1/3 & 1/6 & 1/2\end{bmatrix}$$

表示对称信道，而

$$\boldsymbol{P}_3=\begin{bmatrix}1/3 & 1/3 & 1/6 & 1/6\\ 1/6 & 1/3 & 1/6 & 1/3\end{bmatrix},\quad \boldsymbol{P}_4=\begin{bmatrix}0.7 & 0.2 & 0.1\\ 0.2 & 0.1 & 0.7\end{bmatrix}$$

表示的不是对称信道。在 $\boldsymbol{P}_1$ 中，$Q\in\{1/3\quad 1/3\quad 1/6\quad 1/6\}$，$P\in\{1/3\quad 1/6\}$，$m>n$，$P$ 是 Q 的子集。在 $\boldsymbol{P}_2$ 中，$m=n$，故 P 和 Q 是同一集合 $\{1/2\quad 1/3\quad 1/6\}$。

根据平均互信息量的定义

$$\begin{aligned}I(X;Y)&=H(Y)-H(Y/X)\\ &=H(Y)+\sum_{i=1}^{n}\sum_{j=1}^{m}p(a_i)p(b_j/a_i)\log_2 p(b_j/a_i)\\ &=H(Y)-\sum_{i=1}^{n}p(a_i)H_{mi}\end{aligned}$$

其中 $H_{mi}=-\sum_{j=1}^{m}p(b_j/a_i)\log_2 p(b_j/a_i)$。类似于均匀信道的情况，$H_{mi}$ 也是与输入 X 无关的常数，故有 $H(Y/X)=H_{mi}$，代入上式得

$$I(X;Y)=H(Y)-H_{mi}=H(Y)-H(q_1,q_2,\cdots,q_m)$$

对应的信道容量为 $$C=\max_{p(a_i)}\left[H(Y)-H_{mi}\right]=\log_2 m-H(q_1,q_2,\cdots,q_m) \tag{4.2.9}$$

式（4.2.9）与式（4.2.8）形式相同，只是此时的 $m\neq n$。由于对称信道的特点，容易证明：输入随机变量 X 等概率分布时，输出随机变量 Y 也等概率分布，从而使 Y 的熵达到最大值 $\log_2 m$，即达到信道容量 C。

4. 准对称离散信道的信道容量

如果一个 n 行 m 列单符号离散信道矩阵 $\boldsymbol{P}$ 的行是可排列的，列不可排列。但是矩阵中的 m 列可分成 s 个不相交的子集，各子集分别有 $m_1, m_2,\cdots, m_s$ 个元素（$m_1+m_2+\cdots+m_s=m$），若由 n 行 m_k（$k=1,2,\cdots,s$）列组成的子矩阵 $\boldsymbol{P}_k$ 具有可排列性，则称信道为**准对称信道**。例如，信道矩阵

$$\boldsymbol{P}=\begin{bmatrix}1/2 & 1/4 & 1/8 & 1/8\\ 1/4 & 1/2 & 1/8 & 1/8\end{bmatrix}$$

的行具有可排列性，列不具有可排列性。但是把矩阵的前两列和后两列分成互不相交的子集，构成两个子矩阵

$$\boldsymbol{P}_1=\begin{bmatrix}1/2 & 1/4\\ 1/4 & 1/2\end{bmatrix},\quad \boldsymbol{P}_2=\begin{bmatrix}1/8 & 1/8\\ 1/8 & 1/8\end{bmatrix}$$

两个子矩阵的行和列均是可排列的，故 $\boldsymbol{P}$ 代表的信道是准对称信道。由行的可排列性有

$$H(Y/X)=H(q_1,q_2,\cdots,q_m)$$

得 $$C=\max_{p(a_i)}\left[H(Y)\right]-H(q_1,q_2,\cdots,q_m)$$

只要使输出随机变量 Y 呈等概率分布，上式第一项即可达到最大值，从而达到信道容量 C。但由于 $\boldsymbol{P}$ 中各列不具有可排列性，要使 $p(b_j)=1/m$，则可能使输入概率分布$\{p(a_i)\}$的某些概率出现负值，这是办不到的。为了在$\{p(a_i)\}$非负的条件下使 $H(Y)$达到最大值，可将 $H(Y)$中的 m 项分成 s 个子集 $M_1, M_2, \cdots, M_s$，各子集分别有 $m_1, m_2, \cdots, m_s$ 个元素（$m_1+m_2+\cdots+m_s=m$），则

$$\begin{aligned}H_s(Y)&=-\sum_{j=1}^{m}p(b_j)\log_2 p(b_j)=-\sum_{k=1}^{s}\sum_{p(b_j)\in M_k}p(b_j)\log_2 p(b_j)\\&=-\sum_{p(b_j)\in M_1}p(b_j)\log_2 p(b_j)-\cdots-\sum_{p(b_j)\in M_s}p(b_j)\log_2 p(b_j)\end{aligned}\tag{4.2.10}$$

令第 k 个集合中概率的平均值

$$\overline{p}(b_k)=\frac{\sum\limits_{p(b_j)\in M_k}p(b_j)}{m_k},\quad k=1,2,\cdots,s\tag{4.2.11}$$

因为 $\dfrac{\overline{p}(b_k)}{p(b_j)}>0$，由 $\ln x\leqslant x-1(x>0)$ 和 $\log_2 x=\ln x\cdot\log_2 \mathrm{e}$ 有

$$\begin{aligned}\sum_{p(b_j)\in M_k}p(b_j)\log_2\frac{\overline{p}(b_k)}{p(b_j)}&=\sum_{p(b_j)\in M_k}p(b_j)\ln\frac{\overline{p}(b_k)}{p(b_j)}\log_2 \mathrm{e}\leqslant\sum_{p(b_j)\in M_k}p(b_j)\left[\frac{\overline{p}(b_k)}{p(b_j)}-1\right]\log_2 \mathrm{e}\\&=\left[\overline{p}(b_k)m_k-\sum_{j\in M_k}p(b_j)\right]\log_2 \mathrm{e}=0\end{aligned}$$

故有

$$\sum_{p(b_j)\in M_k}p(b_j)\log_2\overline{p}(b_k)\leqslant\sum_{p(b_j)\in M_k}p(b_j)\log_2 p(b_j)$$

即

$$\begin{aligned}-\sum_{p(b_j)\in M_k}p(b_j)\log_2 p(b_j)&\leqslant-\sum_{p(b_j)\in M_k}p(b_j)\log_2\overline{p}(b_k)\\&=-\log_2\overline{p}(b_k)[m_k\overline{p}(b_k)]=-m_k\overline{p}(b_k)\log_2\overline{p}(b_k)\end{aligned}$$

把子集 M_k 中的 $p(b_j)$变成其均值 $\overline{p}(b_k)$，将使第 k 个子集中的熵 $\left[-\sum\limits_{p(b_j)\in M_k}p(b_j)\log_2 p(b_j)\right]$ 达到最大。由于子矩阵 $\boldsymbol{P}_k$ 具有可排列性，只要输入 X 呈等概率分布，即可使第 k 个子集中的输出概率相等，即达到其均值 $\overline{p}(b_k)$。如果式（4.2.10）右端的每一项都达到最大值，则输出 Y 的熵 $H_s(Y)$达到最大

$$H(Y)\leqslant H_s(Y)=-\sum_{k=1}^{s}m_k\overline{p}(b_k)\log_2\overline{p}(b_k)$$

相应的准对称信道的容量为

$$C=-\sum_{k=1}^{s}m_k\overline{p}(b_k)\log_2\overline{p}(b_k)-H(q_1,q_2,\cdots,q_m)\tag{4.2.12}$$

【例 4.2.1】 已知准对称信道矩阵 $\boldsymbol{P}=\begin{bmatrix}1/2 & 1/4 & 1/8 & 1/8\\1/4 & 1/2 & 1/8 & 1/8\end{bmatrix}$，求其信道容量。

解： 将它分成可排列的子矩阵 $\boldsymbol{P}_1=\begin{bmatrix}1/2 & 1/4\\1/4 & 1/2\end{bmatrix}$ 和 $\boldsymbol{P}_2=\begin{bmatrix}1/8 & 1/8\\1/8 & 1/8\end{bmatrix}$，于是输出分为两个子集：$p(b_1), p(b_2)\in M_1$, $p(b_3), p(b_4)\in M_2$。每个子集有两个元素，即 $m_1=m_2=2$。由式（4.2.11）有

$$\overline{p}(b_1)=\frac{\sum\limits_{p(b_j)\in M_1}p(b_j)}{m_1}=\frac{\sum\limits_{p(b_j)\in M_1}\sum\limits_{i=1}^{2}p(a_i)p(b_j/a_i)}{m_1}=\frac{\sum\limits_{j=1}^{2}\sum\limits_{i=1}^{2}p(a_i)p(b_j/a_i)}{m_1}=\frac{1}{2}\left(\frac{1}{2}+\frac{1}{4}\right)=\frac{3}{8}$$

$$\overline{p}(b_2)=\frac{\sum\limits_{p(b_j)\in M_2}p(b_j)}{m_2}=\frac{\sum\limits_{p(b_j)\in M_2}\sum\limits_{i=1}^{2}p(a_i)p(b_j/a_i)}{m_2}=\frac{\sum\limits_{j=3}^{4}\sum\limits_{i=1}^{2}p(a_i)p(b_j/a_i)}{m_2}=\frac{1}{2}\left(\frac{1}{8}+\frac{1}{8}\right)=\frac{1}{8}$$

将各参数代入式（4.2.12）得 $C=0.061\ 25$(比特/符号)

此时输入呈等概率分布，即 $p(a_1)=p(a_2)=0.5$。

4.2.3 离散信道容量的一般计算方法

对一般离散信道而言，求其信道容量，就是在固定信道的条件下，对所有可能的输入概率分布$\{p(a_i)\}$，求平均互信息量 $I(X;Y)$ 的极大值。由前面的讨论可知，$I(X;Y)$是$\{p(a_i)\}$的上凸函数，所以其极大值一定存在。因为$I(X;Y)$是 n 个变量$\{p(a_1), p(a_2), \cdots, p(a_n)\}$的多元函数，并满足$\sum\limits_{i=1}^{n}p(a_i)=1$，所以可用拉格朗日乘子法来计算这个条件极值。

引进一个新函数 $$\varPhi=I(X;Y)-\lambda\left[\sum_{i=1}^{n}p(a_i)-1\right]$$

其中λ为拉格朗日乘子。解方程组

$$\frac{\partial\varPhi}{\partial p(a_i)}=\frac{\partial\left\{I(X;Y)-\lambda\left[\sum\limits_{i=1}^{n}p(a_i)-1\right]\right\}}{\partial p(a_i)}=0 \tag{4.2.13}$$

可得一般信道容量 C。

由 $$p(b_j)=\sum_{i=1}^{n}p(a_i)p(b_j/a_i) \tag{4.2.14}$$

有 $$\frac{\mathrm{d}p(b_j)}{\mathrm{d}p(a_i)}=p(b_j/a_i)$$

将 $I(X;Y)$的表达式代入式（4.2.13）得

$$\frac{\partial}{\partial p(a_i)}\left\{-\sum_{j=1}^{m}p(b_j)\log_2 p(b_j)+\sum_{i=1}^{n}\sum_{j=1}^{m}p(a_i)p(b_j/a_i)\log_2 p(b_j/a_i)-\lambda\left[\sum_{i=1}^{n}p(a_i)-1\right]\right\}=0 \tag{4.2.15}$$

将 $p(b_j)=\sum\limits_{i=1}^{n}p(a_i)p(b_j/a_i),\log_2 p(b_j)=\ln(b_j)\cdot\log_2\mathrm{e}$ 代入式（4.2.15）的第一项，求偏导得

$$\begin{aligned}&\frac{\partial}{\partial p(a_i)}\left\{-\sum_{j-1}^{m}\sum_{i=1}^{n}p(a_i)p(b_j/a_i)\log_2 p(b_j)\right\}\\&=-\sum_{j=1}^{m}p(b_j/a_i)\log_2 p(b_j)-\frac{\partial}{\partial p(a_i)}\left\{\sum_{j-1}^{m}\sum_{i=1}^{n}p(a_i)p(b_j/a_i)[\log_2\mathrm{e}\cdot\ln p(b_j)]\right\}\\&=-\sum_{j=1}^{m}p(b_j/a_i)\log_2 p(b_j)-\log_2\mathrm{e}\cdot\left\{\sum_{j-1}^{m}p(b_j)\frac{\partial[\ln p(b_j)]}{\partial p(a_i)}\right\}\end{aligned}$$

$$= -\sum_{j=1}^{m} p(b_j / a_i)\log_2 p(b_j) - \log_2 \mathrm{e} \cdot \sum_{j-1}^{m} p(b_j) \frac{\frac{\partial}{\partial p(a_i)} \sum_{i=1}^{m} p(a_i) p(b_j / a_i)}{p(b_j)}$$

$$= -\sum_{j=1}^{m} p(b_j / a_i)\log_2 p(b_j) - \log_2 \mathrm{e} \cdot \sum_{j=1}^{m} p(b_j / a_i)$$

$$= -\sum_{j=1}^{m} p(b_j / a_i)\log_2 p(b_j) - \log_2 \mathrm{e} \cdot$$

其中 $$\sum_{j=1}^{m} p(b_j / a_i) = 1$$

对式（4.2.15）的第二项求偏导

$$\frac{\partial}{\partial p(a_i)} \left\{ \sum_{j-1}^{m} \sum_{i=1}^{n} p(a_i) p(b_j / a_i) \log_2 p(b_j / a_i) \right\} = \sum_{j=1}^{m} p(b_j / a_i) \log_2 p(b_j / a_i)$$

对式（4.2.15）的第三项求偏导 $$-\frac{\partial}{\partial p(a_i)} \lambda \left[\sum_{i=1}^{m} (a_i) - 1 \right] = -\lambda$$

三项偏导结果相加，令其等于 0

$$-\sum_{j=1}^{m} p(b_j / a_i)\log_2 p(b_j) - \log_2 \mathrm{e} + \sum_{j=1}^{m} p(b_j / a_i) \log_2 p(b_j / a_i) - \lambda = 0$$

整理得 $$\sum_{j=1}^{m} p(b_j / a_i) \log_2 \frac{p(b_j / a_i)}{p(b_j)} = \log_2 \mathrm{e} + \lambda \tag{4.2.16}$$

式（4.2.16）两边乘以 $p(a_i)$并求和有

$$\sum_{i=1}^{n} \sum_{j=1}^{m} p(a_i) p(b_j / a_i) \log_2 \frac{p(b_j / a_i)}{p(b_j)} = \sum_{i=1}^{n} p(a_i)(\log_2 \mathrm{e} + \lambda) = \log_2 \mathrm{e} + \lambda$$

上式等号左边是平均互信息量的极大值——信道容量，右边 $\log_2 \mathrm{e} + \lambda$ 是常数，即

$$C = \log_2 \mathrm{e} + \lambda \tag{4.2.17}$$

将式（4.2.17）代入式（4.2.16）得

$$\sum_{j=1}^{m} p(b_j / a_i) \log_2 p(b_j / a_i) = \sum_{j=1}^{m} p(b_j / a_i) \log_2 p(b_j) + C = \sum_{j=1}^{m} p(b_j / a_i) \left[\log_2 p(b_j) + C \right]$$

令 $$\beta_j = \log_2 p(b_j) + C \tag{4.2.18}$$

则 $$\sum_{j=1}^{m} p(b_j / a_i) \beta_j = \sum_{j=1}^{m} p(b_j / a_i) \log_2 p(b_j / a_i) \tag{4.2.19}$$

由式（4.2.19）和信道矩阵求出β_j。再由式（4.2.18）得

$$p(b_j) = 2^{\beta_j - C}$$

上式两边对 j 求和得 $$\sum_{j=1}^{m} p(b_j) = \sum_{j=1}^{m} 2^{\beta_j} \cdot 2^{-C} = 1$$

得 $$2^C = \sum_{j=1}^{m} 2^{\beta_j}$$

则 $$C = \log_2\left(\sum_{j=1}^{m} 2^{\beta_j}\right)$$

再根据式（4.2.14）求出对应的输入概率分布$\{p(a_i)\}$。

现在我们将一般离散信道容量的计算步骤总结如下：

（1）由$\sum_{j=1}^{m} p(b_j/a_i)\beta_j = \sum_{j=1}^{m} p(b_j/a_i)\log_2 p(b_j/a_i)$，求$\beta_j$；

（2）由$C = \log_2\left(\sum_{j=1}^{m} 2^{\beta_j}\right)$，求 C；

（3）由$p(b_j) = 2^{\beta_j - C}$，求$p(b_j)$；

（4）由$p(b_j) = \sum_{i=1}^{n} p(a_i)p(b_j/a_i)$，求$p(a_i)$。

需要强调指出的是，在第（2）步 C 被求出后，计算并没有结束。必须解出相应的$\{p(a_i)\}$，并确认所有的$p(a_i)$，$i = 1, 2, \cdots, n$ 都大于等于零时，所求的 C 才存在。因为我们在对 $I(X;Y)$求偏导时，仅限制$\sum_{i=1}^{n} p(a_i) = 1$，并没有限制$p(a_i) \geqslant 0$，所以求出的$p(a_i)$有可能为负值，此时的 C 就不存在，必须对$p(a_i)$进行调整，再重新求解 C。一般要通过迭代算法来实现。

【例 4.2.2】 有一信道矩阵$\begin{bmatrix} 1 & 0 \\ \varepsilon & 1-\varepsilon \end{bmatrix}$，求信道容量 C。

解：（1）由式（4.2.19）有 $$\beta_1 = 0$$

$$\varepsilon\beta_1 + (1-\varepsilon)\beta_2 = \varepsilon\log_2\varepsilon + (1-\varepsilon)\log_2(1-\varepsilon)$$

$$\beta_2 = \frac{\varepsilon}{1-\varepsilon}\log_2\varepsilon + \log_2(1-\varepsilon) = \log_2\left[(1-\varepsilon)\varepsilon^{\frac{\varepsilon}{1-\varepsilon}}\right]$$

（2） $$C = \log_2\left(\sum_{j=1}^{m} 2^{\beta_j}\right) = \log_2\left[1 + (1-\varepsilon)\varepsilon^{\frac{\varepsilon}{1-\varepsilon}}\right]$$

（3） $$p(b_1) = 2^{\beta_1 - C} = \frac{1}{1 + (1-\varepsilon)\varepsilon^{\frac{\varepsilon}{1-\varepsilon}}}，p(b_2) = 1 - p(b_1) = \frac{(1-\varepsilon)\varepsilon^{\frac{\varepsilon}{1-\varepsilon}}}{1 + (1-\varepsilon)\varepsilon^{\frac{\varepsilon}{1-\varepsilon}}}$$

（4）由方程组 $$p(b_1) = p(a_1) + p(a_2)\varepsilon$$
$$p(b_2) = p(a_2)(1-\varepsilon)$$

解得 $$p(a_1) = \frac{1 - \varepsilon^{\frac{1}{1-\varepsilon}}}{1 + (1-\varepsilon)\varepsilon^{\frac{\varepsilon}{1-\varepsilon}}}，p(a_2) = \frac{\varepsilon^{\frac{\varepsilon}{1-\varepsilon}}}{1 + (1-\varepsilon)\varepsilon^{\frac{\varepsilon}{1-\varepsilon}}}$$

因为ε是条件概率 $p(b_1/a_2)$，所以 $0 \leqslant \varepsilon \leqslant 1$，从而有 $p(a_1) \geqslant 0$，$p(a_2) \geqslant 0$，保证了 C 的存在。

4.3 多符号离散信道的信道容量

我们在 4.1 节讨论的单符号离散信道，其输入端和输出端都仅有一个随机变量，可用单符号离散信源模型来描述。多符号离散信道的输入端和输出端均有两个以上随机变量，构成随机变量序列，或称为随机矢量。信源和信宿用随机矢量表示，分别记为 $\boldsymbol{X}$ 和 $\boldsymbol{Y}$，信道特性也用矢量信道转移概率分布 $P(\boldsymbol{Y}/\boldsymbol{X})$描述，大写字母表示概率分布。多符号离散信道模型如图 4.3.1 所示。

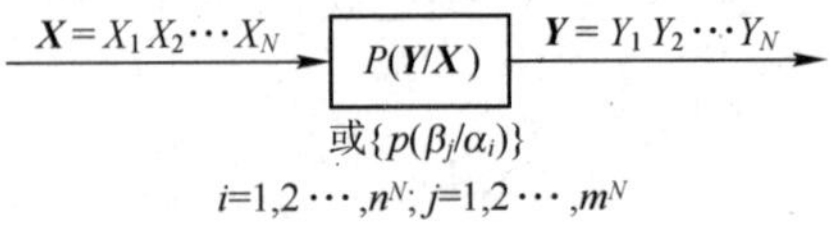

图 4.3.1　多符号离散信道模型

4.3.1 多符号离散信道的数学模型

多符号离散信源 $\boldsymbol{X}=X_1X_2\cdots X_N$，简单起见，假设随机变量 $X_k\in\{a_1,a_2,\cdots,a_n\}$，$k=1,2,\cdots,N$，则 $\boldsymbol{X}$ 共有 n^N 个不同的元素 α_i，$i=1,2,\cdots,n^N$。$\boldsymbol{Y}=Y_1Y_2\cdots Y_M$，假设随机变量 $Y_l\in\{b_1,b_2,\cdots,b_m\}$，$l=1,2,\cdots,M$，$\boldsymbol{Y}$ 共有 m^M 个不同的元素 β_j，$j=1,2,\cdots,m^M$。

多符号离散信源 $\boldsymbol{X}$ 的数学模型可描述为

$$\begin{pmatrix}\boldsymbol{X}\\P(\boldsymbol{X})\end{pmatrix}=\begin{Bmatrix}\alpha_1 & \alpha_2 & \cdots & \alpha_i & \cdots & \alpha_{n^N}\\ p(\alpha_1) & p(\alpha_2) & \cdots & p(\alpha_i) & \cdots & p(\alpha_{n^N})\end{Bmatrix},\ 0\leqslant p(\alpha_i)\leqslant 1,\ \sum_{i=1}^{n^N}p(\alpha_i)=1$$

其中

$$\alpha_i=(a_{i_1}a_{i_2}\cdots a_{i_N}),\ i=1,2,\cdots,n^N$$
$$a_{i_1},a_{i_2},\cdots,a_{i_N}\in\{a_1,a_2,\cdots,a_n\},\ i_1,i_2,\cdots,i_N\in\{1,2,\cdots,n\} \tag{4.3.1}$$

信宿 $\boldsymbol{Y}$ 的数学模型为

$$\begin{pmatrix}\boldsymbol{Y}\\P(\boldsymbol{Y})\end{pmatrix}=\begin{Bmatrix}\beta_1 & \beta_2 & \cdots & \beta_j & \cdots & \beta_{m^M}\\ p(\beta_1) & p(\beta_2) & \cdots & p(\beta_j) & \cdots & p(\beta_{m^M})\end{Bmatrix},\ 0\leqslant p(\beta_j)\leqslant 1,\ \sum_{j=1}^{m^M}p(\beta_j)=1$$

$$\beta_j=(b_{j_1}b_{j_2}\cdots b_{j_M}),\quad j=1\ 2,\cdots,m^M$$

其中

$$b_{j_1},b_{j_2},\cdots,b_{j_M}\in\{b_1,b_2,\cdots,b_m\},j_1,j_2,\cdots,j_M\in\{1,2,\cdots,m\} \tag{4.3.2}$$

多符号离散信道的数学模型可用矢量条件概率分布描述为

$$\begin{pmatrix}\boldsymbol{Y}/\boldsymbol{X}\\P(\boldsymbol{Y}/\boldsymbol{X})\end{pmatrix}=\begin{Bmatrix}\beta_1/\alpha_1 & \cdots & \beta_j/\alpha_i & \cdots & \beta_{m^M}/\alpha_{n^N}\\ p(\beta_1/\alpha_1) & \cdots & p(\beta_j/\alpha_i) & \cdots & p(\beta_{m^M}/\alpha_{n^N})\end{Bmatrix}$$

$$0\leqslant p(\beta_j/\alpha_i)\leqslant 1,\ \sum_{j=1}^{m^M}p(\beta_j/\alpha_i)=1,\ i=1,2,\cdots,n^N \tag{4.3.3}$$

需要特别注意的是，式（4.3.3）中的 α_i 和 β_j 分别是满足式（4.3.1）和式（4.3.2）的符号序列。我们也可以用信道矩阵描述多符号离散信道：

$$\begin{bmatrix}p(\beta_1/\alpha_1) & p(\beta_2/\alpha_1) & \cdots & p(\beta_{m^M}/\alpha_1)\\ p(\beta_1/\alpha_2) & p(\beta_2/\alpha_2) & \cdots & p(\beta_{m^M}/\alpha_2)\\ \vdots & \vdots & \ddots & \vdots\\ p(\beta_1/\alpha_{n^N}) & p(\beta_2/\alpha_{n^N}) & \cdots & p(\beta_{m^M}/\alpha_{n^N})\end{bmatrix}$$

显然，信道矩阵中每行元素之和等于 1。

4.3.2 多符号离散信道容量定义

与单符号离散信道一样，我们先计算多符号离散信道的平均互信息量。用矢量 $\boldsymbol{X}$ 和 $\boldsymbol{Y}$ 代替式（4.1.10）中的随机变量 X 和 Y，得到多符号离散信道的平均互信息量：

$$I(\boldsymbol{X};\boldsymbol{Y})=\sum_{i=1}^{n^N}\sum_{j=1}^{m^M}p(\alpha_i\beta_j)I(\alpha_i;\beta_j)=\sum_{i=1}^{n^N}\sum_{j=1}^{m^M}p(\alpha_i\beta_j)\log_2\frac{p(\alpha_i/\beta_j)}{p(\alpha_i)} \tag{4.3.4}$$

将式（4.3.1）和式（4.3.2）代入式（4.3.4）得

$$I(\boldsymbol{X};\boldsymbol{Y})=\sum_{i_1=1}^{n}\cdots\sum_{i_N=1}^{n}\sum_{j_1=1}^{m}\cdots\sum_{j_M=1}^{m}p(a_{i_1}a_{i_2}\cdots a_{i_N}b_{j_1}b_{j_2}\cdots b_{j_M})\log_2\frac{p(a_{i_1}a_{i_2}\cdots a_{i_N}/b_{j_1}b_{j_2}\cdots b_{j_M})}{p(a_{i_1}a_{i_2}\cdots a_{i_N})} \tag{4.3.5}$$

式（4.3.5）是从信宿观察到的结果，需要计算 $n^N\times m^M$ 维联合概率和条件概率。

同理，$\boldsymbol{X}$ 对 $\boldsymbol{Y}$ 的多符号离散平均互信息量定义为

$$I(\boldsymbol{Y};\boldsymbol{X})=\sum_{i=1}^{n^N}\sum_{J=1}^{m^M}p(\alpha_i\beta_J)I(\beta_j;\alpha_i)=\sum_{i=1}^{n^N}\sum_{j=1}^{m^M}p(\alpha_i\beta_j)\log_2\frac{p(\beta_j/\alpha_i)}{p(\beta_j)} \tag{4.3.6}$$

式（4.3.6）是从发送端观察到的结果。考虑关系式 $p(\alpha_i/\beta_j)=p(\alpha_i\beta_j)/p(\beta_j)$，由式（4.3.4）很容易推出

$$I(\boldsymbol{X};\boldsymbol{Y})=\sum_{i=1}^{n^N}\sum_{j=1}^{m^M}p(\alpha_i\beta_j)I(\alpha_i;\beta_j)=\sum_{i=1}^{n^N}\sum_{j=1}^{m^M}p(\alpha_i\beta_j)\log_2\frac{p(\alpha_i\beta_j)}{p(\alpha_i)p(\beta_j)} \tag{4.3.7}$$

容易证明，式（4.3.4）、式（4.3.6）和式（4.3.7）是等效的。

仿照多符号离散信道情况，定义多符号离散信道容量为

$$C=\max_{\{p(\alpha_i)\}}I(\boldsymbol{X};\boldsymbol{Y})，\ i=1,2,\cdots,n^N$$

4.3.3 离散无记忆扩展信道的信道容量

由 4.3.1 节和 4.3.2 节的讨论可知，多符号离散信道容量的计算要比单符号离散信道复杂得多。一种比较简单的情况是，信源的各随机变量 X_k，$k=1,2,\cdots,N$ 在 N 个不同的时刻分别通过单符号离散信道 $\{X\quad P(Y/X)\quad Y\}$，则相应的输出随机序列与输入序列等长，即式（4.3.2）中 M=N，故 $\boldsymbol{Y}=Y_1Y_2\cdots Y_N$。多符号离散信道相当于单符号离散信道在 N 个不同的时刻连续运用了 N 次，故称为单符号离散信道 $\{X\quad P(Y/X)\quad Y\}$ 的 N 次扩展信道，其数学模型如图 4.3.2 所示。

当我们把多符号离散信道理解成单符号离散信道 $\{X\quad P(Y/X)\quad Y\}$ 在每一单位时间传递一个随机变量的时候，产生了一个新的问题，即时刻 k 的输出变量 Y_k ($k=1,2,\cdots,N$)，与时刻 k 之前的输入变量 $X_1\ X_2\cdots X_{k-1}$ 和输出变量 $Y_1\ Y_2\cdots Y_{k-1}$，以及时刻 k 之后的输入变量 $X_{k+1}\cdots X_N$ 之间有无依赖关系？有，或者没有，代表了不同性质的信道。

如果多符号离散信道的条件概率满足

$$p(\beta_j/\alpha_i)=p(b_{j_1}b_{j_2}\cdots b_{j_N}/a_{i_1}a_{i_2}\cdots a_{i_N})=p(b_{j_1}/a_{i_1})p(b_{j_2}/a_{i_2})\cdots p(b_{j_N}/a_{i_N})=\prod_{k=1}^{N}p(b_{j_k}/a_{i_k}) \tag{4.3.8}$$

$$i=1,2,\cdots,n^N;\ j=1,2,\cdots,m^M;\ i_1,i_2,\cdots,i_N\in\{1,2,\cdots,n\};\ j_1,j_2,\cdots,j_N\in\{1,2,\cdots,m\}$$

则称这个多符号离散信道为**离散无记忆信道的 N 次扩展信道**。

式（4.3.8）告诉我们：离散无记忆信道的 N 次扩展信道的条件概率等于各单位时刻相应的单符号离散无记忆信道的条件概率的连乘。具有这种特征的离散信道在时刻 k 的输出随机变量 Y_k 只与时刻 k 的输入随机变量 X_k $(k=1,2,\cdots,N)$有关，与 k 时刻之前的输入随机变量 $X_1X_2\cdots X_{k-1}$ 和输出随机变量 $Y_1Y_2\cdots Y_{k-1}$ 无关，这就是所谓的“无记忆”性。如果 k 时刻之前的输出随机变量序列 $Y_1Y_2\cdots Y_{k-1}$ 只与 k 时刻之前的输入随机变量序列 $X_1X_2\cdots X_{k-1}$ 有关，与 k 时刻的输入随机变量 X_k 无关，这就是所谓的“无预感”性。离散无记忆信道的 N 次扩展信道既是无记忆的，又是无预感的。也就是说，输出随机变量 Y_k 只与对应的输入随机变量 X_k 有关。因此，这种信道的数学模型可以用图 4.3.3 来表示。

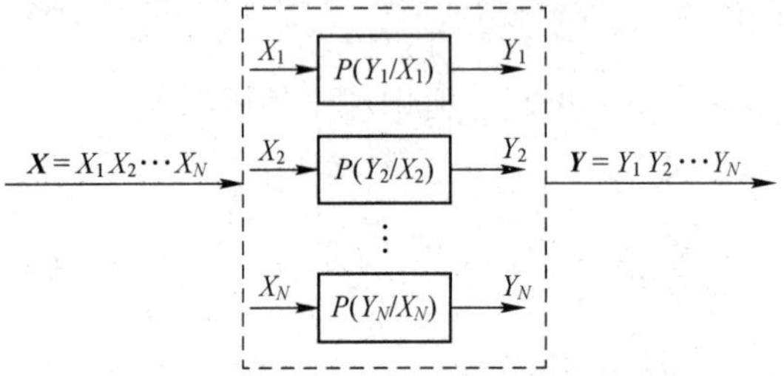

图 4.3.2　单符号离散信道的 N 次扩展信道的数学模型

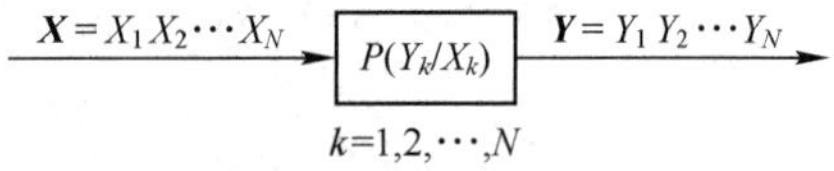

图 4.3.3　离散无记忆信道的 N 次扩展信道的数学模型

离散无记忆信道的 N 次扩展信道两端的平均互信息量

$$I(\boldsymbol{X};\boldsymbol{Y})=H(\boldsymbol{Y})-H(\boldsymbol{Y}/\boldsymbol{X})$$

$$\begin{aligned}
&H(\boldsymbol{Y}/\boldsymbol{X})\\
&=H(Y_1\cdots Y_N/X_1\cdots X_N)\\
&=-\sum_{i=1}^{n^N}\sum_{j=1}^{m^N}p(\alpha_i)p(\beta_j/\alpha_i)\log_2 p(\beta_j/\alpha_i)\\
&=\sum_{i_1=1}^{n}\cdots\sum_{i_N=1}^{n}\sum_{j_1=1}^{m}\cdots\sum_{j_N=1}^{m}p(a_{i_1}\cdots a_{i_N})p(b_{j_1}/a_{i_1})\cdots p(b_{j_N}/a_{i_N})\log_2\left[p(b_{j_1}/a_{i_1})\cdots p(b_{j_N}/a_{i_N})\right]\\
&=\sum_{i_1=1}^{n}\cdots\sum_{i_N=1}^{n}\sum_{j_1=1}^{m}\cdots\sum_{j_N=1}^{m}p(a_{i_1}\cdots a_{i_N})p(b_{j_1}/a_{i_1})\cdots p(b_{j_N}/a_{i_N})\log_2 p(b_{j_1}/a_{i_1})-\cdots-\\
&\quad\sum_{i_1=1}^{n}\cdots\sum_{i_N=1}^{n}\sum_{j_1=1}^{m}\cdots\sum_{j_N=1}^{m}p(a_{i_1}\cdots a_{i_N})p(b_{j_1}/a_{i_1})\cdots p(b_{j_N}/a_{i_N})\log_2 p(b_{j_N}/a_{i_N})\\
&=-\sum_{i_1=1}^{n}\sum_{j_1=1}^{n}p(b_{j_1}/a_{i_1})\log_2 p(b_{j_1}/a_{i_1})\left[\sum_{i_2=1}^{n}\cdots\sum_{i_N=1}^{n}p(a_{i_1}\cdots a_{i_N})\sum_{j_2=1}^{m}p(b_{j_2}/a_{i_2})\cdots\sum_{j_N=1}^{m}p(b_{j_N}/a_{i_N})\right]-\cdots-\\
&\quad\sum_{i_N=1}^{n}\sum_{j_N=1}^{n}p(b_{j_N}/a_{i_N})\log_2 p(b_{j_N}/a_{i_N})\left[\sum_{i_1=1}^{n}\cdots\sum_{i_{N-1}=1}^{n}p(a_{i_1}\cdots a_{i_N})\sum_{j_1=1}^{m}p(b_{j_1}/a_{i_1})\cdots\sum_{j_{N-1}=1}^{m}p(b_{j_N}/a_{i_N})\right]\\
&=H(Y_1/X_1)+H(Y_2/X_2)+\cdots+H(Y_N/X_N)
\end{aligned}\tag{4.3.9}$$

其中
$$p(a_{i_k})=\sum_{i_1=1}^{n}\cdots\sum_{i_{k-1}=1}^{n}\sum_{i_{k+1}=1}^{n}\cdots\sum_{i_N=1}^{n}p(a_{i_1}\cdots a_{i_N}),\quad \sum_{j_k=1}^{m}p(b_{j_k}/a_{i_k})=1,\quad k=1,2,\cdots,N$$

由平均互信息量公式
$$I(\boldsymbol{X};\boldsymbol{Y})=H(\boldsymbol{Y})-H(\boldsymbol{Y}/\boldsymbol{X})=H(Y_1Y_2\cdots Y_N)-\sum_{k=1}^{N}H(Y_k/X_k)\tag{4.3.10}$$

当第 k 个随机变量 X_k 单独通过单符号离散信道时，从 Y_k 得到的关于 X_k 的平均互信息量为

$$I(X_k;Y_k)=H(Y_k)-H(Y_k/X_k),\quad k=1,2,\cdots,N$$

这 N 个输入、输出变量的平均互信息量之和为

$$\sum_{k=1}^{N} I(X_k;Y_k)=\sum_{k=1}^{N}[H(Y_k)-H(Y_k/X_k)]=\sum_{k=1}^{N}H(Y_k)-\sum_{k=1}^{N}H(Y_k/X_k) \tag{4.3.11}$$

式（4.3.10）减去式（4.3.11）得到

$$I(\boldsymbol{X};\boldsymbol{Y})-\sum_{k=1}^{N}I(X_k;Y_k)=H(Y_1Y_2\cdots Y_N)-\sum_{k=1}^{N}H(Y_k)$$

应用熵的性质，容易证明

$$H(Y_1Y_2\cdots Y_N)\leqslant\sum_{k=1}^{N}H(Y_k) \tag{4.3.12}$$

故有

$$I(\boldsymbol{X};\boldsymbol{Y})\leqslant\sum_{k=1}^{N}I(X_k;Y_k) \tag{4.3.13}$$

式（4.3.13）说明：离散无记忆信道的 N 次扩展信道的平均互信息量，不大于 N 个随机变量 $X_1,X_2,\cdots,X_N$ 单独通过信道$\{X \quad P(Y/X) \quad Y\}$的平均互信息量之和 $\sum_{k=1}^{N}I(X_k;Y_k)$。当且仅当信源 $\boldsymbol{X}=X_1X_2\cdots X_N$ 无记忆，或者说信源 $\boldsymbol{X}$ 是离散无记忆信源 X 的 N 次扩展信源 $X^N=X_1\ X_2\cdots X_N$，即

$$p(\alpha_i)=p(a_{i_1}a_{i_2}\cdots a_{i_N})=p(a_{i_1})p(a_{i_2})\cdots p(a_{i_N}),\quad i_1,i_2,\cdots,i_N=1,2,\cdots,n \tag{4.3.14}$$

时，才有

$$\begin{aligned}p(\beta_j)&=p(b_{j_1}b_{j_2}\cdots b_{j_N})=\sum_{i_1=1}^{n}\cdots\sum_{i_N=1}^{n}p(a_{i_1}\cdots a_{i_N})p(b_{j_1}\cdots b_{j_N}/a_{i_1}\cdots a_{i_N})\\&=\sum_{i_1=1}^{n}\cdots\sum_{i_N=1}^{n}p(a_{i_1})p(a_{i_2})\cdots p(a_{i_N})p(b_{j_1}/a_{i_1})\cdots p(b_{j_N}/a_{i_N})\\&=\sum_{i_1=1}^{n}p(a_{i_1})p(b_{j_1}/a_{i_1})\sum_{i_2=1}^{n}p(a_{i_2})p(b_{j_2}/a_{i_2})\cdots\sum_{i_N=1}^{n}p(a_{i_N})p(b_{j_N}/a_{i_N})\\&=p(b_{j_1})p(b_{j_2})\cdots p(b_{j_N})\end{aligned}$$

即输出端各 $Y_k\ (k=1,2,\cdots,N)$相互独立。此时有

$$\begin{aligned}H(Y_1Y_2\cdots Y_N)&=-\sum_{j_1=1}^{m}\cdots\sum_{j_N=1}^{m}p(b_{j_1}\cdots b_{j_N})\log_2 p(b_{j_1}\cdots b_{j_N})\\&=-\sum_{j_1=1}^{m}p(b_{j_1})\log_2 p(b_{j_1})\left[\sum_{j_2=1}^{m}p(b_{j_2})\cdots\sum_{j_N=1}^{m}p(b_{j_N})\right]-\cdots-\\&\quad\sum_{j_N=1}^{m}p(b_{j_N})\log_2 p(b_{j_N})\left[\sum_{j_1=1}^{m}p(b_{j_1})\cdots\sum_{j_{N-1}=1}^{m}p(b_{j_{N-1}})\right]\\&=H(Y_1)+H(Y_2)+\cdots+H(Y_N)=\sum_{k=1}^{N}H(Y_k)\end{aligned} \tag{4.3.15}$$

其中

$$\sum_{j_k=1}^{m}p(b_{j_k})=1,\quad k=1,2,\cdots,N$$

式（4.3.15）的结果使式（4.3.12）的等号成立，从而使式（4.3.13）的等号也成立。即

$$I(\boldsymbol{X};\boldsymbol{Y})=\sum_{k=1}^{N}I(X_k;Y_k) \tag{4.3.16}$$

上述讨论说明：离散无记忆信道的 N 次扩展信道，当输入端的 N 个输入随机变量统计

独立时，信道的总平均互信息量等于这 N 个变量单独通过信道的平均互信息量之和。由于离散无记忆信源 X 的 N 次扩展信源中的随机变量都取自且取遍于同一符号集，即 $X_k \in \{a_1, a_2, \cdots, a_n\}$ $(k=1, 2, \cdots, N)$，具有相同的概率分布 $\{p(a_1), p(a_2), \cdots, p(a_n)\}$，而且都通过同一个离散无记忆信道 $\{X \quad P(Y/X) \quad Y\}$，随机变量序列 $\boldsymbol{Y}=Y_1Y_2\cdots Y_N$ 中的随机变量 Y_k $(k=1, 2, \cdots, N)$ 也取自同一符号集 $\{b_1, b_2, \cdots, b_m\}$ 并具有相同的概率分布 $\{p(b_1), p(b_2), \cdots, p(b_m)\}$，而且相互统计独立，所以

$$I(X_k;Y_k)=I(X;Y), \quad k=1,2,\cdots,N$$

由式（4.3.16）有

$$I(\boldsymbol{X};\boldsymbol{Y})=\sum_{k=1}^{N} I(X_k;Y_k)=NI(X;Y) \tag{4.3.17}$$

式（4.3.17）说明：离散无记忆信道的 N 次扩展信道，如果信源也是离散无记忆信源的 N 次扩展信源，则信道总的平均互信息量是单符号离散无记忆信道的平均互信息量的 N 倍。这一结果很容易理解，因为离散无记忆信道的 N 次扩展信道可以用 N 个单符号离散信道来等效，这 N 个信道之间没有任何关联关系，若输入端的 N 个随机变量之间也没有任何关联关系的话，就相当于 N 个毫不相干的单符号离散信道在分别传送各自的信息，所以在扩展信道的输出端得到的平均信息量必然是单个信道的 N 倍。若我们用 C 和 C^N 分别表示离散无记忆信道及其 N 次扩展信道的容量，则

$$C^N=NC \tag{4.3.18}$$

4.3.4 独立并联信道的信道容量

将离散无记忆信道的 N 次扩展信道加以推广，也就是令信道的输入和输出随机变量序列中的各随机变量分别取值于不同的符号集合，就构成了**独立并联信道**，也称**独立并列信道、独立平行信道或积信道**。其信道转移概率满足式（4.3.8），输入随机变量序列 $\boldsymbol{X}=X_1 X_2\cdots X_N$ 中的各随机变量

$$X_k \in \{a_{1k}, a_{2k}, \cdots, a_{nk}\}, \quad k=1,2,\cdots,N$$

输出随机变量序列 $\boldsymbol{Y}=Y_1Y_2\cdots Y_N$ 中的各随机变量

$$Y_k \in \{b_{1k}, b_{2k}, \cdots, b_{mk}\}, \quad k=1,2,\cdots,N$$

显然，独立并联信道也满足式（4.3.9）至式（4.3.13）的关系。当输入端各随机变量统计独立时，也有类似于式（4.3.14）至式（4.3.16）的结论，只是输入端各随机变量 X_k 取值于不同的符号集合，输出端各随机变量 Y_k 也取值于不同的符号集合。如果用 C^N 表示 N 个独立并联信道的信道容量，C_k 表示第 k 个单符号离散无记忆信道的信道容量，则有

$$C^N \leqslant C_1+C_2+\cdots+C_N=\sum_{k=1}^{N} C_k$$

当 N 个输入随机变量之间统计独立，且每个输入随机变量 X_k $(k=1,2,\cdots,N)$ 的概率分布为达到各自信道容量 C_k $(k=1, 2,\cdots, N)$ 的最佳分布时，C^N 达到其最大值，即

$$C_{\max}^N=\sum_{k=1}^{N} C_k$$

也就是说，C^N 等于各信道容量 C_k $(k=1, 2,\cdots, N)$ 之和。

独立并联信道的条件还可推广到更一般的情况，即输入各随机变量不但取值于不同的符号集合，而且各集合的元素个数也不相同；同样，输出随机变量也取值于不同的符号集合，

各集合的元素个数也不同。对于这种更一般的信道可得到与上述类似的结论。至此，我们可以把 N 个变量的独立并联信道看成离散无记忆信道的 N 次扩展信道的推广，也可以把离散信道的 N 次扩展信道看成独立并联信道的特例。实际上，它是一种最简单的独立并联信道。只要知道单符号离散无记忆信道的容量 C，就可通过式（4.3.18）容易地得到其信道总容量。

4.4 网络信息论

前面我们所讨论的信道，不论是单符号的还是多符号的，都是只有一个输入端和一个输出端的信道，这种信道称为**单用户信道**，相应的通信系统称为单路通信系统。单路通信系统解决的是两个用户之间的信息传递问题。如果许多用户之间需要相互传递信息，就要用许多单用户信道构成信道群，继而形成通信网。为了提高通信效率，通信网中的信道，往往允许有多个输入端和多个输出端，这种信道称为多用户信道，相应的通信系统称为多路通信系统。研究多路通信系统信息传递的理论，称为多用户信息理论或网络信息理论。单用户信道是多用户信道的基础，而实际的信道大部分是**多用户信道**。如计算机通信、卫星通信、雷达通信、广播通信、有线电视等，这些系统中的信道都属于多用户信道。

多用户信道容量不能用一个数来代表，在信道上传送消息所允许的信息率也要用二维或多维空间的一个区域来表示，这个区域的界限就是多用户信道的信道容量。

多用户信道可以分成几种最基本的类型：**多址接入信道**、**广播信道**和**相关信源的多用户信道**。

所谓多址接入信道，是指多个用户的信息用多个编码器分别编码以后，送入同一信道传输，在接收端用一个译码器译码，然后分送给不同的用户。这是有多个输入端但只有一个输出端的多用户信道。

广播信道与多址接入信道相反，是只有一个输入端和多个输出端的信道。这种信道将多个信源的信息进行统一编码，送入信道，而输出端接到多个译码器，分别译出所需的信息。卫星通信系统的下行线路就可以看成广播信道。转发卫星把从各地面站发来的消息经过统一编码后发回到地面站，各接收地面站应用各种译码器译出所需的信息。

相关信源的多用户信道是由多个单用户信道组成的并联信道，用以传送相互有关的多路信息。这种信道有多个输入和多个输出，且输入端各信源之间有关联关系。这种信道在性质上和研究方法上均与前两类多用户信道不同，因此列为第三类多用户信道。

下面我们对这三类最基本的多用户信道加以讨论。其他的多用户信道一般是这几类最基本多用户信道的组合。

4.4.1 多址接入信道的信道容量

多址接入信道又称**多元接入信道**，其模型如图 4.4.1 所示。

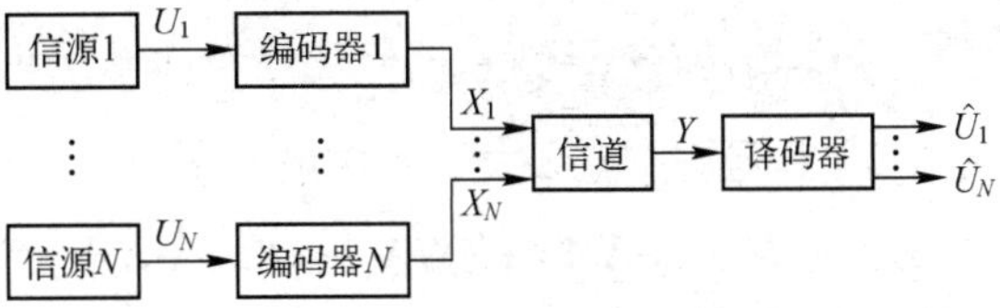

图 4.4.1 多址接入信道模型

最简单的多址接入信道是只有两个输入端和一个输出端的二址接入信道，如图 4.4.2 所示。

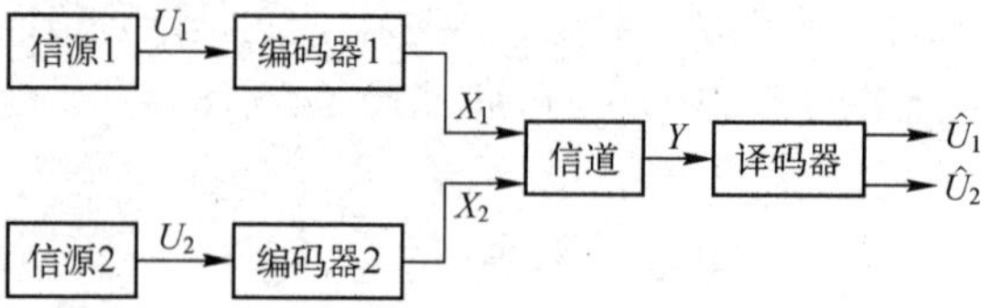

图 4.4.2　二址接入信道模型

设信道的两个输入随机变量 X_1 和 X_2 分别取值于集合$\{a_{11}, a_{21}, \cdots, a_{n_1 1}\}$和$\{a_{12}, a_{22}, \cdots, a_{n_2 2}\}$，输出随机变量 Y 取值于集合$\{b_1, b_2, \cdots, b_m\}$，则信道特性由条件转移概率 $P(Y/X_1X_2) \in \{p(b_j / a_{i1}a_{i2})(j = 1,2,\cdots,m;\ i1 = 11,21,\cdots,n_1 1;\ i2 = 12,22,\cdots,n_2 2)\}$表示。两个编码器分别将两个原始信源 U_1 和 U_2 的符号编成适合于信道传输的信号 X_1 和 X_2，一个译码器把信道输出 Y 译成两路相应的信源符号 $\hat{U}_1$ 和 $\hat{U}_2$。

由 U_1 传至 $\hat{U}_1$ 的信息率以 R_1 表示。它是从 Y 中获得的关于 X_1 的平均信息量，即 $R_1 = I(X_1;Y)$。若 X_2 已知，则可排除 X_2 引起的对 X_1 的传输干扰，使 R_1 达到最大，故有

$$R_1 = I(X_1;Y) \leqslant \max_{P(X_1)P(X_2)} I(X_1;Y/X_2) \tag{4.4.1}$$

当改变编码器 1 和编码器 2 使 X_1 和 X_2 能够达到最合适的概率分布，从而使式（4.4.1）不等号右端的平均条件互信息量达到最大值时，我们称这个最大值为**条件信道容量**，即

$$C_1 = \max_{P(X_1)P(X_2)} I(X_1;Y/X_2) = \max_{P(X_1)P(X_2)} \left[H(Y/X_2) - H(Y/X_1X_2)\right] \tag{4.4.2}$$

由式（4.4.1）和式（4.4.2）可得　　$R_1 \leqslant C_1$

同理有

$$C_2 = \max_{P(X_1)P(X_2)} I(X_2;Y/X_1) = \max_{P(X_1)P(X_2)} \left[H(Y/X_1) - H(Y/X_1X_2)\right] \tag{4.4.3}$$

和

$$R_2 = I(X_2;Y) \leqslant \max_{P(X_1)P(X_2)} I(X_2;Y/X_1) = C_2 \tag{4.4.4}$$

由本章的讨论可知，从 Y 获得的关于 X_1X_2 的平均信息量

$$I(X_1X_2;Y) = I(X_1;Y) + I(X_2;Y/X_1) = H(Y) - H(Y/X_1X_2) \tag{4.4.5}$$

由式（4.4.4）可知总信道容量

$$\begin{aligned} C_{12} &= \max_{P(X_1)P(X_2)} I(X_1X_2;Y) = \max_{P(X_1)P(X_2)} \left[I(X_1;Y) + I(X_2;Y/X_1)\right] \\ &\geqslant I(X_1;Y) + \max_{P(X_1)P(X_2)} I(X_2;Y/X_1) \\ &\geqslant I(X_1;Y) + I(X_2;Y) = R_1 + R_2 \end{aligned} \tag{4.4.6}$$

即　　$C_{12} \geqslant R_1 + R_2$

当 X_1 和 X_2 相互独立时，可以证明 C_1, C_2 和 C_{12} 之间满足不等式

$$\max(C_1, C_2) \leqslant C_{12} \leqslant C_1 + C_2 \tag{4.4.7}$$

不失一般性，假设 $C_1 \geqslant C_2$，由于无条件熵必大于条件熵，所以

$$H(Y) - H(Y/X_1X_2) \geqslant H(Y/X_2) - H(Y/X_1X_2)$$

上述不等式对所有 $P(X_1)$和 $P(X_2)$均成立，所以调整 $P(X_1)$和 $P(X_2)$使不等式右边取极大值，

不等号方向不变。假定 $P_0(X_1)$和 $P_0(X_2)$是使不等式右边取极大值的概率分布，则由式（4.4.2）可得

$$\left[H(Y)-H(Y/X_1X_2)\right]_{P_0(X_1)P_0(X_2)}\geqslant C_1$$

由式（4.4.5）和式（4.4.6）可得

$$C_{12}=\max_{P(X_1)P(X_2)}\left[H(Y)-H(Y/X_1X_2)\right]\geqslant\left[H(Y)-H(Y/X_1X_2)\right]_{P_0(X_1)P_0(X_2)}$$

所以
$$C_{12}\geqslant C_1\geqslant C_2$$

或
$$C_{12}\geqslant\max(C_1,C_2)\tag{4.4.8}$$

又设
$$\begin{aligned}\varDelta&=I(X_1;Y/X_2)+I(X_2;Y/X_1)-I(X_1X_2;Y)\\&=H(X_1/X_2)-H(X_1/YX_2)+H(X_2/X_1)-H(X_2/YX_1)-H(X_1X_2)+H(X_1X_2/Y)\end{aligned}$$

由于 X_1 与 X_2 相互独立，所以

$$H(X_1/X_2)=H(X_1)$$

$$H(X_2/X_1)=H(X_2)$$

$$H(X_1X_2)=H(X_1)+H(X_2)$$

$$H(X_1X_2/Y)-H(X_1/YX_2)=H(X_2/Y)\geqslant H(X_2/YX_1)$$

故有
$$\varDelta\geqslant 0$$

由 C_1, C_2 和 C_{12} 的定义及上述论证有

$$C_1+C_2\geqslant C_{12}\tag{4.4.9}$$

综合式（4.4.9）和式（4.4.8）即得式（4.4.7）。

由式（4.4.9）易知 $\max C_{12}=C_1+C_2$

总结起来，二址接入信道信息率和信道容量之间满足如下条件：

$$\begin{cases}R_1\leqslant C_1\\R_2\leqslant C_2\\R_1+R_2\leqslant C_{12}\end{cases}\tag{4.4.10}$$

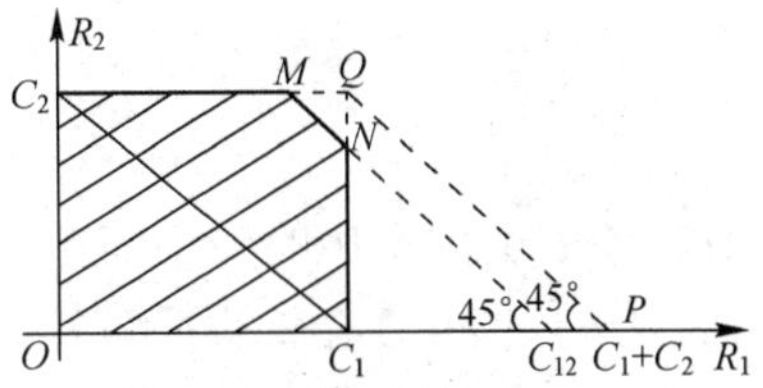

图 4.4.3

当 X_1 和 X_2 相互独立时有

$$\max(C_1,C_2)\leqslant C_{12}\leqslant C_1+C_2$$

这些条件可以确定二址接入信道以 R_1 和 R_2 为坐标的二维空间中的某个区域（图 4.4.3 中的阴影区域），这个区域的界限就是二址接入信道的容量。

图 4.4.3 中的阴影区域是由线段 C_2M, MN, NC_1 和两个坐标轴围成的截角四边形。线段 MN 与两个坐标轴的夹角都是 45°，在两个坐标轴上的截距是 C_{12}，所以 MN 的直线方程是 $R_1+R_2=C_{12}$。图中阴影区域内的任何一点都满足限制条件，即式（4.4.10）。

因为线段 NC_1 与线段 C_1C_{12} 相等，即 C_1C_{12} 表示 R_2 的实际取值，所以线段 MN 只能在线段 QP 的左边，最多与之重叠。这在几何上体现了 $C_{12}\leqslant C_1+C_2$ 的条件。为了满足 $C_{12}\geqslant\max(C_1,C_2)$的条件，线段 MN 与 R_1 轴的交点 C_{12} 必须在点 C_1 的右边（当 $C_1\geqslant C_2$ 时），或者与 R_2 轴的交点必须在点 C_2 的上方（当 $C_2\geqslant C_1$ 时）。

需要特别注意的是，式（4.4.2）、式（4.4.3）和式（4.4.6）这三个公式对输入概率分布 $P(X_1)$和 $P(X_2)$的要求未必是一致的。在不一致的情况下，应取所有可能的 $P(X_1)$和 $P(X_2)$组合，分别计算出 C_1, C_2 和 C_{12}，组成许多像图 4.4.3 那样的截角四边形。包含这些截角四边形的凸区域，即是二址接入信道的信息率取值区域，该区域的上界即为信道容量。

二址接入信道的结论很容易推广到多址接入信道的情况。若信道有 N 个输入端和 1 个输出端，第 r 个编码器输出消息的信息率为 R_r，相应的条件信道容量为 C_r，信道总容量为 C_Σ，则信息率和信道容量之间应满足如下限制条件：

$$\begin{cases} R_r \leqslant C_r = \max\limits_{P(X_1)\cdots P(X_N)} I(X_r;Y/X_1\cdots X_{r-1}X_{r+1}\cdots X_N) \\ \sum\limits_{r=1}^{N} R_r \leqslant C_\Sigma = \max\limits_{P(X_1)\cdots P(X_N)} I(X_1\cdots X_N;Y) \end{cases}$$

当输入各信源相互独立时，有

$$\sum_{r=1}^{N} C_r \geqslant C_\Sigma \geqslant \max_r C_r$$

这些限制条件规定了一个在 N 维空间中的体积，这个体积的外形是一个截去角的多面体，多面体内是信道允许的信息率，多面体的上界就是多址接入信道的容量。

4.4.2 广播信道的信道容量

具有一个输入和多个输出的信道称为广播信道。

通常广播电台或广播电视传输系统在一定范围内只有一个发射台但是有许多接收机，可视为典型的广播信道。

最简单的广播信道是单输入双输出的广播信道，如图 4.4.4 所示。对于连续变量（离散变量也有相应的结果）的情况，其总的信道特性用 $p(y_1y_2/x)$来表示。

对于一般的广播信道，我们很难用系统的方法求出其信息率可达区域。只在某些特殊的情况下，我们能够证明信道的容量界限是可以达到的，其中之一称为退化情况。

如果一个广播信道的信道转移概率密度满足

$$p(y_1y_2/x)= p(y_1/x)p(y_2/y_1)$$

则称该信道为退化的广播信道，如图 4.4.5 所示。退化的广播信道可以看成两个信道的串联。信道 1 和信道 2 的特性分别由 $p(y_1/x)$和 $p(y_2/y_1)$两个条件概率密度来描述。Y_1 是信道 1 的输出，Y_2 是信道 2 的输出。在这种情况下有

$$p(y_2/x)= \int_{Y_1} p(y_1y_2/x)\mathrm{d}y_1 = \int_{Y_1} p(y_1/x)p(y_2/y_1x)\mathrm{d}y_1 = \int_{Y_1} p(y_1/x)p(y_2/y_1)\mathrm{d}y_1$$

可见

$$p(y_2/y_1x)= p(y_2/y_1)$$

或

$$H(Y_2/Y_1X)= H(Y_2/Y_1)$$

这意味着 Y_2 的条件概率密度与 X 无关，或者说 X,Y_1,Y_2 构成一个马尔可夫链，所以

$$\begin{aligned} I(X;Y_1Y_2) &= H(Y_1Y_2) - H(Y_1Y_2/X) \\ &= H(Y_1) + H(Y_2/Y_1) - H(Y_1/X) - H(Y_2/Y_1X) \\ &= H(Y_1) - H(Y_1/X) = I(X;Y_1) \end{aligned}$$

我们可以先改变 $p(x)$使 $I(X;Y_1Y_2)= I(X;Y_1)$最大，也就是求得 R_1+R_2 的最大值，然后再改变 $p(u_1)$和 $p(u_2)$，但保持 $p(x)$不变，只要

$$R_1 \leqslant I(U_1;Y_1)= I(X;Y_1/U_2)$$

$$R_2 \leqslant I(U_2;Y_2)= I(X;Y_2/U_1)$$

$$R_1+R_2 \leqslant I(X;Y_1)$$

即可得到退化广播信道的信息率可达区域。

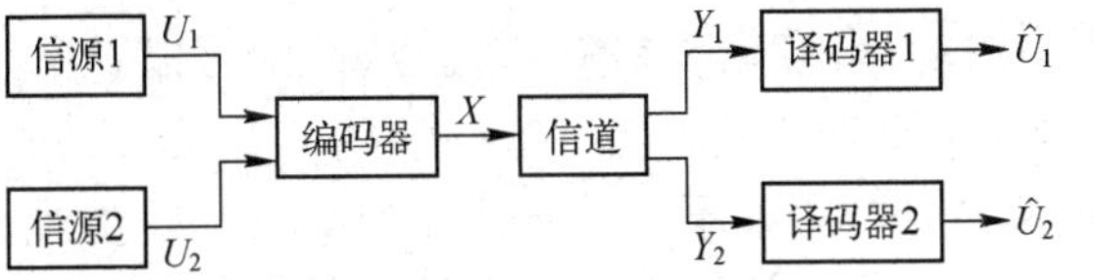

图 4.4.4　单输入双输出广播信道模型

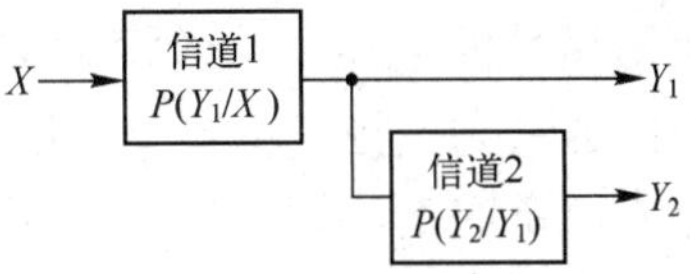

图 4.4.5　退化的广播信道模型

4.4.3　相关信源的边信息和公信息

以上我们讨论的都是信源相互独立的多用户信道。由无失真离散信源编码定理可以推知，要无失真传送单符号无记忆信源 X，只需信息率（编码速率）R_1 大于单符号信源熵 $H(X)$。如果有两个相互独立的信源需要分别用独立信道传送，则每个信道的信息率必须大于各信源的无条件熵，即总信息率必须大于 $H(X_1)+H(X_2)$。但是当两个信源相关时，信道的信息率应该是多少？能否利用信源的相关性来压缩信息率？这就是研究相关信源的多用户信道时所关心的问题。

图 4.4.6 是两个相关信源用两个独立信道传送的多用户信道模型。图 4.4.7 是两个相关信源用三个独立信道传送的多用户信道模型。X_1 和 X_2 是相关信源，$\hat{X}_1$ 和 $\hat{X}_2$ 是它们的复现。R_1、R_2 和 R_0 分别表示各路信道的信息率。我们现在要讨论的问题是：当各信源的熵 $H(X_1)$、$H(X_2)$ 和 $H(X_1X_2)$ 已知时，R_1、R_2 和 R_0 最小为多少？

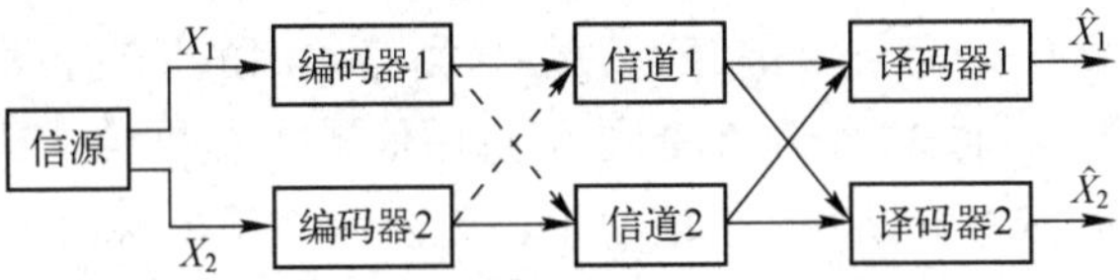

图 4.4.6　相关信源多用户信道模型 I

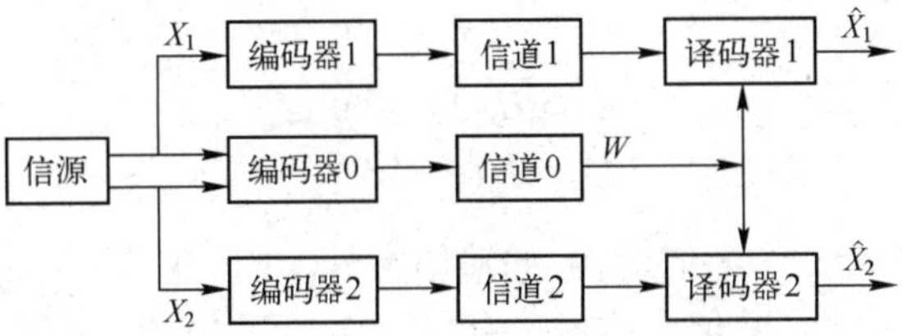

图 4.4.7　相关信源多用户信道模型 II

由于信源的相关性，必有

$$H(X_1)+H(X_2) \geqslant H(X_1X_2)$$

及　$H(X_1) \geqslant H(X_1/X_2),\ H(X_2) \geqslant H(X_2/X_1)$

图 4.4.6 中有四条交叉连接线，共有 16 种组合，但只有图中的实线连接有其特点。在这种连接下，只要

$$\begin{cases} C_1 > H(X_1/X_2) \\ C_2 > H(X_2/X_1) \\ C_1 + C_2 > H(X_1X_2) \end{cases} \tag{4.4.11}$$

就能无差错地传送 X_1 和 X_2。式（4.4.11）可用图 4.4.8 表示，图中阴影区域表示传送相关信源所需的联合信道容

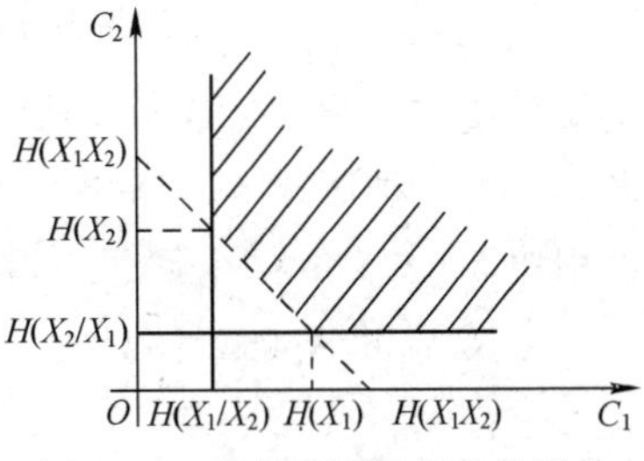

图 4.4.8　相关信源多用户信道的信息率可达区域

量，阴影区域的边界是传送相关信源所必需的最小联合信道容量。从图中可以看出，若一个信道的容量大一些，另一个信道的容量就可小一些。

令人惊奇的是，编码器 1 的编码速率 $R_1(< C_1)$并不一定要大于 $H(X_1)$，只要大于条件熵 $H(X_1/X_2)$即可无差错地把 X_1 传送出去，而此条件熵在相关信源的情况下是小于 $H(X_1)$的。换句话说，编码器 1 可以用小于 $H(X_1)$的编码速率无差错地传送 X_1。编码器 2 也有同样的情况。

为什么会出现这种情况呢？我们现在来看图 4.4.9。

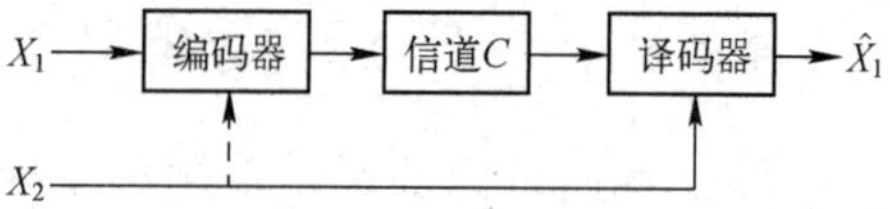

图 4.4.9 边信息的作用

由无失真信源编码定理可知，要无差错地传送 X_1 就必须有 $R_1>H(X_1)$。但是若有另一个与 X_1 有关联的随机变量 X_2 同时送到编码器和译码器，由于 X_1 和 X_2 的关联性，当已知 X_2 时，就能获得一部分关于 X_1 的信息，这部分信息不需要再传送，需要传送的只是另一部分尚不知道的信息 $H(X_1/X_2)$。所以编码器只要以 $R_1>H(X_1/X_2)$的速率编码，就能实现 X_1 的无差错传送。这种由 X_2 提供的关于 X_1 的信息，称为边信息。

进一步研究表明：编码器并不要求 X_2 的具体值，只要知道 X_2 的概率分布和它与 X_1 的关联性，就能按 $H(X_1/X_2)$来编码，因为 $H(X_1/X_2)$是对随机变量取平均后的值，与具体的取值无关。对信道而言，只要能传送 $H(X_1/X_2)$就行了，即 $R_1>H(X_1/X_2)$，所以图 4.4.9 中的虚线可以不接，也能得到同样的结论。

图 4.4.6 是每个信源作为另一个信源的边信息相互作用的情况，即 X_2 作为 X_1 的边信息由信道 2 提供给译码器 1，而 X_1 作为 X_2 的边信息由信道 1 提供给译码器 2。只要 X_2 能正确地传到译码器 2，就能在 $R_2>H(X_2/X_1)$的情况下，无差错地译出 $\hat{X}_2$。

图 4.4.7 所示的模型用了三个信道。信道 0 是公用信道，信道 1 和信道 2 是私用信道。可以证明，各信道所需的信道容量应满足

$$\begin{cases} C_0 > I(X_1X_2;W) \\ C_1 > H(X_1/W) \\ C_2 > H(X_2/W) \end{cases} \tag{4.4.12}$$

W 是任一待定的随机变量，作为信道 0 的输出符号。由它所提供的边信息可降低对 C_1 和 C_2 的要求。只要式（4.4.12）满足，信道 0 可无差错地输出 W，译码器 1 和译码器 2 就能正确地译出 $\hat{X}_1$ 和 $\hat{X}_2$。

对于图 4.4.7 给出的系统，一般要求 C_0 尽可能小，并使译码器 1 难于译出 $\hat{X}_2$，译码器 2 也同样难于译出 $\hat{X}_1$。即

$$P(X_1X_2/W) = P(X_1/W)P(X_2/W) \tag{4.4.13}$$

也就是说，X_1 和 X_2 是条件独立的。当 W 已知时，它们的联合条件概率等于各自条件概率之积。在这种情况下，确知 W 时，译码器 1 仅靠 $H(X_1/W)$难于译出 $\hat{X}_2$，译码器 2 的情况也相仿。

定义 X_1 和 X_2 的公信息为

$$I_0(X_1;X_2) = \min_{W} I(X_1X_2;W)$$

上述最小值，是在式（4.4.13）的条件下变更 W 而求得的。它使所需的 C_0 最小，即 $C_0 >$

$I_0(X_1;X_2)$。公信息是指 X_1 和 X_2 的最小公有信息。它与平均互信息量一样，取决于 X_1 和 X_2 的联合概率分布，如果 X_1 和 X_2 是相互独立的，则可选择 W 对 X_1 和 X_2 均独立，那么式（4.4.13）的条件一定满足，故有 $I_0(X_1;X_2)=0$，且平均互信息量 $I(X_1;X_2)=0$。当 X_1 和 X_2 非相互独立时，公信息一般小于平均互信息量。

随着网络技术的发展，网络信息论在近代信息论中越来越为大家所关注，不过许多问题还没有找到系统的解决方法。

习题

4.1 从大量统计资料知道，男性中红绿色盲的发病率为 7%，女性发病率为 0.5%，如果你问一位男士："你是否是色盲？"他的回答可能是"是"，可能是"否"，问这两个回答中各含有多少信息量？平均每个回答中含有多少信息量？如果问一位女士，则答案中含有的平均自信息量是多少？

4.2 对某城市进行交通忙闲的调查，并把天气分成"晴""雨"两种状态，气温分成"冷""暖"两种状态，调查结果得到联合出现的相对频度如题 4.2 图所示。

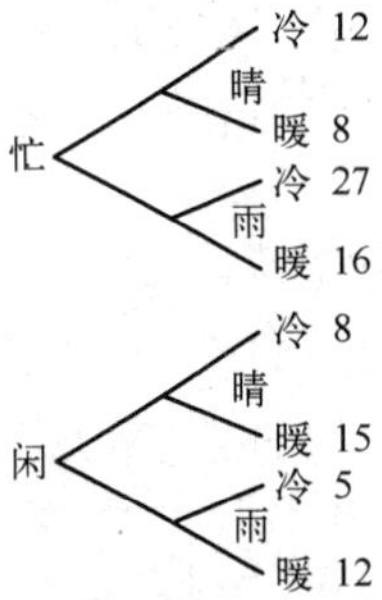

题 4.2 图

若把这些频度看作概率测度，求：

（1）忙闲的无条件熵；

（2）天气状态和气温状态已知时忙闲的条件熵；

（3）从天气状态和气温状态获得的关于忙闲的信息。

4.3 有两个二元随机变量 X 和 Y，它们的联合概率如题 4.3 图所示。

X \ Y	0	1
0	1/8	3/8
1	3/8	1/8

题 4.3 图

并定义另一随机变量 $Z=XY$（一般乘积）。试计算：

（1）$H(X), H(Y), H(Z), H(XZ), H(YZ)$和 $H(XYZ)$；

（2）$H(X/Y), H(Y/X), H(X/Z), H(Z/X), H(Y/Z), H(Z/Y), H(X/YZ), H(Y/XZ)$和 $H(Z/XY)$；

（3）$I(X;Y), I(X;Z), I(Y;Z), I(X;Y/Z), I(Y;Z/X)$和 $I(X;Z/Y)$。

4.4 每帧电视图像可以认为是由 3×10^5 个像素组成的，所有像素均独立变化，且每像素又取 128 个不同的亮度电平，并设亮度电平等概率出现，试问每帧图像含有多少信息量？若有一个广播员，在约 10000 个汉字中选 1000 个汉字来口述该电视图像，试问若要恰当地描述此电视图像，广播员在口述中至少需要多少汉字？

4.5 设信源 $\begin{pmatrix} X \\ P(X) \end{pmatrix}=\begin{Bmatrix} a_1 & a_2 \\ 0.6 & 0.4 \end{Bmatrix}$ 通过一个干扰信道，接收符号为 $Y=\{b_1,b_2\}$，信道矩阵为 $\begin{bmatrix} 5/6 & 1/6 \\ 1/4 & 3/4 \end{bmatrix}$，求：

（1）信源 X 中事件 a_1 和 a_2 分别含有的自信息量；

（2）收到消息 $b_j\,(j=1,2)$后，获得的关于 $a_i\,(i=1,2)$的信息量；

（3）信源 X 和信宿 Y 的信息熵；

（4）信道疑义度 $H(X/Y)$和噪声熵 $H(Y/X)$；

（5）接收到信息 Y 后获得的平均互信息量。

4.6 设二元对称信道矩阵为$\begin{bmatrix} 2/3 & 1/3 \\ 1/3 & 2/3 \end{bmatrix}$。

（1）若 $P(0)=3/4$，$P(1)=1/4$，求 $H(X)$、$H(X/Y)$ 、$H(Y/X)$和 $I(X;Y)$；

（2）求该信道的信道容量及其达到信道容量时的输入概率分布。

4.7　设有一批电阻，按阻值分 70%是 2 kΩ的，30%是 5 kΩ的；按瓦分 64%是 1/8 W 的，其余是 1/4 W 的。现已知 2 kΩ阻值的电阻中 80%是 1/8 W 的，问通过测量阻值可以得到的关于瓦数的平均信息量是多少？

4.8　若 X, Y, Z 是三个随机变量，试证明：

（1）$I(X;YZ)=I(X;Y)+I(X;Z/Y)=I(X;Z)+I(X;Y/Z)$；

（2）$I(X;Y/Z)=I(Y;X/Z)=H(X/Z)-H(X/YZ)$；

（3）$I(X;Y/Z)\geqslant 0$，当且仅当(X,Y,Z)是马尔可夫链时等式成立。

4.9　若三个离散随机变量有如下关系：$X+Y=Z$，其中 X 和 Y 相互独立，试证明：

（1）$I(X;Z)=H(Z)-H(Y)$；　（2）$I(XY;Z)=H(Z)$；　（3）$I(X;YZ)=H(X)$；

（4）$I(Y;Z/X)=H(Y)$；　（5）$I(X;Y/Z)=H(X/Z)=H(Y/Z)$。

4.10　有一个二元对称信道，其信道矩阵为$\begin{bmatrix}0.98 & 0.02\\ 0.02 & 0.98\end{bmatrix}$。设该信源以 1 500 bit/s 的速度传输输入符号。现有一个消息序列共有 14 000 个二元符号，并设 $P(0)=(1)=1/2$，问从信息传输的角度来考虑，10s 内能否将该消息序列无失真地传递完？

4.11　求下列各离散信道的容量（其条件概率 $P(Y/X)$如题 4.11 图所示）。

X \ Y	0	1
0	1	0
1	s	$1-s$

(a) Z信道

X \ Y	0	E	1
0	$1-s_1-s_2$	s_1	s_2
1	s_2	s_1	$1-s_1-s_2$

(b) 可抹信道

X \ Y	0	1
0	1/2	1/2
1	1/4	3/4

(c) 非对称信道

X \ Y	0	1	2	3
0	1/3	1/3	1/6	1/6
1	1/6	1/3	1/6	1/3

(d) 准对称信道

题 4.11 图

4.12　已知离散信源$\begin{pmatrix}X\\ P(X)\end{pmatrix}=\begin{Bmatrix}a_1 & a_2 & a_3 & a_4\\ 0.1 & 0.3 & 0.2 & 0.4\end{Bmatrix}$，某信道的信道矩阵为

$$\begin{matrix} & b_1 & b_2 & b_3 & b_4 \\ \begin{matrix}a_1\\a_2\\a_3\\a_4\end{matrix} & \multicolumn{4}{c}{\begin{bmatrix}0.2 & 0.3 & 0.1 & 0.4\\ 0.6 & 0.2 & 0.1 & 0.1\\ 0.5 & 0.2 & 0.1 & 0.2\\ 0.1 & 0.3 & 0.4 & 0.2\end{bmatrix}}\end{matrix}$$

试求：（1）“输入 a_3，输出 b_2”的概率；（2）“输出 b_4”的概率；（3）“收到 b_3 的条件下推测输入 a_2”的概率。

4.13　证明信道疑义度 $H(X/Y)=0$ 的充分条件是信道矩阵 $\boldsymbol{P}$ 中每列有一个且只有一个非零元素。

4.14　试证明：具有扩展性能的信道，即当信道每输入一个 X 值，对应有几个 Y 值输出，且不同的 X 值所对应的 Y 值不相互重合时，有 $H(Y)-H(X)=H(Y/X)$。

4.15　设二进制对称信道是无记忆信道，信道矩阵为$\begin{bmatrix}\bar{p} & p\\ p & \bar{p}\end{bmatrix}$，其中，$p>0$，$\bar{p}<1$，$p+\bar{p}=1$，$\bar{p}\gg p$。试写出 $N=3$ 次扩展无记忆信道的信道矩阵 $\boldsymbol{P}$。

4.16　设信源 X 的 N 次扩展信源 $X=X_1X_2\cdots X_N$通过信道$\{X, P(Y/X), Y\}$的输出序列为 $Y=Y_1Y_2\cdots Y_N$。试证明：

（1）当信源无记忆，即 $X_1,X_2,\cdots,X_N$ 之间统计独立时，有$\sum_{k=1}^{N}I(X_k;Y_k)\leqslant I(X;Y)$；

（2）当信道无记忆时，有 $\sum_{k=1}^{N} I(X_k;Y_k) \geqslant I(X;Y)$ ；

（3）当信源、信道均为无记忆时，有 $\sum_{k=1}^{N} I(X_k;Y_k) = I(X^N;Y^N) = NI(X;Y)$ ；

（4）用熵的概念解释以上三种结果。

4.17 试求下列各信道矩阵所代表信道的信道容量。

$$（1）\boldsymbol{P}_1 = \begin{array}{c} \\ a_1 \\ a_2 \\ a_3 \\ a_4 \end{array} \begin{array}{cccc} b_1 & b_2 & b_3 & b_4 \\ \left[\begin{array}{cccc} 0 & 0 & 1 & 0 \\ 1 & 0 & 0 & 0 \\ 0 & 0 & 0 & 1 \\ 0 & 1 & 0 & 0 \end{array}\right] \end{array}$$

$$（2）\boldsymbol{P}_2 = \begin{array}{c} \\ a_1 \\ a_2 \\ a_3 \\ a_4 \\ a_5 \\ a_6 \end{array} \begin{array}{ccc} b_1 & b_2 & b_3 \\ \left[\begin{array}{ccc} 1 & 0 & 0 \\ 1 & 0 & 0 \\ 0 & 1 & 0 \\ 0 & 1 & 0 \\ 0 & 0 & 1 \\ 0 & 0 & 1 \end{array}\right] \end{array}$$

$$（3）\boldsymbol{P}_3 = \begin{array}{c} \\ a_1 \\ a_2 \\ a_3 \end{array} \begin{array}{cccccccccc} b_1 & b_2 & b_3 & b_4 & b_5 & b_6 & b_7 & b_8 & b_9 & b_{10} \\ \left[\begin{array}{cccccccccc} 0.1 & 0.2 & 0.3 & 0.4 & 0 & 0 & 0 & 0 & 0 & 0 \\ 0 & 0 & 0 & 0 & 0.3 & 0.7 & 0 & 0 & 0 & 0 \\ 0 & 0 & 0 & 0 & 0 & 0 & 0.4 & 0.2 & 0.1 & 0.3 \end{array}\right] \end{array}$$

第5章 纠 错 编 码

由 3.1 节的通信系统基本模型可见，信道编码位于发送端的末尾，信道编码的输出直接送入信道，经过信道传送到达接收端——信宿。信息通过信道传输不可避免地会受随机噪声或人为干扰，而信道编码就是为了防止噪声和干扰引起的信息损失，提高信息传输的可靠性，可以通过与信道物理特性的匹配，也可以通过提高通信的抗干扰性，达到此目的。为了提高通信的可靠性，常常会牺牲一些通信效率，所以通信的有效性和可靠性常成为一对矛盾。

为匹配信道物理特性而设计的信道编码称为线路码，采用的主要方法是，对传输信号的码型进行变换，使之更适合于信道特性或满足接收端对恢复信号的要求，从而减少信息损失。为抵抗强干扰（往往是人为干扰）对信源信号频谱进行扩展的信道编码称为扩频编码，主要用于军事通信；还有一类信道编码是在信息序列中人为地增加冗余位，使之与信息位具有相关特性，在接收端利用相关性进行检错或纠错，从而达到可靠通信的目的，这类编码称为纠错编码，也称为狭义信道编码。本章主要介绍纠错编码。

5.1 纠错编码的基本概念

所谓**纠错编码**，泛指一个或一组针对有扰信道传输而设计的码变换规则，通信系统的接收端在收到已产生失真（即错误）的信号后，运用既定规则能够发现甚至自行纠错的一类编码。纠错码种类很多，但不论哪种纠错码都是含有冗余信息的码。

5.1.1 差错控制系统模型及分类

当我们重点关注接收信号出现差错如何纠正的时候，为方便起见，可以把第 1 章的通信系统模型简化为差错控制系统模型。差错控制系统按照检、纠错码的应用方式大致分为以下 3 类。

1．前向纠错方式

前向纠错（Forward Error Control，FEC）是发送端发送有纠错能力的码，接收端收到混有噪声的码字，通过纠错译码自动纠正传输错误，如图 5.1.1 所示。

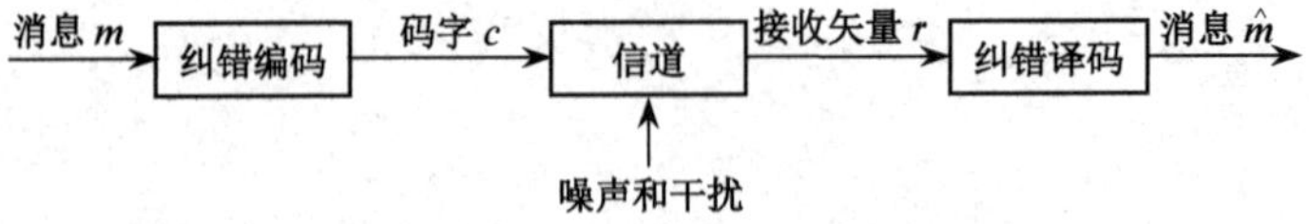

图 5.1.1　FEC 方式差错控制系统

此处采用了信道编码习惯采用的表达符号，与前几章有所不同，但概念上没有本质的区别。图 5.1.1 中 $\hat{\boldsymbol{m}}$ 表示消息估值。信道可以是无线通信中的发射机、天线、自由空间、接收机等的全体，可以是有线通信中的调制解调器、电缆等的全体，也可以是互联网

（Internet）的多个路由器、节点、电缆、低层协议等的全体，还可以是计算机的 CPU、存储器等的全体。

前向纠错方式的优点是，不需要反馈信道、译码实时性较强，特别适合于广播通信、移动通信；缺点是，编码效率较低，译码设备较复杂。

2．反馈重传方式

反馈重传亦称自动请求重传（Automatic Repeat Request，ARQ），是指发送端发出能够发现错误的码，译码器收到后检查传输是否有错：如果没错，就接收；如果有错，就通过反馈信道通知发送端重发，直至接收端检测无错为止。ARQ 方式差错控制系统见图 5.1.2。

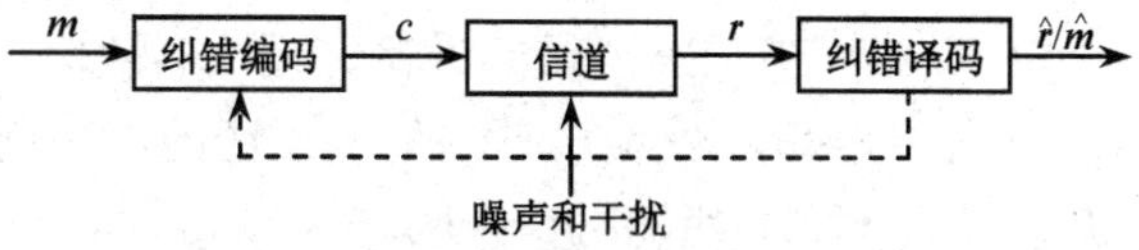

图 5.1.2　ARQ 方式差错控制系统

ARQ 方式的优点是，译码设备简单，在冗余度一定的情况下，码的检错能力比纠错能力强得多，因而整个系统的误判率很低。ARQ 方式的缺点是，需要反馈信道（图 5.1.2 中的虚线），要求信源发送信息的速率可控，收发两端必须互相配合，控制电路复杂，通信的连贯性和实时性也较差。

3．混合纠错方式

混合纠错（Hybrid Error Control, HEC）方式是 FEC 和 ARQ 两种方式的结合。发送端发送既有检错能力，又有一定纠错能力的码，接收端收到后先判断差错是否在纠错能力之内：是，则自动纠错；否，则通知发送端重发。HEC 方式差错控制传统见图 5.1.3。

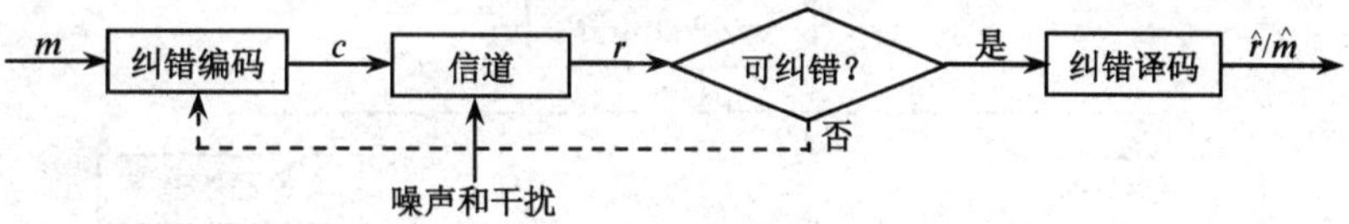

图 5.1.3　HEC 方式差错控制系统

HEC 方式在 ARQ 方式和 FEC 方式之间做了适当平衡，使得 ARQ 方式通信连贯性差以及 FEC 方式译码设备复杂的缺点都得到了一定程度的抑制，因此得到了广泛的应用。

5.1.2　纠错编码分类

纠错编码的基本思想是，对消息 $\boldsymbol{m}$ 按一定规则添加冗余信息，接收端收到被干扰的消息，按照设定规则对接收消息进行检查或对错误进行纠正。

➢ 按照可以发现还是可以纠正错误，纠错码可分为检错码和纠错码。

检错码——只能发现错误的码。

纠错码——可以纠正部分错误的码。

➢ 按照编码规则确定的内在关系，纠错码又可分为线性码和非线性码。

线性码——码字 $\boldsymbol{c}$ 中冗余位与信息位之间的关联性呈线性特性，或者说冗余位和信息位之间的关系可以用线性方程描述。

非线性码——冗余位和信息位之间不存在线性关系的码。

➢ 按照码字结构形式和对信息序列处理方式的不同，纠错码又可分为分组码和卷积码。

分组码——将信息序列每 k 个码元分为一组，编码和译码均按分组进行，编码器按一定规则依据每组信息位产生 r 个多余的码元，称为校验位，构成长为 $n=k+r$ 的码字。每一个分组内的校验位仅与本组信息位有关，组与组之间是无记忆的。

分组码按码是否有循环性还可细分为循环码和非循环码。

卷积码——校验位不仅与本组信息元有关，还与之前的 l 组信息元有关，组与组之间是有记忆的。

➢ 根据纠正错误的类型，纠错码还可以分为纠随机错误码、纠突发错误码。

纠随机错误码——由第 4 章离散信道容量的讨论可知，离散信道分为无记忆和有记忆两种。码字在无记忆离散信道中传输，受噪声影响是无记忆的，因而是相互独立的，码元出错具有随机性，纠这类错误的码称为纠随机错误码。

纠突发错误码——在有记忆信道中传输，各种干扰造成的传输错误往往不是单个出现，而是成串出现。如持续性电磁干扰、光盘读写头接触不良所引起的错误，均属于这种类型。纠正这类错误的码称为纠突发错误码。它出现的概率较低，但带来的负面影响较大。

纠随机和突发错误码——顾名思义，可同时纠正随机和突发错误的码。

➢ 依据构造码字的数学基础，纠错码还可分为代数码、几何码及组合码。顾名思义，不赘述。

实际应用系统中，码字的类别往往不是单一的，而是多种属性的组合，如线性分组码构成群码，同时具有线性特性和分组特性。

常见检错码和纠错码分类可用图 5.1.4 表示。

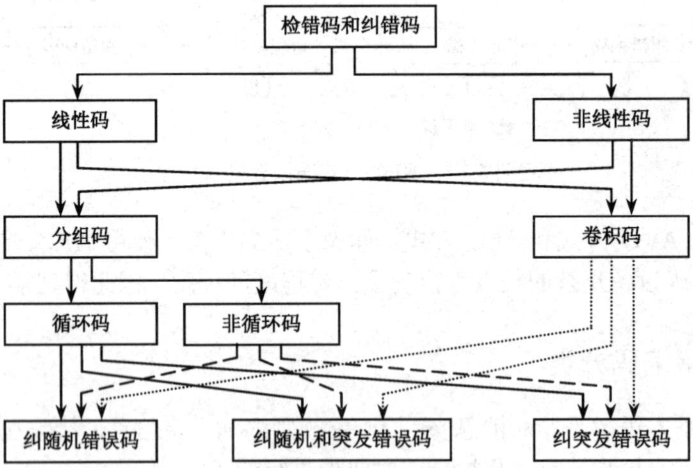

图 5.1.4　常见检错码和纠错码分类

5.1.3　译码准则

译码准则是设计信道编码方案所遵循的原则。目前主要应用的有以下三种准则。

1．最小差错概率译码准则

以线性分组码为例，信道编码器首先将信息序列分组，每组 k 个信息位，称为**信息矢量**，总共有 2^k 个不同的信息矢量，信道编码器按照约定的编码方法加入冗余位，称为**校验位**。将 k 长的信息矢量 $\boldsymbol{m}$，变换成 $n(n>k)$长的码字 $\boldsymbol{c}$（见图 5.1.5），码字个数 $M=2^k$，与信息矢量个数相同。码字经过有噪声的信道传输到达接收端，信道译码器收到的接收序列 $\boldsymbol{r}$（亦称**接收矢量**）可能与发送的码字不同，需要根据 $\boldsymbol{r}$ 和信道特性对发送码字做出判决，如果不能正确判断，则译码会出错。译码差错概率取决于码、信道特性和译码方法。

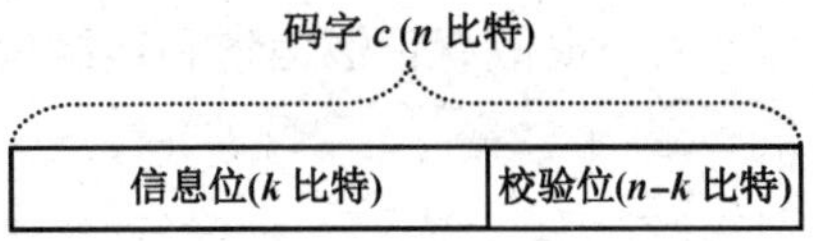

图 5.1.5　线性分组码的一种典型结构

接收矢量长度与码长相同，等于 n。由于 $n>k$，接收矢量空间大于码字空间，即 $2^n>M=2^k$，所以译码不是一一对应的逆推，而是把整个接收矢量空间划分成 M 个互不相交的子空间，当第 l 个信息矢量 $\boldsymbol{m}_l$ 经信道传输落在第 l 个接收矢量子空间 $\boldsymbol{r}_l\,(l=0,1,\cdots,M-1)$时，将正确译码为$\boldsymbol{m}_l$，否则将产生译码差错。能够使平均译码差错概率最小的译码规则，称为**最小差错概率译码准则**。

例如 $k=3$，$n=5$ 的编码，码字个数总共为 $2^3=8$，而 5 比特的序列数总共有 32 个，可以把 32 个序列划分成 8 组，每组对应一个码字，只要接收矢量 $\boldsymbol{r}$ 落在对应组的概率最大，译码差错概率就最小。

2．最大似然译码准则

如果所有码字以等概率发送，那么译码器对所有 2^k 个码字计算其条件概率，取其中最大值作为判决结果，即 $p(\boldsymbol{r}/\boldsymbol{c})=\max\limits_{c_i} p(\boldsymbol{r}/c_i),\ i=1,2,\cdots,2^k$。这种译码准则称为**最大似然译码准则**。因为是求最大后验概率，所以也称**最大后验概率译码准则**。

最大似然译码准则与最小差错概率译码准则等价。从语义上不难理解，这种译码以最大相似度为判决准则，因而是最佳译码。

3．大数逻辑译码准则

假设线性分组码的长度为 n，如果将其中传输出错的比特标注为 1，否则标注为 0，则称相应的二元序列$(e_0, e_1, \cdots, e_{n-1})$为**差错图案**。差错图案的线性组合称为**一致校验和**，代表差错比特个数。假设一致校验和可以写出 J 个，**大数逻辑译码准则**是对同一位置的取值，以 J 个校验和取值的多数作为判决结果。比如，在 e_0 的位置上，J 个校验和中有超过 $J/2$ 个取值为 1，则判断 e_0 为 1，否则为 0。

5.1.4　信道编码定理

信道编码定理是设计信道编码的理论依据。此处仅给出信道编码定理的结论。

若有一离散无记忆平稳信道，其容量为 C，输入序列长度为 L，只要待传送的信息率

$$R<C$$

总可以找到一种编码，当 L 足够长时，译码差错概率 $P_e<\varepsilon$，ε为任意大于零的正数。反之，当

$$R>C$$

时，任何编码的 P_e 必大于零；当 $L\to\infty$时，$P_e\to 1$。

同无失真信源编码定理类似，信道编码定理也是一个理想编码的存在性定理。它指出信道容量是一个临界值，信息在有扰信道中传输时，只要信息传输率不超过这个临界值，信道就可几乎无失真地把信息传送过去，否则就会产生失真。

对于离散有记忆信道和连续信道，也有类似的结论。

5.2 检 错 码

本节开始，我们介绍几种常用的检错码和纠错码。

检错码是最简单的一种信道编码，只检错、不纠错，适用于反馈重传（ARQ）方式的差错控制系统。

接收端一旦检出差错，就通过反馈信道通知发送端，请求重传。因为不纠错，译码设备简单，检错码在可靠性高的通信系统、计算机系统和密码系统中得到了广泛应用。

5.2.1 奇偶校验码

奇偶校验码是只有 1 比特校验位的分组码，也是最简单的检错码。假设二元信息矢量长度为 k，码字长度 $n=k+1$，奇偶校验码的编码规则很简单：在信息矢量后增加 1 比特冗余位，称为校验位，使得码字中取值为“1”的比特计数成为奇数或者偶数。“1”的比特计数为奇数的称为**奇校验码**，为偶数的称为**偶校验码**。

例如，广泛应用于 Internet 的分组加密算法 DES（Data Encryption Standard，数据加密标准），使用的就是奇校验算法。

具体操作步骤是，先将被称为“密钥”的二元信息序列每 7 个比特分为一组，如果该组中取值为“1”的个数为奇数，则在分组末尾添加 1 个“0”，否则添加 1 个“1”。编码后的码字长度是 1 个字节，即 8 比特。

假设 $\boldsymbol{m}$ 表示信息矢量，$\boldsymbol{m}=(m_0,\cdots,m_i,\cdots,m_k)$，其中 m_i 表示第 i 个信息位取值。若 v 表示校验位取值，$\boldsymbol{c}$ 表示**码字**，亦称为**码矢**，$\boldsymbol{c}=(c_0,\cdots,c_i,\cdots,c_n)$，$c_i$ 表示码字第 i 位取值，则有

$$c_0=m_0,\ c_1=m_1,\cdots,c_6=m_6,\ c_7=v$$

奇校验规则可以表示为

$$m_0+m_1+\cdots+m_6+v=1\ (\text{mod }2) \tag{5.2.1}$$

或

$$c_0+c_1+\cdots+c_6+c_7=1\ (\text{mod }2) \tag{5.2.2}$$

由式（5.2.1）可得

$$v=m_0+m_1+\cdots+m_6+1\ (\text{mod }2) \tag{5.2.3}$$

式（5.2.3）即为校验位 v 的添加规则。我们也可以用汉明重量来描述上述规则。

汉明重量——数字序列中非零位的个数，对于二元序列而言，就是“1”的个数。一个码字的汉明重量用 $w(\boldsymbol{c})$表示，信息矢量的汉明重量用 $w(\boldsymbol{m})$表示。

式（5.2.2）和式（5.2.3）用汉明重量可分别表示为

$$\begin{aligned} w(\boldsymbol{c})&=1\quad (\text{mod }2)\\ v&=w(\boldsymbol{m})+1\quad (\text{mod }2)\end{aligned} \tag{5.2.4}$$

例如信息矢量(1100101)，$w(\boldsymbol{m})=4$，代入式（5.2.3），得

$$v=1+1+0+0+1+0+1+1\ (\text{mod }2)=1$$

代入式（5.2.4）同样可得

$$v=w(\boldsymbol{m})+1=4+1 \pmod 2=1$$

按编码规则，末尾应添加 1 个“1”，编码结果为：(11001011)。

观察信息矢量(1100101)，其中有 4 个“1”，为偶数，添加一个“1”，使码字中取值为“1”的个数为奇数，这也是奇校验名称的由来。

如果信息矢量为 (1011011)，$w(\boldsymbol{m})=5$，代入式（5.2.4），得 $v=0$，末尾须添加 1 个“0”。故编码结果为：(10110110)。

码字传到接收端，在信道中受噪声和干扰的影响可能会发生畸变，我们用 $\boldsymbol{r}=(r_0, r_1, \cdots, r_7)$ 表示接收序列或称为接收矢量，则校验规则为

$$r_0+r_1+\cdots+r_6+r_7=1 \pmod 2 \quad 或 \quad w(\boldsymbol{r})=1 \pmod 2 \tag{5.2.5}$$

如果接收矢量满足式（5.2.5），判定传输正确，去掉 r_7，其余即为接收到的信息；如果不满足式（5.2.5），判定传输出错，请求重传。

奇校验码可以检测出奇数个传输差错。比如接收矢量为 (11001011)，其中任意 1 位发生改变均会改变“1”的数量，使得式（5.2.5）的校验规则不再满足。同理，如果接收矢量中有 3, 5 或 7 位发生改变，因为“1→0”或“0→1”的数量不对等，所以 $w(\boldsymbol{r})$ 也必然发生改变，式（5.2.5）检验通不过。比如接收矢量首位出错，变为(01001011)，“1”的个数变为偶数，即 $w(\boldsymbol{r}) \pmod 2=0$，式（5.2.5）不成立，说明接收矢量不正确。

但是，如果发生了偶数个传输差错，即错了 2, 4, 6 或 8 位，因为“1→0”或“0→1”的数量或者对等，或者是 2 的倍数，式（5.2.5）的校验规则依然成立，故不能发现传输差错。比如(11001011)的前两位发生差错，变成 (00001011)，$w(\boldsymbol{r})=3$，$3 \pmod 2=1$，奇校验的结果仍然是 1；如果第 3~6 位 4 个比特出错，变成(11110111)，$w(\boldsymbol{r})=7$，式（5.2.5）依然成立；同理，6 位、8 位出错也不能检出。

偶校验的校验规则是码字所有取值为“1”的比特数是偶数。用公式可表示为

$$w(\boldsymbol{m})+v=m_0+m_1+\cdots+m_6+v=0 \pmod 2 \tag{5.2.6}$$

或

$$w(\boldsymbol{c})=c_0+c_1+\cdots+c_6+c_7=0 \pmod 2$$

由式（5.2.6）可得 $v=w(\boldsymbol{m})=m_0+m_1+\cdots+m_6 \pmod 2$ （5.2.7）

同样的信息矢量 (1100101) 和 (1011011)，偶校验编码规则下，分别代入式（5.2.7），算得校验位分别是 0 和 1，即

(1100101) → (11001010)；(1011011) → (10110111)

偶校验的规则是 $w(\boldsymbol{r})=r_0+r_1+\cdots+r_6+r_7=0 \pmod 2$ （5.2.8）

对满足式（5.2.8）的接收矢量，检验通过，否则不通过。

同理，偶校验也只能检验出奇数个差错，不能检验出偶数个差错。

5.2.2 等重码

等重码，也称**定比码**，是另一种检错码，其所有码字的汉明重量为常数。码字的汉明重量，也称为**码重**。例如长度为 6 比特的 6 中取 3 等重码，每个码字的汉明重量都是 3，其码字集合可表示为

$$\boldsymbol{c}=\{\boldsymbol{c}_i | w(\boldsymbol{c}_i)=3\},\ i=0,1,\cdots,19$$

所有码字见表 5.2.1。

表 5.2.1　6 中取 3 等重码码字

i	0	1	2	3	4	5	6	7	8	9
c_i	000111	001011	001101	001110	010011	010101	010110	100011	100101	100110
i	10	11	12	13	14	15	16	17	18	19
c_i	011001	011010	011100	101001	101010	101100	110001	110010	110100	111000

6 中取 3 等重码可以检测出所有奇数个差错，即 1, 3, 5 个比特差错均可检出。原因很简单，奇数个比特的汉明重量是不平衡的，发生变化后一定会改变码字的固有重量。

这种码字也可以检测出部分 2 和 4 比特偶数差错，但不能检测出 6 比特差错。因为 6 中取 3 等重码的零和非零比特数相等，都是 3，如果全部出错，将变成另一个码字，无法检出。例如第 5 个码字(010101)，如果全部取反，变成(101010)，与第 14 个码字相同，接收端无法分辨是否出错。

对于 2 和 4 个比特差错，如果出错位置的"0"和"1"个数相等，则无法检出；如果不等，则可以检出。例如第 0 个码字(000111)的第 3、4 个比特出错，由"01"变成"10"，因出错前后的 0、1 个数未变，码字变成 (001011)，与第 1 个码字相同，无法分辨。如果是第 2、3 个比特出错，"00"变成"11"，码字变成 (011111)，码重不等于 3，认定出错。

5.3　线性分组码

线性分组码在通信系统中几乎是不可或缺的。

5.3.1　线性分组码的基本概念

线性分组码的基本思想是，将信息序列以 k 为长度进行定长划分，然后根据编码规则添加固定数目的冗余位，称为监督位或校验位，最后形成固定长度的分组码。校验位不含信息，含有信息的比特称为信息位。

校验位和信息位之间呈线性关系的分组码称为**线性分组码**。

在介绍线性分组码之前先给出一些参数和概念的定义。

信息位——含有信息的比特位，长度为 k。k 长信息序列称为信息矢量，简称信息矢，用 $\boldsymbol{m}=(m_0,m_1,\cdots,m_{k-1})$ 表示。

校验位——由信息位按编码规则生成的冗余位，亦称**监督位**，用于检错或纠错。

码字——由信息位和校验位组成的二元序列，长度为 n，n 称为码长。由此衍生出**码率** $R=k/n$ 和校验位长$(n-k)$。n 长码字序列称为**码矢**，用 $\boldsymbol{c}=(c_0,c_1,\cdots,c_{n-1})$ 表示。对于二元码，所有码字的数目 $M=2^k$。码长为 n、信息位长为 k 的线性分组码称为(n,k)线性分组码。线性分组码的构成如图 5.1.5 所示。

码字通过信道传输可能产生失真，所以信宿收到的二元序列用接收矢量 $\boldsymbol{r}=(r_0,r_1,\cdots,r_{n-1})$ 表示。译码器输出用码字估值 $\hat{\boldsymbol{c}}$ 表示，可能正确，也可能错误；当译码输出正确时，$\hat{\boldsymbol{c}}=\boldsymbol{c}$。

汉明距离——两个等长码 $\boldsymbol{c}$ 和$\boldsymbol{c}'$之间相同位置不同取值的个数。对于二元序列，可用公式描述为

$$d(\boldsymbol{c},\boldsymbol{c}')=\sum_{i=0}^{n-1}(c_i+c_i')$$

式中加法为模 2 加。例如，码字 $\boldsymbol{c}=(1000100)$和 $\boldsymbol{c}'=(1011001)$之间的汉明距离 $d(\boldsymbol{c},\boldsymbol{c}')=4$。任意两个码字之间的**最小汉明距离** $d_{\min}$（简称**码的最小距离**或**最小码距**）为

$$d_{\min}=\min_{\boldsymbol{c}\neq\boldsymbol{c}'}d\left(\boldsymbol{c},\boldsymbol{c}'\right)$$

最小码距是评估纠错码的重要指标。

5.3.2 线性分组码的编码

码字是信息码元的 n 次重复的码，称为 n 重复码。一个 n 重复码可以归类为$(n,1)$线性分组码，码长为 n，只有 1 比特信息位，编码时只需将信息位重复 n 次即可。例如(3,1)重复码，$m=0$ 时，对应的码字为 $\boldsymbol{c}_0=(000)$；$m=1$ 时，对应的码字为 $\boldsymbol{c}_1=(111)$。

假设在接收端采用最大似然译码准则，则(3, 1)重复码可用表 5.3.1 的对应关系进行译码判决。

由表 5.3.1 可见，传输过程中发生 2 比特以下的差错均可被发现，如果发生 1 比特差错，可以被纠正。例如，(000)无论错成(001), (010), 还是(100)，均可正确译码为(000)，但如果错成(011)，则会被错译成(111)，可见(3, 1)重复码可以检出任意 2 位以下差错，并纠正 1 位差错。

原本需要传送 1 比特信息，为了判断信息在传输过程中是否出错，以及可以在一定程度上直接纠错，使用了 3 个比特，提高了通信的可靠性，但同时降低了通信效率。

(3, 1)重复码可以用多项式表示为

$$\begin{cases}c_0=m\\c_1=m\\c_2=m\end{cases}$$

表 5.3.1　接收矢量 $\boldsymbol{r}$ 与码字 $\boldsymbol{c}$ 的对应关系

$\boldsymbol{r}$	000	001	010	100	011	101	110	111
$\boldsymbol{c}$	000				111			

构造一个矩阵 $\boldsymbol{G}=[1\ 1\ 1]$，(3, 1)重复码也可以用矩阵表示为

$$\boldsymbol{c}=(c_0,c_1,c_2)=m\boldsymbol{G}=m[1\ 1\ 1]=(m\ m\ m)$$

$m=0$，$\boldsymbol{c}=(000)$；$m=1$，$\boldsymbol{c}=(111)$。

再看一个(4,3)线性分组码的例子。信息矢量 $\boldsymbol{m}=(m_0,m_1,m_2)$，序列长度 $k=3$ 比特；码字 $\boldsymbol{c}=(c_0,c_1,c_2,c_3)$，码长 $n=4$。码字的构造规则为

$$\begin{cases}c_0=m_0\\c_1=m_1\\c_2=m_2\\c_3=m_0+m_1+m_2\end{cases}\qquad(5.3.1)$$

式（5.3.1）中的加法为模 2 加，即异或。码字的监督位 c_3 的值取决于 3 个信息位汉明重量的奇偶性，为偶数时，c_3 取 0，否则取 1，即保持码字 $\boldsymbol{c}$ 的汉明重量始终为偶数，故该码称为(4, 3)偶校验码，只能检错，不能纠错。(4,3)偶校验码也可以表示成

$$
\begin{cases}
c_0 = m_0 \times 1 + m_1 \times 0 + m_2 \times 0 \\
c_1 = m_0 \times 0 + m_1 \times 1 + m_2 \times 0 \\
c_2 = m_0 \times 0 + m_1 \times 0 + m_2 \times 1 \\
c_3 = m_0 \times 1 + m_1 \times 1 + m_2 \times 1
\end{cases}
\tag{5.3.2}
$$

令
$$
\boldsymbol{G} = \begin{bmatrix} 1 & 0 & 0 & 1 \\ 0 & 1 & 0 & 1 \\ 0 & 0 & 1 & 1 \end{bmatrix}
$$

式（5.3.2）可用矩阵形式描述为

$$
\boldsymbol{c} = \boldsymbol{mG} = (m_0 \ \ m_1 \ \ m_2)\begin{bmatrix} 1 & 0 & 0 & 1 \\ 0 & 1 & 0 & 1 \\ 0 & 0 & 1 & 1 \end{bmatrix} = (m_0 \ \ m_1 \ \ m_2 \ \ m_0 + m_1 + m_2)
$$

若 $\boldsymbol{m} = (100)$，则 $\boldsymbol{c} = (1001)$。

线性分组码均可用多项式或矩阵描述，通常矩阵描述更直观易懂。一个 (n, k) 线性分组码的码字 $\boldsymbol{c}$ 可表示为

$$
\boldsymbol{c} = \boldsymbol{mG} \tag{5.3.3}
$$

其中，$\boldsymbol{m}$ 为任意的 k 维信息矢量，$\boldsymbol{m} = (m_0, m_1, \cdots, m_{k-1})$；$\boldsymbol{G}$ 是 k 行 n 列 $(n \geqslant k)$、秩为 k 的矩阵，称为**生成矩阵**，其通用矩阵表达形式为

$$
\boldsymbol{G} = \begin{bmatrix} g_{0,0} & g_{0,1} & \cdots & g_{0,n-1} \\ g_{1,0} & g_{1,1} & \cdots & g_{1,n-1} \\ \vdots & \vdots & \ddots & \vdots \\ g_{k-1,0} & g_{k-1,1} & \cdots & g_{k-1,n-1} \end{bmatrix}
$$

对于二元编码，$\boldsymbol{c}$ 和 $\boldsymbol{m}$ 都是二元矢量，$\boldsymbol{G}$ 是一个二元矩阵，$g_{ij} \in \{0,1\}$，矢量与矩阵之间、矩阵与矩阵之间的基本运算都是模 2 加和模 2 乘运算（以下运算均指模 2 运算），即 $\boldsymbol{G}$ 为 GF(2)上的 $k \times n$ 矩阵。如 3 重复码的生成矩阵为 1×3 矩阵，(4,3)偶校验码是 3×4 矩阵。

式（5.3.3）是线性分组码的通用编码规则。相同的信息矢量，生成矩阵不同，构造的码字也不同。所有的信息矢量构成**信息空间 $\boldsymbol{M}$**，所有的码字构成**码空间 $\boldsymbol{C}$**。

【例 5.3.1】 (5, 3)线性分组码，信息矢量 $\boldsymbol{m}$ = (100)，求生成矩阵分别为 $\boldsymbol{G} = \begin{bmatrix} 1 & 0 & 1 & 1 & 0 \\ 0 & 1 & 0 & 1 & 1 \\ 1 & 1 & 0 & 1 & 0 \end{bmatrix}$ 和 $\boldsymbol{G}_{\mathrm{s}} = \begin{bmatrix} 1 & 0 & 0 & 0 & 1 \\ 0 & 1 & 0 & 1 & 1 \\ 0 & 0 & 1 & 1 & 1 \end{bmatrix}$ 时，对应的码字。

解： $\boldsymbol{c} = \boldsymbol{mG} = (100)\begin{bmatrix} 1 & 0 & 1 & 1 & 0 \\ 0 & 1 & 0 & 1 & 1 \\ 1 & 1 & 0 & 1 & 0 \end{bmatrix} = (1\ 0\ 1\ 1\ 0)$

$$
\boldsymbol{c}_{\mathrm{s}} = \boldsymbol{mG}_{\mathrm{s}} = (100)\begin{bmatrix} 1 & 0 & 0 & 0 & 1 \\ 0 & 1 & 0 & 1 & 1 \\ 0 & 0 & 1 & 1 & 1 \end{bmatrix} = (1\ 0\ 0\ 0\ 1)
$$

分别用行矢量表示矩阵 $\boldsymbol{G}$ 的每一行，即 $\boldsymbol{g}_0=(10110)$，$\boldsymbol{g}_1=(01011)$，$\boldsymbol{g}_2=(11010)$，$\boldsymbol{G}_s$ 的三个行矢量分别用 $\boldsymbol{g}_{s0},\boldsymbol{g}_{s1},\boldsymbol{g}_{s2}$ 表示，则

$$\boldsymbol{g}_{s0}=\boldsymbol{g}_1+\boldsymbol{g}_2;\quad \boldsymbol{g}_{s1}=\boldsymbol{g}_1;\quad \boldsymbol{g}_{s2}=\boldsymbol{g}_0+\boldsymbol{g}_1+\boldsymbol{g}_2$$

亦即矩阵的行初等变换可以完成 $\boldsymbol{G}$ 到 $\boldsymbol{G}_s$ 的转换。生成矩阵的每一个行矢量是构筑码空间的一个基底，同时也是码字之一，其他码字均是 k 个基底的线性组合。两个不同生成矩阵编出的码字如表 5.3.2 所示。

表 5.3.2　不同生成矩阵构造的(5, 3)线性分组码

码字 \ 消息 生成矩阵	000	001	010	011	100	101	110	111
$\boldsymbol{G}$	00000	11010	01011	10001	10110	01100	11101	00111
$\boldsymbol{G}_s$	00000	00111	01011	01100	10001	10110	11010	11101

仔细观察表 5.3.2，虽然不同生成矩阵生成的码字不同，但两个码字集合的元素是一样的。另外，由 $\boldsymbol{G}_s$ 生成的码字，前 3 位是原封不动的信息位，后 2 位则是 3 个信息位的线性组合，即校验位。这种矩阵生成的每一个码字都具有图 5.1.5 所示的系统格式，其通用表达式为

$$\boldsymbol{G}_s=[\boldsymbol{I}_k\,\vdots\,\boldsymbol{Q}_{k\times(n-k)}]=\left[\begin{array}{cccc:cccc}1&0&\cdots&0&q_{00}&q_{01}&\cdots&q_{0(n-k-1)}\\0&1&\cdots&0&q_{10}&q_{11}&\cdots&q_{1(n-k-1)}\\\vdots&\vdots&\ddots&\vdots&\vdots&\vdots&\ddots&\vdots\\0&0&\cdots&1&q_{(k-1)0}&q_{(k-1)1}&\cdots&q_{(k-1)(n-k-1)}\end{array}\right] \tag{5.3.4}$$

$\boldsymbol{G}_s$ 前面部分为一个 $k\times k$ 单位子矩阵 $\boldsymbol{I}_k$，后面部分为 $k\times(n-k)$ 校验子矩阵 $\boldsymbol{Q}_{k\times(n-k)}$，整个矩阵为 $k\times n$ 矩阵。具有这种系统形式的生成矩阵称为**系统生成矩阵**，所构造的码字称为**系统码**。

对于线性分组码，当 $\boldsymbol{G}$ 给定时有如下性质：

（1）零矢量 $\boldsymbol{\theta}=(0,0,\cdots,0)$ 一定是一个码字，称为**零码矢或零码字**；

（2）任意两个码字的和仍是一个码字；

（3）任意码字 $\boldsymbol{c}$ 是 $\boldsymbol{G}$ 的行矢量 $\boldsymbol{g}_0,\boldsymbol{g}_1,\cdots,\boldsymbol{g}_{k-1}$ 的线性组合；

（4）线性分组码的最小距离等于最小非零码字重量，即

$$d_{\min}=\min_{\boldsymbol{c}\neq\boldsymbol{\theta}} w(\boldsymbol{c})$$

由汉明距离和汉明重量的定义，对二元码字 $\boldsymbol{c}$ 和 $\boldsymbol{c}'$，$d(\boldsymbol{c},\boldsymbol{c}')=w(\boldsymbol{c}+\boldsymbol{c}')$，所以

$$\min_{\boldsymbol{c}\neq\boldsymbol{c}'} d(\boldsymbol{c},\boldsymbol{c}')=\min_{\boldsymbol{c}\neq\boldsymbol{c}'} w(\boldsymbol{c}+\boldsymbol{c}')=\min_{\boldsymbol{c}''\neq\boldsymbol{\theta}} w(\boldsymbol{c}'') \tag{5.3.5}$$

5.3.3　线性分组码的译码

通过 5.3.2 节的介绍可知，GF(2)上的 $k\times n$ 矩阵 $\boldsymbol{G}$ 所对应的码空间 $\boldsymbol{C}$，由 $\boldsymbol{G}$ 的 k 个基底生成，而这 k 个基底只是 $n\times n$ 码空间所有 n 个基底的一部分。根据线性分组码的性质(3)，既然所有码字之间都存在线性关系，那么如果能找到另外$(n-k)$个基底，构造出一个$(n-k)\times n$ 矩阵

$$H=\begin{bmatrix} h_{0,0} & h_{0,1} & \cdots & h_{0,n-1} \\ h_{1,0} & h_{1,1} & \cdots & h_{1,n-1} \\ \vdots & \vdots & \ddots & \vdots \\ h_{n-k-1,0} & h_{n-k-1,1} & \cdots & h_{n-k-1,n-1} \end{bmatrix}$$

由 $\boldsymbol{H}$ 矩阵的$(n-k)$个基底生成$(n, n-k)$线性分组码，构成另一个码空间 $\boldsymbol{D}$。$\boldsymbol{D}$ 空间的$(n, n-k)$线性分组码，称为 $\boldsymbol{C}$ 空间(n, k)码的**对偶码**，$\boldsymbol{H}$ 称为码空间 $\boldsymbol{C}$ 的**一致校验矩阵**，它同时也是对偶码 $\boldsymbol{D}$ 的生成矩阵，$\boldsymbol{H}$ 的每一行都是对偶码的一个码字。实际上，$\boldsymbol{C}$ 和 $\boldsymbol{D}$ 互相对偶，$\boldsymbol{G}$ 是 $\boldsymbol{C}$ 的生成矩阵，同时也是 $\boldsymbol{D}$ 的一致校验矩阵。

由于基底的相互正交性，$\boldsymbol{G}$ 和 $\boldsymbol{H}$ 满足如下关系

$$\boldsymbol{G}\boldsymbol{H}^{\mathrm{T}}=[\boldsymbol{0}]_{k\times(n-k)} \tag{5.3.6}$$

$\boldsymbol{H}^{\mathrm{T}}$ 为 $\boldsymbol{H}$ 的转置。由式（5.3.3）有

$$\boldsymbol{c}\boldsymbol{H}^{\mathrm{T}}=\boldsymbol{m}\boldsymbol{G}\boldsymbol{H}^{\mathrm{T}}=\boldsymbol{m}[\boldsymbol{0}]_{k\times(n-k)}=\boldsymbol{\theta} \tag{5.3.7}$$

其中 $\boldsymbol{\theta}$ 为 $(n-k)$ 维零矢量。式（5.3.7）可作为信息传输是否出错的判定依据。

如果生成矩阵具有式（5.3.4）所示的系统形式，其对应的系统性一致校验矩阵具有如下简单形式

$$\boldsymbol{H}_{\mathrm{s}}=[\boldsymbol{Q}_{k\times(n-k)}^{\mathrm{T}} \vdots \boldsymbol{I}_{n-k}] \tag{5.3.8}$$

其中 $\boldsymbol{Q}_{k\times(n-k)}^{\mathrm{T}}$ 为 $\boldsymbol{Q}_{k\times(n-k)}$的转置，$\boldsymbol{I}_{n-k}$ 是$(n-k)\times(n-k)$的单位矩阵。如例 5.3.1 中的系统生成矩阵 $\boldsymbol{G}_{\mathrm{s}}$ 对应的一致校验矩阵就是 $\boldsymbol{H}_{\mathrm{s}}=\begin{bmatrix} 0 & 1 & 1 & 1 & 0 \\ 1 & 1 & 1 & 0 & 1 \end{bmatrix}$。

有了满足式（5.3.6）的一致校验矩阵，就可以进行译码了。码字通过信道传输可能出错，我们用 $\boldsymbol{r}$ 表示接收矢量。如果信道是无记忆的，$\boldsymbol{r}$ 是码字和差错的线性叠加。用 $\boldsymbol{e}$ 表示差错序列，$\boldsymbol{e}=(e_0, e_1, \cdots, e_i, \cdots, e_{n-1})$, $e_i\in\{0,1\}$，长度与码长一致。如果码字在传输过程中第 i 位出错，则将 $\boldsymbol{e}$ 对应的位置标记 1，即 $e_i=1$，否则标记 0，故称 $\boldsymbol{e}$ 为差错图案。那么 $\boldsymbol{r}$ 可表示为

$$\boldsymbol{r}=\boldsymbol{c}+\boldsymbol{e}=(c_0+e_0, c_1+e_1, \cdots, c_{n-1}+e_{n-1}) \tag{5.3.9}$$

令
$$\boldsymbol{s}=\boldsymbol{r}\boldsymbol{H}^{\mathrm{T}}=(\boldsymbol{c}+\boldsymbol{e})\boldsymbol{H}^{\mathrm{T}}=\boldsymbol{c}\boldsymbol{H}^{\mathrm{T}}+\boldsymbol{e}\boldsymbol{H}^{\mathrm{T}}=(s_0, s_1, \cdots, s_{n-k-1}) \tag{5.3.10}$$

由式（5.3.7）可知
$$\boldsymbol{s}=\boldsymbol{e}\boldsymbol{H}^{\mathrm{T}} \tag{5.3.11}$$

$\boldsymbol{s}$ 是个 $(n-k)$ 维矢量，称为**伴随式**。若 $\boldsymbol{s}=\boldsymbol{\theta}$，则传输中无差错发生或差错与某个码字重合。若 $\boldsymbol{s}\neq\boldsymbol{\theta}$，说明传输有错。

那么如何确定具体的差错位置呢？对于二元码的伴随式，可事先假定所有 t 个差错图案，通过式（5.3.11）计算出相应的伴随式，将 $\boldsymbol{s}$ 和 $\boldsymbol{e}$ 的对应关系保存下来，以便计算出伴随式后查出对应的差错图案，然后再由式（5.3.9）从 $\boldsymbol{r}$ 和 $\boldsymbol{e}$ 计算出估计的码字 $\hat{\boldsymbol{c}}$。

总结伴随式纠错译码的通用方法如下：

（1）根据最可能出现的差错图案，计算相应的伴随式，并构造伴随式–差错图案表 $\boldsymbol{s}$-$\boldsymbol{e}$。

（2）对接收矢量 $\boldsymbol{r}$ 计算伴随式 $\boldsymbol{s}$。

（3）查 $\boldsymbol{s}$-$\boldsymbol{e}$ 表得 $\boldsymbol{e}$。

（4）纠错计算 $\hat{\boldsymbol{c}}=\boldsymbol{r}-\boldsymbol{e}=\boldsymbol{r}+\boldsymbol{e}\pmod 2$。

（5）译码，得信息矢量估值 $\hat{\boldsymbol{m}}$。

【例 5.3.2】 一个(6, 3)线性分组码，系统生成矩阵为

$$\boldsymbol{G}_{\mathrm{s}}=\begin{bmatrix}1&0&0&1&1&1\\0&1&0&1&0&1\\0&0&1&0&1&1\end{bmatrix}$$

接收矢量 $\boldsymbol{r}=(101001)$，求其译码。

解：（1）求系统校验矩阵。

$$\boldsymbol{H}_{\mathrm{s}}=\begin{bmatrix}1&1&0&1&0&0\\1&0&1&0&1&0\\1&1&1&0&0&1\end{bmatrix}$$

（2）根据式（5.3.11）计算 $\boldsymbol{s}$-$\boldsymbol{e}$ 表，计算结果列于表 5.3.3。

$$\boldsymbol{s}=\boldsymbol{e}\boldsymbol{H}_{\mathrm{s}}^{\mathrm{T}}$$

（3）由式（5.3.10）计算伴随式 $\boldsymbol{s}$。

$$\boldsymbol{s}=\boldsymbol{r}\boldsymbol{H}_{\mathrm{s}}^{\mathrm{T}}=(101001)\begin{bmatrix}1&1&1\\1&0&1\\0&1&1\\1&0&0\\0&1&0\\0&0&1\end{bmatrix}=(101)$$

（4）查 $\boldsymbol{s}$-$\boldsymbol{e}$ 表，与 $\boldsymbol{s}=(101)$对应的差错图案 $\boldsymbol{e}=(010000)$。

（5）纠错计算码字估值。

$$\hat{\boldsymbol{c}}=\boldsymbol{r}+\boldsymbol{e}=(101001)+(010000)=(111001)$$

（6）因为是系统码，码字的前三位即消息，$\hat{\boldsymbol{m}}=(111)$。

表 5.3.3 (6, 3)线性分组码的 $\boldsymbol{s}$-$\boldsymbol{e}$ 表

差错图案 $\boldsymbol{e}$	000000	100000	010000	001000	000100	000010	000001
伴随式 $\boldsymbol{s}$	000	111	101	011	100	010	001

对于非系统码，还需要事先建立消息-码字对照表 $\boldsymbol{m}$-$\boldsymbol{c}$，在计算出码字估值后，通过查 $\boldsymbol{m}$-$\boldsymbol{c}$ 表完成译码。

表 5.3.3 仅考虑了码字有 1 比特传输差错的情况。不管是理论上还是实际中，码字出现多比特传输差错的可能性都是存在的。一个(6,3)码字的差错图案总数可达 $2^6=64$，而伴随式的数量只有 $2^{6-3}=8$，那么理论上，1 个伴随式对应 8 个差错图案。

对于(n, k)线性分组码，可能的差错图案总数为 2^n，伴随式个数为 2^{n-k}，每个伴随式对应 2^k 个差错图案。那么译码又该怎么译呢？最合理的方法是遵从最大概率原则，即将发生概率最大的差错图案首先对应伴随式。其原理为：一个无记忆的二元对称信道 BSC，如果传输差错概率是 p，则 n 长码字发生 1 比特差错的概率是 $p\ (1-p)^{n-1}$，发生 2 比特差错的概率是 $p^2(1-p)^{n-2}, \cdots$，全错的概率是 p^n。由于 $p\ll 1$，显然

$$p(1-p)^{n-1}\gg p^2(1-p)^{n-2}\gg\cdots\gg p^n$$

也就是差错比特数越少，发生的概率越大，反之越小。差错比特数少，意味着差错图案 $\boldsymbol{e}$ 的汉明重量轻，对于二元码来说，就是汉明距离短。所以，二元最大概率译码实际上是最小汉明距离译码，等效于最大似然译码。

伴随式叠加概率的译码是线性分组码的另一种通用译码方法，称为标准阵列译码。标准阵列译码步骤如下：

（1）将所有可能的 2^{n-k} 个伴随式取值代入式（5.3.11），得到一组方程，解方程组求差错图案 $\boldsymbol{e}$，每个伴随式对应 2^k 个差错图案，选取重量最小的图案作为 $\boldsymbol{e}$ 的估值。

（2）构造 $2^{n-k}\times 2^k$ 标准阵列译码表，见表 5.3.4。第一行从全零码字 $\boldsymbol{c}_0$ 开始，列出所有 2^k 个码字 $\boldsymbol{c}_i\,(i=0,1,\cdots,2^k-1)$，每一列的码字相同。

（3）选择差错图案 $\boldsymbol{e}_0$ 作为第 0 行、第 0 列元素，$\boldsymbol{e}_i$ 为第 i 行元素，每一行的差错图案相同。排序规则是从上到下按照差错图案汉明重量由小到大的顺序排列。对于 BSC 信道，$\boldsymbol{e}_i$ 的选择须满足条件

$$\begin{cases} w(\boldsymbol{e}_i)\leqslant w(\boldsymbol{e}_i+1) \\ \boldsymbol{e}_i\notin \bigcup\limits_{k=0}^{i-1}\bigcup\limits_{j=0}^{2^k-1}(\boldsymbol{e}_k+\boldsymbol{c}_j) \end{cases} \tag{5.3.12}$$

其中，符号 $\bigcup$ 表示集合的并。式（5.3.12）表明第 i 行的差错图案与前 i–1 行的都不同。

（4）第 i 行、j 列元素为 $\boldsymbol{e}_i+\boldsymbol{c}_j,\ i=0,1,\cdots,2^{n-k}-1$；$j=0,1,\cdots,2^k-1$。

表 5.3.4　标准阵列译码表

$\boldsymbol{s}_0=\boldsymbol{\theta}$	$\boldsymbol{e}_0+\boldsymbol{c}_0=0$	$\boldsymbol{e}_0+\boldsymbol{c}_1=\boldsymbol{c}_1$	$\cdots$	$\boldsymbol{e}_0+\boldsymbol{c}_j=\boldsymbol{c}_j$	$\cdots$	$\boldsymbol{e}_0+\boldsymbol{c}_{2^k-1}=\boldsymbol{c}_{2^k-1}$
$\boldsymbol{s}_1$	$\boldsymbol{e}_1+\boldsymbol{c}_0$	$\boldsymbol{e}_1+\boldsymbol{c}_1$	$\cdots$	$\boldsymbol{e}_1+\boldsymbol{c}_j$	$\cdots$	$\boldsymbol{e}_1+\boldsymbol{c}_{2^k-1}$
$\vdots$	$\vdots$	$\vdots$		$\vdots$		$\vdots$
$\boldsymbol{s}_i$	$\boldsymbol{e}_i+\boldsymbol{c}_0$	$\boldsymbol{e}_i+\boldsymbol{c}_1$	$\cdots$	$\boldsymbol{e}_i+\boldsymbol{c}_j$	$\cdots$	$\boldsymbol{e}_i+\boldsymbol{c}_{2^k-1}$
$\vdots$	$\vdots$	$\vdots$	$\cdots$	$\vdots$	$\cdots$	$\vdots$
$\boldsymbol{s}_{2^{n-k}-1}$	$\boldsymbol{e}_{2^{n-k}-1}+\boldsymbol{c}_0$	$\boldsymbol{e}_{2^{n-k}-1}+\boldsymbol{c}_1$		$\boldsymbol{e}_{2^{n-k}-1}+\boldsymbol{c}_j$		$\boldsymbol{e}_{2^{n-k}-1}+\boldsymbol{c}_{2^k-1}$

接收矢量的集合 $\boldsymbol{R}$ 总共有 2^n 个元素，码字集合 $\boldsymbol{C}$ 是接收矢量集合 $\boldsymbol{R}$ 的子集，共 2^k 个元素。$\boldsymbol{e}_i\in\boldsymbol{R}$，$\boldsymbol{c}_j\in\boldsymbol{C}$，$\boldsymbol{R}$ 中的 $\boldsymbol{e}_i$ 与 $\boldsymbol{C}$ 中的 $\boldsymbol{c}_j$ 做左（右）运算所得的等价类称为左（右）陪集，陪集中每个元素所含的共同元素——差错图案 $\boldsymbol{e}_i$ 称为陪集首。数学上已有证明，陪集要么相等，要么不相交。归纳起来，标准阵列译码表具有如下特点：

（1）只要标准阵列译码表中最左一列的陪集首各不相同，即可保证 2^{n-k} 行陪集不相交，进而保证各元素互不相同。

（2）阵列表中的 $2^{n-k}\times 2^k=2^n$ 个元素，就是接收矢量 $\boldsymbol{R}$ 的全部元素。换句话说，任一接收矢量都可以在标准阵列译码表中找到自己的位置。

（3）每一行对应同一个伴随式，即相同的陪集首对应相同的伴随式，不同的陪集首，所在陪集不同，对应的伴随式也不同。

【例 5.3.3】 例 5.3.1 中的(5,3)线性分组码，假设接收矢量 $\boldsymbol{r}=(10101)$，请用标准阵列译码方法计算码字估值 $\hat{\boldsymbol{c}}$。

解：（1）将信息矢量与码字对照表重列于表 5.3.5。

表 5.3.5　(5,3)系统线性分组码

信息矢量	000	001	010	011	100	101	110	111
码字	00000	00111	01011	01100	10001	10110	11010	11101

（2）计算对应的系统一致校验矩阵

$$\boldsymbol{H}_{\mathrm{s}}=\begin{bmatrix}0 & 1 & 1 & 1 & 0\\1 & 1 & 1 & 0 & 1\end{bmatrix}$$

（3）将式（5.3.11）展开，计算伴随式 $\boldsymbol{s}$，构造标准阵列译码表，如表 5.3.6 所示。伴随式共有 $2^{5-3}=4$ 种组合，差错图案除了无差错的全零图案外，1 比特差错图案就有 5 种，需要从中选择 3 种。

表 5.3.6　例 5.3.3 (5,3)系统线性分组码标准阵列译码表($\boldsymbol{e}_2$=(01000))

伴随式	$e_i+c_j,\quad i=0,1,2,3;\quad j=0,1,\cdots,7$							
$s_0=00$	00000	00111	01011	01100	10001	10110	11010	11101
$s_1=01$	10000	10111	11011	11100	00001	00110	01010	01101
$s_2=11$	01000	01111	00011	00100	11001	11110	10010	10101
$s_3=10$	00010	00101	01001	01110	10011	10100	11000	11111

（4）查表 5.3.6，搜索到 $\boldsymbol{r}$ = (10101)在表格中的倒数第 2 行最后 1 列（阴影背景数字串），该列最上面一行的数字串即为译码估值，即 $\hat{\boldsymbol{c}}=(11101)$。

上述译码存在一个问题，两个差错图案 $\boldsymbol{e}_1=(10000)$ 或 $\boldsymbol{e}_1=(00001)$ 都对应 $s_1=01$；$s_2=11$ 也有两个对应的差错图案 $\boldsymbol{e}_2=(01000)$ 或 $\boldsymbol{e}_2=(00100)$。同一伴随式对应的两个差错图案的汉明重量都是 1，选哪个都满足标准阵列译码原则，但是伴随式与码字的映射关系却不相同。假如选择 $\boldsymbol{e}_2=(00100)$ 作为 $s_2=11$ 的陪集首，那么构造的标准阵列译码表如表 5.3.7 所示。

表 5.3.7　例 5.3.3 (5,3)系统线性分组码标准阵列译码表($\boldsymbol{e}_2$= (00100))

伴随式	$e_i+c_j, i=0,1,2,3; j=0,1,\cdots,7$							
$s_0=00$	00000	00111	01011	01100	10001	10110	11010	11101
$s_1=01$	10000	10111	11011	11100	00001	00110	01010	01101
$s_2=11$	00100	00011	01111	01000	10101	10010	11110	11001
$s_3=10$	00010	00101	01001	01110	10011	10100	11000	11111

查表 5.3.7，对应接收矢量 $\boldsymbol{r}=(10101)$ 的码字估值 $\hat{\boldsymbol{c}}=(10001)$。与表 5.3.6 的标准阵列译码估值相差 2 个比特。同样，如果选择与伴随式 s_1 对应的差错图案为(00001)的话，构造的陪集元素是一样的，但与码字的映射关系不同，因此译码估值与表 5.3.6 的也不同。然而，差错图案的汉明重量都是 1，到底该如何选取？

同样的接收矢量，标准阵列不同，译码结果就不同，孰优孰劣又难以判定，这就使译码产生了歧义，实际上意味着译码失败。解决这个问题，需要构造完备码，我们将在下一小节介绍。

5.3.4 线性分组码的检纠错能力

通过 5.3.2 节和 5.3.3 节的介绍可知，有些码可以检错，如奇偶校验码；有些码既可检错也可纠错，如三重复码、(6, 3)线性分组码。无论检错还是纠错，都有一定的限度。如奇偶校验码可以检测出奇数个差错，但不能检测出偶数个差错；三重复码、(6, 3)线性分组码可以纠正 1 个差错，不能纠正 2 个以上差错；(6,3)线性分组码可以准确纠正所有 1 比特差错，而例 5.3.3 中的(5,3)线性分组码，当伴随式为 $s_3=10$ 时，可以准确纠正 1 个差错，当伴随式 $s_1=01$ 或 $s_2=11$ 时，纠错会出现歧义，进而导致译码失败。为了避免这种情况的发生，需要对码的性能进行评估。

计量检纠差错数目是评估纠错码检纠错能力的最简便方法。

定理 5-1 对于任何最小码距为 $d_{\min}$ 的线性分组码：

（1）可以检测出任意小于等于 $l=d_{\min}-1$ 个差错；

（2）可以纠正任意小于等于 $t=\lfloor(d_{\min}-1)/2\rfloor$ 个差错；

其中 $\lfloor\cdot\rfloor$ 表示符号内的数字下取整。例如，$\lfloor 2.5\rfloor=2$，$\lfloor 3.9\rfloor=3$。

图 5.3.1 直观地描述了最小码距与检纠错能力的关系。

例如 3 重复码只有两个码字(000)和(111)，最小码距 $d_{\min}=3$。它可以检出 $l=d_{\min}-1=2$ 个错误、纠正 $t=(l/2)=1$ 个差错。对于(000)和(111)，无论哪个码字的任意 1 位或 2 位发生变化，都会因为落在码集之外而被立刻发现，但是如果 3 位都错，那就错成了另外一个码字。3 重复码如果在传输过程中仅发生了 1 个差错，可以正确译码，2 个以上差错会产生译码错误，因此只能纠 1 个差错，如图 5.3.2 所示。

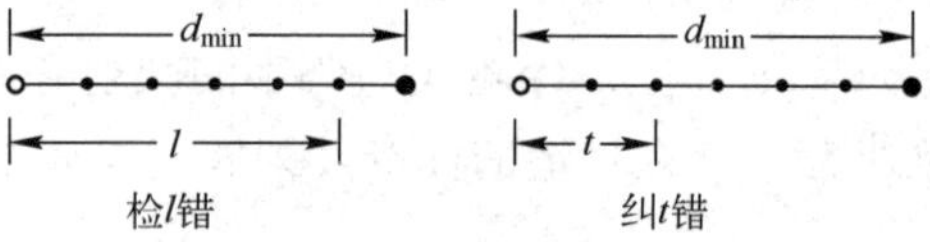

图 5.3.1 最小码距与检纠错能力关系

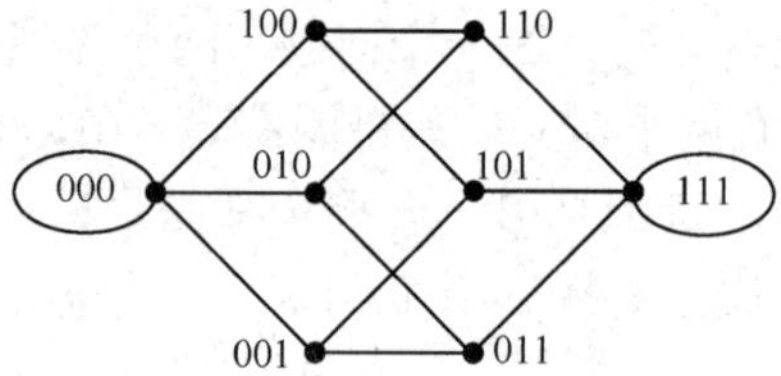

图 5.3.2 3 重复码纠错译码示意图

最小码距代表了码的冗余度，$d_{\min}$ 越大，冗余度越大，码字之间越容易区分，码的抗干扰能力就越强，因此最小码距是衡量分组码性能最重要的指标之一。对于二元码，由式（5.3.5）可知，最小码距等于最小汉明重量。显然，设计一个纠错码的首要目标是，找到尽可能大的 $d_{\min}$。

定理 5-2 (n, k)线性分组码的最小距离为 $d_{\min}$ 的充要条件是校验矩阵 $\boldsymbol{H}$ 中任意 $d_{\min}-1$ 个列矢量线性无关，且有 $d_{\min}$ 个列矢量线性相关。

定理 5-3 (n, k)线性分组码的最小距离 $d_{\min}$ 必定满足下列条件

$$d_{\min}\leqslant(n-k+1)$$

因为 $\boldsymbol{H}$ 是$(n-k)\times k$ 矩阵，满秩也就是$(n-k)$，根据定理 5-2，必有 $(d_{\min}-1)\leqslant(n-k)$，说明上式成立。

若 $d_{\min}=(n-k+1)$，则该(n, k)线性分组码称为**极大最小距离码**（Maximized Distance Code，MDC）。换句话说，MDC 码是纠错能力最强的(n, k)线性分组码，当然这也是设计纠错码追求的目标。但是在二元码中，只有$(n, 1)$重复码是 MDC 码。非二元码存在 MDC 码，

如 RS（Reed-Solomon）码。

设计纠错码，除了码的纠错能力强，还需要译码具有唯一性，否则出现歧义会使译码失败，如例 5.3.3。

一个二元(n, k)线性分组码，伴随式的个数是 2^{n-k}。如果码的纠错能力是 t，无差错图案的个数是$\binom{n}{0}$，发生 1 个差错的图案个数是 $\binom{n}{1}$,…, 发生 t 个差错的图案个数是$\binom{n}{t}$，则差错图案总数就是各差错图案之和。如果每个伴随式只对应一个差错图案，则能保证译码的唯一性。也就是要求伴随式和差错图案之间满足关系

$$2^{n-k} \geqslant \binom{n}{0}+\binom{n}{1}+\cdots+\binom{n}{t}=\sum_{i=0}^{t}\binom{n}{i} \tag{5.3.13}$$

上式称作**汉明限**。任何纠 t 个差错的线性分组码，只有满足汉明限，才能保证正确译码。

如果某个二元(n, k)线性分组码能使式（5.3.13）等号成立，即

$$2^{n-k}=\sum_{i=0}^{t}\binom{n}{i} \tag{5.3.14}$$

则该码被称为**完备码**（perfect code）。

完备码伴随式数目不多不少恰好等于 t 个以下差错图案的总数，使得伴随式和差错图案总数一一对应，既无缺失也无多余，既保证了译码的唯一性，又没有浪费任何一个校验位，这时的校验位得到了最充分的利用，因此也是最有效的纠错码。

迄今为止已发现的完备码不多，在二元码中，有纠 1 个差错的汉明码、纠 3 个差错的(23,12,7) Golay 码以及 n 为奇数的$(n,1,n)$二元重复码；在三元码中，有纠 2 个差错的(11, 6, 5) Golay 码。

除了纠错能力、汉明限、完备码，另一个衡量码性能的重要指标是码率。

在二元无记忆对称信道中，二元(n, k)线性分组码的信息矢量个数是 $M=2^k$。在研究信道编码的时候，我们假定输入的信息流呈无记忆等概率分布，此时信道的信息传输率为

$$R=\frac{\log_2 M}{n}=\frac{\log_2 2^k}{n}=\frac{k}{n} \tag{5.3.15}$$

R 在信道编码中又称为**码率**。它表示每个码字所含的信息，或信息在码字中所占的比重。显然，R 越大，编码效率越高。

5.4 常用线性分组码

5.4.1 汉明码

汉明码是一种完备码，因其性能良好、编译码方法简单、传输效率又高，在通信和计算机系统中获得了广泛的应用。该码于 1950 年由汉明（Hamming）提出，因此以他的名字命名。

所谓**汉明码**，是指一类可以纠正 1 个随机差错（t=1）的完备线性分组码。

二元汉明码(n, k, d) $(d=d_{min})$的码长 n 和信息位长 k 之间满足如下约束关系

$$(n,k)=(2^{n-k}-1,k)$$

因 $t=1$，决定了二元汉明码的最小码距 $d_{\min}=3$，即$(n-k)$至少是 3。当$(n-k)=3,4,5,6,7,8,\cdots$时，有(7,4), (15,11), (31,26), (63,57), (127,120), (255,247),…汉明码。

汉明码既然是可以纠正一个差错的完备码，必满足关系式（5.3.14），即

$$2^{n-k}=\sum_{i=0}^{1}\binom{n}{i}=\binom{n}{0}+\binom{n}{1}=1+n \tag{5.4.1}$$

整理得

$$n=2^{n-k}-1$$

汉明码码长和信息位长度之间的这种特殊关系，为我们构造汉明码系统生成矩阵提供了一条捷径。由 5.3.3 节的介绍可知，一个(n, k)线性分组码的一致校验矩阵是$(n-k)\times n$ 矩阵。$(n-k)$个元素能够组成的非全零矢量共 $(2^{n-k}-1)$个，这个数目正好等于矩阵的列数 n。这样我们就有一个简单的方法构造系统生成矩阵：先把只有 1 比特非零元的列矢量排列在校验矩阵的后端，并排成 $(n-k)\times(n-k)$单位矩阵的形式，然后将其余非全零矢量随机地列写于校验矩阵的前端，就轻而易举组成系统形式一致校验矩阵 $\boldsymbol{H}_{\mathrm{s}}$，再通过 $\boldsymbol{H}_{\mathrm{s}}$ 构造出系统形式生成矩阵 $\boldsymbol{G}_{\mathrm{s}}$。

【例 5.4.1】 构造一个二元(7, 4)汉明码的系统形式生成矩阵，对信息矢量 $\boldsymbol{m}=(1001)$ 编码，如果接收矢量 $\boldsymbol{r}=(1000101)$，对 $\boldsymbol{r}$ 译码。

解：（1）求 $\boldsymbol{H}_{\mathrm{s}}$。先将矩阵的后 3 列写成单位矩阵的形式，然后将剩余的 4 个非全零矢量随机地列写于矩阵的前 4 列，得到

$$\boldsymbol{H}_{\mathrm{s}}=\left[\begin{array}{cccc:ccc}0&1&1&1&1&0&0\\1&0&1&1&0&1&0\\1&1&1&0&0&0&1\end{array}\right] \tag{5.4.2}$$

由式（5.3.4）和式（5.3.8），可得系统生成矩阵

$$\boldsymbol{G}_{\mathrm{s}}=\left[\begin{array}{cccc:ccc}1&0&0&0&0&1&1\\0&1&0&0&1&0&1\\0&0&1&0&1&1&1\\0&0&0&1&1&1&0\end{array}\right] \tag{5.4.3}$$

（2）对信息矢量 $\boldsymbol{m}=(1001)$编码。

$$\boldsymbol{c}=\boldsymbol{m}\boldsymbol{G}_{\mathrm{s}}=(1001101)$$

（3）构造(7,4)汉明码的伴随式-差错图案 $\boldsymbol{s}$-$\boldsymbol{e}$ 表。$\boldsymbol{s}=\boldsymbol{e}\boldsymbol{H}_{\mathrm{s}}^{\mathrm{T}}$，计算结果列于表 5.4.1。

表 5.4.1　(7,4)汉明码 *s-e* 表

e	0000000	1000000	0100000	0010000	0001000	0000100	0000010	0000001
s	000	011	101	111	110	100	010	001

（4）计算伴随式。将接收矢量 $\boldsymbol{r}=(1000101)$代入伴随式计算公式，得

$$\boldsymbol{s}=\boldsymbol{r}\boldsymbol{H}_{\mathrm{s}}^{\mathrm{T}}=(1000101)\begin{bmatrix}0&1&1\\1&0&1\\1&1&1\\1&1&0\\1&0&0\\0&1&0\\0&0&1\end{bmatrix}=(110)$$

（5）查表 5.4.1，$\boldsymbol{s}=(110)$对应的差错图案是 $\boldsymbol{e}=(0001000)$。

（6）求码字估值。

$$\hat{\boldsymbol{c}}=\boldsymbol{r}+\boldsymbol{e}=(1000101)+(0001000)=(1001101)$$

（7）译码。码字估值的前 4 位即为译码信息 $\hat{m}=(1001)$。

通过上述例子，我们了解了汉明码的构造步骤。对于初学者来说，这是最简单明了、不易出错的方法。当熟悉这些步骤后，可以直接构造系统生成矩阵 $\boldsymbol{G}_{\mathrm{s}}$。由于系统生成矩阵及校验矩阵的结构成对偶形式：$\boldsymbol{G}_{\mathrm{s}}=[\boldsymbol{I}_k \vdots \boldsymbol{Q}_{k\times(n-k)}]$；$\boldsymbol{H}_{\mathrm{s}}=[\boldsymbol{Q}^{\mathrm{T}}_{(n-k)\times k} \vdots \boldsymbol{I}_{n-k}]$。$\boldsymbol{G}_{\mathrm{s}}$ 中虚线右边的子矩阵和 $\boldsymbol{H}_{\mathrm{s}}$ 中虚线左边的子矩阵互为转置矩阵，也就是一个矩阵的列矢量顺序写成另一个矩阵的行矢量，即可完成矩阵转换，反之亦然。我们组成 $\boldsymbol{H}_{\mathrm{s}}$ 的时候是先用掉只含 1 个非零元的$(n-k)$个列矢量组成一个$(n-k)\times(n-k)$的单位子矩阵。因为$(n-k)$个元素构成的矢量，含 1 个非零元的矢量只有$\begin{pmatrix} n-k \\ 1 \end{pmatrix}=(n-k)$个，剩余的 k 个矢量必然含有 2 个以上非零元，我们原先是把这些矢量一列一列地写在 $\boldsymbol{H}_{\mathrm{s}}$ 矩阵虚线的左边，现在我们只需将这 k 个矢量一行一行顺序地写在 $\boldsymbol{G}_{\mathrm{s}}$ 矩阵虚线的右边即可。从式（5.4.2）和式（5.4.3）中可以明显看出这种规律。

对 k 个矢量的列写顺序并没有特别的要求。比如例 5.4.1 的(7,4)汉明码，我们也可以直接将 4 个 2 比特以上的非零矢量按照从小到大的顺序一行行写在生成矩阵虚线的右边，直接构造出 $\boldsymbol{G}_{\mathrm{s}}$。

$$\boldsymbol{G}_{\mathrm{s}}=\left[\begin{array}{cccc:ccc} 1 & 0 & 0 & 0 & 0 & 1 & 1 \\ 0 & 1 & 0 & 0 & 1 & 0 & 1 \\ 0 & 0 & 1 & 0 & 1 & 1 & 0 \\ 0 & 0 & 0 & 1 & 1 & 1 & 1 \end{array}\right] \tag{5.4.4}$$

上面的生成矩阵与例 5.4.1 中的生成矩阵并没有本质的不同，所生成的码集都是一样的，只是信息矢量与码字的映射关系不同而已。

由式（5.4.1）可知，(n,k)汉明码满足关系式

$$n-k=\log_2(n+1) \rightarrow n-\log_2(n+1)=k$$

依据式（5.3.15），其码率

$$R=\frac{k}{n}=1-\frac{\log_2(n+1)}{n}$$

由上式可见，n 越大，$\dfrac{\log_2(n+1)}{n}$ 越小，R 越大，说明 n 越大时，汉明码编码效率越高。

不同的线性分组码，除了生成矩阵构造方法不同，其他都可参照汉明码的编译码步骤进行。

5.4.2 循环码

循环码是分组码的一个子类。1957 年由 E. Prange 在研究线性码时发现。这类码的独特之处在于一个码字的循环移位（左移或右移）构成该码的另一个码字，因此称为**循环码**。循环码可以是线性的，也可以是非线性的。线性循环码除了循环特性，还须满足线性特性。本书只讨论线性循环码。

由于构造码的基底也是一个码字，因而一个基底的循环移位也构成另一个基底。所以，不像一般的(n, k)线性分组码，需要 k 个基底构成码集，循环码的基底可以比 k 少很多，线性循环码常常用一个基底循环移位$(k-1)$次就可以构造出一个循环码的码集。线性循环码的这种特性与线性反馈移位寄存器（Linear Feedback Shift Register，LFSR）的特性契合，其编码电路和伴随式运算可以用简单的 LFSR 实现。线性循环码的另一个优点是，它有相当多固有的代数结构，对应许多简单有效的译码方法，所以得到了广泛的应用。

前面介绍的(7, 4)汉明码生成矩阵也可以是循环码的形式。如将式（5.4.4）的生成矩阵进行初等变换，分别用①、②、③、④表示矩阵的行号，将①+②、②+③、③+④、①+④分别重新赋值给第 1, 2, 3, 4 行，得

$$\boldsymbol{G}=\begin{bmatrix}1&1&0&0&1&1&0\\0&1&1&0&0&1&1\\0&0&1&1&0&0&1\\1&0&0&1&1&0&0\end{bmatrix}$$

上述生成矩阵是由两个基底(1100110)和(0011001)分别循环右移一位得到的。如果对下列(7, 4)汉明码生成矩阵

$$\boldsymbol{G}_{\mathrm{s}}=\begin{bmatrix}1&0&0&0&1&0&1\\0&1&0&0&1&1&1\\0&0&1&0&1&1&0\\0&0&0&1&0&1&1\end{bmatrix}$$

进行初等变换。①+③+④、②+④分别重新赋值给第 1、2 行，第 3、4 行不变，得到新的生成矩阵

$$\boldsymbol{G}'=\begin{bmatrix}1&0&1&1&0&0&0\\0&1&0&1&1&0&0\\0&0&1&0&1&1&0\\0&0&0&1&0&1&1\end{bmatrix}$$

这个矩阵仅由一个基底(1011000)循环移位 3 次构成。在实际应用中我们总是选择一个基底循环构成的码集，因为这样实现的编译码设备相对简单。

任一基底同时也是一个码字，用 n 维矢量表示的码字也可以表达成多项式的形式。这样，由一个基底循环移位构成的码，仅用一个多项式即可描述。

一个 n 维矢量 $\boldsymbol{c}=(c_0, c_1, c_2, \cdots, c_{n-1})$，定义其 i 次循环右移为 $\boldsymbol{c}^i$：

$$\boldsymbol{c}^i=(c_{n-i}, c_{n-i+1}, \cdots, c_{n-1}, c_0, \cdots, c_{n-i-1}),\quad c_i\in\{0,1\}, i=0,1,\cdots,n-1$$

则有

$$\begin{cases}\boldsymbol{c}^0=(c_0,c_1,c_2,\cdots,c_{n-2},c_{n-1})\\\boldsymbol{c}^1=(c_{n-1},c_0,c_1,c_2,\cdots,c_{n-2})\\\quad\vdots\\\boldsymbol{c}^i=(c_{n-i},c_{n-i+1},\cdots,c_0,\cdots,c_{n-i-1})\\\quad\vdots\\\boldsymbol{c}^{n-1}=(c_1,c_2,\cdots,c_{n-1},c_0)\end{cases}\qquad i\in\{0,1\}\tag{5.4.5}$$

矢量 $\boldsymbol{c}$ 可用多项式表示为

$$c_0(x)=c(x)=c_{n-1}x^{n-1}+c_{n-2}x^{n-2}+\cdots+c_1x+c_0\qquad c_i\in\{0,1\}\tag{5.4.6}$$

当多项式系数 $c_i=0$ 时，相应幂次项可以省略。

先给出多项式的一些基本概念。

次数项——多项式中幂次最高的一项。

多项式次数——多项式中次数项的幂次，即

$$\partial^{\circ} c(x)=\max\{i|c_i\neq 0, i=0,1,\cdots,n-1\}$$

零次多项式——多项式只有零次项，即 $c(x)=c_0$。

零多项式——多项式本身等于 0，即 $c(x)=0$。

首一多项式——次数项为 1 的多项式。二元多项式均为首一多项式。

多项式加（减）运算的规则是同幂次项系数相加或相减。对于二元多项式，其系数运算为模 2 运算，即逻辑运算中的异或，因此加法和减法等价。

假设 $a(x)=a_{n-1}x^{n-1}+a_{n-2}x^{n-2}+\cdots+a_1x+a_0$，$b(x)=b_{n-1}x^{n-1}+b_{n-2}x^{n-2}+\cdots+b_1x+b_0$

则

$$a(x)+b(x)=(a_{n-1}+b_{n-1})x^{n-1}+(a_{n-2}+b_{n-2})x^{n-2}+\cdots+(a_1+b_1)x+(a_0+b_0)$$

二元多项式相乘的运算规则是一个多项式的某一项系数和另一个多项式的某一项系数相乘，幂次相加，然后同幂次项系数合并。比如$(a_2x^2)\times(b_1x)=a_2b_1x^3$，$a(x)$和 $b(x)$相乘，幂次为 3 的项还有 a_0b_3, a_1b_2 和 a_3b_0，合并后 x^3 的系数为$(a_0b_3+a_1b_2+a_2b_1+a_3b_0)$。

两个多项式

$$m(x)=m_{k-1}x^{k-1}+\cdots+m_1x+m_0,\ \partial^{\circ} m(x)=k-1$$

$$g(x)=g_rx^r+g_{r-1}x^{r-1}+\cdots+g_1x+g_0,\ r=n-k,\ \ \partial^{\circ} g(x)=r$$

相乘，得

$$c(x)=m(x)g(x)=c_{n-1}x^{n-1}+\cdots+c_1x+c_0,\ \partial^{\circ} c(x)=n-1 \tag{5.4.7}$$

$c(x)$的系数

$$c_l=\sum_{i=0}^{l}m_ig_{l-i}\quad l=0,1,\cdots,n-1$$

式（5.4.7）中，$g(x)$称为 $c(x)$的**因式**，$c(x)$称为 $g(x)$的**倍式**。

【例 5.4.2】 设 $m(x)=x^4+x^2+x+1$，$g(x)=x^3+x^2+1$，求 $c(x)$。

解：

$$\begin{aligned}c(x)&=m(x)g(x)=(x^4+x^2+x+1)(x^3+x^2+1)\\&=x^7+x^6+x^4+x^5+x^4+x^2+x^4+x^3+x+x^3+x^2+1\\&=x^7+x^6+x^5+x^4+x+1\end{aligned}$$

如果 $c(x)$除不尽 $g(x)$，则 $c(x)$可表示成

$$c(x)=m(x)g(x)+r_{\rm d}(x)$$

其中 $0\leqslant\partial^{\circ} r(x)<\partial^{\circ} g(x)$，$m(x)$称为 $c(x)$的**商式**，$r_{\rm d}(x)$称为 $c(x)$模 $g(x)$的**余式**，记为

$$c(x)=r_{\rm d}(x)\quad(\text{mod } g(x))$$

也可以说 $c(x)$与 $r_{\rm d}(x)$模 $g(x)$相等或同余。当 $r_{\rm d}(x)=0$ 时，$c(x)=m(x)g(x)$。

余式的求解与整数域模运算类似，用长除法。

【例 5.4.3】 求 $c(x)=x^7+x^6+x^2+x+1$ 除以 $g(x)=x^4+1$ 的余式。

解：

$$\begin{array}{r|l}
 & x^3+x^2 \\ \hline
x^4+1 & x^7+x^6\qquad\quad +x^2+x+1 \\
 & x^7\qquad +x^3 \\ \hline
 & \quad x^6+x^3+x^2+x+1 \\
 & \quad x^6\qquad +x^2 \\ \hline
 & \qquad x^3+\qquad x+1
\end{array}$$

$$c(x)=m(x)g(x)+r_{\mathrm{d}}(x)=(x^3+x^2)(x^4+1)+(x^3+x+1)$$
$$r_{\mathrm{d}}(x)=x^3+x+1$$

再举一个例子。

【例 5.4.4】 式（5.4.6）中的 $c(x)$，计算 $xc(x)$ 对 (x^n+1) 的余式。

解： $xc(x)=x(c_{n-1}x^{n-1}+\cdots+c_1x+c_0)=c_{n-1}x^n+c_{n-2}x^{n-1}+\cdots+c_1x^2+c_0x$

$$\begin{array}{r|l} & c_{n-1} \\ \hline x^n+1 & c_{n-1}x^n+c_{n-2}x^{n-1}+\cdots+c_1x^2+c_0x \\ & c_{n-1}x^n \qquad\qquad\qquad\qquad\quad +c_{n-1} \\ \hline & c_{n-2}x^{n-1}+\cdots+c_1x^2+c_0x+c_{n-1} \end{array}$$

余式为 $$r_{\mathrm{d}}(x)=c_{n-2}x^{n-1}+\cdots+c_1x^2+c_0x+c_{n-1}$$

上例中的余式实际是将 $c(x)$ 系数循环左移一位的结果。再审视式（5.4.5）中的矢量 $\boldsymbol{c}^1=(c_{n-1},c_0,c_1,c_2,\cdots,c_{n-2})$，发现它与上例余式的系数相同，只是排列顺序相反。$\boldsymbol{c}^1$ 是 $\boldsymbol{c}=\boldsymbol{c}^0$ 循环右移一位的结果。需要注意的是，如果一个序列的长度是 n，那么序列循环右移 i 位与循环左移 $(n-i)$ 位相同。

如果把码字 $\boldsymbol{c}$ 用 $c(x)$ 表示，并记为 $c^0(x)=c(x)$，则有

$$\begin{cases} c^0(x)=c(x) \\ c^1(x)=xc(x) \\ \quad\vdots \\ c^i(x)=x^ic(x) \\ \quad\vdots \\ c^{n-1}(x)=x^{n-1}c(x) \end{cases} \quad (\bmod(x^n+1)) \tag{5.4.8}$$

由于二元域的加法和减法等效，式（5.4.8）对 (x^n-1) 的求模结果相同。

既然 $c(x)$ 是码字的多项式表达形式，故称 $c(x)$ 为**码多项式**，简称**码式**。因为一个码字可以用唯一一个多项式表示，所以多项式的次数也称为**码式的次数**。由二元 (n, k) 循环码定义可知，一个码字循环 n 次即回到原位，也就是可以产生 n 个码字，但码字的个数共有 2^k 个，怎样保证循环产生每一个码字？这是构造循环码需要解决的一个问题。另一个问题是满足什么条件的码式可以产生出循环码的码字？定理 5-4 和定理 5-5 回答了上述问题。这里仅给出定理的描述。

定理 5-4 二元 (n,k) 循环码中存在唯一的次数为 $r\ (r<n)$ 的非零首一多项式

$$g(x)=g_rx^r+g_{r-1}x^{r-1}+\cdots+g_1x+g_0,\qquad r=n-k,\ \partial^{\circ}g(x)=r$$

使得每一个码多项式 $c(x)$ 都是 $g(x)$ 的倍式，$g(x)$ 的零次项 $g_0\neq 0$，且每一低于或等于 $(n-1)$ 次的 $g(x)$ 的倍式，一定是码多项式。

满足定理 5-4 条件的多项式 $g(x)$，称为 (n,k) 循环码的**生成多项式**。

我们希望构造的循环码，就是满足 $g(x)$ 唯一性的循环码。换句话说，码集中所有的码多项式都由同一个生成多项式 $g(x)$ 生成。

定理 5-5 $g(x)$ 是二元 (n, k) 循环码的生成多项式，当且仅当 $g(x)$ 是 x^n+1（或 x^n-1）的 $r=n-k$ 次因式。

也就是说，如果 $g(x)$ 是二元 (n, k) 循环码的生成多项式，它一定是 x^n+1（或 x^n-1）的因式：$x^n+1=g(x)h(x)$；反之，如果 $g(x)$ 的次数是 $(n-k)$，且是 x^n+1（或 x^n-1）的因式，则此 $g(x)$

一定生成一个(n, k)循环码。

到此我们已经明白，构造循环码，关键就是找到合适的生成多项式$g(x)$。

【例 5.4.5】 构造长度$n=7$的二元循环码。

解：（1）对x^7+1进行因式分解

$$x^7+1=(x+1)(x^3+x^2+1)(x^3+x+1)$$

码长$n=7$的循环码可以由x^7+1的任意因式生成（尽管其性能可能大不相同）。注意GF(2)上多项式系数运算均为模2运算，所以加、减法等效。

(x^7+1)的所有因式共6个。

（a）$(x+1)$

（b）(x^3+x^2+1)

（c）(x^3+x+1)

（d）$(x+1)(x^3+x^2+1)=x^4+x^2+x+1$

（e）$(x+1)(x^3+x+1)=x^4+x^3+x^2+1$

（f）$(x^3+x^2+1)(x^3+x+1)=x^6+x^5+x^4+x^3+x^2+x+1$

（2）理论上，如果选$(x+1)$作为生成多项式，因$g(x)$次数$r=1$，可生成(7, 6)码；如果选择(x^3+x^2+1)或(x^3+x+1)作为$g(x)$，可生成两个不同的(7, 4)码；如果选(x^4+x^2+x+1)或$(x^4+x^3+x^2+1)$作为$g(x)$，可生成两个不同的(7, 3)码；选择$(x^6+x^5+x^4+x^3+x^2+x+1)$作为$g(x)$，可生成(7, 1)码。

（3）构造具有$g(x)$唯一性的$(7, k)$循环码。

尽管理论上(x^7+1)的任何因子都可以生成循环码，但有些循环码的生成多项式不唯一或者不需要构造循环码。比如(7, 1)码只有全0和全1两个码字。再如(7, 6)码，当信息矢量只含单个1时，码字是(0000011)的循环；当信息矢量含有两个相邻的1时，码字是(0000101)的循环，生成多项式不唯一。只有(b), (c), (d), (e)满足定理5-4和定理5-5的条件。构造循环码如下：

（a）(7, 4)循环码A，生成多项式为$g(x)=x^3+x^2+1$，码多项式为

$$c(x)=(m_3x^3+m_2x^2+m_1x+m_0)(x^3+x^2+1)$$

（b）(7, 4)循环码B，生成多项式为$g(x)=x^3+x+1$，码多项式为

$$c(x)=(m_3x^3+m_2x^2+m_1x+m_0)(x^3+x+1)$$

（c）(7, 3)循环码C，生成多项式为$g(x)=x^4+x^2+x+1$，码多项式为

$$c(x)=(m_2x^2+m_1x+m_0)(x^4+x^2+x+1)$$

（d）(7, 3)循环码D，生成多项式为$g(x)=x^4+x^3+x^2+1$，码多项式为

$$c(x)=(m_2x^2+m_1x+m_0)(x^4+x^3+x^2+1)$$

(7, 3)循环码的码集及相应的码多项式列于表5.4.2。

表 5.4.2　(7, 3)循环码的码集及相应的码多项式（模(x^7+1)）

移位	信息矢量	C 的码多项式	C 的码字	D 的码多项式	D 的码字
	000	$\mathbf{0}\,g(x)=\mathbf{0}$	0000000	$\mathbf{0}\,g(x)=\mathbf{0}$	0000000
0	001	$g(x)=x^4+x^2+x+1$	0010111	$g(x)=x^4+x^3+x^2+1$	0011101

续表

移位	信息矢量	C 的码多项式	C 的码字	D 的码多项式	D 的码字
1	010	$xg(x)=x^5+x^3+x^2+x$	0101110	$xg(x)=x^5+x^4+x^3+x$	0111010
2	100	$x^2g(x)=x^6+x^4+x^3+x^2$	1011100	$x^2g(x)=x^6+x^5+x^4+x^2$	1110100
3	101	$x^3g(x)=x^5+x^4+x^3+1$	0111001	$x^3g(x)=x^6+x^5+x^3+1$	1101001
4	111	$x^4g(x)=x^6+x^5+x^4+x$	1110010	$x^4g(x)=x^6+x^4+x+1$	1010011
5	011	$x^5g(x)=x^6+x^5+x^2+1$	1100101	$x^5g(x)=x^5+x^2+x+1$	0100111
6	110	$x^6g(x)=x^6+x^3+x+1$	1001011	$x^6g(x)=x^6+x^3+x^2+x$	1001110

观察表 5.4.2，C 的最低次的首一多项式 $g(x)=x^4+x^2+x+1$ 确实是唯一的，对应码字是(0010111)，$\partial^0 g(x)=4$，表中所有非零码多项式均由 $g(x)$逐步移位生成，所有码多项式均为 $g(x)$的倍式。$g(x)$生成的码集符合循环码构造规则。需要注意的是，在码字中，码元的列写顺序是高位在前，低位在后，与前面矩阵描述的顺序相反。D 也符合循环码构造规则。

将上例中 C 的生成多项式，记为 $g_c(x)=x^4+x^2+x+1$，代入(x^7+1)的因式分解式中，得

$$(x^7+1)=(x+1)(x^3+x^2+1)(x^3+x+1)=g_c(x)(x^3+x+1)$$

上式中的(x^3+x+1)实际就是(7, 3)循环码 C 的校验多项式 $h_c(x)$，因为

$$g_c(x)h_c(x)=0 \pmod{(x^7+1)} \tag{5.4.9}$$

由例 5.4.5 可知，(7, 3)循环码 C 的校验多项式 $h_c(x)=(x^3+x+1)$，同时也是(7, 4)循环码 B 的生成多项式，即 $h_c(x)=g_b(x)$。由式（5.4.9)可知，$h_b(x)=g_c(x)$，即(7, 4)循环码 B 的校验多项式也是(7, 3)循环码 C 的生成多项式。

称 $g(x)$生成的(n, k)循环码和 $h(x)$生成的$(n, n-k)$循环码互为**对偶码**，码集互为**对偶集**。按照这个定义，例 5.4.5 中的(7, 4)循环码 B 和(7, 3)循环码 C 是互为对偶码，(7, 4)循环码 A 和(7, 3)循环码 D 也是互为对偶码。

对于一般的(n, k)循环码，相应的生成多项式和校验多项式满足下述关系

$$g(x)h(x)=0 \pmod{(x^n+1)}$$

表 5.4.2 中的循环码都不是系统码，从码字中看不出信息位。循环码也可以具有系统形式，即 k 个信息位在前，$(n-k)$个校验位在后，这种码称为**系统循环码**。若 $m(x)$表示信息多项式，那么系统循环码多项式的形式为

$$c(x)=m(x)g(x)=x^{n-k}m(x)+r_d(x) \tag{5.4.10}$$

上式两边对 $g(x)$求模，得

$$x^{n-k}m(x)=r_d(x) \pmod{g(x)}$$

$r_d(x)$是 $c(x)$的余式，表示校验信息，$r_d(x)$的次数低于 $g(x)$的次数$(n-k)$。

生成系统循环码的步骤为：

（1）$m(x)$移$(n-k)$位，即 $m(x)$乘以 x^{n-k}。

（2）$x^{n-k}m(x)$对 $g(x)$求模，计算出余式。

（3）$c(x)=x^{n-k}m(x)+r_d(x)$。

【例 5.4.6】 求例 5.4.5 中(7, 3)循环码 C 的系统码集。

解：按照系统循环码产生步骤，将信息矢量逐一代入式（5.4.10)，对 $g(x)=x^4+x^2+x$

+1 计算余式 $r_d(x)$，然后将 $m(x)$和 $r_d(x)$组合成码字。计算结果见表 5.4.3。

表 5.4.3 (7, 3)系统循环码 C 的码集

信息矢量	000	001	010	011	100	101	110	111
余式	0	x^2+x+1	x^3+x^2+x	x^3+1	x^3+x+1	x^3+x^2	x^2+1	x
码字	0000000	0010111	0101110	0111001	1001011	1011100	1100101	1110010

仔细观察表 5.4.2 和表 5.4.3，不论是否为系统循环码，将两个以上非零元矢量分解成单比特非零元矢量之和，则对应的码字也满足同样的线性组合关系。如(011) = (001) + (010)，在表 5.4.3 中，三者对应的码字分别是(0111001)，(0010111) 和 (0101110)，显然(0111001) = (0010111) + (0101110)。这在用软件实现求系统循环码的时候提供了另外一种方法，只求一个单比特非零信息矢量（比如 001）的余式，计算出对应的码字，然后直接移位得到其他单比特非零码字，多比特非零码字都可以分解成单比特非零码字之和。因为循环码也是一种线性分组码，输入消息（即信息矢量）之间的线性关系必然反映到输出（码字）。

循环码是线性分组码的一个子类，可以采用 5.3 节介绍的矩阵形式译码，也可以采用伴随多项式译码的方法。

假设(n, k)循环码的信息矢量、码字、接收矢量、差错图案分别用 $\boldsymbol{m}, \boldsymbol{c}, \boldsymbol{r}, \boldsymbol{e}$ 表示，对应的多项式描述形式分别为 $m(x), c(x), r(x), e(x)$，二元无记忆信道上如下关系式成立：

$$r(x)=c(x)+e(x) \tag{5.4.11}$$

式中加法是两个多项式同幂次项系数进行模 2 加。上式两边对生成多项式 $g(x)$求模，得

$$r(x)=c(x)+e(x)=m(x)g(x)+e(x)=e(x) \pmod{g(x)}$$

定义循环码伴随多项式为

$$s(x)=r(x) \pmod{g(x)}$$

则有

$$s(x)=e(x) \pmod{g(x)}$$

如果传输无差错，必有 $e(x)=0$，则伴随多项式 $s(x)=0$。如果 $s(x)\neq 0$，则一定存在差错。

【例 5.4.7】 (7, 3)系统循环码，生成多项式 $g(x)=x^4+x^2+x+1$。如果接收多项式 $r(x)=x^5+x^4+1$，求码多项式对应的码字 $\boldsymbol{c}$。

解：（1）计算伴随式。

$$s(x)=r(x) \pmod{g(x)}=x^5+x^4+1 \pmod{x^4+x^2+x+1}=x^3=e(x) \pmod{g(x)}$$

（2）求码多项式。根据式（5.4.11）

$$c(x)=r(x)+e(x)=x^5+x^4+1+x^3=x^5+x^4+x^3+1$$

对应的码字 $\boldsymbol{c}$=(0111001)，译码后得消息(011)。

常用的循环码有循环汉明码、BCH 码和 RS 码。循环汉明码就是具有循环特性的汉明码。BCH 码是由 A. Hocquenghem, R. C. Bose 和 D. K. Ray-Chaudhuri 分别独立提出的一个循环码的子类，可纠正多个随机差错。BCH 码通过增加汉明码校验矩阵的行数，也就是增加码的冗余度，提高纠错能力。

前面介绍的循环码是先确定码长 n，然后通过生成多项式 $g(x)$构造整个码集。$g(x)$既然是

一个多项式，必有一个或多个根，我们可以先确定根，然后组合成 $g(x)$。根据有限域理论，一个在 GF(2)及扩域 GF(2^m)上的多项式，其在 GF(2)上的所有根一定也存在于 GF(2^m)中，并且扩域中的所有元素均可以表示成某个被称为本原元的元素的幂次。

设 t 是整数，α 是 GF(2^m)上的一个本原元，最低次多项式 $g(x)$是其生成多项式，含 $\alpha, \alpha^2, \cdots, \alpha^{2t}$ 共 $2t$ 个根，$g(x)$系数在 GF(2)上。由 $g(x)$生成的循环码称为**二元本原 BCH 码**。

对于任意正整数 m，信息位长度 k 和可纠错数目 t，可以设计最小距离 $d_{\min}$ 的 BCH 码，码长 $n=2^m-1$，检验位长 $r=n-k\leqslant mt$，$d_{\min}\geqslant 2t+1$。

当 m=3，t =1 时，可以构造出的 BCH 码就是(7, 4)汉明码，相应的 $g(x)=x^3+x+1$。当 $m=4$ 时，可构造出 t=1, 2, 3 的 BCH 码，分别是：

纠 1 个错的(15, 11)汉明码，相应的 $g(x)=x^4+x+1$；

纠 2 个错的(15, 7) BCH 码，相应的 $g(x)=x^8+x^7+x^6+x^4+1$；

纠 3 个错的(15, 5) BCH 码，相应的 $g(x)= x^9+x^8+x^5+x^4+x^2+x+1$。

显然，纠错能力越强，校验位长度越长，实际上是通过增加冗余位提高纠错能力的。这类编码适合纠突发差错的应用场景。

有一类纠短突发差错的码，称为 **RS**（Reed-Solomon）**码**，是多元 BCH 码的一个子类。每个码元由 l 个比特组成，称为 1 个符号。一个可以纠正任意小于等于 t 个符号差错的 RS 码，码长 n 和校验位长 r 分别为

$$n=2^l-1\ (\text{符号})=l\times(2^l-1)(\text{比特})$$

$$r=n-k=2t\ (\text{符号})=2lt(\text{比特})$$

5.5 卷 积 码

前面介绍的线性分组码是分组之间完全独立的编码系统。一个分组的校验位只与本组输入的信息位有关，与其他分组的信息位无关，所以各分组输出的码字之间也是相互独立的。这给编码确实带来了某种方便，但是，由信源熵的讨论我们知道，信息之间是存在关联性的，而且关联的长度越长，根据编码定理，编码效率越高。信息分组以后，实际上人为切断了组与组之间信息位的关联性，使得这部分性能无法利用，从而导致编码效率的下降。然而，如果加长分组，会引发另一个问题：编译码设备变复杂。正是为了解决这一矛盾，催生了卷积码。

卷积码最早是由伊利亚斯（Elias）于 1955 年提出的，其编码不仅与本组信息元有关，也与本组之前的其他分组的信息元有关，还与确定时刻各分组的在“状态”有关。由于较为充分利用了分组之间的相关性，在编译码设备复杂度相同的情况下，卷积码往往有更高的编码效率和更优越的性能。

5.5.1 卷积码的基本概念

卷积码在编码的时候也是先将信息序列分成固定长度的消息组，比如 k 个比特一组，将每一组编成一个固定长度的码字，比如 $n(n>k)$比特。但是编码的时候，每个码组的输出不仅与当前的消息有关，还与前面 l 个分组的消息有关。所以卷积码用 3 个参数 (n, k, l) 表达，n 为码长，k 为消息长度，l 是本组之前参与编码的消息组数，总的记忆长度实际是 l

+1，称为**约束长度**。二元(n, k, l)卷积码编码原理见图 5.5.1。

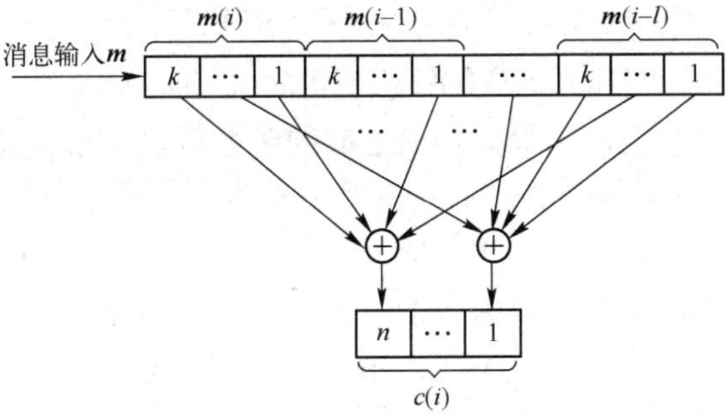

图 5.5.1　二元(n,k,l)卷积码编码原理

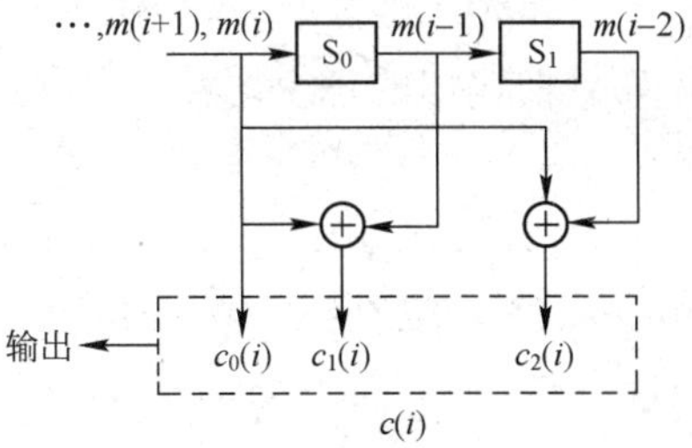

图 5.5.2　卷积码示例

为了了解卷积码的概念，我们先来看一个例子。如图 5.5.2 所示，图中 S_0 和 S_1 是两个移位寄存器，信号从左边输入，每个时钟节拍右移一位。假设当前时刻是 i，时钟打开，将一个信息位 $m(i)$送入寄存器 S_0，S_0 原来存储的信息位 $m(i–1)$右移到输出端，它同时也是 S_1 的输入端；S_1 存储的 $m(i–2)$同时右移到 S_1 的输出端。每个时钟脉冲送入 1 比特，下个时钟节拍送入 $m(i+1)$，……。

每个时钟脉冲得到三个计算结果，也就是电路的输出。其中

$$c_0(i)=m(i),\ c_1(i)=m(i)+m(i-1),\ c_2(i)=m(i)+m(i-2) \tag{5.5.1}$$

上述计算结果构成一个 i 时刻输出序列

$$\boldsymbol{c}(i)=(c_0(i),\ c_1(i),\ c_2(i))$$

该序列经过并串变换，逐比特送入信道。下个时钟脉冲到来时，被送入的信息是 $m(i+1)$，此时的电路输出

$$c_0(i+1)=m(i+1),\ c_1(i+1)=m(i+1)+m(i),\ c_2(i+1)=m(i+1)+m(i-1) \tag{5.5.2}$$

由式（5.5.1)可见，时刻 i 的输出 $\boldsymbol{c}(i)$，不仅与 i 时刻输入的信息 $m(i)$有关，还与此前两个时刻输入的信息 $m(i-1)$和 $m(i-2)$有关。再观察式（5.5.2）可知

$$c_2(i+1)=c_1(i+1)+c_1(i),\quad c_1(i+1)=c_0(i+1)+c_0(i)$$

上面公式的下标表示位置，括号内的参数表示时刻，加法是模 2 加。说明电路的输出与位置和时刻都有关系，这种特性类似于数学的卷积。

实际上，图 5.5.2 就是一个(3,1,2)二元卷积码编码电路。输入的信息“分组”只有 $k=1$ 比特，输出是 3 比特，其中 $c_0(i)$复制信息位，$c_1(i)$和 $c_2(i)$是校验元，$\boldsymbol{c}(i)$是码字，码长 $n=3$。当前时刻输出不仅与当前输入有关，还与此前两个输入有关，所以 $l=2$。

假设编码电路的两个寄存器初始值均为 0，如果输入信息序列 $\boldsymbol{m}=(0101100\cdots)$，则输出码字为

$$\{\boldsymbol{c}(0), \boldsymbol{c}(1), \boldsymbol{c}(2), \boldsymbol{c}(3), \boldsymbol{c}(4), \boldsymbol{c}(5), \boldsymbol{c}(6),\cdots\}=\{000,111,010,110,101,011,001,\cdots\}$$

5.5.2　卷积码的编码

图 5.5.2 的卷积码输出随着输入信息序列的变化而变化，但只要电路结构不变，输入和输出之间的关系就是不变的，总满足式（5.5.1）的关系式。按照时间关系，我们可以把码

字序列写成

$$\{\boldsymbol{c}(0), \boldsymbol{c}(1), \boldsymbol{c}(2),\cdots\}=\{(c_0(0)c_1(0)c_2(0)), (c_0(1)c_1(1)c_2(1)), (c_0(2)c_1(2)c_2(2)),\cdots\}$$
$$=\{(m(0)\ m(0)\ m(0)), (m(1)\ (m(0)+m(1))\ m(1)), (m(2)\ (m(1)+m(2))\ (m(0)+m(2))), \cdots\}$$

如果把输出的每个比特与输入的时序相对应，则输入输出之间的关系可以表示成矩阵形式

$$\begin{array}{c} \\ m(0) \\ m(1) \\ m(2) \\ m(3) \\ m(4) \\ \cdots \end{array}
\begin{array}{cccccc} c_0(0)c_1(0)c_2(0) & c_0(1)c_1(1)c_2(1) & c_0(2)c_1(2)c_2(2) & c_0(3)c_1(3)c_2(3) & c_0(4)c_1(4)c_2(4) & \cdots \\
\left[\begin{array}{c} m(0)m(0)m(0) \\ \\ \\ \\ \\ \\ \end{array}\right. & \begin{array}{c} 0\ m(0)\ 0 \\ m(1)m(1)m(1) \\ \\ \\ \\ \end{array} & \begin{array}{c} 0\ \ 0\ \ m(0) \\ 0\ \ m(1)\ \ 0 \\ m(2)m(2)m(2) \\ \\ \\ \end{array} & \begin{array}{c} 0\ \ 0\ \ 0 \\ 0\ \ 0\ \ m(1) \\ 0\ \ m(2)\ \ 0 \\ m(3)m(3)m(3) \\ \\ \end{array} & \begin{array}{c} 0\ \ 0\ \ 0 \\ 0\ \ 0\ \ 0 \\ 0\ \ 0\ \ m(2) \\ 0\ \ m(3)\ \ 0 \\ m(4)m(4)m(4) \end{array} & \left.\begin{array}{c} \\ \cdots \\ \\ \\ \cdots \\ \\ \end{array}\right] \end{array}$$

上面的输入输出关系也可以表示成

$$\boldsymbol{c}=[m(0)\quad m(1)\quad m(2)\quad m(3)\quad m(4)\quad \cdots]\begin{bmatrix} 111 & 010 & 001 & 000 & 000 & 000 & 000 & \cdots \\ & 111 & 010 & 001 & 000 & 000 & 000 & \cdots \\ & & 111 & 010 & 001 & 000 & 000 & \cdots \\ & & & 111 & 010 & 001 & 000 & \cdots \\ & & & & 111 & 010 & 001 & \cdots \\ & & & & \cdots & \cdots & \cdots & \cdots \end{bmatrix}$$

即

$$\boldsymbol{c}=\boldsymbol{m}\boldsymbol{G}_\infty \tag{5.5.3}$$

上式是典型的编码公式，$\boldsymbol{G}_\infty$是(3,1,2)卷积码的生成矩阵，具有半无限形式。矩阵的每一行都是上面一行右移 3 位的结果，也就是移动了一个码长($n=3$)的距离，所以第一行就可以完全确定生成矩阵，记此行矢量为

$$\boldsymbol{g}_\infty=[111\quad 010\quad 001\quad 000\quad \cdots]$$

称其为**基本生成矩阵**。该矩阵只有前三组数字有意义，其后的数字全是零。因为(3, 1, 2)卷积码的约束长度 $l+1 = 2 +1 = 3$，当输入端输入 $m(2)$时，前两个时刻的 $m(0)$对输出仍有贡献，当 $m(3)$进入编码器输入端的时候，$m(0)$已经移出寄存器，对输出没有贡献，所以是全零。

将基本生成矩阵分解成 3（约束长度）个 1 行 3 列($k\times n$)子矩阵 $\boldsymbol{g}(0), \boldsymbol{g}(1), \boldsymbol{g}(2)$，即

$$\boldsymbol{g}(0)=[111], \boldsymbol{g}(1)=[010], \boldsymbol{g}(2)=[001]$$

$\boldsymbol{g}(0), \boldsymbol{g}(1), \boldsymbol{g}(2)$称为**生成子矩阵**。记 D 为延时算子，$D, D^2, D^3,\cdots$表示延迟 1,2,3,⋯个码字周期，则(3,1,2)卷积码生成矩阵又可以表示成

$$\boldsymbol{G}_\infty=\begin{bmatrix} \boldsymbol{g}_\infty \\ D\boldsymbol{g}_\infty \\ D^2\boldsymbol{g}_\infty \\ \vdots \end{bmatrix}=\begin{bmatrix} \boldsymbol{g}(0) & \boldsymbol{g}(1) & \boldsymbol{g}(2) & 0 & 0 & \cdots \\ 0 & \boldsymbol{g}(0) & \boldsymbol{g}(1) & \boldsymbol{g}(2) & 0 & \cdots \\ 0 & 0 & \boldsymbol{g}(0) & \boldsymbol{g}(1) & \boldsymbol{g}(2) & \cdots \\ \vdots & \vdots & \vdots & \vdots & \vdots & \vdots \end{bmatrix}$$

可见，确定了$(l+1)$个生成子矩阵就可以轻松地构造出半无限生成矩阵 $\boldsymbol{G}_\infty$，然后根据式（5.5.3）编出卷积码。

仔细观察图 5.5.2 的电路图可以发现，这 3 个子矩阵分别代表输入比特分别位于寄存器 S_0 输入端、S_0 输出端（同时是 S_1 输入端）和 S_1 输出端时，对输出码字 3 个比特的贡献。比如当 S_0 输入端输入信息 $m(0)$时，因为 $m(0)$对输出端的 3 个比特 $c_0(0)$, $c_1(0)$, $c_2(0)$都有贡献，所以 $\boldsymbol{g}(0) = [111]$。当 $m(0)$移位到 S_0 的输出端时，由图 5.5.2 可见，它只对输出 $c_1(1)$有贡献，所以 $\boldsymbol{g}(1) = [010]$。同理，$\boldsymbol{g}(2) = [001]$。3 个子矩阵所表示的是输入在不同位置时与输出之间的关系。在电路中，有连线就有关系，用“1”表示，无连线就没有关系，用“0”表示。这样就能方便地构造出各基本生成子矩阵，进而构造出生成矩阵。

【例 5.5.1】 一个二元(3,2,1)卷积码，电路图如图 5.5.3 所示，写出该编码器生成子矩阵。寄存器初值 $\boldsymbol{m}(-1) = (11)$，当输入信息组为 $\boldsymbol{m}(0) = (10)$时，计算编码输出。

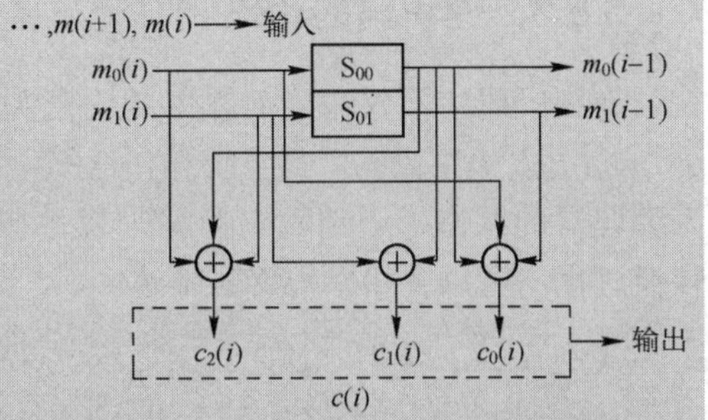

图 5.5.3 二元(3,2,1)卷积码编码电路

解：（1）因为码长 $n = 3$，信息矢量长度 $k = 2$，子矩阵应为 $k\times n = 2\times 3$ 矩阵。又因为约束长度是 1+1=2，也就是本组输出与本组以及上一组输入有关，所以子矩阵个数为 2。

令 $\boldsymbol{m}(i) = (m_0(i), m_1(i))$，$\boldsymbol{c}(i) = (c_0(i), c_1(i), c_2(i))$，$g_{jk}^i$ 表示 i 时刻第 j 个输入比特对第 k 个输出比特的影响。记

$$\boldsymbol{g}(0) = \begin{bmatrix} g_{00}^0 & g_{01}^0 & g_{02}^0 \\ g_{10}^0 & g_{11}^0 & g_{12}^0 \end{bmatrix} \qquad \boldsymbol{g}(1) = \begin{bmatrix} g_{00}^1 & g_{01}^1 & g_{02}^1 \\ g_{10}^1 & g_{11}^1 & g_{12}^1 \end{bmatrix}$$

那么，$\boldsymbol{g}_\infty = [\boldsymbol{g}(0)\ \ \boldsymbol{g}(1)]$。根据图 5.5.3，两个子矩阵分别为

$$\boldsymbol{g}(0) = \begin{bmatrix} 1 & 0 & 1 \\ 0 & 1 & 1 \end{bmatrix} \qquad \boldsymbol{g}(1) = \begin{bmatrix} 1 & 1 & 1 \\ 1 & 0 & 0 \end{bmatrix}$$

（2）$\boldsymbol{c}(0) = (c_0(0), c_1(0), c_2(0)) = \boldsymbol{m}(0)\boldsymbol{g}(0) + \boldsymbol{m}(-1)\boldsymbol{g}(1)$，将各项参数代入得

$$\boldsymbol{c}(0) = (10)\begin{bmatrix} 1 & 0 & 1 \\ 0 & 1 & 1 \end{bmatrix} + (11)\begin{bmatrix} 1 & 1 & 1 \\ 1 & 0 & 0 \end{bmatrix} = (101) + (011) = (110)$$

推广到一般的(n, k, l)卷积码，生成矩阵含 $\boldsymbol{g}(i)$, $i = 0,1,2,\cdots,l$ 共$(l+1)$个子矩阵，每个子矩阵是 k 行 n 列矩阵，若 g_{jk}^i 表示第 i 个子矩阵第 j 行第 k 列元素，则有

$$\boldsymbol{g}(i) = \begin{bmatrix} g_{00}^i & g_{01}^i & \cdots & g_{0(n-1)}^i \\ g_{10}^i & g_{11}^i & \cdots & g_{1(n-1)}^i \\ \vdots & \vdots & \ddots & \vdots \\ g_{(k-1)0}^i & g_{(k-1)1}^i & \cdots & g_{(k-1)(n-1)}^i \end{bmatrix}$$

当信息分组$(\boldsymbol{m}(0), \boldsymbol{m}(1), \cdots, \boldsymbol{m}(l), \cdots)$源源不断地输入到编码器时，编码器也源源不断地输出码字$(\boldsymbol{c}(0), \boldsymbol{c}(1), \cdots, \boldsymbol{c}(l), \cdots)$，假设编码器的初始状态为零，即所有的寄存器都被清零，那么

i=0 时刻，$\boldsymbol{c}(0) = \boldsymbol{m}(0)\boldsymbol{g}(0)$

i=1 时刻，$\boldsymbol{c}(1)=\boldsymbol{m}(1)\boldsymbol{g}(0)+\boldsymbol{m}(0)\boldsymbol{g}(1)$

$\vdots$

$i=l$ 时刻，$\boldsymbol{c}(l)=\boldsymbol{m}(l)\boldsymbol{g}(0)+\boldsymbol{m}(l-1)\boldsymbol{g}(1)+\cdots+\boldsymbol{m}(1)\boldsymbol{g}(l-1)+\boldsymbol{m}(0)\boldsymbol{g}(l)$

上面这组多项式写成矩阵形式，则有

$$\boldsymbol{c}=\boldsymbol{m}\boldsymbol{G}_{\infty}=[\boldsymbol{m}(0),\boldsymbol{m}(1),\cdots]\begin{bmatrix} \boldsymbol{g}(0) & \boldsymbol{g}(1) & \cdots & \boldsymbol{g}(l) & 0 & 0 & \cdots \\ 0 & \boldsymbol{g}(0) & \boldsymbol{g}(1) & \cdots & \boldsymbol{g}(l) & 0 & \cdots \\ 0 & 0 & \boldsymbol{g}(0) & \boldsymbol{g}(1) & \cdots & \boldsymbol{g}(l) & \cdots \\ \vdots & \vdots & \vdots & \vdots & \ddots & \vdots & \vdots \end{bmatrix}$$

5.5.3 卷积码的译码

卷积码码字不仅与当前输入的信息矢量有关，还与之前输入的 l 个信息矢量有关。对于二元(n, k, l)卷积码，需要$(k\times l)$个寄存器存储消息，消息总数最多可达 2^{kl}。如果将消息称为编码器的**状态**，则卷积码的编码就是在新信息输入的时候，从一个状态到另一个状态的转换过程。可以用状态转移图描述。

【例 5.5.2】 例 5.5.1 的(3,2,1)二元卷积码编码电路如图 5.5.3 所示，画出其状态转移图。

解：两个寄存器共有 $2^{kl}=2^2=4$ 种状态：$s_0=00, s_1=01, s_2=10, s_3=11$。

用四个带圆圈的符号表示编码器的四种状态，连接圆圈的有向线段代表状态转移的方向，线段上标注的数字代表输入一组新的信息得到的输出——码字，斜线前面的数字代表输出，斜线后面的数字代表输入。比如编码器处于 $s_0=00$ 状态时，如果此时输入的两比特信息是 00，则输出的 3 比特码字$(c_0(i), c_1(i), c_2(i))$ = (000)，故标注为 000/00，编码后的状态仍然是 00，所以有向线段是从 s_0 到 s_0 的半圆圈。当编码器处于状态 s_0，而输入的信息为(10)时，输出的码字是(101)，状态则从 s_0 转到 s_2，故 s_0 到 s_2 的有向线段标注 101/10。以此类推，例 5.5.1 中的(3, 2, 1)卷积码状态转移图见图 5.5.4。

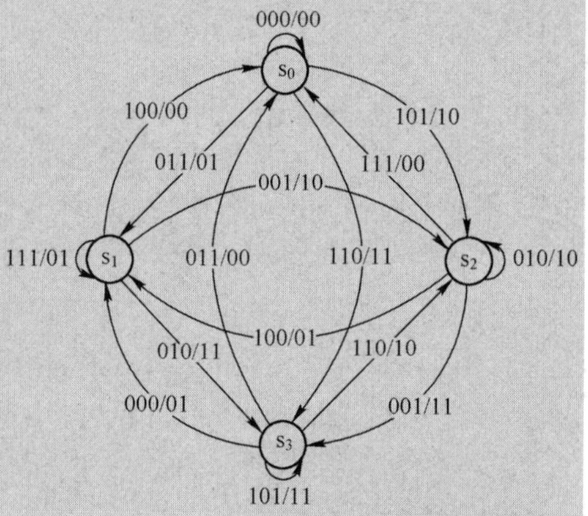

图 5.5.4　例 5.5.1 中(3,2,1)卷积码状态转移图

从图 5.5.4 中可以清楚地看到，卷积码不仅与当前输入的信息有关，还与编码器所处的状态(以前的信息)有关。比如输入都是(00)，如果处于状态 s_1，则码字是(100)，如果处于状态 s_2，则码字是(111)。如果都处于状态 s_3，当输入为(00)时，码字是(011)；当输入为(10)时，码字是(110)。

这种封闭式的状态转移图直观地描述了卷积码编码器任一时刻的工作状态，输入输出对应情况及状态转移路线一目了然。唯一有点缺憾的是，没有描述状态的时序特性。卷积码的输入是连续不断的信息流，输出是连续不断的码字流，如果以时间为横坐标、状态为纵坐标，将状态转移图画成开放的形式，则可以将状态转移的轨迹描述出来，如图 5.5.5 所示。图中有向线段表示状态转移的方向，线上的数字表示当前的输入和输出（码字/信息）。从当前时刻的某一个状态开始，编码器经过一个时钟周期（注意：是编码的时钟周期而非码元时钟周期）完成编码并在下一时刻转入另一个状态。比如时刻 0 时，状态为 s_2，输入若为(01)，则输出的码字为(100)，到达时刻 1，状态转为 s_1。每条线段代表一个码字的编码过程。

如果将这种开放式的状态转移图一个个串接起来，组成网格状图，称为**网格图**、**格栅图**或**篱笆图**。那么，每个周期的编码和状态转移结果串接起来就形成了连续的路径，每条路径呈现的是一次编码过程。路径个数随时间增加呈幂指数增长。如图 5.5.6 所示，1 个编码周期的路径数是 4，2 个周期的路径数是 $4^2=16$，l 个编码周期的路径数是 4^l。

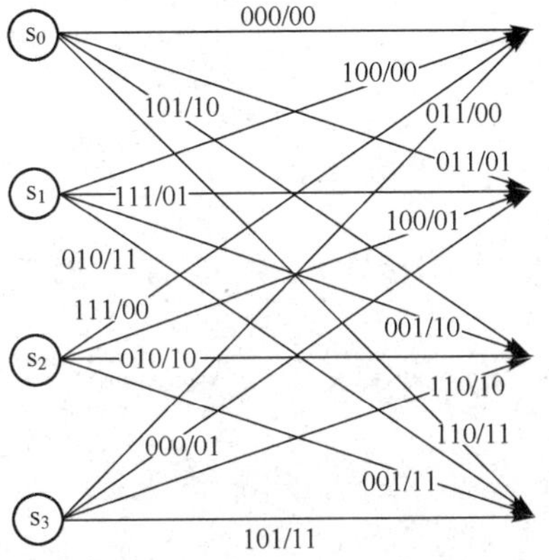

图 5.5.5　(3,2,1)卷积码开放式状态转移图

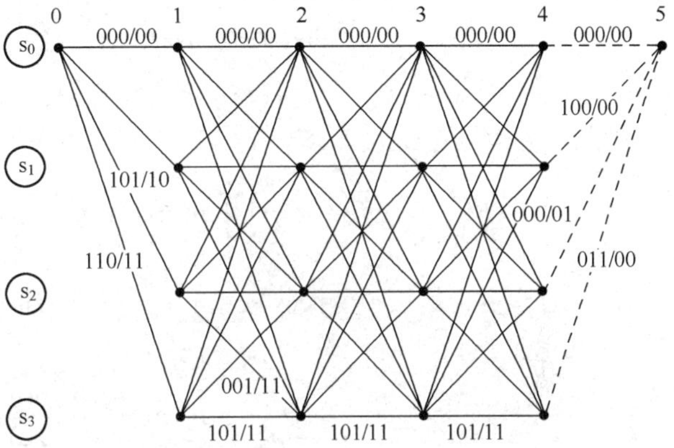

图 5.5.6　(3,2,1)卷积码网格图(L=4)

简单起见，默认路径方向是从左到右，箭头用圆点代替，称为**节点**。节点是时刻点，代表编码周期的分界点，即前一个周期的结束或新一个周期的开始，线段表示一个编码周期。假设编码器的初始状态为 $s_0=00$，信息输入完毕之后也置零。那么，一段信息的编码将从 0 状态开始最终又回到 0 状态结束。例如图 5.5.3 的编码器，如果输入 $L=4$ 组信息，那么网格图的节点数应该是信息组数加约束长度，即 $4+2=6$。图 5.5.6 中从输入到输出的任何一条路径都对应编码过程。4 组信息输入完毕后编码器复位，输入端置 0，所以最后一个周期都回到原始状态 $s_0=00$。输入(00000000)时，码字为最上面一条全 0 路径；输入(11111111)时，码字(110101101101)；输入(10111101)时，码字(101001101000)。

需要特别注意的是，编码在时刻点 4 已经结束，最后一个周期输入的(00)不是有效信息，只是为了编码器最终复位。如果卷积码的约束长度是$(l+1)$，则需要 l 步，使编码器复位。(3, 2, 1)卷积码网格图总共包含路径 $4^4=256$ 条，即编码器可输出 256 种不同的码序列。假设信息流是(10001101)，编码路径如图 5.5.7 所示，输出码字序列为(101111110000)。

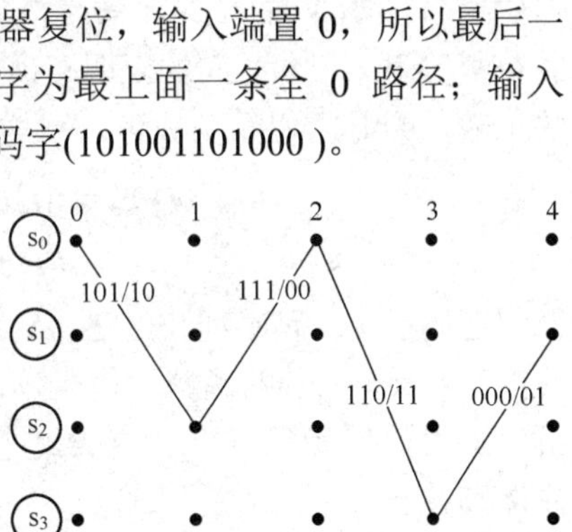

图 5.5.7　输入为(10001101)的编码路径

码字经过传输到了接收端，如果没有任何差错，则沿着相同的编码路径即可找到对应的信息是(10001101)。然而，理想传输是不存在的，接收到有错信息该如何译码？理论上，任何一条编码路径都对应一个码字，对于一般的(n, k, l)卷积码，状态数是 2^{kl}，如果输入的信息矢量数量是 L，那么所有的路径数是 2^{klL}。例 5.5.2 中介绍的(3, 2, 1)编码器，$k=2$，$l=1$，$L=4$，路径数已经达到 256，当 k, l, L 都增大时，路

径数将是巨量的，用穷举搜索方法完全不可行。

设二元(n, k, l)卷积码编码器的输入信息序列是

$$\boldsymbol{m}=(\boldsymbol{m}(0), \boldsymbol{m}(1), \cdots, \boldsymbol{m}(L-1), \boldsymbol{0}, \cdots, \boldsymbol{0})$$

上式中的 **0** 是 k 比特连 0 矢量，共 l 个，不是有效信息，仅为编码器清零，使其回到初始状态。相应的码序列为

$$\boldsymbol{c}=(\boldsymbol{c}(0), \boldsymbol{c}(1), \cdots, \boldsymbol{c}(L+l-1))$$

前面 L 个码字是有效码字，最后 l 个码字对应的是信息序列末尾的 **0** 矢量，译码后可以丢弃。码字 $\boldsymbol{c}$ 传到接收端，译码器收到的接收矢量为

$$\boldsymbol{r}=(\boldsymbol{r}(0), \boldsymbol{r}(1), \cdots, \boldsymbol{r}(L+l-1))=\boldsymbol{c}+\boldsymbol{e}$$

$\boldsymbol{e}$ 是差错图案 $$\boldsymbol{e}=(\boldsymbol{e}(0), \boldsymbol{e}(1), \cdots, \boldsymbol{e}(L+l-1))$$

如果传输信道是 BSC 信道，则接收矢量序列对码序列的条件概率满足

$$p(\boldsymbol{r}/\boldsymbol{c})=\prod_{i=0}^{L+l-1} p(\boldsymbol{r}(i)/\boldsymbol{c}(i))=\prod_{i=0}^{L+l-1}\prod_{j=0}^{n} p(r_j(i)/c_j(i)) \qquad (5.5.4)$$

$\boldsymbol{r}(i)$, $\boldsymbol{c}(i)$分别表示第 i 个接收矢量和码字，$r_j(i)$, $c_j(i)$分别表示第 i 个接收矢量和码字的第 j 个元素。根据贝叶斯公式

$$p(\boldsymbol{r}/\boldsymbol{c})=\frac{p(\boldsymbol{r})p(\boldsymbol{c}/\boldsymbol{r})}{p(\boldsymbol{c})}$$

收到 $\boldsymbol{r}$ 的条件下，选择条件概率 $p(\boldsymbol{c}/\boldsymbol{r})$最大的 $\boldsymbol{c}$ 作为译码估值，称为**最大后验概率译码**，也是**最大似然译码**。码序列在 BSC 信道上等概率发送的时候，$p(\boldsymbol{c})$和 $p(\boldsymbol{r})$都是常数，所以 $p(\boldsymbol{r}/\boldsymbol{c})$最大的时候，$p(\boldsymbol{c}/\boldsymbol{r})$也最大，即 $\max(p(\boldsymbol{r}/\boldsymbol{c}))$等效于 $\max(p(\boldsymbol{c}/\boldsymbol{r}))$。

式（5.5.4）两边取对数 $$\log_2 p(\boldsymbol{r}/\boldsymbol{c})=\sum_{i=0}^{L+l-1}\sum_{j=0}^{n}\log_2 p(r_j(i)/c_j(i))$$

$\log_2 p(\boldsymbol{r}/\boldsymbol{c})$称为码序列 $\boldsymbol{c}$ 的**似然函数**。当 $r_j(i) \neq c_j(i)$时，条件概率 $p(r_j(i)/c_j(i))$就是信道误码率 p_e；$r_j(i)=c_j(i)$时，条件概率 $p(r_j(i)/c_j(i))=(1-p_e)$。在所有 $n(L+l-1)$个码元中，误码的个数等于 $\boldsymbol{r}$ 和 $\boldsymbol{c}$ 之间的汉明距离 $d(\boldsymbol{r},\boldsymbol{c})$，那么剩下的$(n(L+l-1)-d(\boldsymbol{r},\boldsymbol{c}))$就是正确传输码元的个数，因此，似然函数可以写成

$$\begin{aligned}\log_2 p(\boldsymbol{r}/\boldsymbol{c})&=d(\boldsymbol{r},\boldsymbol{c})\log_2 p_e+(n(L+l-1)-d(\boldsymbol{r},\boldsymbol{c}))\log_2(1-p_e)\\&=d(\boldsymbol{r},\boldsymbol{c})\log_2(p_e/(1-p_e))+(n(L+l-1)\log_2(1-p_e)\end{aligned}$$

在码长 n、码序列长度 L、约束长度$(l+1)$一定的情况下，似然函数是两个码序列 $\boldsymbol{r}$ 和 $\boldsymbol{c}$ 的汉明距离 $d(\boldsymbol{r},\boldsymbol{c})$的函数。由于 $p(\boldsymbol{r}/\boldsymbol{c})\leqslant 1$，$\log_2 p(\boldsymbol{r}/\boldsymbol{c})\leqslant 0$，故 $d(\boldsymbol{r},\boldsymbol{c})$越小，似然函数越大，所以最大似然译码可以转换成最小汉明距离译码。这种译码的差错概率最小，因此也是最佳译码。

理论上，卷积码译码需要搜索网格图上的所有编码路径，找到汉明距离最小的一条路径作为译码估值，但在 k, l, L 三个参数较大时，运算量呈幂指数增长。于是有很多优化算法被提出，目前广泛应用的卷积码译码算法是 1967 年由维特比（Viterbi）提出的优化算法，称为**维特比译码算法**。

在维特比译码算法中，似然函数称为码 $\boldsymbol{c}$ 的**路径度量**。因为 BSC 信道的最大似然译码等效于最小汉明距离译码，因此，路径度量可以用度量 $d(\boldsymbol{r},\boldsymbol{c})$的最小值来代替。

$$d(\boldsymbol{r},\boldsymbol{c})=\sum_{i=0}^{L+l-1}d(\boldsymbol{r}(i),\boldsymbol{c}(i))=\sum_{i=0}^{L+l-1}\sum_{j=0}^{n}d(r_j(i),c_j(i)) \tag{5.5.5}$$

维特比译码不是一次性比较所有的编码路径，而是将译码分段进行。如果按照码字长度 n 进行分段，从式（5.5.5）右边可以看出，汉明距离计算可以逐码字进行。网格图的节点就是码字的分段。从初始节点出发，逐段筛选出汉明距离最小的路径分支保存下来，称为**幸存路径或选留路径**，淘汰掉不可能的路径分支（汉明距离大的路径分支），然后继续译码，累计计算幸存路径的汉明距离，直至译完所有的分段，累计汉明距离最小的那个路径分支就是最后的译码估值。长度为 L 的维特比译码具体步骤如下：

（1）初始化。

① 编码器清零；

② 段计数 $i=0$；

③ 汉明距离 $d_{ij}=0$；

④ 累计汉明距离 $d_{\mathrm{a}}=0$；

⑤ 幸存路径 $\boldsymbol{h}$ 为空。

（2）路径筛选。

① 接收一个序列段 $\boldsymbol{r}(i)$；

② 计算每个可能的码字估值 $\hat{\boldsymbol{c}}(i)$ 与 $\boldsymbol{r}(i)$的汉明距离 d_{ij}，$j=0,1,\cdots,2^{kl}-1$；

③ $d_{\mathrm{a}}=d_{\mathrm{a}}+\min d_{ij}$；

④ 选择 $\min d_{\mathrm{a}}$ 作为幸存路径，并保存于 $h=\{h_i \mid i=0,1,\cdots,L+l-1\}$；

⑤ $i=i+1$；

⑥ $i \geqslant L+l$? 是，输出；否，返回（2）下的①继续筛选。

（3）输出。

① 选择与 $\min d_{\mathrm{a}}$ 相匹配的编码路径 h；

② 输出该路径对应的消息序列 $\hat{m}$ 。

【例 5.5.3】 例 5.5.2 中的(3, 2, 1)卷积码，接收序列 $\boldsymbol{r}$ = (101011110000100)，用维特比算法计算码字估值并译码。

解：从时刻 0 开始，先对第一段接收矢量(101)进行译码，此时编码器状态为 s_0。比较 4 条编码路径，只有 s_0 到 s_2 的汉明距离为 0，将其作为幸存路径保留下来。保留的码字是(101)，对应的输入信息是(10)。

第二段序列为(011)。比较 4 条编码路径，有 3 条路径的汉明距离是 1，1 条路径的汉明距离是 3，淘汰距离最大的 1 条，剩下 3 条汉明距离都是 1 的路径分别是 s_2 到 s_0 的(输出/输入)111/00，s_2 到 s_2 的 010/10 和 s_2 到 s_3 的 001/11，都作为幸存路径保留下来。此时 3 条路径的累计汉明距离都是 1。

第三段序列为(110)。分别从 s_0, s_2 和 s_3 开始，每种状态连接 4 条编码段，选择汉明距离最小的一条作为预保留路径。从 s_0 出发转移到其他状态的编码段中，只有 s_0 到 s_3 的 110/11 汉明距离最小，等于 0，作为幸存路径保留，这条路径的累计汉明距离是 1。从 s_2 和 s_3 出发的共 8 条编码段，有 4 条汉明距离等于 1，分别是 s_2 到 s_0，s_2 到 s_1，s_2 到 s_2 和 s_3 到 s_2，这 4 条路径的累计汉明距离是 2，作为候选幸存路径，暂时保留，并用虚线表示。

第 4 段序列为 000。从汉明距离最小的 s_3 出发的 4 条编码段，有 2 条编码段的汉明距离是 1，用虚线表示，其他距离更大的被淘汰。只有 s_3 到 s_1 的一段 000/01 汉明距离为 0，总汉明距离是 1，所以这条路径作为最终的唯一幸存路径保留下来。因最后一段序列是为了编码器复位而产生的输出，故译码到此结束。循各段幸存路径轨迹，可以找到译码估值为

$$\hat{\boldsymbol{c}}=(101111110000)$$

对应的信息矢量为 $\hat{\boldsymbol{m}}=(10001101)$

译码过程见图 5.5.8。网格图中最上面一行数字表示分段时刻，从 0 开始。实线表示本段幸存路径，虚线表示可能的幸存路径。线段旁边的数字，最前面的三个比特表示码字，第一条斜线后面的两个比特表示对应的输入，第二条斜线后面的数字代表本段状态转移的汉明距离。圆圈中的字母代表(3, 2, 1)卷积码编码器的 4 种状态，$s_0=00$，$s_1=01$，$s_2=10$，$s_3=11$。节点下面的数字代表到达该节点的累计汉明距离。

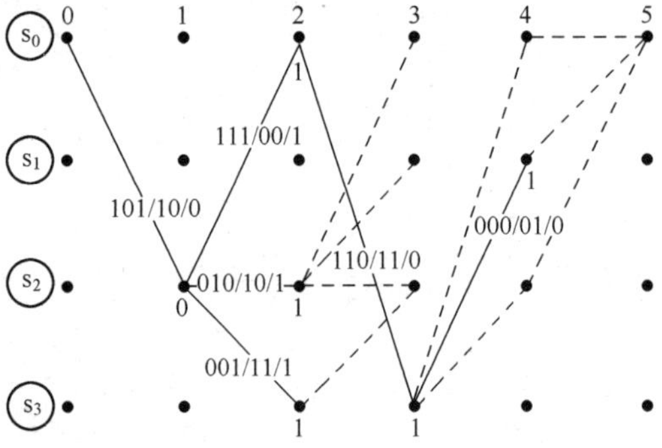

图 5.5.8　(3,2,1)卷积码维特比译码举例

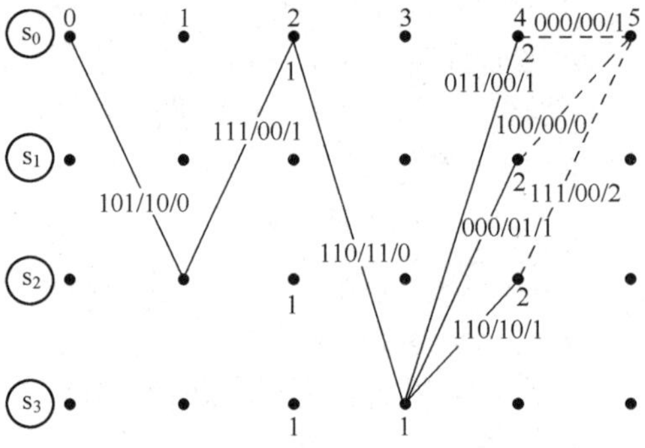

图 5.5.9　(3,2,1)卷积码维特比译码举例 2

上例只出现了 1 比特误码，如果错了 2 个比特，比如第四组接收矢量是(010)，而非(000)，则维特比译码进行到第四段会出现一个问题，从 s_3 出发到 s_0, s_1, s_2 的三个分支与该段接收矢量的汉明距离都是 1，总汉明距离都是 2（见图 5.5.9），选哪条路径作为幸存路径呢？因为编码结束后编码器均需回到初始状态 s_0，借助第五段序列的辅助判断，可以发现与 s_1 到 s_0 相连接的路径是累计汉明距离最短的一条路径，于是选择 $s_0 \to s_2 \to s_0 \to s_3 \to s_1$ 这条路径作为幸存路径，得到正确的译码估值。

【例 5.5.4】　假设(3,1,2)卷积码编码器如图 5.5.2 所示，接收序列 $\boldsymbol{r}$ = (010 101 010 110 101 011 011)，用维特比算法译码。

解：图 5.5.2 的(3,1,2)编码器共有四种状态：$s_0=00$，$s_1=01$，$s_2=10$，$s_3=11$。

编码器初始状态为 s_0，有 0 和 1 两种输入，输出/输入对应关系分别为：000/0，111/1，比较结果(000)与接收矢量第一段(010)的汉明距离是 1，与(111)的汉明距离为 2，故选 s_0 到 s_0 的 000/0 为幸存路径。

第二段与状态 s_0 相连的仍是 $s_0 \to s_0$ 和 $s_0 \to s_2$ 两条路径，与接收矢量(101)比较，保留 111/1 作为幸存路径，此时最小累计汉明距离是 2，状态转移至 s_2。

第三段从 s_2 到 s_1 的 010/0 与接收矢量(010)完全相符，作为幸存路径保留，此时累计汉明距离仍为 2。第四至第六段接收矢量都有汉明距离为 0 的码字对应，状态转移路径是 $s_1 \to s_2 \to s_3 \to s_1$，保留幸存路径，此时累计汉明距离仍然是 2。

最后一段，(011)与 $s_1 \to s_0$ 的 001/0 和 $s_1 \to s_2$ 的 110/1 两条路径相比，001/0 的汉明距

离是 1，此时累计汉明距离是 3，是所有路径中汉明距离最小的一条。故选择译码估值 $\hat{c} = (000111010110101011001)$，对应的信息矢量 $\hat{m} = (0101100)$。

维特比译码网格图见图 5.5.10。

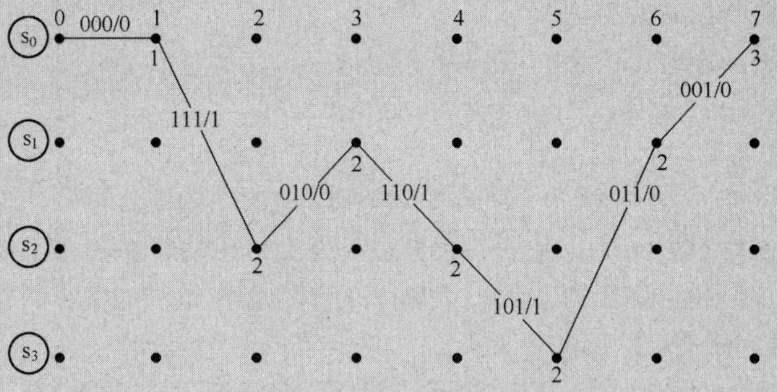

图 5.5.10　(3,1,2)卷积码维特比译码

5.5.4　卷积码的性能特点

纠错码性能与许多因素有关，首先是与信道性能有关，如信噪比、带宽、码率等。良好的信道可以减轻译码的纠错负担，这些问题在通信有关的课程中会专门介绍，本书不再讨论。

通过本节的介绍可以看出，卷积码的译码设备比线性分组码复杂。卷积码目前的主流译码方法是维特比译码算法。

维特比译码算法运算量的大小与卷积码的纠错能力有关，而卷积码的纠错能力又取决于码序列的汉明距离和约束长度。这两个度量参数决定了卷积码的状态个数，状态越多，计算复杂度越高，因此，实际应用中卷积码的信息矢量长度 k 和约束长度$(l+1)$一般选择 10 以下。

卷积码和线性分组码的纠错能力都与码的距离有关，两者的区别是，线性分组码的纠错能力取决于码字的最小汉明距离，而卷积码的纠错能力取决于码字序列的自由距离，与码字距离和约束长度都有关系。所谓自由距离，简单说就是卷积码编码器的网格图从全零初始状态开始经过状态不断转移又回到初始状态的所有路径中重量最轻的那条路径的重量。因为二元码的汉明重量等于汉明距离，所以自由距离可以理解为码字序列之间的最小汉明距离。

线性分组码出现传输错误只影响一个分组的译码，没有错误传播；而卷积码的传输错误会影响一个码序列，约束长度越长，影响的码字越多，即卷积码有明显的错误传播。

与线性分组码相比，卷积码的最大优点是提高了译码的纠错能力。如例 5.5.3 中，(3,2,1)卷积码可以纠正 1 比特错误，在辅助信息的帮助下，也可以纠正 2 比特错误。但如果是(3,2)线性分组码，则只能检错，不能纠错。再如(3,1)线性分组码只能纠 1 个错误，而例 5.5.4 中的 (3,1,2) 卷积码错了 3 比特依然可以纠正。在消耗相同通信资源的情况下能够提高纠错能力，是因为利用了码组之间的相关性，这无疑提高了总的编码效率，但付出的代价是增加了编译码设备的复杂度。

关于卷积码的性能限，涉及专门的研究课题，本书不再讨论。

习题

5.1 信道容量为 C，如果希望在该信道中无失真传输，信息率 R 应该如何选择？

5.2 简述检错码和纠错码的分类。

5.3 常见的差错控制类型有几种？纠错码属于哪种？

5.4 什么是检错码？什么是纠错码？两者的区别是什么？

5.5 常用的译码准则有哪几种？线性分组码和卷积码使用的译码准则是什么？

5.6 线性分组码的定义是什么？奇校验码是不是线性分组码？为什么？

5.7 DES 算法外部密钥的十六进制数为 FE31A45BC76D2908，奇偶校验之后的内部密钥是什么？

5.8 (n, k)线性分组码的码长、信息位长、校验位长、码字数目和码率各是多少？

5.9 什么是系统码？什么是完备码？

5.10 (6, 3)线性分组码的生成矩阵 $\boldsymbol{G}=\begin{bmatrix}1&0&0&1&1&0\\1&1&0&1&0&1\\0&1&1&1&1&0\end{bmatrix}$。

（1）求其系统生成矩阵和校验矩阵。

（2）若信息矢量 $\boldsymbol{m}=(111010)$，计算系统码 $\boldsymbol{c}$。

（3）若接收矢量 $\boldsymbol{r}=(111001011011)$，对其译码。

5.11 一个二元汉明码编码方程如下：

$$\begin{cases}c_i=m_i, i=0,1,2,3\\c_4=m_0+m_1+m_2\\c_5=m_1+m_2+m_3\\c_6=m_0+m_1+m_3\end{cases}$$

构造该码的系统生成矩阵，对信息矢量 $\boldsymbol{m}=(1011)$编码，并对接收矢量 $\boldsymbol{r}=(101000)$译码。

5.12 构造题 5.11 的对偶码，写出其全部码字，计算码的最小汉明距离。

5.13 用长除法求多项式 $x^6+x^3+x^2+1$ 对模 x^4+1 的余式。

5.14 (7, 4)循环码的生成多项式为 $g(x)=x^3+x+1$，求其校验多项式 $h(x)$。

5.15 二元(7, 3)循环码，生成多项式为 $g(x)=x^4+x^2+x+1$，$r(x)=x^5+x^4+x+1$ 是码字多项式吗？求 $r(x)$的伴随式 $s(x)$。

5.16 (7, 3)线性分组码生成矩阵 $\boldsymbol{G}=\begin{bmatrix}0&1&0&0&1&1&1\\0&0&1&1&1&0&1\\1&0&0&1&1&1&0\end{bmatrix}$。

（1）将生成矩阵变换成系统生成矩阵 $\boldsymbol{G}_\mathrm{s}$。

（2）计算该码的系统校验矩阵 $\boldsymbol{H}_\mathrm{s}$。

（3）根据已知条件设计(7, 3)循环码。

（4）列出循环码的所有码字。

（5）列出循环码的 $\boldsymbol{s}$-$\boldsymbol{e}$ 表。

（6）对 $\boldsymbol{m}=(010)$编码。

（7）对接收矢量 $\boldsymbol{r}=(0101111)$译码。

5.17 由子生成矩阵 $\boldsymbol{g}(0)=[110]$， $\boldsymbol{g}(1)=[101]$确定的卷积码。

（1）求基本生成矩阵 $\boldsymbol{g}_\infty$和生成矩阵 $\boldsymbol{G}_\infty$。

（2）画出开放型的状态转移图、网格图。

（3）求消息 $\boldsymbol{m}$ = (100110)的卷积码码字。

（4）在网格图上画出消息(100110)的编码路径。

5.18　(2, 1, 2)卷积码如题 5.18 图所示。

（1）画出该码的状态图。

（2）求消息 $\boldsymbol{m}$ = (1011100)的编码，在网格图上画出编码路径。

（3）接收序列 $\boldsymbol{r}$ = (10100001110111)，用维特比算法求码字估值 $\hat{\boldsymbol{c}}$ 和消息估值 $\hat{\boldsymbol{m}}$ 。

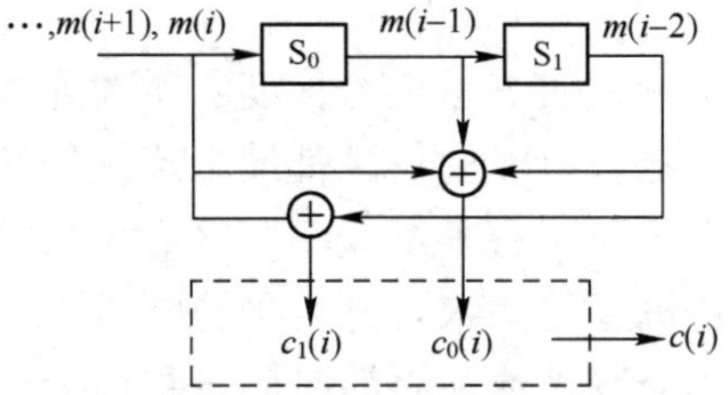

题 5.18 图　(2,1,2)卷积码编码器

第 6 章　连续信源熵和信道容量

6.1　连续信源熵

连续信源熵是对连续信源发出的信息量的量度。所谓连续信源是指，输出消息在时间和取值上都连续的信号源，如语音、电视信源都属于连续信源。连续信源输出的消息是随机的，与随机过程$\{x(t)\}$相对应，可用有限维概率密度函数来描述。

就统计特性而言，连续随机过程大致可分为平稳随机过程与非平稳随机过程两大类。前者是指统计特性（各维概率密度函数）不随时间平移而变化的随机过程，后者则是统计特性随时间平移而变化的随机过程。

一般认为，通信系统中的信号都是平稳的随机过程。虽然在无线通信系统中，受衰落干扰的无线电信号属于非平稳随机过程，但在正常通信条件下，都可近似地当作平稳随机过程或分段平稳的随机过程来处理。

最常见的平稳随机过程为遍历过程，所以常用平稳遍历的随机过程来描述连续信源。遍历过程除了统计特性不随时间变化，其集平均还以概率 1 等于时间平均。在随机过程$\{x(t)\}$中，某一样本函数$x(t)$的时间平均值定义为

$$\overline{x}(t)=\lim_{T\to\infty}\frac{1}{2T}\int_{-T}^{T}x(t)\mathrm{d}t$$

而集平均是随机过程$\{x(t)\}$在某时刻t_i所取的随机变量X_{t_i}的统计平均值：

$$E[X_{t_i}]=\int_{-\infty}^{\infty}xp(x)\mathrm{d}x$$

若

$$\overline{x}(t)=E[X_{t_i}]$$

则$\{x(t)\}$称为遍历的随机过程。

6.1.1　连续信源熵的定义

计算连续信源的熵一般有两种方法。第一种方法是，把连续消息经过时间抽样和幅度量化变成离散消息，再用前面介绍的计算离散信源熵的方法进行计算。第二种方法是，通过时间抽样把连续消息变换成时间离散的函数，它是未经幅度量化的抽样脉冲序列，可看成量化单位Δx趋近于零的情况来定义和计算连续信源熵。

与单符号和多符号离散信源熵类似，连续信源也有单变量和多变量之分。多变量连续信源属于有记忆信源，直接计算有记忆连续信源的熵十分困难。一般采用某种变换把有记忆信源变成无记忆信源，然后再计算信源熵。由于多变量的情况比较复杂，限于篇幅，本书只对单变量连续信源的信息测度进行讨论。

单变量连续信源的输出是取值连续的随机变量，可用变量的概率密度函数、变量间的条件概率密度函数和联合概率密度函数来描述。假设随机变量X的一维概率密度函数（也称为

边缘概率密度函数）为

$$p_X(x)=\frac{\mathrm{d}F(x)}{\mathrm{d}x}, \quad p_Y(y)=\frac{\mathrm{d}F(y)}{\mathrm{d}y}$$

其中 $F(x)$，$F(y)$分别为变量 X, Y 的一维概率分布函数

$$F(x)=P(X\leqslant x)=\int_{-\infty}^{x} p_X(x)\mathrm{d}x，F(y)=P(Y\leqslant y)=\int_{-\infty}^{y} p_Y(y)\mathrm{d}y$$

条件概率密度函数为 $p_{Y/X}(y/x)$，$p_{X/Y}(x/y)$

联合概率密度函数为 $p_{XY}(xy)=\dfrac{\partial F(x,y)}{\partial x\partial y}$

它们之间的关系为 $p_{XY}(xy)=p_X(x)p_{Y/X}(y/x)=p_Y(y)p_{X/Y}(x/y)$

这些边缘概率密度函数满足

$$p_X(x)=\int_R p_{XY}(xy)\mathrm{d}y，\quad p_Y(y)=\int_R p_{XY}(xy)\mathrm{d}x$$

其中 X 和 Y 的取值域是全实数轴 R。设概率密度在有限区域内分布，则可以认为在该区域之外概率密度函数为零。上述概率密度函数的下标表示所牵涉的变量总体，而自变量(如 x, y, …)则是具体取值。因为概率密度函数 $p_X(0)$ 和 $p_Y(0)$ 是不同的函数，当二者自变量取值相同时，函数值一般并不相等。为了避免混淆，用下标加以区分；但是为了简化书写，常常省去下标，在使用时应特别注意。

单变量连续信源的数学模型为

$$X:\begin{Bmatrix} R \\ p(x) \end{Bmatrix}$$

并满足 $\int_R p(x)\mathrm{d}x=1$

R 是连续变量 X 的取值范围。按照前面介绍的计算连续信源熵的第二种方法，先将连续信源在时间上离散化，再对连续变量进行量化分层，并用离散变量来逼近连续变量。量化间隔越小，离散变量与连续变量越接近，当量化间隔趋近于零时，离散变量就等于连续变量。

假定概率密度函数 $p(x)$ 如图 6.1.1 所示。我们把连续随机变量 X 的取值分隔成 n 个小区间，各小区间等宽，即 $\Delta=\dfrac{b-a}{n}$。则变量落在第 i 个小区间的概率为

$$P(a+(i-1)\Delta\leqslant X<a+i\Delta)=\int_{a+(i-1)\Delta}^{a+i\Delta} p(x)\mathrm{d}x=p(a_i)\Delta \tag{6.1.1}$$

其中，a_i 是 $a+(i-1)\Delta$ 到 $a+i\Delta$ 之间的某一值。当 $p(x)$是 X 的连续函数时，由中值定理可知，必存在一个 a_i 值使式（6.1.1）成立。这样，连续变量 X 就可用取值为 $a_i\ (i=1,2,\cdots,n)$的离散变量来近似，连续信源就被量化成离散信源。这时的离散信源熵是

$$\begin{aligned} H(X)&=-\sum_{i=1}^{n} p(a_i)\Delta\log_2 p(a_i)\Delta \\ &=-\sum_{i=1}^{n} p(a_i)\Delta\log_2 p(a_i)-\sum_{i=1}^{n} p(a_i)\Delta\log_2\Delta \end{aligned}$$

当$n\to\infty$，$\Delta\to 0$时，若极限存在，即得连续信源的熵为

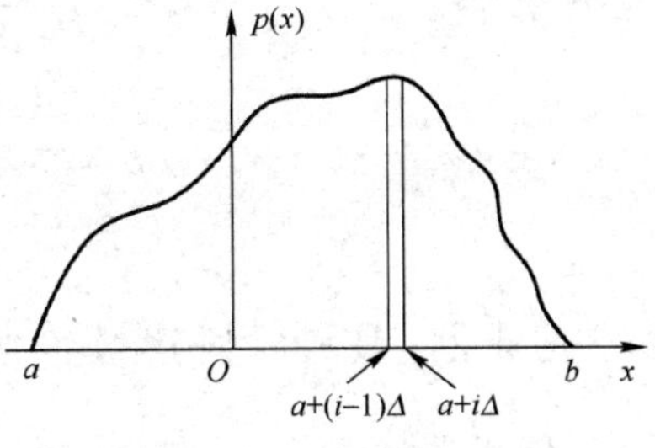

图 6.1.1　概率密度函数

$$\begin{aligned}\lim_{\substack{n\to\infty\\ \Delta\to 0}} H(X) &= \lim_{\substack{n\to\infty\\ \Delta\to 0}}[-\sum_{i=1}^{n} p(a_i)\Delta\log_2 p(a_i)] - \lim_{\substack{n\to\infty\\ \Delta\to 0}}(\log_2\Delta)\sum_{i=1}^{n} p(a_i)\Delta \\ &= -\int_a^b p(x)\log_2 p(x)\mathrm{d}x - \lim_{\substack{n\to\infty\\ \Delta\to 0}}(\log_2\Delta)\int_a^b p(x)\mathrm{d}x \\ &= -\int_a^b p(x)\log_2 p(x)\mathrm{d}x - \lim_{\Delta\to 0}\log_2\Delta\end{aligned} \tag{6.1.2}$$

式（6.1.2）右端的第一项一般是定值，而第二项在 $\Delta\to 0$ 时是一个无穷大量。一般丢掉第二项，定义连续信源的熵为

$$H_{\mathrm{c}}(X) = -\int_R p(x)\log_2 p(x)\mathrm{d}x \tag{6.1.3}$$

式（6.1.3）定义的熵虽然在形式上和离散信源熵相似，也满足离散熵的主要特性，如可加性，但在概念上 $H_{\mathrm{c}}(X)$ 与离散熵有差异，因为它失去了离散熵的部分含义和性质。

例如，若连续信源的统计特性为均匀分布的概率密度函数

$$p(x) = \begin{cases} \dfrac{1}{b-a} & a \leqslant x \leqslant b \\ 0 & x > b, x < a \end{cases}$$

则

$$H_{\mathrm{c}}(X) = -\int_a^b \frac{1}{b-a}\log_2\frac{1}{b-a}\mathrm{d}x = \log_2(b-a)$$

当 $(b-a)<1$ 时，$H_{\mathrm{c}}(X)<0$，为负值，即连续熵不具备非负性。

其实，式（6.1.3）定义的连续信源熵并不是实际信源输出的绝对熵。由式（6.1.2）可知，连续信源的绝对熵还有一项正的无限大量。虽然 $\log_2(b-a)$ 小于零，但两项相加还是正值，且一般说来还是一个无限大量。这一点也容易理解，因为连续信源的可能取值数有无限多，若假定等概率，不确定度将为无限大，确知其输出值后所得的信息量也将为无限大。可见，$H_{\mathrm{c}}(X)$ 已不能代表信源的平均不确定度，也不能代表连续信源输出的信息量。既然如此，为什么要定义连续信源熵为式（6.1.3）呢？一方面，这种定义可以与离散信源熵在形式上统一起来；另一方面，在实际问题中常常讨论的是熵之间的差值问题，如信息变差、平均互信息等。在讨论熵差时，无限大的量将有两项，一项为正，一项为负，只要两者离散逼近时所取的间隔 Δ 一致，这两个无限大量将互相抵消。所以熵差具有信息的特征。由此可见，连续信源的熵 $H_{\mathrm{c}}(X)$ 具有相对性，因此 $H_{\mathrm{c}}(X)$ 也称为相对熵，以区别于离散情况下的绝对熵。

同样，可以定义两个连续变量的联合熵

$$H_{\mathrm{c}}(XY) = -\iint_{R^2} p(xy)\log_2 p(xy)\mathrm{d}x\mathrm{d}y$$

以及条件熵

$$H_{\mathrm{c}}(Y/X) = -\iint_{R^2} p(xy)\log_2 p(y/x)\,\mathrm{d}x\mathrm{d}y$$

$$H_{\mathrm{c}}(X/Y) = -\iint_{R^2} p(xy)\log_2 p(x/y)\,\mathrm{d}x\mathrm{d}y$$

6.1.2 几种特殊连续信源的信源熵

现在我们来计算几种特殊连续信源的熵。

1．均匀分布的连续信源的熵

一维连续随机变量 X 在$[a, b]$区间内均匀分布时，已求得其熵为

$$H_c(X)=\log_2(b-a)$$

若 N 维矢量 $\boldsymbol{X}=(X_1X_2\cdots X_N)$中各分量彼此统计独立，且分别在$[a_1,b_1],[a_2,b_2],\cdots,[a_N,b_N]$的区域内均匀分布，即有

$$p(\boldsymbol{x})=\begin{cases}\dfrac{1}{\prod\limits_{i=1}^{N}(b_i-a_i)}, & \boldsymbol{x}\in\prod\limits_{i=1}^{N}(b_i-a_i)\\ 0, & \boldsymbol{x}\notin\prod\limits_{i=1}^{N}(b_i-a_i)\end{cases}$$

可以证明，N 维均匀分布连续信源的熵为

$$\begin{aligned}H_c(\boldsymbol{X})&=H_c(X_1X_2\cdots X_N)\\&=-\int_{a_N}^{b_N}\cdots\int_{a_1}^{b_1}p(\boldsymbol{x})\log_2 p(\boldsymbol{x})\mathrm{d}x_1\cdots\mathrm{d}x_N\\&=-\int_{a_N}^{b_N}\cdots\int_{a_1}^{b_1}\frac{1}{\prod\limits_{i=1}^{N}(b_i-a_i)}\log_2\frac{1}{\prod\limits_{i=1}^{N}(b_i-a_i)}\mathrm{d}x_1\cdots\mathrm{d}x_N\\&=\log_2\prod_{i=1}^{N}(b_i-a_i)\end{aligned}\tag{6.1.4}$$

可见，N 维统计独立均匀分布连续信源的熵是 N 维区域体积的对数，其大小仅与各维区域的边界有关。这是信源熵总体特性的体现，因为各维区域的边界决定了概率密度函数的总体形状。

根据对数的性质，式（6.1.4）还可写成

$$H_c(\boldsymbol{X})=\sum_{i=1}^{N}\log_2(b_i-a_i)=H_c(X_1)+H_c(X_2)+\cdots+H_c(X_N)$$

说明连续随机矢量中各分量相互统计独立时，其矢量熵就等于各单个随机变量的熵之和。这与离散信源的情况类似。

2．高斯分布的连续信源的熵

设一维随机变量 X 的取值范围是整个实数轴 R，概率密度函数呈正态分布，即

$$p(x)=\frac{1}{\sqrt{2\pi\sigma^2}}\mathrm{e}^{-\frac{(x-m)^2}{2\sigma^2}}$$

概率密度函数曲线如图 6.1.2 所示。其中 m 是 X 的均值

$$m=E[X]=\int_{-\infty}^{\infty}xp(x)\mathrm{d}x$$

σ^2 是 X 的方差

$$\sigma^2=E[(X-m)^2]=\int_{-\infty}^{\infty}(x-m)^2p(x)\mathrm{d}x$$

当 $m=0$ 时，σ^2 就是随机变量的平均功率

$$\overline{P}=\int_{-\infty}^{\infty}x^2p(x)\mathrm{d}x$$

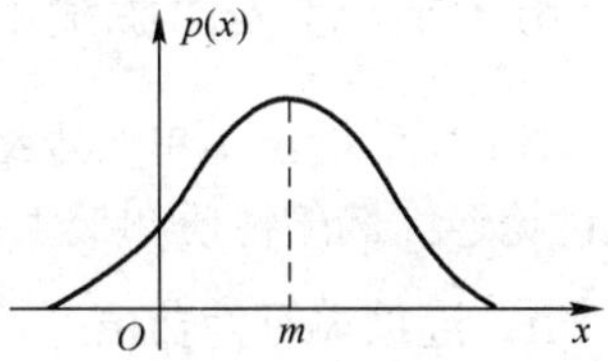

图 6.1.2　一维正态分布的概率密度函数曲线

由这样的随机变量 X 所代表的连续信源，称为高斯分布的连续信源。这个连续信源的熵为

$$H_c(X)=-\int_{-\infty}^{\infty}p(x)\log_2 p(x)\mathrm{d}x=-\int_{-\infty}^{\infty}p(x)\log_2\frac{1}{\sqrt{2\pi\sigma^2}}\mathrm{e}^{-\frac{(x-m)^2}{2\sigma^2}}\mathrm{d}x$$

$$=-\int_{-\infty}^{\infty}p(x)(-\log_2\sqrt{2\pi\sigma^2})\mathrm{d}x+\int_{-\infty}^{\infty}p(x)(\log_2\mathrm{e})\left[\frac{(x-m)^2}{2\sigma^2}\right]\mathrm{d}x$$

因为
$$\log_2 x=\log_2\mathrm{e}\cdot\ln x,\quad \int_{-\infty}^{\infty}p(x)\mathrm{d}x=1,\quad \int_{-\infty}^{\infty}p(x)\frac{(x-m)^2}{2\sigma^2}\mathrm{d}x=\frac{1}{2}$$

所以
$$H_c(X)=\log_2\sqrt{2\pi\sigma^2}+\frac{1}{2}\log_2\mathrm{e}=\frac{1}{2}\log_2 2\pi\mathrm{e}\sigma^2 \tag{6.1.5}$$

式（6.1.5）说明高斯连续信源的熵与数学期望 m 无关，只与方差 σ^2 有关。

在介绍离散信源熵时我们就讲过，熵描述的是信源的整体特性。由图 6.1.2 可见，当均值 m 变化时，只是 $p(x)$ 的对称中心在横轴上发生平移，曲线的形状没有任何变化。也就是说，数学期望 m 对高斯信源的总体特性没有任何影响。但是，若 X 的方差 σ^2 不同，曲线的形状随之改变。所以，高斯连续信源的熵与方差有关而与数学期望无关。这是信源熵的总体特性的再度体现。

3．指数分布的连续信源的熵

若一维随机变量 X 的取值区间是[0，∞)，其概率密度函数为

$$p(x)=\frac{1}{m}\mathrm{e}^{-\frac{x}{m}}\quad (x\geqslant 0)$$

则称 X 代表的单变量连续信源为指数分布的连续信源。其中常数 m 是随机变量 X 的数学期望。

$$E(X)=\int_0^{\infty}xp(x)\mathrm{d}x=\int_0^{\infty}x\frac{1}{m}\mathrm{e}^{-\frac{x}{m}}\mathrm{d}x=m$$

指数分布的连续信源的熵为

$$H_c(X)=-\int_0^{\infty}p(x)\log_2 p(x)\mathrm{d}x=-\int_0^{\infty}p(x)\log_2\left(\frac{1}{m}\mathrm{e}^{-\frac{x}{m}}\right)\mathrm{d}x$$

由 $\log_2 x=\log_2\mathrm{e}\cdot\ln x$，有

$$H_c(X)=\log_2 m\int_0^{\infty}p(x)\mathrm{d}x+\frac{\log_2\mathrm{e}}{m}\int_0^{\infty}xp(x)\mathrm{d}x=\log_2 m\mathrm{e} \tag{6.1.6}$$

其中 $\int_0^{\infty}p(x)\mathrm{d}x=1$。式（6.1.6）说明，指数分布的连续信源的熵只取决于均值。这一点很容易理解，因为指数分布函数的均值，决定函数的总体特性。

6.1.3　连续信源熵的性质和定理

6.1.1 节给出了单个连续变量的熵、两个连续变量的联合熵和条件熵的定义，现在我们来讨论连续熵的性质和最大连续熵定理。

1．连续熵可为负值

在前面的章节中我们已经证明了这一结论。信源熵在数量上与信源输出的平均信息量相等，平均信息量为负值在概念上难以理解。虽然我们在讨论它的原因时，已经知道由连续熵的相对性所致，但也说明香农熵在描述连续信源时还不是很完善。

2．可加性

连续信源也有与离散信源类似的可加性，即

$$H_c(XY)=H_c(X)+H_c(Y/X) \tag{6.1.7}$$

$$H_c(XY)=H_c(Y)+H_c(X/Y) \tag{6.1.8}$$

下面我们证明式（6.1.7）。

$$\begin{aligned}H_c(XY)&=-\iint_{R^2}p(xy)\log_2 p(xy)\mathrm{d}x\mathrm{d}y\\&=-\iint_{R^2}p(xy)\log_2 p(x)\mathrm{d}x\mathrm{d}y-\iint_{R^2}p(xy)\log_2 p(y/x)\,\mathrm{d}x\mathrm{d}y\\&=-\int_R\log_2 p(x)[\int_R p(xy)\mathrm{d}y]\mathrm{d}x+H_c(Y/X)\\&=H_c(X)+H_c(Y/X)\end{aligned} \tag{6.1.9}$$

其中$\int_R p(xy)\mathrm{d}y=p(x)$。同理，可证明式（6.1.8）。

连续信源熵的可加性可以推广到N个变量的情况，即

$$H_c(X_1X_2\cdots X_N)=H(X_1)+H(X_2/X_1)+H(X_3/X_1X_2)+\cdots+H(X_N/X_1X_2\cdots X_{N-1})$$

3．平均互信息量的非负性

相对于条件熵$H_c(X/Y)$和$H_c(Y/X)$而言，有时为了方便起见，我们称相应的$H_c(X)$和$H_c(Y)$为无条件熵。仿照离散信源的情况，我们定义连续信源的无条件熵和条件熵之差为连续信源的平均互信息量，用$I_c(X;Y)$表示，即

$$\begin{aligned}I_c(X;Y)&=H_c(X)-H_c(X/Y)\\I_c(Y;X)&=H_c(Y)-H_c(Y/X)\end{aligned} \tag{6.1.10}$$

连续信源的平均互信息量不仅在形式上与离散信源的平均互信息量一样，在含义和性质上也相同。尽管连续信源的无条件熵不再具有非负性，但连续信源的平均互信息量仍保留了非负性，即

$$I_c(X;Y)\geqslant 0,\quad I_c(Y;X)\geqslant 0$$

首先证明连续信源的条件熵小于等于无条件熵，即

$$\begin{aligned}H_c(X/Y)&\leqslant H_c(X)\\H_c(Y/X)&\leqslant H_c(Y)\end{aligned} \tag{6.1.11}$$

现在我们证明式（6.1.11）：

$$H_c(X/Y)-H_c(X)=-\iint_{R^2}p(xy)\log_2 p(x/y)\,\mathrm{d}x\mathrm{d}y+\int_R p(x)\log_2 p(x)\mathrm{d}x$$

由式（6.1.9）可得

$$\begin{aligned}H_c(X/Y)-H_c(X)&=-\iint_{R^2}p(xy)\log_2 p(x/y)\,\mathrm{d}x\mathrm{d}y+\iint_{R^2}p(xy)\log_2 p(x)\mathrm{d}x\mathrm{d}y\\&=-\iint_{R^2}p(xy)\log_2\frac{p(x/y)}{p(x)}\mathrm{d}x\mathrm{d}y=\iint_{R^2}p(xy)\log_2\frac{p(x)}{p(x/y)}\mathrm{d}x\mathrm{d}y\end{aligned}$$

根据对数变换关系 $\log_2 z=\log_2\mathrm{e}\cdot\ln z$

和著名不等式 $\ln z\leqslant z-1,\ z>0$ （6.1.12）

并注意到 $p(x)\geqslant 0, p(x/y)\geqslant 0$

故有

$$\frac{p(x)}{p(x/y)} \geqslant 0$$

令 $z=\dfrac{p(x)}{p(x/y)}$，只要 $p(x)$ 不恒为 0，则

$$z>0$$

应用式（6.1.12）

$$\begin{aligned}H_{\mathrm{c}}(X/Y)-H_{\mathrm{c}}(X)&=\log_2 \mathrm{e}\iint_{R^2} p(xy)\ln\frac{p(x)}{p(x/y)}\mathrm{d}x\mathrm{d}y\\ &\leqslant \log_2 \mathrm{e}\iint_{R^2} p(xy)\left[\frac{p(x)}{p(x/y)}-1\right]\mathrm{d}x\mathrm{d}y\\ &=\log_2 \mathrm{e}\iint_{R^2} p(y)p(x/y)\left[\frac{p(x)}{p(x/y)}-1\right]\mathrm{d}x\mathrm{d}y\\ &=\log_2 \mathrm{e}\int_R p(x)\mathrm{d}x\int_R p(y)\mathrm{d}y-\iint_{R^2} p(xy)\mathrm{d}x\mathrm{d}y\\ &=\log_2 \mathrm{e}\times(1-1)=0\end{aligned}$$

即

$$H_{\mathrm{c}}(X/Y)\leqslant H_{\mathrm{c}}(X) \tag{6.1.13}$$

其中

$$\int_R p(x)\mathrm{d}x=1,\quad \int_R p(y)\mathrm{d}y=1,\quad \iint_{R^2} p(xy)\,\mathrm{d}x\mathrm{d}y=1$$

由式（6.1.13）和式（6.1.10）得 $\quad I_{\mathrm{c}}(X;Y)\geqslant 0$

同理可得 $\quad I_{\mathrm{c}}(Y;X)\geqslant 0$

容易证明，连续信源的平均互信息量也满足对称性，即

$$I_{\mathrm{c}}(X;Y)=I_{\mathrm{c}}(Y;X)$$

另外，连续信源还满足数据处理定理。换句话说，把连续随机变量 Y 处理成另一连续随机变量 Z 时，一般也会丢失信息。即

$$I_{\mathrm{c}}(X;Z)\leqslant I_{\mathrm{c}}(X;Y)$$

4．最大连续熵定理

对离散信源来说，当信源呈等概率分布时，信源熵取最大值。而连续信源的情况有所不同：如果没有限制条件，就没有最大熵；在不同的限制条件下，信源的最大熵也不同。

通常有三种情况是我们最感兴趣的：一种是信源输出值受限的情况，另一种是信源输出的平均功率受限的情况，还有一种是均值受限的情况。下面分别加以讨论。

（1）限峰值功率的最大熵定理

定理 6-1 若代表信源的 N 维随机变量的取值被限制在一定的范围之内，则在有限的定义域内，均匀分布的连续信源具有最大熵。

设 N 维随机变量 $\quad \boldsymbol{X}\in\prod_{i=1}^{N}(a_i,b_i),\ b_i>a_i$

其均匀分布的概率密度函数为

$$p(\boldsymbol{x})=\begin{cases}\dfrac{1}{\prod\limits_{i=1}^{N}(b_i-a_i)}, & x\in\prod\limits_{i=1}^{N}(b_i-a_i)\\ 0, & x\notin\prod\limits_{i=1}^{N}(b_i-a_i)\end{cases}$$

除均匀分布以外的其他任意概率密度函数记为 $q(x)$，并用 $H_c[p(\boldsymbol{x}),\boldsymbol{X}]$ 和 $H_c[q(\boldsymbol{x}),\boldsymbol{X}]$ 分别表示均匀分布和任意分布连续信源的熵。在

$$\int_{a_N}^{b_N}\cdots\int_{a_1}^{b_1}p(\boldsymbol{x})\mathrm{d}x_1\mathrm{d}x_2\cdots\mathrm{d}x_N=\int_{a_N}^{b_N}\cdots\int_{a_1}^{b_1}q(\boldsymbol{x})\mathrm{d}x_1\mathrm{d}x_2\cdots\mathrm{d}x_N=1$$

的条件下，有

$$\begin{aligned}H_c[q(\boldsymbol{x}),\boldsymbol{X}]&=-\int_{a_N}^{b_N}\cdots\int_{a_1}^{b_1}q(\boldsymbol{x})\log_2 q(\boldsymbol{x})\mathrm{d}x_1\cdots\mathrm{d}x_N\\&=\int_{a_N}^{b_N}\cdots\int_{a_1}^{b_1}q(\boldsymbol{x})\log_2\left[\frac{1}{q(\boldsymbol{x})}\cdot\frac{p(\boldsymbol{x})}{p(\boldsymbol{x})}\right]\mathrm{d}x_1\cdots\mathrm{d}x_N\\&=-\int_{a_N}^{b_N}\cdots\int_{a_1}^{b_1}q(\boldsymbol{x})\log_2 p(\boldsymbol{x})\mathrm{d}x_1\cdots\mathrm{d}x_N+\int_{a_N}^{b_N}\cdots\int_{a_1}^{b_1}q(\boldsymbol{x})\log_2\frac{p(\boldsymbol{x})}{q(\boldsymbol{x})}\mathrm{d}x_1\cdots\mathrm{d}x_N\end{aligned}$$

令 $z=\dfrac{p(\boldsymbol{x})}{q(\boldsymbol{x})}$，显然 $z\geqslant 0$。只要 $p(\boldsymbol{x})$ 不恒为 0，则

$$z>0$$

运用不等式（6.1.12）得

$$\begin{aligned}H_c[q(\boldsymbol{x}),\boldsymbol{X}]&=-\int_{a_N}^{b_N}\cdots\int_{a_1}^{b_1}q(\boldsymbol{x})\log_2\frac{1}{\prod_{i=1}^{N}(b_i-a_i)}\mathrm{d}x_1\cdots\mathrm{d}x_N+\log_2\mathrm{e}\int_{a_N}^{b_N}\cdots\int_{a_1}^{b_1}q(\boldsymbol{x})\ln\frac{p(\boldsymbol{x})}{q(\boldsymbol{x})}\mathrm{d}x_1\cdots\mathrm{d}x_N\\&\leqslant\log_2\prod_{i=1}^{N}(b_i-a_i)+\log_2\mathrm{e}\int_{a_N}^{b_N}\cdots\int_{a_1}^{b_1}q(\boldsymbol{x})\left[\frac{p(\boldsymbol{x})}{q(\boldsymbol{x})}-1\right]\mathrm{d}x_1\cdots\mathrm{d}x_N\\&=\sum_{i=1}^{n}\log_2(b_i-a_i)+(1-1)\log_2\mathrm{e}=H_c[p(\boldsymbol{x}),\boldsymbol{X}]\end{aligned}$$

即

$$H_c[q(\boldsymbol{x}),\boldsymbol{X}]\leqslant H_c[p(\boldsymbol{x}),\boldsymbol{X}]$$

这就证明了：在定义域有限的条件下，以均匀分布的连续信源的熵为最大。当 $\boldsymbol{X}$ 取值于任意 N 维区域而不是立方体时，结果也一样。

在实际问题中，常令 $b_i\geqslant 0$，$a_i=-b_i$，$i=1,2,\cdots,N$。这种定义域边界的平移并不影响信源的总体特性，因此不影响熵的取值。此时，随机变量 $X_i\,(i=1,2,\cdots,N)$的取值就被限制在 $\pm b_i$ 之间，峰值就是 $|b_i|$。如果我们把取值看作输出信号的幅度，则相应的峰值功率就是 b_i^2。所以，上述定理被称为峰值功率受限条件下的最大连续熵定理，简称限峰值功率的最大熵定理。此时的最大熵值为

$$H_c[p(\boldsymbol{x}),\boldsymbol{X}]=\log_2\prod_{i=1}^{N}[b_i-(-b_i)]=\log_2\prod_{i=1}^{N}2b_i$$

（2）限平均功率的最大熵定理

定理 6-2 若信源输出信号的平均功率 $\overline{P}$ 和均值 m 被限定，则当其输出信号幅度的概率密度函数为高斯分布时，信源具有最大熵值。这个定理被称为限平均功率的最大熵定理。

单变量连续信源 X 呈高斯分布时的概率密度函数为

$$p(x)=\frac{1}{\sqrt{2\pi\sigma^2}}\mathrm{e}^{-\frac{(x-m)^2}{2\sigma^2}}$$

当 X 是高斯分布以外的其他任意分布时，概率密度函数记为 $q(x)$。由约束条件可知

$$\int_{-\infty}^{\infty} p(x)\mathrm{d}x = \int_{-\infty}^{\infty} q(x) = 1 \tag{6.1.14}$$

$$\int_{-\infty}^{\infty} xp(x)\mathrm{d}x = \int_{-\infty}^{\infty} xq(x)\mathrm{d}x = m$$

$$\int_{-\infty}^{\infty} x^2 p(x)\mathrm{d}x = \int_{-\infty}^{\infty} x^2 q(x)\mathrm{d}x = \bar{P}$$

因为随机变量 X 的方差

$$E[(X-m)^2] = E[X^2] - m^2 = \bar{P} - m^2 = \sigma^2$$

所以，上述的平均功率和均值受限的条件，相当于方差受限的条件

$$\int_{-\infty}^{\infty} (x-m)^2 p(x)\mathrm{d}x = \int_{-\infty}^{\infty} (x-m)^2 q(x)\mathrm{d}x = \sigma^2 \tag{6.1.15}$$

特别地，当均值 m 为零时，平均功率就等于方差，即

$$\sigma^2 = \bar{P}$$

所以，对平均功率和均值的限制就等于对方差的限制。这样，我们就可以把平均功率受限的问题变成方差受限的问题来讨论，而把平均功率受限当成 $m=0$ 的情况下，方差受限的特例。

为了方便起见，我们把任意分布的连续信源的熵记为 $H_c[q(x),X]$，高斯分布的连续信源的熵记为 $H_c[p(x),X]$。从前面的讨论已知

$$H_c[p(x),X] = \frac{1}{2}\log_2(2\pi e\sigma^2)$$

而任意分布的连续信源的熵

$$\begin{aligned} H_c[q(x),X] &= -\int_{-\infty}^{\infty} q(x)\log_2 q(x)\mathrm{d}x = \int_{-\infty}^{\infty} q(x)\log_2\left[\frac{1}{q(x)}\cdot\frac{p(x)}{p(x)}\right]\mathrm{d}x \\ &= -\int_{-\infty}^{\infty} q(x)\log_2 p(x)\mathrm{d}x + \int_{-\infty}^{\infty} q(x)\log_2\left[\frac{p(x)}{q(x)}\right]\mathrm{d}x \end{aligned}$$

由式（6.1.12）、式（6.1.14）和式（6.1.15）有

$$\begin{aligned} H_c[q(x),X] &= \frac{1}{2}\log_2(2\pi e\sigma^2) + \log_2 e\int_{-\infty}^{\infty} q(x)\ln\frac{p(x)}{q(x)}\mathrm{d}x \\ &\leqslant \frac{1}{2}\log_2(2\pi e\sigma^2) + \log_2 e\int_{-\infty}^{\infty} q(x)\left[\frac{p(x)}{q(x)}-1\right]\mathrm{d}x \\ &= \frac{1}{2}\log_2(2\pi e\sigma^2) + (1-1)\log_2 e = H_c[p(x),X] \end{aligned}$$

故得

$$H_c[q(x),X] \leqslant H_c[p(x),X]$$

这一结论说明：当连续信源输出信号的均值为零、平均功率受限时，只有信源输出信号的幅度呈高斯分布时，才会有最大熵值。回忆峰值功率受限、均匀分布的连续信源具有最大熵的情况，我们发现，在这两种情况下，信源的统计特性与两种常见噪声——均匀噪声和高斯噪声的统计特性相一致。从概念上讲这是合理的，因为噪声是一个最不确定的随机过程，而最大的信息量只能从最不确定的事件中获得。

（3）均值受限条件下的最大连续熵定理

定理 6-3 若连续信源 X 输出非负信号的均值受限，则其输出信号幅度呈指数分布时，连续信源 X 具有最大熵值。

将连续信源 X 为指数分布时的概率密度函数记为 $p(x)$

$$p(x)=\frac{1}{m}\mathrm{e}^{-\frac{x}{m}} \qquad x\geqslant 0$$

相应的熵记为 $H_{\mathrm{c}}[p(x),X]$。记指数分布以外的其他任意分布的概率密度函数为 $q(x)$，相应的熵记为 $H_{\mathrm{c}}[q(x),X]$。由限制条件有

$$\int_0^{\infty} p(x)\mathrm{d}x=\int_0^{\infty} q(x)=1 \tag{6.1.16}$$

$$\int_0^{\infty} xp(x)\mathrm{d}x=\int_0^{\infty} xq(x)=m \tag{6.1.17}$$

由前面的讨论已知，指数分布的连续信源熵为

$$H_{\mathrm{c}}[p(x),X]=\log_2 m\mathrm{e}$$

任意分布的信源熵为

$$H_{\mathrm{c}}[q(x),X]=-\int_0^{\infty} q(x)\log_2 q(x)\mathrm{d}x$$

仿照均匀分布和高斯分布的情况，再根据对数变换关系

$$\log_2 z=\log_2 \mathrm{e}\cdot\ln z$$

并应用式（6.1.12）、式（6.1.16）和式（6.1.17）得

$$\begin{aligned}H_{\mathrm{c}}[q(x),X]&=-\int_0^{\infty} q(x)\log_2\left[\frac{1}{m}\mathrm{e}^{-\frac{x}{m}}\right]\mathrm{d}x+\log_2\mathrm{e}\int_0^{\infty} q(x)\ln\frac{p(x)}{q(x)}\mathrm{d}x\\&\leqslant-\int_0^{\infty} q(x)\log_2\left[\frac{1}{m}\mathrm{e}^{-\frac{x}{m}}\right]\mathrm{d}x+\log_2\mathrm{e}\int_0^{\infty} q(x)\left[\frac{p(x)}{q(x)}-1\right]\mathrm{d}x\\&=\log_2 m\int_0^{\infty} q(x)\mathrm{d}x+\log_2\mathrm{e}\int_0^{\infty}\frac{x}{m}q(x)\mathrm{d}x+(1-1)\log_2\mathrm{e}\\&=\log_2 m\mathrm{e}=H_{\mathrm{c}}[p(x),X]\end{aligned}$$

这就证明了取值为非负数，均值受限的连续信源，当它呈指数分布时达到最大熵值，且其最大熵值仅决定于被限定的均值。

通过以上三个最大连续熵定理的讨论我们知道，连续信源与离散信源不同，它不存在绝对的最大熵。其最大熵与信源的限制条件有关，在不同的限制条件下，有不同的最大连续熵值。

6.2 熵 功 率

同离散信源一样，在讨论了连续信源的最大熵之后，很容易联想到没有达到最大熵的信源的冗余问题。

设连续信源 X 在概率密度函数为 $p(x)$ 时达到最大熵值 $H_{\mathrm{c}}[p(x),X]$，除此之外的其他任何概率密度函数 $q(x)$ 达到的熵值为 $H_{\mathrm{c}}[q(x),X]$，两熵之差即表示信源的剩余，记为 $I_{p,q}$。即

$$I_{p,q}=H_{\mathrm{c}}[p(x),X]-H_{\mathrm{c}}[q(x),X]$$

与离散情况类似，$I_{p,q}$ 也叫信息变差。它可以理解为信源从一种概率密度函数 $p(x)$ 转变到另一种概率密度函数 $q(x)$ 时，信源所含信息量发生的变化。

从信息变差的概念出发，连续信源的熵与离散信源的熵具有统一的含义，即信源熵可

理解为最大熵与信息变差之间的差值

$$H_c[q(x),X]=H_c[p(x),X]-I_{p,q}$$

这样就不用分辨离散信源熵和连续信源熵了，从而使以前对于连续信源熵的定义，建立在更合理的基础之上。所以，信息变差的概念，通常被认为是定义连续熵的出发点。

最大熵值就是最大的平均不确定度。在测定 $q(x)$ 之前，常假定概率密度函数是对应于最大熵值的概率密度函数 $p(x)$，测定 $q(x)$ 后所消除的平均不确定度就是信息变差 $I_{p,q}$，尚剩的平均不确定度就是 $q(x)$ 所规定的连续熵。所以，信息变差可理解为在某些限制条件下，确切测定 $q(x)$ 所获得的信息量。

因为均值为零、平均功率受限的连续信源是实际最常见的一种信源，所以我们来侧重讨论一下这种信源的冗余问题。

由前可知，均值为零、平均功率限定为 P 的连续信源 X，当 $p(x)$ 为高斯分布时达到最大熵值

$$H_c[p(x),X]=\frac{1}{2}\log_2 2\pi eP \tag{6.2.1}$$

式（6.2.1）仅随限定功率 P 的变化而变化。假设限定的平均功率为 $\overline{P}$，相应的熵记为 $H_c[p(x),X_{\overline{P}}]$，若 $\overline{P}\leqslant P$，则必有

$$H_c[p(x),X_{\overline{P}}]=\frac{1}{2}\log_2 2\pi e\overline{P}\leqslant\frac{1}{2}\log_2 2\pi eP=H_c[p(x),X]$$

即信源限定平均功率减小时，最大熵随之变小。当概率密度函数是其他任何分布的 $q(x)$ 时，其熵 $H_c[q(x),X]$ 必不大于最大熵 $H_c[p(x),X]$

$$H_c[q(x),X]\leqslant H_c[p(x),X] \tag{6.2.2}$$

式（6.2.2）成立的先决条件是两个信源的限定平均功率都是 P。既然 $H_c[q(x),X]$ 和 $\frac{1}{2}\log_2 2\pi e\overline{P}$ 都比 $H_c[p(x),X]$ 小，总能找到某一个 $\overline{P}\leqslant P$，使得 $q(x)$确定的熵与平均功率限定较低的 $\overline{P}$ 所确定的高斯分布熵相等，即

$$H_c[q(x),X]=H_c[p(x),X_{\overline{P}}]=\frac{1}{2}\log_2 2\pi e\overline{P} \tag{6.2.3}$$

成立。这就意味着 $\overline{P}$ 的大小决定了实际信源的熵值。需要注意的是，概率密度函数为 $q(x)$ 的实际信源和概率密度函数为 $p(x)$的高斯信源的限定平均概率是不一样的，一个是 P，另一个是 $\overline{P}$。既然 $\overline{P}$ 和 P 以式（6.2.1）的同样关系分别与信源的实际熵和最大熵相对应，则两者之间的差距，就可以反映实际熵 $H_c[q(x),X]$ 和最大熵 $H_c[p(x),X]$ 之间的差距，即信息变差或称信源的冗余度。我们把 $\overline{P}$ 称为连续信源 X 在概率密度函数为 $q(x)$ 时的**熵功率**。它与信息变差之间的关系是

$$I_{p,q}=H_c[p(x),X]-H_c[q(x),X]=\frac{1}{2}\log_2 2\pi eP-\frac{1}{2}\log_2 2\pi e\overline{P}=\frac{1}{2}\log_2\frac{P}{\overline{P}} \tag{6.2.4}$$

式（6.2.4）说明，信源的冗余度决定于平均功率的限定值 P 和信源的熵功率 $\overline{P}$ 之比。若已知信息变差 $I_{p,q}$ 和实际信源的 P，则可由式（6.2.4）直接求出 $\overline{P}$，进而由式（6.2.3）求出信源的实际熵值 $H_c[q(x),X]$。

对于无记忆信源 $\boldsymbol{X}=(X_1X_2\cdots X_N)$，若各分量平均功率限定值为 P，均值都是零，熵功率都是 $\overline{P}$，则信息变差为

$$I_{p,\,q(N)}=\frac{1}{2}\log_2(2\pi eP)^N-\frac{1}{2}\log_2(2\pi e\overline{P})^N=\frac{N}{2}\log_2\frac{P}{\overline{P}}$$

6.3 连续信道的信道容量

6.3.1 连续信道的数学模型及信道容量定义

连续信道是指输入和输出随机变量都取值于连续集合的信道。连续集合的取值有无穷多，不可数，无法用概率描述。所以，这种信道的传递特性用条件转移概率密度函数 $p_{Y/X}(y/x)$ 表示，下标中大写的字母代表集合的整体特性，括号中的小写字母代表具体取值。如果整体特性不同，即使取值相同，运算结果也不一样。因此，决定信道特性的是大写字母。但是为了方便起见，我们忽略下标，用 $p(y/x)$ 表示信道条件转移概率密度函数。连续信道的数学模型可表示为 $\{X\ p(y/x)\ Y\}$，如图 6.3.1 所示。

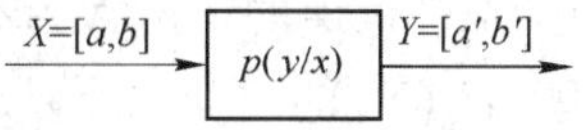

图 6.3.1 连续信道的数学模型

由 6.1 节的讨论已知，连续信源熵虽然可为负值，但是连续随机变量之间的平均互信息量仍然满足非负性，并且可以证明它是信源概率密度函数 $p(x)$ 的上凸函数。证明过程与离散情况类似，此处不赘述。

如果我们将信道的输入输出端都看成“信源”，则“信源”间平均互信息量对信源概率密度函数 $p(x)$ 的上凸性，说明连续平均互信息量在定义域内存在最大值。仿照离散信道的情况，我们定义连续信道的信道容量 C 为信源 X 等于某一概率密度函数 $p_0(x)$ 时，平均互信息量的最大值，即

$$C=\max_{p(x)}\left\{I_c(X;Y)\right\}=\max_{p(x)}\left\{H_c(X)-H_c(X/Y)\right\}=\max_{p(x)}\{H_c(Y)-H_c(Y/X)\} \tag{6.3.1}$$

式（6.3.1）中带下标 c 的平均互信息量、信源熵和条件熵均表示连续随机变量函数，以区别于离散的情况。

连续信道容量有两种不同的计算公式，即式（6.3.1）第一个等号和第二个等号之后的公式。需要特别注意的是，不论用哪种公式计算，调整的都是输入端，即信源的概率密度函数。

6.3.2 加性连续信道容量计算和香农公式

一般连续信道的容量并不容易计算，当信道为加性连续信道时，情况要简单一些。所谓加性连续信道，是指噪声 N 为连续随机变量，且与 X 相互统计独立的信道。这种信道的噪声对输入的干扰作用表现为噪声和输入线性叠加，即 $Y=X+N$。所以称为**加性连续信道**，如图 6.3.2 所示。

对于加性连续信道，利用坐标变换理论可以证明

$$p(y/x)=p(n) \tag{6.3.2}$$

式中，$p(n)$ 是噪声 N 的概率密度函数。也就是说，信道的条件概率密度函数等于噪声的概率密度函数，这是加性连续信道的重要特征。由式（6.3.2）的结论和连续条件熵的定义有

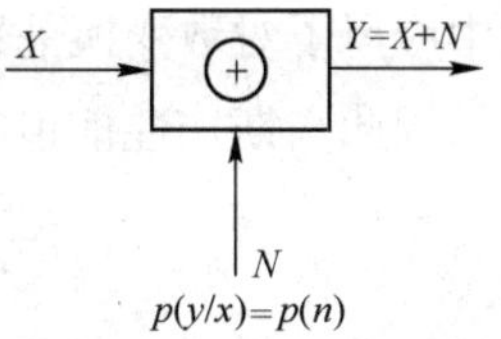

图 6.3.2 加性连续信道模型

$$
\begin{aligned}
H_c(Y/X) &= -\iint\limits_{XY} p(x)p(y/x)\log_2 p(y/x)\mathrm{d}x\mathrm{d}y \\
&= -\iint\limits_{XN} p(x)p(n)\log_2 p(n)\mathrm{d}x\mathrm{d}n = -\int_N p(n)\log_2 p(n)\mathrm{d}n\left\{\int_X p(x)\mathrm{d}x\right\} \\
&= -\int_N p(n)\log_2 p(n)\mathrm{d}n = H_c(N)
\end{aligned}
\tag{6.3.3}
$$

其中

$$\int_X p(x)\mathrm{d}x = 1$$

式（6.3.3）中的 $H_c(N)$ 完全是由信道的噪声概率密度函数 $p(n)$ 决定的熵，与加性信道的条件熵 $H_c(Y/X)$ 相等，说明 $H_c(Y/X)$ 是由信道噪声引起的，故称其为噪声熵。

由于加性信道的这一特征，其信道容量为

$$C = \max_{p(x)}\{I(X;Y)\} = \max_{p(x)}\{H_c(Y) - H_c(Y/X)\} = \max_{p(x)}\{H_c(Y) - H_c(N)\}$$

由于加性信道的噪声 N 和信源 X 相互统计独立，X 的概率密度函数 $p(x)$ 的变动不会引起噪声熵 $H_c(N)$ 的改变，所以加性信道的容量 C 就是选择 $p(x)$，使输出熵 $H_c(Y)$ 达到最大值，即

$$C = \max_{p(x)}\{H_c(Y)\} - H_c(N) \tag{6.3.4}$$

由 6.1 节的讨论已知，对于不同的限制条件，连续随机变量具有不同的最大熵值。所以，式（6.3.4）的结论表明：加性信道容量取决于噪声 N（即信道）的统计特性和输入随机变量 X 所受的限制条件。

如果加性信道中的噪声 N 是均值为零、方差为 σ^2 的高斯随机变量，即

$$\int_{-\infty}^{\infty} p(n)\mathrm{d}n = 1 \qquad \int_{-\infty}^{\infty} np(n)\mathrm{d}n = 0 \qquad \int_{-\infty}^{\infty} n^2 p(n)\mathrm{d}n = \sigma^2 = P_N$$

其中，P_N 表示噪声 N 的平均功率。这种信道就称为高斯加性连续信道。信道转移概率密度函数 $p(y/x) = p(n)$，即

$$p(y/x) = \frac{1}{\sqrt{2\pi\sigma^2}}\mathrm{e}^{\left[-\frac{(y-x)^2}{2\sigma^2}\right]} = \frac{1}{\sqrt{2\pi\sigma^2}}\mathrm{e}^{\left[-\frac{n^2}{2\sigma^2}\right]} = p(n) \tag{6.3.5}$$

如果我们把 x 看成一个常数，则式（6.3.5）就变成了随 y 变化的高斯函数。换句话说，当已知 $X=x$ 时，Y 也是一个高斯变量，其均值为 x，方差为 σ^2。

对于高斯加性信道

$$
\begin{aligned}
H_c(Y/X) = H_c(N) &= -\int_N p(n)\log_2 p(n)\mathrm{d}n = -\int_N p(n)\log_2 \frac{1}{\sqrt{2\pi\sigma^2}}\mathrm{e}^{\left[-\frac{n^2}{2\sigma^2}\right]}\mathrm{d}n \\
&= \frac{1}{2}\log_2 2\pi\sigma^2 + \log_2 \mathrm{e}\int_N p(n)\frac{n^2}{2\sigma^2}\mathrm{d}n \\
&= \frac{1}{2}\log_2 2\pi\mathrm{e}\sigma^2
\end{aligned}
$$

式中应用了对数变换关系 $\log_2 z = \ln z \log_2 \mathrm{e}$。

因此高斯加性信道的容量为

$$C = \max_{p(x)}\{H_c(Y)\} - H_c(N) = \max_{p(x)}\{H_c(Y)\} - \frac{1}{2}\log_2 2\pi\mathrm{e}\sigma^2$$

显然，求 C 的关键是求出 $H_c(Y)$ 对 $p(x)$ 的最大值。

一般说来，输入随机变量 X 的平均功率是有限的，假设限定为 P_X，而噪声的平均功率限定为 $P_N=\sigma^2$，则输出随机变量 Y 的平均功率也是受限的，设限定为 P_Y。根据最大连续熵定理，要使 $H_c(Y)$达到最大，Y 必须是一个均值为零、方差为 $\sigma_Y^2=P_Y$ 的高斯随机变量。现在的问题就变为：输入随机变量 X 的概率密度函数 $p(x)$ 是什么样的函数时，才能使 Y 呈高斯分布？

高斯加性信道中的输入 X 和噪声 N 相互统计独立，且 $Y=X+N$。由概率论可知，若输入 X 是均值为零、方差为 $\sigma_X^2=P_X$ 的高斯随机变量，即 X 的概率密度函数为

$$p(x)=\frac{1}{\sqrt{2\pi\sigma_X^2}}\mathrm{e}^{\left[-\frac{x^2}{2\sigma_X^2}\right]}$$

则可以证明，输出 Y 的概率密度函数为

$$p(y)=\frac{1}{\sqrt{2\pi\sigma_Y^2}}\mathrm{e}^{\left[-\frac{y^2}{2\sigma_Y^2}\right]}$$

其中

$$\sigma_Y^2=\sigma_X^2+\sigma^2==P_Y$$

这就是说，当输入随机变量 X 的概率密度是均值为零、方差为 σ_X^2 的高斯随机变量，加性信道的噪声 N 是均值为零、方差为 σ^2 的高斯随机变量时，输出随机变量 Y 也是一个高斯随机变量，其均值为零，方差为 $\sigma_Y^2=\sigma_X^2+\sigma^2=P_Y$。此时输出端的连续熵 $H_c(Y)$ 达到最大值，即

$$\max_{p(x)}\left\{H_c(Y)\right\}=\frac{1}{2}\log_2 2\pi\mathrm{e}\,(\sigma_X^2+\sigma^2)=\frac{1}{2}\log_2 2\pi\mathrm{e}P_Y$$

因此，高斯加性信道的信道容量为

$$\begin{aligned}C&=\frac{1}{2}\log_2 2\pi\mathrm{e}(\sigma_X^2+\sigma^2)-\frac{1}{2}\log_2 2\pi\mathrm{e}\sigma^2\\&=\frac{1}{2}\log_2\left(\frac{\sigma_X^2+\sigma^2}{\sigma^2}\right)=\frac{1}{2}\log_2\left(1+\frac{\sigma_X^2}{\sigma^2}\right)=\frac{1}{2}\log_2\left(1+\frac{P_X}{P_N}\right)\end{aligned}$$

式中，比值 P_X/P_N 称为信道的**信噪功率比**。如果我们对信道的输入信号进行采样，而信道的频带又限于(0, W)，根据采样定理，如果每秒传送 $2W$ 个样点，在接收端可无失真地恢复出原始信号。假如我们把信道的一次传输看成一次采样，由于信道每秒传输 $2W$ 个样点，所以单位时间的信道容量为

$$C_t=W\log_2\left(1+\frac{P_X}{P_N}\right)(\qquad\text{（比特/秒）}$$

这就是著名的香农公式。香农公式说明：当信道容量一定时，增大信道的带宽，可以降低对信噪功率比的要求；反之，当信道频带较窄时，可以通过提高信噪功率比来补偿。当信道的频带很宽时，$P_X/P_N \ll 1$，则有

$$C_t\approx W\log_2\mathrm{e}\left(\frac{P_X}{P_N}\right)=\frac{P_X}{P_N/W}\log_2\mathrm{e}=\frac{P_X}{N_0}\log_2\mathrm{e}\quad\text{(比特/秒)}\qquad(6.3.6)$$

式中，$N_0=P_N/W$ 是加性高斯噪声的单边功率谱密度。式（6.3.6）说明：当信道的带宽无限宽时，其信道容量与信号功率成正比。

习题

6.1　给定语声样值 X 的概率密度为 $p(x)=\frac{1}{2}\lambda \mathrm{e}^{-\lambda/x}, -\infty<x<\infty$，求 $H_c(X)$，并证明它小于同样方差的正态变量的连续熵。

6.2　连续变量 X 和 Y 的联合概率密度为 $p(x,y)=\begin{cases}\frac{1}{\pi r^2}, & x^2\leqslant y^2\leqslant r^2\\ 0, & 其他\end{cases}$，求 $H(X)$, $H(Y)$, $H(XY)$ 和 $I(X{:}Y)$。（提示：$\int_0^{\frac{\pi}{2}}\log_2 \sin x\mathrm{d}x=-\frac{\pi}{2}\log_2 2$）

6.3　设 $X=X_1X_2\cdots X_N$ 是 N 维高斯分布的连续信源，且 $X_1, X_2, \cdots, X_N$ 的方差分别为 $\sigma_1^2,\sigma_2^2,\cdots,\sigma_N^2$，它们之间的相关系数 $\rho(X_iX_j)=0\,(i,j=1,2,\cdots,N,\ \ i\neq j)$。试证明：$N$ 维高斯分布的连续信源的熵

$$H_c(X)=H_c(X_1X_2\cdots X_N)=\frac{1}{2}\sum_{i=1}^{N}\log_2 2\pi\mathrm{e}\sigma_i^2$$

6.4　设有一连续随机变量，其概率密度函数为 $p(x)=\begin{cases}bx^2, & 0\leqslant x\leqslant a\\ 0, & 其他\end{cases}$，试求：

（1）信源 X 的熵 $H_c(X)$；（2）$Y=X+A\ (A>0)$ 的熵 $H_c(Y)$；（3）$Y=2X$ 的熵 $H_c(Y)$。

6.5　设某高斯加性信道，输入、输出和噪声随机变量 X, Y, N 之间的关系为 $Y=X+N$，且 $E[N^2]=\sigma^2$。试证明：当信源 X 是均值 $E[x]=0$、方差为 σ_X^2 的高斯随机变量时，信道达其容量 C，且 $C=\frac{1}{2}\log_2\left(1+\frac{\sigma_X^2}{\sigma^2}\right)$。

6.6　设加性高斯白噪声信道中，信道带宽为 3 kHz，又设(信号功率+噪声功率)/ 噪声功率 = 10 dB。试计算该信道的最大信息传输速率 C_t。

6.7　在图片传输中，每帧约有 2.25×10^6 个像素。为了能很好地重现图像，分为 16 个亮度电平，并假设亮度电平等概率分布。试计算每分钟传送一帧图片所需信道的带宽（信噪功率比为 30 dB）。

6.8　设电话信号的信息速率为 5.6×10^4 bit/s，在一个噪声功率谱为 $N_0=5\times10^{-6}$ mW/Hz、限频为 F、限输入功率为 P 的高斯信道中传送，若 $F=4$ kHz，问无差错传输所需的最小功率 P 是多少瓦？若 $F\to\infty$，则 P 是多少瓦？

第7章　信息率失真函数

7.1　基 本 概 念

在前面讨论信道编码定理的时候已经介绍过，不论何种信道，只要信息率 R 小于信道容量 C，总能找到一种编码，能在信道上以任意小的错误概率和任意接近于 C 的传输率来传送信息。反之，若 $R > C$，则传输总要产生失真。又由无失真信源编码定理可知，要做到几乎无失真信源编码，信息率 R 必须大于信源熵 $H(X)$。故三者的关系为：$H(X) \leqslant R \leqslant C$。

但实际上，信源的输出常常是连续的消息，所以信源的信息量无限大。要想无失真地传送连续信源的消息，要求信息率 R 必须为无穷大。这实际上是做不到的，因为信道带宽总是有限的，所以信道容量总要受限制。要想无失真传输，往往所需的信息率大大超过信道容量($R \gg C$)，根据信道编码定理，信道不可能实现对消息的完全无失真传输。

此外，随着科学技术的发展，数字系统应用得越来越广泛，这就需要传送、存储和处理大量的数据。为了提高传输和处理效率，往往需要对数据进行压缩，这样也会带来一定的信息损失。

幸运的是，在实际生活中，人们一般并不要求获得完全无失真的消息，通常只要求近似地再现原始消息，也就是允许有一定的失真。例如，在打电话时，由于人耳接收信号的带宽和分辨率是有限的，即使语音信号有一些失真，接电话的人也能听懂。所以说，这种失真实际上并不影响通信质量，或者说，这种失真是允许的。又如放映电影，实际上是把一幅幅静态画面连续不断地放映出来去模拟一个连续的动作。理论上来说，要把一个连续的动作完全无失真地表现出来，需要用无穷多幅静态画面来逼近，否则就要产生失真。但人的视觉有一种特性，叫作“视觉暂留性”。也就是说，当一幅画面从人的眼前消失以后，人对它的感觉并不会立即消失，而是要停留一会儿。利用眼睛的“视觉暂留性”，只要每秒放映 24 幅画面，且画面之间采用挡光处理，视力上的感觉就是“连续的”。在 1 秒之内用 24 幅画面去模拟一个连续的动作，肯定是有失真的，但是人们并没有感觉到这种失真的存在，只要电影里的“动作”和真实生活中的动作看起来一样，就能满足人们对看电影的要求。所以有些失真没有必要完全消除。

既然允许一定的失真存在，那么对信息率的要求便可降低。换句话说，就是允许压缩信源输出的信息率。信息率与允许失真之间的关系，就是信息率失真理论所要研究的内容。

信息率失真理论是由香农提出来的，起初并没有引起人们的注意，直到 1959 年，香农发表了《保真度准则下的离散信源编码定理》这篇重要文章之后，才引起人们的重视。在这篇文章中，香农定义了信息率失真函数 $R(D)$，还论述了关于这个函数的基本定理。定理指出：在允许一定失真度 D 的情况下，信源输出的信息率可压缩到 $R(D)$值。

信息率失真理论是量化、数/模转换、频带压缩和数据压缩的理论基础。

通过前一章的讨论我们知道，信道容量是在已知信道转移概率 $P(Y/X)$的条件下，变更信源 X 的概率分布 $P(X)$，使它们之间的信息率，即 X 和 Y 之间的平均互信息量$I(X;Y)$达到最大。

$I(X;Y)$是 $P(X)$和 $P(Y/X)$的二元函数。在讨论信道容量的时候我们规定了 $P(Y/X)$，即假定信道转移概率分布不变，所以$I(X;Y)$变成了信源概率分布 $P(X)$的一元函数。在离散情况下，因为$I(X;Y)$对$\{p(a_i),\ i=1,2,\cdots,n\}$是上凸函数，所以变更$\{p(a_i),\ i=1,2,\cdots,n\}$所求的极值，一定是$I(X;Y)$的极大值。在连续的情况下，变更信源概率密度函数 $p(x)$求出的也是极大值，所不同的是，求极值时还要加一些其他的限制条件。

从数学上来说，既然$I(X;Y)$是 $P(X)$和 $P(Y/X)$的二元函数，因而在离散情况下，也可规定$\{p(a_i),\ i=1,2,\cdots,n\}$，即假定信源概率分布是固定不变的。这样，平均互信息量就变成了 $P(Y/X)$的一元函数。变更$\{p(b_j/a_i),\ i=1,\ 2,\ \cdots,n;\ j=1,2,\cdots,m\}$，求平均互信息量的极值，这个问题常被称为信道容量的对偶问题。在第 2 章中我们已经证明$I(X;Y)$是$\{p(b_j/a_i),\ i=1,\ 2,\ \cdots,n;\ j=1,2,\cdots,m\}$的下凸函数，因此固定$\{p(a_i),\ i=1,2,\cdots,n\}$后所求的极值一定是$I(X;Y)$的极小值。但略加推理便可知，只要$p(b_j/a_i)=p(b_j)$，即 X 和 Y 相互统计独立，这个极小值就是零。因为$I(X;Y)$是非负的，所以零必为极小值。这样一来，求极小值的问题就没有意义了。但是我们可以引入一个失真函数，计算在失真度一定的情况下，信息率的极小值。

7.1.1 失真度与平均失真度

信道中固有的噪声和不可避免的干扰，必然使信源的消息通过信道传输后产生误差或失真。从直观上讲，误差或失真越大，接收到的消息对信源存在的不确定性就越大，获得的信息量就越小，信道传输消息所需的信息率也越小，所以信息率与失真有关。为了定量地描述信息率和失真的关系，必须先规定失真的测度。

设离散无记忆信源$\begin{pmatrix} X \\ P(X) \end{pmatrix}=\begin{Bmatrix} a_1 & a_2 & \cdots & a_n \\ p(a_1) & p(a_2) & \cdots & p(a_n) \end{Bmatrix}$。信源符号通过信道传送到接收端 Y，$\begin{pmatrix} Y \\ P(Y) \end{pmatrix}=\begin{Bmatrix} b_1 & b_2 & \cdots & b_m \\ p(b_1) & p(b_2) & \cdots & p(b_m) \end{Bmatrix}$。信道转移概率矩阵为

$$\boldsymbol{P}(Y/X)=\begin{bmatrix} p(b_1/a_1) & p(b_2/a_1) & \cdots & p(b_m/a_1) \\ p(b_1/a_2) & p(b_2/a_2) & \cdots & p(b_m/a_2) \\ \vdots & \vdots & \ddots & \vdots \\ p(b_1/a_n) & p(b_2/a_n) & \cdots & p(b_m/a_n) \end{bmatrix}$$

对于每一对(a_i,b_j)，指定一个非负的函数

$$d(a_i,b_j)\geqslant 0,\ i=1,2,\cdots,n;j=1,2,\cdots,m$$

称$d(a_i,b_j)$为单个符号的**失真度**或**失真函数**，用它来表示信源发出一个符号a_i，而在接收端再现b_j所引起的误差或失真。

失真度还可表示成矩阵的形式。

$$\boldsymbol{D}=\begin{bmatrix} d(a_1,b_1) & d(a_1,b_2) & \cdots & d(a_1,b_m) \\ d(a_2,b_1) & d(a_2,b_2) & \cdots & d(a_2,b_m) \\ \vdots & \vdots & \ddots & \vdots \\ d(a_n,b_1) & d(a_n,b_2) & \cdots & d(a_n,b_m) \end{bmatrix}$$

$\boldsymbol{D}$ 称为**失真矩阵**，它是 $n\times m$ 阶矩阵。

在连续信源和连续信道的情况下，失真度可用 $d(x,y)\geqslant 0$ 表示。

常用的失真度有以下形式。

（1）
$$d(a_i,b_j)=\begin{cases}0, & i=j \\ a, \quad a>0, & i\neq j\end{cases} \tag{7.1.1}$$

这种失真度表示：当 $i=j$ 时，X 与 Y 的取值是一样的，用 Y 来代表 X 就没有误差，所以定义失真度为 0。当 $i\neq j$ 时，用 Y 代表 X 就有误差。在式（7.1.1）的定义下，认为对所有不同的 i 和 j 引起的误差都一样，所以定义失真度为常数 a。相应的失真矩阵为

$$\boldsymbol{D}=\begin{bmatrix} 0 & a & a & \cdots & a \\ a & 0 & a & \cdots & a \\ \vdots & \vdots & & \ddots & \vdots \\ a & a & a & \cdots & 0 \end{bmatrix}$$

这种失真矩阵的特点是对角线上的元素均为零，对角线以外的其他所有元素都为常数 a。当 $a=1$ 时，失真度变为

$$d(a_i,b_j)=\begin{cases}0 & i=j \\ 1 & i\neq j\end{cases}$$

此时的失真度称为**汉明失真度**，相应的失真矩阵

$$\boldsymbol{D}=\begin{bmatrix} 0 & 1 & 1 & \cdots & 1 \\ 1 & 0 & 1 & \cdots & 1 \\ \vdots & \vdots & \vdots & \ddots & \vdots \\ 1 & 1 & 1 & \cdots & 0 \end{bmatrix}$$

称为汉明失真矩阵。

（2）
$$d(a_i,b_j)=(b_j-a_i)^2 \tag{7.1.2}$$

这种失真函数称为**平方误差失真函数**，相应的失真矩阵称为平方误差失真矩阵。假如信源符号代表信源输出信号的幅度值，则式（7.1.2）意味着较大幅度的失真要比较小幅度的失真引起的错误更为严重，严重的程度用平方表示。

失真函数是人们根据实际需要和失真引起的损失、风险、主观感觉上的差别等因素人为规定的。

$d(a_i,b_j)$ 只能表示两个特定的具体符号 a_i 和 b_j 之间的失真，为了能在平均的意义上表示信道每传递一个符号所引起的失真的大小，我们定义平均失真度 $\bar{D}$ 为失真度的数学期望，即 $d(a_i,b_j)$ 在 X 和 Y 的联合概率空间 $P(XY)$中的统计平均值。

$$\bar{D}=E\left[d(a_i,b_j)\right]$$

由数学期望的定义 $$\bar{D}=\sum_{i=1}^{n}\sum_{j=1}^{m}p(a_i)p(b_j/a_i)d(a_i,b_j) \tag{7.1.3}$$

$\bar{D}$ 是在平均的意义上，从总体上对整个系统失真情况的描述，是信源统计特性 $p(a_i)$、信道统计特性 $p(b_j/a_i)$，以及人们规定的失真度 $d(a_i,b_j)$ 的函数。当 $p(a_i)$、$p(b_j/a_i)$ 和 $d(a_i,b_j)$ 给定后，$\bar{D}$ 就不再像 $d(a_i,b_j)$ 那样是一个随机变量了，而是一个确定的量。如果信源和失真度一定，$\bar{D}$ 就只是信道统计特性的函数。信道转移概率不同，$\bar{D}$ 随之改变。一般情况下，人们所允许的失真指的都是平均意义上的失真。如果规定 $\bar{D}$ 不能超过某一限定的值 D，即

$$\bar{D}\leqslant D \tag{7.1.4}$$

则 D 就是允许失真的上界。式（7.1.4）称为**保真度准则**。这样，在式（7.1.3）中只有部分信道统计特性能够满足保真度准则。把保真度准则作为对信道转移概率的约束，再求信道信息率 $R=I(X;Y)$ 的最小值就有实用意义了。

以上是单符号信源的失真度和平均失真度。对于单符号离散无记忆信源 $X=\{a_1,a_2,\cdots,a_n\}$ 的 N 次扩展信源 $X^N=X_1X_2\cdots X_N$，在信道中的传递作用相当于单符号离散无记忆信道的 N 次扩展信道，输出也是一个随机变量序列 $Y^N=Y_1Y_2\cdots Y_N$。此时输入共有 n^N 个不同的符号：

$$\alpha_i=(a_{i_1}\,a_{i_2}\cdots a_{i_N})$$
$$a_{i_1},a_{i_2},\cdots,a_{i_N}\in\{a_1,a_2,\cdots,a_n\}$$
$$i_1,i_2,\cdots,i_N\in\{1,2,\cdots,n\}$$
$$i=1,2,\cdots,n^N$$

信道的输出端共有 m^N 个不同的符号：

$$\beta_j=(b_{j_1}\,b_{j_2}\cdots b_{j_N})$$
$$b_{j_1},b_{j_2},\cdots,b_{j_N}\in\{b_1,b_2,\cdots,b_m\}$$
$$j_1,j_2,\cdots,j_N\in\{1,2,\cdots,m\}$$
$$j=1,2,\cdots,m^N$$

定义离散无记忆信道$\{X\quad P(Y/X)\quad Y\}$的 N 次扩展信道的输入序列 α_i 和输出序列 β_j 之间的失真度为

$$\begin{aligned}d(\alpha_i,\beta_j)&=d(a_{i_1}a_{i_2}\cdots a_{i_N},b_{j_1}b_{j_2}\cdots b_{j_N})\\&=d(a_{i_1},b_{j_1})+d(a_{i_2},b_{j_2})+\cdots+d(a_{i_N},b_{j_N})=\sum_{k=1}^{N}d(a_{i_k},b_{j_k})\end{aligned}$$

说明离散无记忆信道的 N 次扩展信道输入输出之间的失真，等于输入序列 α_i 中 N 个信源符号($a_{i_1},a_{i_2},\cdots,a_{i_N}$)各自通过信道$\{X\quad P(Y/X)\quad Y\}$，分别输出对应的 N 个信宿符号$(b_{j_1},b_{j_2},\cdots,b_{j_N})$后所引起的 N 个单符号失真度 $d(a_{i_k},b_{j_k})$ $(k=1,2,\cdots,N)$之和。

由扩展信源和扩展信道的无记忆性，有

$$p(\alpha_i)=\prod_{k=1}^{N}p(a_{i_k})$$

$$p(\beta_j/\alpha_i)=\prod_{k=1}^{N}p(b_{j_k}/a_{i_k}),\ \ i=1,2,\cdots,n^N;j=1,2,\cdots,m^N$$

记离散无记忆 N 次扩展信源和信道的平均失真度为 $\bar{D}(N)$，则

$$\bar{D}(N)=\sum_{i=1}^{n^N}\sum_{j=1}^{m^N}p(\alpha_i)p(\beta_j/\alpha_i)d(\alpha_i,\beta_j)$$

$$=\sum_{i_1=1}^{n}\cdots\sum_{i_N=1}^{n}\sum_{j_1=1}^{m}\cdots\sum_{j_N=1}^{m}p(a_{i_1})\cdots p(a_{i_N})p(b_{j_1}/a_{i_1})\cdots p(b_{j_N}/a_{i_N})\sum_{k=1}^{N}d(a_{i_k},b_{j_k})$$

$$=\sum_{i_1=1}^{n}\sum_{j_1=1}^{m}p(a_{i_1})p(b_{j_1}/a_{i_1})d(a_{i_1},b_{j_1})+\sum_{i_2=1}^{n}\sum_{j_2=1}^{m}p(a_{i_2})p(b_{j_2}/a_{i_2})d(a_{i_2},b_{j_2})+\cdots+ \tag{7.1.5}$$

$$\sum_{i_N=1}^{n}\sum_{j_N=1}^{m}p(a_{i_N})p(b_{j_N}/a_{i_N})d(a_{i_N},b_{j_N})$$

$$=\bar{D}_1+\bar{D}_2+\cdots+\bar{D}_N=\sum_{k=1}^{N}\bar{D}_k$$

其中

$$\sum_{i_k=1}^{n}p(a_{i_k})=1 \quad \sum_{j_k=1}^{m}p(b_{j_k}/a_{i_k})=1$$

$$\bar{D}_k=\sum_{i_k=1}^{n}\sum_{j_k=1}^{m}p(a_{i_k})p(b_{j_k}/a_{i_k})d(a_{i_k},b_{j_k}),\ k=1,2,\cdots,N$$

实际上，$\bar{D}_k\ (k=1,2,\cdots,N)$是同一信源$X$在$N$个不同的时刻通过同一信道$\{X \quad P(Y/X) \quad Y\}$所造成的平均失真度，因此都等于单符号信源 X 通过信道$\{X \quad P(Y/X) \quad Y\}$所造成的平均失真度，即

$$\bar{D}_k=\bar{D}=\sum_{i=1}^{n}\sum_{j=1}^{m}p(a_i)p(b_j/a_i)d(a_i,b_j)$$

将上式代入式（7.1.5），得

$$\bar{D}(N)=N\bar{D}$$

此式说明：离散无记忆N次扩展信源通过离散无记忆N次扩展信道的平均失真度是单符号信源通过单符号信道的平均失真度的N倍。相应的保真度准则为

$$\bar{D}(N)\leqslant ND$$

7.1.2 信息率失真函数的定义

当信源固定($P(X)$已知)、单个符号失真度也给定时，选择信道使其满足保真度准则$\bar{D}\leqslant D$。凡满足要求的信道称为 ***D*** **失真许可的试验信道**，简称**试验信道**。所有试验信道构成的集合用P_D来表示，即

$$P_D=\left\{p(b_j/a_i):\bar{D}\leqslant D,\ i=1,2,\cdots,n;\ j=1,2,\cdots,m\right\}$$

对于离散无记忆信源的N次扩展信源和离散无记忆信道的N次扩展信道，相应的试验信道集合记为$P_{D(N)}$，则

$$P_{D(N)}=\left\{p(\beta_j/\alpha_i):\ \bar{D}(N)\leqslant ND,\ i=1,2,\cdots,n^N;\ j=1,2,\cdots,m^N\right\}$$

对于单符号信源和单符号信道，在信源给定并定义了具体的失真度以后，人们总希望在允许一定失真的情况下，传送信源所必需的信息率越小越好。从接收端来看，就是在满足保真度准则$\bar{D}\leqslant D$的条件下，寻找再现信源消息所必需的最低平均信息量，即平均互信息量的最小值。因为P_D是满足保真度准则的试验信道集合，前面已经证明平均互信息量$I(X;Y)$

是信道转移概率 $p(b_j/a_i)$ 的下凸函数，所以在 P_D 中一定可以找到某个试验信道，使 $I(X;Y)$ 达到最小，即

$$R(D)=\min_{p(b_j/a_i)\in P_D} I(X;Y)$$

这个最小值 $R(D)$ 就是**信息率失真函数**，简称**率失真函数**。

对于离散无记忆信源的 N 次扩展信源和离散无记忆信道的 N 次扩展信道，其信息率失真函数为

$$R_N(D)=\min_{p(\beta_j/\alpha_i)\in P_{D(N)}} I(X^N;Y^N)$$

它是在所有满足保真度准则 $\bar{D}(N)\leqslant ND$ 的 N 维试验信道集合中，寻找某个信道使平均互信息量取最小值。由信源和信道的无记忆性，容易证明

$$R_N(D)=NR(D)$$

从数学意义上讲，$I(X;Y)$ 既是信源概率分布 $p(a_i)$ 的上凸函数，又是信道转移概率 $p(b_j/a_i)$ 的下凸函数。$R(D)$ 是在 D 和 $\{p(a_i),\ i=1,\ 2,\ \cdots,\ n\}$ 已给的条件下，求平均互信息量的极小值（最小）问题，而信道容量是在 $\{p(b_j/a_i),\ i=1,\ 2,\ \cdots,\ n;\ j=1,\ 2,\ \cdots,\ m\}$ 已知的条件下求平均互信息量的极大值（最大）问题。显然，这两个问题是对偶问题。

C 是假定信道固定的前提下，选择一种试验信源，使信息率最大的平均互信息量。它所反映的是信道传输信息的能力，即信道可传送的最大信息率。一旦找到了这个信道容量，它就与信源不再有关，而只是信道特性的参量，随信道特性的变化而变化。

$R(D)$ 是假定信源给定的情况下，在用户可以容忍的失真度内再现信源消息所必须获得的最小平均信息量，反映的是信源可压缩的程度。$R(D)$ 一旦找到，就与求极值过程中选择的试验信道不再有关，而只是信源特性的参量。不同的信源，其 $R(D)$ 是不同的。

在实际应用中，研究信道容量是为了解决在已知信道中传送最大信息率问题，是希望充分利用已给信道，使传输的信息量最大而发生错误的概率任意小。这就是信道编码问题。而研究 $R(D)$ 是为了解决在已知信源和允许失真度 D 的条件下，使信源传送给信宿所必须的信息率最小，即用尽可能少的码符号传送尽可能多的信源消息，以提高通信的有效性。这是信源编码问题。

7.1.3 信息率失真函数的性质

1. 信息率失真函数的定义域

信息率失真函数 $R(D)$ 中的自变量 D，是允许平均失真度，也就是人们规定的平均失真度 $\bar{D}$ 的上限值。那么 D 是不是可以任意选取呢？当然不是。它必须根据固定信源 X 的统计特性 $P(X)$ 和选定的失真函数 $d(a_i, b_j)$，在平均失真度 $\bar{D}$ 的可能取值范围内，合理地选择某一值作为允许的平均失真度。所以，率失真函数的定义域问题就是在信源和失真度已知的情况下，讨论 D 的最小和最大取值问题。

根据式（7.1.3）平均失真度 $\bar{D}$ 的定义，$\bar{D}$ 是非负函数 $d(a_i, b_j)$ 的数学期望。因此，$\bar{D}$ 也是一个非负的函数，显然其下限为零。那么，允许平均失真度 D 的下限也必然是零，这就是不允许任何失真的情况。

D 能否达到其下限值零，与单个符号的失真度有关。对于每一个 a_i，找出一个 b_j 与之

相对应，使 $d(a_i, b_j)$ 最小，不同的 a_i，对应的最小 $d(a_i, b_j)$ 也不同。这相当于在失真矩阵的每一行找出一个最小的 $d(a_i, b_j)$，各行的最小 $d(a_i, b_j)$ 值都不同。对所有这些不同的最小值求数学期望，就是所谓的信源的**最小平均失真度**。即

$$D_{\min} = \sum_{i=1}^{n} p(a_i) \min_j d(a_i, b_j)$$

显然，只有当失真矩阵的每一行至少有一个零元素时，信源的平均失真度才能达到下限值零。

当 $D_{\min} = 0$，也就是说，信源不允许任何失真存在时，信息率至少应等于信源输出的平均信息量——信源熵。即

$$R(0) = H(X)$$

对于连续信源，一般有

$$\lim_{D \to 0} R(D) \to \infty$$

这是因为在连续变量的情况下，虽然信源熵是有限的，但信息量是无穷大。由于实际信道的容量总是有限的，所以要无失真地传送这种连续信息是不可能的。只有当允许失真，并且 $R(D)$为有限值时，传送才是可能的。

平均失真度也有一个最大值 $D_{\max}$。根据率失真函数的定义，$R(D)$是在一定约束条件下平均互信息量 $I(X;Y)$ 的极小值。由于 $I(X;Y)$ 是非负的，$R(D)$也必然是非负的，其下限值必为零。从直观概念上来说，不允许任何失真时，平均传送一个信源符号所需的信息率最大，即必须等于信源熵，这也是平均互信息量的上限值。当允许一定的失真存在时，传送信源符号所需的信息率就可小些。反过来说，必需的信息率越小，容忍的失真就越大。当 $R(D)$等于零时，对应的平均失真最大，也就是 $R(D)$函数定义域的上界值 $D_{\max}$，如图 7.1.1 所示。

信息率失真函数是平均互信息量的极小值。当 $R(D) = 0$ 时，即平均互信息量的极小值等于零。当 $D > D_{\max}$ 时，从数学意义上讲，因为 $R(D)$是非负函数，所以它仍只能等于零。由前面的讨论已知，这相当于输入 X 和输出 Y 统计独立的情况。意味着在接收端收不到信源发送的任何信息，与信源不发送任何信息是等效的。换句话说，传送信源符号的信息率可以压缩至零。

现在我们来计算 $D_{\max}$ 的值。令试验信道特性为

$$p(b_j / a_i) = p(b_j),\ i = 1, 2, \cdots, n \qquad (7.1.6)$$

此时 X 和 Y 相互独立，等效于通信中断的情况，因此必有 $I(X;Y) = 0$，也就是 $R(D) = 0$。满足式（7.1.6）的试验信道有许多，相应地可求出许多平均失真值，这类平均失真值的下界，就是 $D_{\max}$。

将式（7.1.6）代入平均失真度的定义式，得

$$D_{\max} = \min_{p(b_j)} \sum_{j=1}^{m} \sum_{i=1}^{n} p(a_i) p(b_j) d(a_i, b_j)$$

$$= \min_{p(b_j)} \sum_{j=1}^{m} p(b_j) \sum_{i=1}^{n} p(a_i) d(a_i, b_j)$$

令

$$\sum_{i=1}^{n} p(a_i) d(a_i, b_j) = D_j \qquad (7.1.7)$$

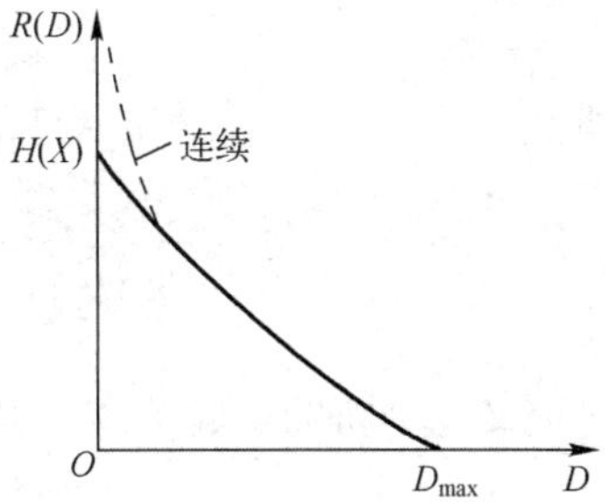

图 7.1.1 $R(D)$函数的一般形式

则
$$D_{\max}=\min_{p(b_j)}\sum_{j=1}^{m}p(b_j)D_j \tag{7.1.8}$$
式（7.1.8）是用不同的概率分布$\{p(b_j)\}$对D_j求数学期望，取数学期望当中最小的一个作为$D_{\max}$。实际上是用$p(b_j)$对D_j进行线性分配，使线性分配的结果最小。

当$p(a_i)$和$d(a_i,b_j)$已给定时，必可计算出D_j。D_j随j的变化而变化。$p(b_j)$是任选的，只需满足非负性和归一性。若 D_s 是所有D_j当中最小的一个，我们可取 $p(b_s)=1$，其他$p(b_j)$为零，此时D_j的线性分配值（或数学期望）必然最小，即有
$$p(b_j)=\begin{cases}1, & j=s\\ 0, & j\neq s\end{cases}$$
$$D_{\max}=\min_{j}D_j \tag{7.1.9}$$

【例 7.1.1】 二元信源为$\begin{Bmatrix}a_1 & a_2\\ 0.4 & 0.6\end{Bmatrix}$，相应的失真矩阵为$\begin{bmatrix}\alpha & 0\\ 0 & \alpha\end{bmatrix}$，计算$D_{\max}$。

解：由定义
$$D_1=0.4\alpha，D_2=0.6\alpha$$
所以
$$D_{\max}=\min(D_1, D_2)=0.4\alpha$$

综上所述，$R(D)$的定义域为$(D_{\min}, D_{\max})$。一般情况下$D_{\min}=0$，$R(D_{\min})=H(X)$；当$D\geqslant D_{\max}$时，$R(D)=0$；而当$D_{\min}<D<D_{\max}$时，$H(X)>R(D)>0$。

2．信息率失真函数对允许平均失真度的下凸性

根据凸函数的定义，所谓下凸性是指对任意 $0\leqslant\theta\leqslant1$ 和任意平均失真度 $D'\leqslant D_{\max}$、$D''\leqslant D_{\max}$，有
$$R\left[\theta D'+(1-\theta)D''\right]\leqslant\theta R(D')+(1-\theta)R(D'')$$

证明：设给定信源X并规定失真度$d(a_i,b_j)$ $(i=1,2,\cdots,n;\ j=1,2,\cdots,m)$。在$R(D)$函数的定义域内选取允许平均失真度 D'和 D''。再设$p_1(b_j/a_i)$和$p_2(b_j/a_i)$决定的两个试验信道分别达到相应的信息率失真函数$R(D')$和$R(D'')$。即在保真度准则
$$\bar{D}_1=\sum_{i=1}^{n}\sum_{j=1}^{m}p(a_i)p_1(b_j/a_i)d(a_i,b_j)\leqslant D'$$
和
$$\bar{D}_2=\sum_{i=1}^{n}\sum_{j=1}^{m}p(a_i)p_2(b_j/a_i)d(a_i,b_j)\leqslant D''$$
下，分别有
$$I(X;Y_1)=\sum_{i=1}^{n}\sum_{j=1}^{m}p(a_i)p_1(b_j/a_i)\log_2\frac{p_1(b_j/a_i)}{p_1(b_j)}=R(D')$$
和
$$I(X;Y_2)=\sum_{i=1}^{n}\sum_{j=1}^{m}p(a_i)p_2(b_j/a_i)\log_2\frac{p_2(b_j/a_i)}{p_2(b_j)}=R(D'')$$
其中
$$p_1(b_j)=\sum_{i=1}^{n}p(a_i)p_1(b_j/a_i)\qquad p_2(b_j)=\sum_{i=1}^{n}p(a_i)p_2(b_j/a_i)$$
现定义一个新的试验信道，其传递概率为
$$p(b_j/a_i)=\theta p_1(b_j/a_i)+(1-\theta)p_2(b_j/a_i)$$

新试验信道的平均失真度为

$$
\begin{aligned}
\bar{D} &= \sum_{i=1}^{n}\sum_{j=1}^{m} p(a_i)p(b_j/a_i)\,d(a_i,b_j) \\
&= \sum_{i=1}^{n}\sum_{j=1}^{m} p(a_i)\left[\theta p_1(b_j/a_i)+(1-\theta)p_2(b_j/a_i)\right]d(a_i,b_j) \\
&= \theta\sum_{i=1}^{n}\sum_{j=1}^{m} p(a_i)p_1(b_j/a_i)\,d(a_i,b_j)+(1-\theta)\sum_{i=1}^{n}\sum_{j=1}^{m} p(a_i)p_2(b_j/a_i)\,d(a_i,b_j) \\
&= \theta\bar{D}_1+(1-\theta)\bar{D}_2 \leqslant \theta D'+(1-\theta)D''
\end{aligned}
$$

若选定允许平均失真度

$$D=\theta D'+(1-\theta)D''$$

则新试验信道满足保真度准则 $\bar{D}\leqslant D$。但它不一定是达到 $R(D)$的试验信道，所以一般有

$$I(X;Y)\geqslant R(D)=R\left[\theta D'+(1-\theta)D''\right] \tag{7.1.10}$$

对于固定信源 X 来说，平均互信息量是信道转移概率 $p(b_j/a_i)$ 的下凸函数，所以

$$
\begin{aligned}
I(X;Y) &\leqslant \theta I(X;Y_1)+(1-\theta)I(X;Y_2) \\
&= \theta R(D')+(1-\theta)R(D'')
\end{aligned} \tag{7.1.11}
$$

综合式（7.1.10）和式（7.1.11），得

$$R\left[\theta D'+(1-\theta)D''\right]\leqslant \theta R(D')+(1-\theta)R(D'')$$

证明了 $R(D)$在定义域内是 D 的下凸函数。

3．信息率失真函数的单调递减和连续性

由于 $R(D)$函数具有凸函数性，保证了它在定义域内是连续的。

用 $R(D)$函数的下凸性可以证明它是严格递减的。即在 $D_{\min}<D<D_{\max}$ 范围内 $R(D)$不可能为常数。

证明：设有区间$[D',D'']$，且有 $D_{\min}<D'<D''<D_{\max}$，若 $R(D)$函数在该区间上为常数，则 $R(D)$就不是严格递减的。现在来证明这一假设不成立。

设 $p_1(b_j/a_i)$ 和 $p_0(b_j/a_i)$ 是分别达到相应的信息率失真函数 $R(D')$和 $R(D_{\max})$ 的两个试验信道，若 Y_1 和 Y_0 分别表示这两个试验信道的输出符号集，则有平均失真度

$$\bar{D}_1=\sum_{i=1}^{n}\sum_{j=1}^{m} p(a_i)p_1(b_j/a_i)d(a_i,b_j)\leqslant D' \qquad R(D')=I(X;Y_1)$$

$$\bar{D}_0=\sum_{i=1}^{n}\sum_{j=1}^{m} p(a_i)p_0(b_j/a_i)d(a_i,b_j)\leqslant D_{\max} \qquad R(D_{\max})=I(X;Y_0)=0$$

对于足够小的θ，总能找到$\theta>0$，使得

$$D'<\theta D_{\max}+(1-\theta)D'<D''$$

现在定义一个新的试验信道，设其信道转移概率为

$$p(b_j/a_i)=\theta p_0(b_j/a_i)+(1-\theta)p_1(b_j/a_i)$$

再设

$$D=\theta D_{\max}+(1-\theta)D'$$

则

$$D'<D<D'' \tag{7.1.12}$$

对应于新试验信道的平均失真度为

$$\bar{D}=\sum_{i=1}^{n}\sum_{j=1}^{m}p(a_i)p(b_j/a_i)d(a_i,b_j)=\theta\bar{D}_0+(1-\theta)\bar{D}_1$$
$$\leqslant\theta D_{\max}+(1-\theta)D'=D$$

可见新试验信道满足保真度准则，但它不一定是达到信息率失真函数的试验信道，故一般有

$$R(D)\leqslant I(X;Y) \tag{7.1.13}$$

由平均互信息量对信道传递特性 $p(b_j/a_i)$ 的下凸性，有

$$\begin{aligned}I(X;Y)&\leqslant \theta I(X;Y_0)+(1-\theta)I(X;Y_1)\\&=(1-\theta)R(D')<R(D')\end{aligned} \tag{7.1.14}$$

综合式（7.1.12）、式（7.1.13）和式（7.1.14）可知，当 $D>D'$时，$R(D)<R(D')$。即在区域$[D',D'']$内，$R(D)$不为常数。这就与起初的假设矛盾，因而$R(D)$是严格递减的。

$R(D)$的非增性也是容易理解的。因为允许的失真越大，所要求的信息率可以越小。根据率失真函数的定义，它是在平均失真度小于或等于允许的平均失真度 D 的所有信道集合 P_D 中，取平均互信息量$I(X;Y)$的最小值。当允许失真度扩大时，P_D 集合也扩大，当然仍包含原来满足条件的所有信道。这时在扩大的 P_D 集合中找$I(X;Y)$的最小值，显然该最小值或者不变，或者变小，所以$R(D)$是非增的。

根据上述几点性质，可以画出信息率失真函数的一般形式，如图 7.1.1 所示。图中$R(0)=H(X)$，$R(D_{\max})=0$，决定了曲线边缘上的两个点。而在 0 和$D_{\max}$之间，$R(D)$是单调递减的下凸函数。在连续信源的情况下，当$D\to 0$时，$R(D)\to\infty$，曲线将不与$R(D)$轴相交。

7.2 离散信源信息率失真函数

对于离散信源来说，求信息率失真函数$R(D)$与求信道容量 C 类似，是一个在有约束条件下求平均互信息量极值的问题，只是约束条件不同。另外，C 是求平均互信息量的条件极大值而 $R(D)$是求平均互信息量的条件极小值。具体来说，就是已知信源概率分布函数$\{p(a_i)\}$和失真函数$d(a_i,b_j)$，在满足保真度准则$\bar{D}\leqslant D$的条件下，在试验信道集合 P_D 当中选择$\{p(b_j/a_i)\}$使平均互信息量

$$I(X;Y)=\sum_{i=1}^{n}\sum_{j=1}^{m}p(a_i)p(b_j/a_i)\ln\frac{p(b_j/a_i)}{p(b_j)}$$

最小，并使

$$\sum_{j=1}^{m}p(b_j/a_i)=1,\ \ i=1,2,\cdots,n$$

和

$$\sum_{i=1}^{n}\sum_{j=1}^{m}p(a_i)p(b_j/a_i)d(a_i,b_j)=\bar{D}$$

为方便起见，在$I(X;Y)$的公式中，我们用了自然对数。用拉格朗日乘数法，原则上可以求出上述最小值，但是要得到它的显式表达式一般是很困难的，通常只能求出率失真函数的参量表达式。

7.2.1 离散信源信息率失真函数的参量表达式

已知平均互信息量

$$I(X;Y)=\sum_{i=1}^{n}\sum_{j=1}^{m}p(a_i)p(b_j/a_i)\ln\frac{p(b_j/a_i)}{p(b_j)} \tag{7.2.1}$$

$$\begin{cases}\overline{D}=\sum_{i=1}^{n}\sum_{j=1}^{m}p(a_i)p(b_j/a_i)d(a_i,b_j)\\ \sum_{j=1}^{m}p(b_j/a_i)=1,\ \ i=1,2,\cdots,n\end{cases} \tag{7.2.2}$$

其中
$$p(b_j)=\sum_{i=1}^{n}p(a_i)p(b_j/a_i)$$

为了在式（7.2.2）的$(n+1)$个条件的限制下，求$I(X;Y)$的极值，我们引入拉格朗日乘数S和$\mu_i\ (i=1,2,\cdots,n)$，构造一个新的函数

$$\varPhi=I(X;Y)-S\left[\sum_{i=1}^{n}\sum_{j=1}^{m}p(a_i)p(b_j/a_i)d(a_i,b_j)-\bar{D}\right]-\mu_i\left[\sum_{j=1}^{m}p(b_j/a_i)-1\right] \tag{7.2.3}$$

$\varPhi$对$p(b_j/a_i)$求偏导数，并令导数为零，即

$$\frac{\partial\varPhi}{\partial p(b_j/a_i)}=0$$

先求平均互信息$I(X;Y)$对$p(b_j/a_i)$的偏导数。将式（7.2.1）展开

$$\begin{aligned}\frac{\partial I(X;Y)}{\partial p(b_j/a_i)}&=\frac{\partial}{\partial p(b_j/a_i)}\left[\sum_{i=1}^{n}\sum_{j=1}^{m}p(a_i)p(b_j/a_i)\ln p(b_j/a_i)\right]-\\&\quad\frac{\partial}{\partial p(b_j/a_i)}\left[\sum_{i=1}^{n}\sum_{j=1}^{m}p(a_i)p(b_j/a_i)\ln p(b_j)\right]\\&=\left[p(a_i)\ln p(b_j/a_i)+p(a_i)\frac{p(b_j/a_i)}{p(b_j/a_i)}\right]-\\&\quad\left[p(a_i)\ln p(b_j)+\frac{p(a_i)}{p(b_j)}\cdot\sum_{i=1}^{n}p(a_i)p(b_j/a_i)\right]\\&=p(a_i)[\ln p(b_j/a_i)+1]-p(a_i)[\ln p(b_j)+1]\\&=p(a_i)\ln\frac{p(b_j/a_i)}{p(b_j)}\end{aligned}$$

再求式（7.2.3）等号右边第二项对$p(b_j/a_i)$的偏导数

$$\frac{\partial}{\partial p(b_j/a_i)}\left[-S\sum_{i=1}^{n}\sum_{j=1}^{m}p(a_i)p(b_j/a_i)d(a_i,b_j)-\bar{D}\right]=-Sp(a_i)d(a_i,b_j)$$

最后求式（7.2.3）等号右边第三项对$p(b_j/a_i)$的偏导数

$$\frac{\partial}{\partial p(b_j/a_i)}\left\{-\mu_i\left[\sum_{j=1}^{m}p(b_j/a_i)-1\right]\right\}=-\mu_i$$

三项偏导数相加，并令导数为0，得

$$p(a_i)[\ln p(b_j/a_i)-\ln p(b_j)-Sd(a_i,b_j)]-\mu_i=0 \tag{7.2.4}$$

上式两边除以$p(a_i)$并令

$$\ln\lambda_i=\mu_i/p(a_i) \tag{7.2.5}$$

将式（7.2.5）代入式（7.2.4）并整理，得

$$\ln p(b_j / a_i) = \ln p(b_j)\,\lambda_i + Sd(a_i, b_j)$$

上式两边取指数，解得 mn 个关于 $p(b_j / a_i)$ 的方程

$$p(b_j / a_i) = p(b_j)\lambda_i \mathrm{e}^{Sd(a_i, b_j)} \qquad i = 1, 2, \cdots, n;\ j = 1, 2, \cdots, m \tag{7.2.6}$$

上式两边对 j 求和并注意条件式（7.2.2），有

$$1 = \lambda_i \sum_{j=1}^{m} p(b_j) \mathrm{e}^{Sd(a_i, b_j)} \tag{7.2.7}$$

将式（7.2.6）两边乘以 $p(a_i)$ 再对 i 求和得

$$p(b_j) = p(b_j) \sum_{i=1}^{n} \lambda_i p(a_i) \mathrm{e}^{Sd(a_i, b_j)}$$

或

$$\sum_{i=1}^{n} \lambda_i p(a_i) \mathrm{e}^{Sd(a_i, b_j)} = 1 \qquad p(b_j) \neq 0,\ j = 1, 2, \cdots, m \tag{7.2.8}$$

由式（7.2.8）解出 λ_i，代入式（7.2.7）得到 m 个关于 $p(b_j)$ 的联立方程式

$$\sum_{i=1}^{n} \frac{p(a_i) \mathrm{e}^{Sd(a_i, b_j)}}{\sum_{k=1}^{m} p(b_k) \mathrm{e}^{Sd(a_i, b_k)}} = 1 \qquad j = 1, 2, \cdots, m$$

由此解出以 S 为参量的 $p(b_j)$。再将解出的 λ_i 和 $p(b_j)$ 代入式（7.2.6），即可求得 mn 个以 S 为参量的 $p(b_j / a_i)$。最后，将这 mn 个 $p(b_j / a_i)$ 分别代入式（7.2.2）和式（7.2.1），得到以 S 为参量的平均失真函数 $D(S)$和信息率失真函数 $R(S)$，即

$$D(S) = \sum_{i=1}^{n} \sum_{j=1}^{m} p(a_i) p(b_j) d(a_i, b_j) \lambda_i \mathrm{e}^{Sd(a_i, b_j)} \tag{7.2.9}$$

$$\begin{aligned} R(S) &= \sum_{i=1}^{n} \sum_{j=1}^{m} p(a_i) p(b_j) \lambda_i \mathrm{e}^{Sd(a_i, b_j)} \ln \frac{p(b_j) \lambda_i \mathrm{e}^{Sd(a_i, b_j)}}{p(b_j)} \\ &= SD(S) + \sum_{i=1}^{n} \sum_{j=1}^{m} p(a_i) p(b_j) \lambda_i \mathrm{e}^{Sd(a_i, b_j)} \ln \lambda_i \\ &= SD(S) + \sum_{i=1}^{n} p(a_i) \ln \lambda_i \sum_{j=1}^{m} p(b_j / a_i) \\ &= SD(S) + \sum_{i=1}^{n} p(a_i) \ln \lambda_i \end{aligned} \tag{7.2.10}$$

选择使 $p(b_j)$ 非负的所有 S，得到 D 和 R 值，可以画出 $R(D)$曲线，如图 7.2.1 所示。

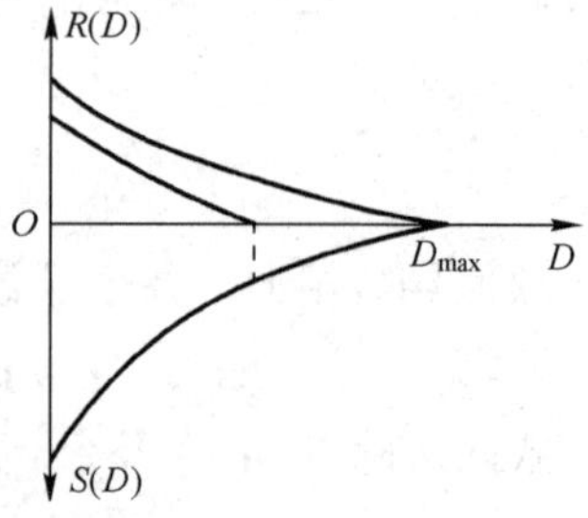

图 7.2.1　$R(D)$曲线

下面求 S 的可能取值范围。可以证明，S 就是 $R(D)$函数的斜率。

证明：

$$\begin{aligned} \frac{\mathrm{d}R}{\mathrm{d}D} &= \frac{\partial R}{\partial D} + \frac{\partial R}{\partial S} \frac{\mathrm{d}S}{\mathrm{d}D} + \sum_{i=1}^{n} \frac{\partial R}{\partial \lambda_i} \frac{\mathrm{d}\lambda_i}{\mathrm{d}D} \\ &= S + D \frac{\mathrm{d}S}{\mathrm{d}D} + \sum_{i=1}^{n} \frac{p(a_i)}{\lambda_i} \frac{\mathrm{d}\lambda_i}{\mathrm{d}D} \\ &= S + \left[D + \sum_{i=1}^{n} \frac{p(a_i)}{\lambda_i} \frac{\mathrm{d}\lambda_i}{\mathrm{d}S} \right] \frac{\mathrm{d}S}{\mathrm{d}D} \end{aligned} \tag{7.2.11}$$

式（7.2.8）两边对 S 取导数得

$$\sum_{i=1}^{n}\left[p(a_i)\mathrm{e}^{Sd(a_i,b_j)}\frac{\mathrm{d}\lambda_i}{\mathrm{d}S}+\lambda_i p(a_i)d(a_i,b_j)\mathrm{e}^{Sd(a_i,b_j)}\right]=0$$

上式两边乘以 $p(b_j)$ 并对 j 求和得

$$\sum_{i=1}^{n}\sum_{j=1}^{m}p(a_i)p(b_j)\mathrm{e}^{Sd(a_i,b_j)}\frac{\mathrm{d}\lambda_i}{\mathrm{d}S}+\sum_{i=1}^{n}\sum_{j=1}^{m}p(a_i)p(b_j)d(a_i,b_j)\lambda_i\mathrm{e}^{Sd(a_i,b_j)}$$
$$=\sum_{i=1}^{n}\sum_{j=1}^{m}p(a_i)p(b_j)\mathrm{e}^{Sd(a_i,b_j)}\frac{\mathrm{d}\lambda_i}{\mathrm{d}S}+D(S)=0$$

由式（7.2.7）得

$$\left[\sum_{i=1}^{n}\frac{p(a_i)}{\lambda_i}\frac{\mathrm{d}\lambda_i}{\mathrm{d}S}+D\right]=0$$

代入式（7.2.11）得

$$\frac{\mathrm{d}R}{\mathrm{d}D}=S$$

即证明了参数 S 就是 $R(D)$函数的斜率。

由于 $R(D)$函数的严格递减和下凸性，斜率 S 必然是负值，且 $\frac{\mathrm{d}S}{\mathrm{d}D}>0$，即 S 是 D 的递增函数，由图 7.2.1 可见，D 从 0 变到 $D_{\max}$，S 将逐渐增加。

由式（7.2.9）可以看出，$D=0$ 时，该式左边为 0，而右边的 $p(a_i)$，$p(b_j)$，λ_i 和 $d(a_i,b_j)$ 均为非负数，它们的积也必为非负值，由于 $\mathrm{e}^{Sd(a_i,b_j)}$ 也是非负值，所以式（7.2.9）右边是 mn 项非负值之和，而这 mn 项不会都是零，只要有一项不为零，要使 $D=0$，就必须使 $S\to-\infty$。换句话说，S 的最小值趋于负无穷。由图 7.2.1 可见，这正是 $D=0$ 处 $R(D)$的斜率。

以后的 S 将随着 D 的增大而逐渐增大，当 $D=D_{\max}$ 时达到最大。这个最大值也是负值，可由式（7.2.9）算出。令 $D(S)=D_{\max}$，得 $S=S_{\max}$。由于 $R(D)$的严格递减性，$S_{\max}$ 将是某一个负值，最大值是零。

当 $D>D_{\max}$ 时，$R\equiv 0$，$S=0$，$\mathrm{d}R/\mathrm{d}D=0$。所以在 $D=D_{\max}$ 处，除某些特例外，S 将从某一个负值跳到零，也就是说，S 在此点不连续。但在 D 的定义域$[0,D_{\max}]$内，除某些特例外，S 将是 D 的连续函数。

7.2.2 二元及等概率离散信源的信息率失真函数

【例 7.2.1】 设二元信源 $\begin{pmatrix}X\\P(X)\end{pmatrix}=\begin{Bmatrix}a_1 & a_2\\p & 1-p\end{Bmatrix}$，其中 $p\leqslant\frac{1}{2}$，所以$1-p\geqslant\frac{1}{2}$。再设失真度为对称函数，相应的失真矩阵为

$$\boldsymbol{D}=\begin{bmatrix}0 & \alpha\\ \alpha & 0\end{bmatrix},\ \alpha>0$$

输出符号集 $Y\in\{0,1\}$，计算信息率失真函数 $R(D)$。

解： 由式（7.1.7）至式（7.1.9）有

$$D_j=\sum_{i=1}^{n}p(a_i)d(a_i,b_j)$$

$$D_{\max}=\min_{p(b_j)}\sum_{j=1}^{m}p(b_j)D_j$$

$$D_{\max}=\min_j D_j=\min_j \sum_{i=1}^{n} p(a_i)d(a_i,b_j) \quad (7.2.12)$$

将已知条件代入式（7.2.12）得

$$\boldsymbol{D}_j=[D_1 \ \ D_2]=[p \ \ 1-p]\begin{bmatrix}0 & \alpha \\ \alpha & 0\end{bmatrix}=[\alpha(1-p) \ \ \alpha p]$$

已知 $p \leqslant 1/2$，故有 $D_2 \leqslant D_1$，则

$$D_{\max}=\min_j D_j=D_2=\alpha p \quad (7.2.13)$$

由式（7.2.8）有
$$\begin{cases}\lambda_1 p(a_1)\mathrm{e}^{Sd(a_1,b_1)}+\lambda_2 p(a_2)\mathrm{e}^{Sd(a_2,b_1)}=1\\ \lambda_1 p(a_1)\mathrm{e}^{Sd(a_1,b_1)}+\lambda_2 p(a_2)\mathrm{e}^{Sd(a_2,b_2)}=1\end{cases}$$

代入已知值得
$$\begin{cases}\lambda_1 p+\lambda_2(1-p)\mathrm{e}^{\alpha S}=1\\ \lambda_1 p\mathrm{e}^{\alpha S}+\lambda_2(1-p)=1\end{cases}$$

解得
$$\lambda_1=\frac{1}{p(1+\mathrm{e}^{\alpha S})} \qquad \lambda_2=\frac{1}{(1-p)(1+\mathrm{e}^{\alpha S})} \quad (7.2.14)$$

由式（7.2.7）有
$$\begin{cases}p(b_1)\mathrm{e}^{Sd(a_1,b_1)}+p(b_2)\mathrm{e}^{Sd(a_1,b_2)}=1/\lambda_1\\ p(b_1)\mathrm{e}^{Sd(a_2,b_1)}+p(b_2)\mathrm{e}^{Sd(a_2,b_2)}=1/\lambda_2\end{cases}$$

将λ_i和 $d(a_i,b_j)$ 的值代入上式得

$$\begin{cases}p(b_1)+p(b_2)\mathrm{e}^{S\alpha}=p[1+\mathrm{e}^{S\alpha}]\\ p(b_1)\mathrm{e}^{S\alpha}+p(b_2)=(1-p)[1+\mathrm{e}^{S\alpha}]\end{cases}$$

解得
$$p(b_1)=\frac{p-(1-p)\mathrm{e}^{S\alpha}}{1-\mathrm{e}^{S\alpha}},\ p(b_2)=\frac{(1-p)-p\mathrm{e}^{S\alpha}}{1-\mathrm{e}^{S\alpha}} \quad (7.2.15)$$

将λ_i和 $p(b_j)$ 代入式（7.2.6），得

$$\begin{cases}p(b_1/a_1)=p(b_1)\lambda_1\mathrm{e}^{Sd(a_1,b_1)}\\ p(b_1/a_2)=p(b_1)\lambda_2\mathrm{e}^{Sd(a_2,b_1)}\\ p(b_2/a_1)=p(b_2)\lambda_1\mathrm{e}^{Sd(a_1,b_2)}\\ p(b_2/a_2)=p(b_2)\lambda_2\mathrm{e}^{Sd(a_2,b_2)}\end{cases}$$

解得
$$\begin{aligned}&p(b_1/a_1)=\frac{p-(1-p)\mathrm{e}^{S\alpha}}{p(1-\mathrm{e}^{2S\alpha})} \qquad p(b_1/a_2)=\frac{p-(1-p)\mathrm{e}^{S\alpha}}{(1-p)(1-\mathrm{e}^{2S\alpha})}\mathrm{e}^{S\alpha}\\ &p(b_2/a_1)=\frac{(1-p)-p\mathrm{e}^{S\alpha}}{p(1-\mathrm{e}^{2S\alpha})}\mathrm{e}^{S\alpha} \quad p(b_2/a_2)=\frac{(1-p)-p\mathrm{e}^{S\alpha}}{(1-p)(1-\mathrm{e}^{2S\alpha})}\end{aligned} \quad (7.2.16)$$

将上述结果再代入式（7.2.9）和式（7.2.10）得

$$\begin{aligned}D(s)&=d(a_1,b_1)p(a_1)p(b_1)\lambda_1\mathrm{e}^{Sd(a_1,b_1)}+d(a_2,b_1)p(a_2)p(b_1)\lambda_1\mathrm{e}^{Sd(a_2,b_1)}+\\ &\quad d(a_1,b_2)p(a_1)p(b_2)\lambda_2\mathrm{e}^{Sd(a_1,b_2)}+d(a_2,b_2)p(a_2)p(b_2)\lambda_2\mathrm{e}^{Sd(a_2,b_2)}\\ &=\alpha(1-p)\frac{p-(1-p)\mathrm{e}^{S\alpha}}{1-\mathrm{e}^{S\alpha}}\cdot\frac{\mathrm{e}^{S\alpha}}{(1-p)(1+\mathrm{e}^{S\alpha})}+\alpha p\frac{(1-p)-p\mathrm{e}^{S\alpha}}{1-\mathrm{e}^{S\alpha}}\cdot\frac{\mathrm{e}^{S\alpha}}{p(1+\mathrm{e}^{S\alpha})}\\ &=\frac{\alpha\mathrm{e}^{S\alpha}}{1+\mathrm{e}^{S\alpha}}\end{aligned} \quad (7.2.17)$$

$$
\begin{aligned}
R(S) &= \frac{S\alpha e^{S\alpha}}{1+e^{S\alpha}} + p\ln\lambda_1 + (1-p)\ln\lambda_2 \\
&= \frac{S\alpha e^{S\alpha}}{1+e^{S\alpha}} - p\ln p - (1-p)\ln(1-p) - \ln(1+e^{S\alpha})
\end{aligned}
$$

对于这种简单信源，可以从式（7.2.17）解出 S 与 D 的显式表达式。

$$
S = \frac{1}{\alpha}\ln\frac{D/\alpha}{1-D/\alpha} \tag{7.2.18}
$$

将上式分别代入式（7.2.14）、式（7.2.15）和式（7.2.16）可得

$$
\lambda_1 = \frac{1-\frac{D}{\alpha}}{p} \qquad \lambda_2 = \frac{1-\frac{D}{\alpha}}{1-p} \tag{7.2.19}
$$

$$
p(b_1) = \frac{p-\frac{D}{\alpha}}{1-\frac{2D}{\alpha}} \qquad p(b_2) = \frac{(1-p)-\frac{D}{\alpha}}{1-\frac{2D}{\alpha}} \tag{7.2.20}
$$

$$
\begin{cases}
p(b_1/a_1) = \dfrac{\left(1-\frac{D}{\alpha}\right)\left(p-\frac{D}{\alpha}\right)}{p\left(1-\frac{2D}{\alpha}\right)} & p(b_1/a_2) = \dfrac{D\left(p-\frac{D}{\alpha}\right)}{\alpha(1-p)\left(1-\frac{2D}{\alpha}\right)} \\
p(b_2/a_1) = \dfrac{D\left(1-p-\frac{D}{\alpha}\right)}{\alpha p\left(1-\frac{2D}{\alpha}\right)} & p(b_2/a_2) = \dfrac{\left(1-\frac{D}{\alpha}\right)\left(1-p-\frac{D}{\alpha}\right)}{(1-p)\left(1-\frac{2D}{\alpha}\right)}
\end{cases} \tag{7.2.21}
$$

令 $D = D_{\max} = \alpha p$，得 $\qquad S_{\max} = \frac{1}{\alpha}\ln\frac{p}{1-p}$

最后得到 $R(D)$ 函数的显式表达式

$$
\begin{aligned}
R(D) &= \frac{D}{\alpha}\ln\frac{D}{\alpha} - \frac{D}{\alpha}\ln\left(1-\frac{D}{\alpha}\right) - p\ln p - (1-p)\ln(1-p) + \ln\left(1-\frac{D}{\alpha}\right) \\
&= H(p) - H\left(\frac{D}{\alpha}\right)
\end{aligned} \tag{7.2.22}
$$

上式等号右边的第一项是信源熵，第二项则是因容忍一定的失真而可能压缩的信息率。

在式（7.2.22）中，分别令 $D=0$ 和 $D = D_{\max} = \alpha p$，可以验证

$$
R(0) = H(p) \qquad R(D_{\max}) = 0
$$

通过以上步骤计算出来的 $R(D)$ 和 $S(D)$ 函数曲线如图 7.2.2 所示。图中 $\alpha=1$。这实际上是把 $d(a_i,b_j)$ 当成了误码个数，即 X 和 Y 不一致时，认为误了一个码元，所以 $d(a_i,b_j)$ 的数学期望就是平均误码率，能容忍的失真等效于能容忍的误码率。由图 7.2.2 还可以看出，$R(D)$ 不仅与 D 有关，还与 p 有关。概率分布不同，$R(D)$ 曲线就不一样。当 $p=1/4$ 时，能容忍的误码率也是 0.25，即不用传输信息便可达到。例如，不管信源发出的是 a_1 还是 a_2，都把它编成 a_2，则误码率就是信源发出 a_1 的概率 0.25。只送一种符号当然就不用传送信息，即 $R=0$，这就是 $R(D_{\max})=0$ 的含义。

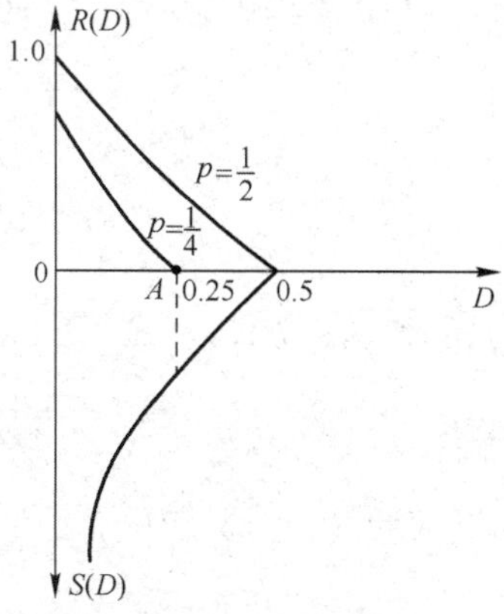

图 7.2.2　二元信源和对称失真函数的 $R(D)$ 和 $S(D)$ 函数曲线

从另一个方面来说，当 D 相同时，信源越趋于等概率分布，$R(D)$就越大。这也不难理解，因为在 D 固定的条件下，由最大离散熵定理，信源越趋于等概率分布，其熵越大，即不确定性越大，去除该不确定性所需的信息传输率就越大，而 $R(D)$正是去除信源不确定性所必需的信息传输率。

关于 $S(D)$，由图 7.2.2 和式（7.2.18）可知，它与 p 无直接关系。因此 $S(D)$曲线只有一条，$p=0.5$ 和 $p=0.25$ 都可以用，但它们的定义域不同。$p=0.25$ 时，定义域是 $D=0$～0.25，即到图中的 A 点为止，此时 $S_{\max}=-1.59$。$D>0.25$ 时，$S(D)$就恒为零了。所以在 A 点，$S(D)$是不连续的。而当 $p=0.5$ 时，曲线延伸至 $D=0.5$ 处。此时 $S_{\max}=0$，故 $S(D)$是连续曲线，定义域已扩展到 $D=0$～0.5。

当上述二元信源呈等概率分布时，式（7.2.13）、式（7.2.19）、式（7.2.20）、式（7.2.21）和式（7.2.22）分别退化为

$$D_{\max}=\min_j D_j=D_2=\frac{1}{2}\alpha$$

$$\lambda_1=\frac{1-\dfrac{D}{\alpha}}{1/2}=2\left(1-\frac{D}{\alpha}\right) \qquad \lambda_2=\frac{1-\dfrac{D}{\alpha}}{1-1/2}=2\left(1-\frac{D}{\alpha}\right)=\lambda_1$$

$$p(b_1)=\frac{\dfrac{1}{2}-\dfrac{D}{\alpha}}{1-\dfrac{2D}{\alpha}}=\frac{1}{2}=p(b_2)$$

$$\begin{cases} p(b_1/a_1)=\dfrac{\left(1-\dfrac{D}{\alpha}\right)\left(\dfrac{1}{2}-\dfrac{D}{\alpha}\right)}{\dfrac{1}{2}\left(1-\dfrac{2D}{\alpha}\right)}=\dfrac{\alpha-D}{\alpha} & p(b_1/a_2)=\dfrac{D\left(\dfrac{1}{2}-\dfrac{D}{\alpha}\right)}{\alpha\left(1-\dfrac{1}{2}\right)\left(1-\dfrac{2D}{\alpha}\right)}=\dfrac{D}{\alpha} \\ p(b_2/a_1)=\dfrac{D\left(1-\dfrac{1}{2}-\dfrac{D}{\alpha}\right)}{\alpha\dfrac{1}{2}\left(1-\dfrac{2D}{\alpha}\right)}=p(b_1/a_2) & p(b_2/a_2)=\dfrac{\left(1-\dfrac{D}{\alpha}\right)\left(1-\dfrac{1}{2}-\dfrac{D}{\alpha}\right)}{\left(1-\dfrac{1}{2}\right)\left(1-\dfrac{2D}{\alpha}\right)}=p(b_1/a_1) \end{cases}$$

$$R(D)=\ln 2-H\left(\frac{D}{\alpha}\right)$$

这些结论很容易推广到 n 元等概率信源的情况。对于 n 元等概率信源，必有 $p(a_i)=1/n$，$i=1,2,\cdots,n$。当失真函数为对称失真函数，即

$$d(a_i,b_j)=\begin{cases}0, & i=j\\ \alpha, & i\neq j\end{cases}$$

时，有

$$D_{\max}=\min_j D_j=\left(1-\frac{1}{n}\right)\alpha$$

将 $p(a_i)$和 $d(a_i, b_j)$代入式（7.2.8）得到一组共 n 个方程，联立求解可得

$$\lambda_1=\lambda_2=\cdots=\lambda_n=\lambda=\frac{1}{\dfrac{1}{n}\left[1+(n-1)\mathrm{e}^{S\alpha}\right]}$$

将λ代入式（7.2.7）解出 n 个 $p(b_j)$：

$$p(b_j)=1/n,\ \ j=1,2,\cdots,n$$

将 $p(b_j),\lambda,d(a_i,b_j)$ 代入式（7.2.6）得 n^2 个 $p(b_j/a_i)$

$$p(b_j/a_i)=\begin{cases}\dfrac{1}{1+(n-1)\mathrm{e}^{S\alpha}}, & i=j\\[2ex] \dfrac{\mathrm{e}^{S\alpha}}{1+(n-1)\mathrm{e}^{S\alpha}}, & i\neq j\end{cases}$$

将 $p(a_i)$, $p(b_j)$, $\lambda, d(a_i,b_j)$ 代入式（7.2.9）得

$$D(S)=\frac{\alpha\left(n-1\right)\mathrm{e}^{S\alpha}}{[1+(n-1)\,\mathrm{e}^{S\alpha}]} \tag{7.2.23}$$

将λ, $D(S)$代入式（7.2.10）得

$$R(S)=SD(S)+\ln\lambda=\frac{S\alpha\left(n-1\right)\mathrm{e}^{S\alpha}}{[1+(n-1)\mathrm{e}^{S\alpha}]}+\ln\frac{n}{[1+(n-1)\mathrm{e}^{S\alpha}]}$$

由式（7.2.23）解出 S 与 D 的显式表达式

$$\mathrm{e}^{S\alpha}=\frac{\dfrac{D}{\alpha}}{(n-1)\left(1-\dfrac{D}{\alpha}\right)}\qquad S=\frac{1}{\alpha}\ln\frac{\dfrac{D}{\alpha}}{(n-1)\left(1-\dfrac{D}{\alpha}\right)}$$

最后得 $R(D)$的显式表达式

$$R(D)=\ln n+\frac{D}{\alpha}\ln\frac{\dfrac{D}{\alpha}}{(n-1)}+\left(1-\frac{D}{\alpha}\right)\ln\left(1-\frac{D}{\alpha}\right)$$

上式第一项是等概率信源的熵，即无失真传送信源所必需的信息率，后两项则是由于容忍一定失真可以压缩的信息率。

7.3　连续信源信息率失真函数

仿照离散信源失真函数、平均失真函数和信息率失真函数 $R(D)$的定义和计算方法，我们可以对连续信源的失真函数、平均失真函数和率失真函数进行定义和计算。

7.3.1　连续信源信息率失真函数的参量表达式

假设连续信源取值于整个实数轴 R，即 $X\in R=(-\infty,\ \infty)$，相应的概率密度函数为 $p(x)$，又设存在试验信道，且其信道转移概率密度函数为 $p(y/x)$，而信道的输出随机变量 $Y\in R=(-\infty,\ \infty)$，相应的概率密度函数为 $p(y)$。仿照离散信源情况，我们规定随机变量 X 和 Y 之间的失真函数为某一非负的二元函数 $d(x, y)\geqslant 0$，则平均失真度定义为

$$\bar{D}=\int_{-\infty}^{\infty}\int_{-\infty}^{\infty}p(xy)d(x,y)\mathrm{d}x\mathrm{d}y=\int_{-\infty}^{\infty}\int_{-\infty}^{\infty}p(x)p(y/x)d(x,y)\mathrm{d}x\mathrm{d}y \tag{7.3.1}$$

通过试验信道的平均互信息量为

$$I_{\mathrm{c}}(X;Y)=\int_{-\infty}^{\infty}\int_{-\infty}^{\infty}p(x)p(y/x)\log_2 p(y/x)\mathrm{d}x\mathrm{d}y-\int_{-\infty}^{\infty}p(y)\log_2 p(y)\mathrm{d}y$$

其中

$$p(y)=\int_{-\infty}^{\infty}p(x)p(y/x)\mathrm{d}x$$

且有

$$\int_{-\infty}^{\infty}p(x)\mathrm{d}x=1\,,\quad\int_{-\infty}^{\infty}p(y)\mathrm{d}y=1\,,\quad\int_{-\infty}^{\infty}p(y/x)\mathrm{d}y=1 \tag{7.3.2}$$

定义 P_D 为满足保真度准则

$$\bar{D}\leqslant D$$

的所有试验信道集合，则连续信源 X 的信息率失真函数为

$$R(D)=\inf_{p(y/x)\in P_D} I(X;Y) \tag{7.3.3}$$

式（7.3.3）中的“inf”是指下确界，相当于离散信源中的求极小值。严格地说，连续集合未必存在极小值，但是一定存在下确界。所谓下确界是指一个数，连续集合中的所有数都大于这个数，但又不等于这个数，而这个数又是小于这个集合的数当中最大的一个。例如，(0,1)集合中的数可无限接近于 0，但永远不等于 0。(0,1)集合中的所有数都比 0 大，同时 0 又是所有小于该集合的数当中最大的数。所以 0 就是(0,1)连续集合的下确界。

可以证明，$I(X;Y)$ 仍为 $p(y/x)$的下凸函数，求下确界仍然是一个在式（7.3.2）的条件下求极值的问题，只是要用变分法来代替偏导数为零的拉氏乘子法。

同离散情况类似，引入待定常数 S 和任意函数$\mu(x)$，并令$\left\{I(X;Y)-S[D(S)-\bar{D}]-\mu(x)\left[\int_{-\infty}^{\infty} p(y/x)\mathrm{d}y\right]\right\}$的变分为 0，令$\lambda(x)=\exp[\mu(x)/p(x)]$，解出$\lambda(x)$和 $p(y)$，即可求出 $R(D)$函数的参量表达式，其形式与离散情况类似，只是求和变成了积分：

$$D(S)=\int_{-\infty}^{+\infty}\int_{-\infty}^{+\infty}\lambda(x)p(x)p(y)\mathrm{e}^{Sd(x,y)}d(x,y)\mathrm{d}x\mathrm{d}y$$

$$R(S)=SD(S)+\int_{-\infty}^{\infty}p(x)\log_2\lambda(x)\mathrm{d}x$$

同样可以证明 S 是 $R(D)$的斜率，即

$$S=\frac{\mathrm{d}R}{\mathrm{d}D}$$

一般说来，在式（7.3.1）的积分存在的情况下，连续信源信息率失真函数 $R(D)$的解是存在的，但是直接求解通常比较困难，往往要用迭代算法通过计算机进行求解，仅在某些特殊情况下求解才比较简单。

7.3.2 高斯信源的信息率失真函数

假设连续信源的概率密度为一维正态分布函数，即

$$p(x)=\frac{1}{\sqrt{2\pi\sigma^2}}\mathrm{e}^{-\frac{(x-m)^2}{2\sigma^2}}$$

其数学期望 m 和方差σ^2分别为

$$m=\int_{-\infty}^{\infty}xp(x)\mathrm{d}x$$

$$\sigma^2=\int_{-\infty}^{\infty}(x-m)^2p(x)\mathrm{d}x \tag{7.3.4}$$

定义失真函数为 $d(x,y)=(x-y)^2$

即把均方误差作为失真。这表明通信系统中输入、输出信号之间的误差越大，引起的失真越严重，严重程度随误差增大呈平方性增长。根据式（7.3.1）的定义，平均失真度为

$$\begin{aligned}\bar{D}&=\int_{-\infty}^{\infty}\int_{-\infty}^{\infty}p(xy)d(x,y)\mathrm{d}x\mathrm{d}y=\int_{-\infty}^{\infty}\int_{-\infty}^{\infty}p(y)p(x/y)(x-y)^2\mathrm{d}x\mathrm{d}y\\&=\int_{-\infty}^{\infty}p(y)\mathrm{d}y\int_{-\infty}^{\infty}p(x/y)(x-y)^2\mathrm{d}x\end{aligned} \tag{7.3.5}$$

令 $$D(y)=\int_{-\infty}^{\infty}p(x/y)(x-y)^2\,\mathrm{d}x \quad (7.3.6)$$

比较式（7.3.4）和式（7.3.6）可知，$D(y)$代表输出随机变量 $Y=y$ 条件下，随机变量 X 的条件方差。

将 $D(y)$代入式（7.3.5）得 $$\bar{D}=\int_{-\infty}^{\infty}p(y)D(y)\mathrm{d}y \quad (7.3.7)$$

由限平均功率的最大连续熵定理，在 $Y=y$ 条件下的最大熵为

$$H_{\mathrm{c\,max}}(X/y)=\frac{1}{2}\log_2 2\pi\mathrm{e}D(y)$$

即 $$H_{\mathrm{c}}(X/y)=-\int_{-\infty}^{\infty}p(x/y)\log_2 p(x/y)\,\mathrm{d}x\leqslant\frac{1}{2}\log_2 2\pi\mathrm{e}D(y)$$

根据条件熵的定义，信道疑义度为

$$\begin{aligned}H_{\mathrm{c}}(X/Y)&=\int_{-\infty}^{\infty}p(y)H_c(X/y)\,\mathrm{d}y\\&\leqslant\int_{-\infty}^{\infty}p(y)\cdot\frac{1}{2}\log_2\left[2\pi\mathrm{e}D(y)\right]\mathrm{d}y\\&=\frac{1}{2}\log_2 2\pi\mathrm{e}\int_{-\infty}^{\infty}p(y)\mathrm{d}y+\frac{1}{2}\int_{-\infty}^{\infty}p(y)\log_2\left[D(y)\right]\,\mathrm{d}y\end{aligned}$$

其中 $$\int_{-\infty}^{\infty}p(y)\mathrm{d}y=1$$

由詹森不等式 $$\int_{-\infty}^{\infty}p(y)\log_2\left[D(y)\right]\,\mathrm{d}y\leqslant\log_2\int_{-\infty}^{\infty}p(y)D(y)\mathrm{d}y$$

并考虑式（7.3.7）的关系有

$$\begin{aligned}H_{\mathrm{c}}(X/Y)&\leqslant\frac{1}{2}\log_2 2\pi\mathrm{e}+\frac{1}{2}\log_2\int_{-\infty}^{\infty}p(y)D(y)\mathrm{d}y\\&=\frac{1}{2}\log_2 2\pi\mathrm{e}+\frac{1}{2}\log_2\bar{D}=\frac{1}{2}\log_2 2\pi\mathrm{e}\bar{D}\end{aligned}$$

在满足保真度准则 $\bar{D}\leqslant D$ 的条件下必有

$$H_{\mathrm{c}}(X/Y)\leqslant\frac{1}{2}\log_2 2\pi\mathrm{e}D$$

已知方差为σ^2的高斯信源熵为

$$H_{\mathrm{c}}(X)=\frac{1}{2}\log_2 2\pi\mathrm{e}\sigma^2 \quad (7.3.8)$$

则平均互信息量为 $$I_{\mathrm{c}}(X;Y)=H_{\mathrm{c}}(X)-H_{\mathrm{c}}(X/Y)\geqslant\frac{1}{2}\log_2 2\pi\mathrm{e}\sigma^2-\frac{1}{2}\log_2 2\pi\mathrm{e}D=\frac{1}{2}\log_2\frac{\sigma^2}{D}$$

由于 $R(D)$函数是试验信道满足保真度准则条件下的最小平均互信息量，所以它也满足上式，即

$$R(D)\geqslant\frac{1}{2}\log_2\frac{\sigma^2}{D} \quad (7.3.9)$$

下面分别讨论 σ^2/D 取不同值时 $R(D)$函数的值。为此，设计一个反向高斯加性试验信道，如图 7.3.1 所示。

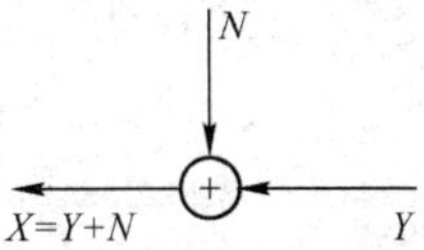

图 7.3.1 反向高斯加性试验信道

首先讨论 $D<\sigma^2$ 的情况。不失一般性，假设 N 是均值为 0、方差为 D 的高斯随机变量，即

$$\int_{-\infty}^{\infty}n^2p(n)\mathrm{d}n=D$$

Y 也是高斯随机变量，其均值为 0，方差为 $(\sigma^2 - D)$，即

$$\int_{-\infty}^{\infty} y^2 p(y) \mathrm{d}y = \sigma^2 - D$$

若 Y 与 N 相互统计独立，则 X 是 Y 和 N 的线性叠加，即 $X = Y+N$，根据随机过程理论，此时的 X 是均值为 0、方差为 $(\sigma^2 - D) + D = \sigma^2$ 的高斯随机变量，其连续熵的表达式与式（7.3.8）形式相同，只是 σ^2 的含义略有差异。可以证明，此时的反向试验信道特性等于噪声概率密度函数，即 $p(x/y) = p(n)$。这个反向高斯加性试验信道的平均失真度为

$$\begin{aligned}\bar{D} &= \int_{-\infty}^{\infty}\int_{-\infty}^{\infty} p(y)p(x/y)(x-y)^2 \mathrm{d}x\mathrm{d}y = \int_{-\infty}^{\infty}\int_{-\infty}^{\infty} p(y)p(n)n^2 \mathrm{d}n\mathrm{d}y \\ &= \int_{-\infty}^{\infty} p(y)\mathrm{d}y \int_{-\infty}^{\infty} p(n)n^2 \mathrm{d}n = \int_{-\infty}^{\infty} p(n)n^2 \mathrm{d}n = D\end{aligned}$$

上式说明我们设计的反向加性高斯信道满足保真度准则，所以它是反向试验信道集合 $P_D = \{p(x/y): \bar{D} \leqslant D\}$ 的一个反向试验信道。由它的特性 $p(x/y)$ 决定的条件熵 $H_c(X/Y)$ 等于高斯随机变量 N 的熵，即

$$H_c(X/Y) = H_c(N) = \frac{1}{2}\log_2 2\pi e D$$

通过这个反向高斯试验信道的平均互信息量为

$$I_c(X;Y) = H_c(X) - H_c(X/Y) = \frac{1}{2}\log_2 2\pi e\sigma^2 - \frac{1}{2}\log_2 2\pi e D = \frac{1}{2}\log_2 \frac{\sigma^2}{D}$$

根据信息率失真函数的定义，在反向试验信道集合 P_D 中必有

$$R(D) \leqslant I_c(X;Y) = \frac{1}{2}\log_2 \frac{\sigma^2}{D} \tag{7.3.10}$$

因为 $D < \sigma^2$，所以

$$\frac{1}{2}\log_2 \frac{\sigma^2}{D} > 0$$

综合式（7.3.9）和式（7.3.10）有

$$\frac{1}{2}\log_2 \frac{\sigma^2}{D} \leqslant R(D) \leqslant \frac{1}{2}\log_2 \frac{\sigma^2}{D}$$

得到 $D < \sigma^2$ 条件下，高斯信源的信息率失真函数为

$$R(D) = \frac{1}{2}\log_2 \frac{\sigma^2}{D}$$

当 $D = \sigma^2$ 时，易证明 $R(D) = 0$，于是 $R(\sigma^2) = 0$。考虑到率失真函数的单调递减性，当 $D > \sigma^2$ 时，有

$$R(D) \leqslant R(\sigma^2) = 0$$

由于 $R(D)$ 非负，所以恒有 $R(D) = 0$。

综合上述讨论结果，可得高斯信源在均方误差失真度下的信息率失真函数为

$$R(D) = \begin{cases} \frac{1}{2}\log_2 \frac{\sigma^2}{D}, & D < \sigma^2 \\ 0, & D \geqslant \sigma^2 \end{cases} \tag{7.3.11}$$

$R(D)$ 函数的曲线如图 7.3.2 所示。当信源

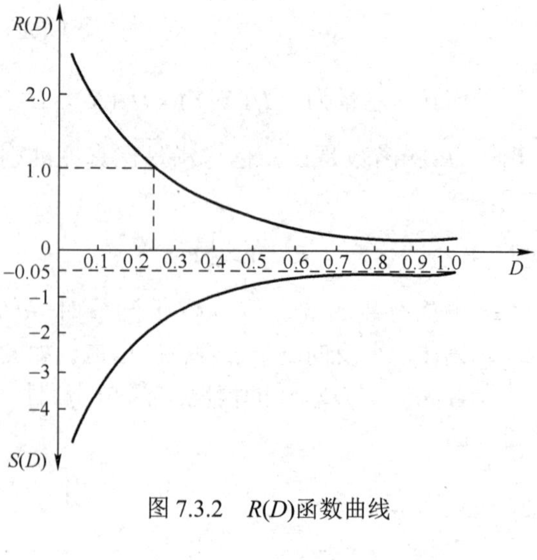

图 7.3.2　$R(D)$ 函数曲线

均值不为 0 时，仍有式（7.3.11）的结论。因为高斯信源的熵只与随机变量的方差有关，与均值无关。

由图可知，当 $D=0$ 时，$R(D)\to\infty$。说明在连续信源的情况下，要完全无失真地传送信源的全部信息，需要无限大的信息率，这是不可能的。当允许一定失真时，传送信源所需的信息率可以降低，意味着信源的信息率可以压缩，连续信源的率失真理论，正是连续信源量化、压缩的理论基础。当 $D=\sigma^2$ 时，$R(D)=0$。这一点也很容易理解，因为此时输出随机变量 Y 的方差 $(\sigma^2-D)=0$，输出端只需获知信源的均值 m，即可恢复信源，无须传送任何信息，故 $R(D)=0$。而当 $D>\sigma^2$ 时，根据率失真理论，$R(D)$应可进一步压缩，但 $R(D)$为非负函数，故 $R(D)$只能继续保持为 0，此时等效于通信中断的情况。从另一个角度来看，$D>\sigma^2$ 意味着噪声功率大于信号功率，此时信号已淹没在噪声中，无法提取。

7.4 信 息 价 值

信息价值是比信息量更难定义的量，它与信息的接收者有关。例如，2001 年 7 月，当国际奥委会主席萨马兰奇宣布北京为 2008 年奥运会主办城市时，中国代表团成员立即高兴得跳了起来，爆发出热烈的欢呼声，而其他申办城市代表则表情沮丧。这表明同样的信息对不同的使用者信息量相同，但价值却不一样。

香农信息论研究的是客观信息量，一般不涉及接收者的情况。但从信息率失真理论出发，如果把平均失真度理解成平均损失，则损失的大小就与接收者的情况有关了。在此基础上可定义信息价值，从而用信息论解决实际问题。

我们通过一个实例来说明什么是信息价值。

设 a_1 和 a_2 分别代表某工厂生产出的合格品和废品，设该厂产品合格率 $p(a_1)=99\%$，废品率 $p(a_2)=1\%$。将此产品品质抽象成一个“信源”，即

$$\begin{pmatrix} X \\ P(X) \end{pmatrix} = \begin{Bmatrix} a_1 & a_2 \\ 0.99 & 0.01 \end{Bmatrix} \tag{7.4.1}$$

一般情况下，产品出厂前都要进行检验。如果我们把检验的过程看成一个“信道”，则检验的结果就是“信道”的输出。若分别用 b_1 和 b_2 代表检验“合格”与“不合格”，则合格品出厂、废品报废—— 这是完全正确的检验，当然不会造成任何损失，即 $d(a_1,b_1)=d(a_2,b_2)=0$。若将一个合格品报废，将损失 1 元，即 $d(a_1,b_2)=1$ 元；但若将一个废品当成合格品出厂，损失要大得多，设为 100 元，即 $d(a_2,b_1)=100$ 元。这样，我们可以构造检验的失真矩阵如下：

$$\boldsymbol{D} = \begin{bmatrix} 0 & 1 \\ 100 & 0 \end{bmatrix}$$

下面我们分别对不同的情况进行讨论。

（1）产品不经检验全部出厂

如果我们把这个过程看成一个信道，则信道传递概率为 $p(b_1/a_1)=p(b_1/a_2)=1$，$p(b_2/a_1)=p(b_2/a_2)=0$，相应的“信道矩阵”为

$$\boldsymbol{P}(Y/X) = \begin{bmatrix} 1 & 0 \\ 1 & 0 \end{bmatrix}$$

根据信息率失真理论，其平均失真度，即平均损失为

$$\bar{D}=\sum_{i=1}^{2}\sum_{j=1}^{2}p(a_i)p(b_j/a_i)d(a_i,b_j)$$

$$=0.99\times1\times0+0.99\times0\times1+0.01\times100\times1+0.01\times0\times0=1\text{（元/比特）}$$

（2）产品不经检验全部报废

这种情况下的“信道矩阵”为

$$\boldsymbol{P}(Y/X)=\begin{bmatrix}0 & 1\\ 0 & 1\end{bmatrix}$$

相应的平均损失为 $\bar{D}=0.99\times0\times0+0.99\times1\times1+0.01\times0\times100+0.01\times1\times0=0.99$（元/比特）

在这里我们惊奇地发现，出厂 1 个废品比报废 99 个合格品造成的损失更大。根据信息率失真理论，最大平均失真度（即最大平均损失）为

$$D_{\max}=\min_j D_j=\min_j\left\{\sum_{i=1}^{2}p(a_i)d(a_i,b_j)\right\}$$

$$=\min_j\{[p(a_1)d(a_1,b_1)+p(a_2)d(a_2,b_1)];[p(a_1)d(a_1,b_2)+p(a_2)d(a_2,b_2)]\}$$

$$=\min_j\{1;\ 0.99\}=0.99\text{（元/比特）}\qquad(j=1,2)$$

如果我们选定允许平均失真度 $D=D_{\max}$，由于 $R(D_{\max})=0$，信源不需输出任何信息。换句话说，工厂不需要任何检验管理，只需把全部产品报废即可。

（3）检验完全正确

如果对产品进行检验，并且能够做出完全正确的判断，这等效于对给定的信源和规定的失真函数，接上一个“无噪信道”，其“信道矩阵”为

$$\boldsymbol{P}(Y/X)=\begin{bmatrix}1 & 0\\ 0 & 1\end{bmatrix}$$

此时的平均失真度，即平均损失为

$$\bar{D}=0.99\times1\times0+0.99\times0\times1+0.01\times0\times100+0.01\times1\times0=0$$

表明这种检验不造成任何损失。根据率失真理论

$$R(0)=H(X)=-0.01\log_2 0.01-0.99\log_2 0.99=0.081\text{（比特/符号）}$$

即做出正确判断所需的信息量是 0.081 比特。这意味着获取 0.081 比特的信息量，可避免 0.99 元的损失。也就是说，0.081 比特信息量的最大价值为 0.99 元，即单位信息的最大价值为

$$0.99/0.081=12.2\text{（元/比特）}$$

一般情况下，把生产的产品全部报废的可能性极小，所以实际的损失总是比 0.99 元要小一些。而要求准确无误的判断，往往需要付出高昂的代价。因此，百分之百正确检验所提供的信息价值不会是最大的。

（4）检验不十分可靠

实际上，常常允许检验有一定的误差。例如，把合格品误判为废品、废品误判为合格品的概率均为 0.1，即判断过程的“信道矩阵”为

$$\boldsymbol{P}(Y/X)=\begin{bmatrix}0.9 & 0.1\\ 0.1 & 0.9\end{bmatrix}\tag{7.4.2}$$

此时的平均损失为 $\bar{D} = 0.01\times0.1\times100+0.99\times0.1\times1=0.199$（元/比特）

比最大损失 0.99 元减少了

$$0.99-0.199=0.791\text{（元/比特）}$$

损失之所以会减少，是因为在检验的过程中，获取了一定的信息量，即"信道"的平均互信息量。根据平均互信息量的定义

$$I(X;Y)=H(Y)-H(Y/X) \tag{7.4.3}$$

首先求出输出端 Y 的信源模型。根据

$$p(b_j)=\sum_{i=1}^{2}p(a_i)p(b_j/a_i),\ j=1,2 \tag{7.4.4}$$

将式（7.4.1）和式（7.4.2）的数据代入式（7.4.4）得

$$\begin{pmatrix} Y \\ P(Y) \end{pmatrix}=\begin{Bmatrix} b_1 & b_2 \\ 0.892 & 0.108 \end{Bmatrix}$$

将 $p(a_i), p(b_j)$和 $p(b_j/a_i)$代入式（7.4.3）得

$$I(X;Y)=0.025\text{（比特/符号）}$$

正是由于获得了这 0.025 比特的信息量，才使平均损失减少了 0.791 元。即 0.025 比特信息量的价值等于 0.791 元，则单位信息的价值为

$$0.791/0.025=31.6\text{（元/比特）}$$

上述讨论说明：有误差检验比无误差检验的信息价值要高。

用 $D(R)$表示信息率失真函数 $R(D)$的反函数，它代表信息率为 $R(D)$时的平均损失。由前面的讨论可知，最大平均损失为$D_{\max}$，此时的信息率失真函数$R(D_{\max})=0$。表明没有获取 X 的任何信息时，损失最大；当获取了一定的信息率 $R(D)$后，平均损失将降到 $D(R)$，相当于 $R(D)$比特的平均信息量可减少损失$[D_{\max}-D(R)]$。损失的减少意味着获得了价值，故定义**信息率 R 的价值**为

$$V=D_{\max}-D(R)$$

或价值率

$$v=\frac{V}{R(D)}=\frac{D_{\max}-D(R)}{R(D)}$$

当不允许任何损失，即 $D=0$ 时，对应无误差检验的情况，此时信息率 $R=H(X)$，相应的信息价值率为

$$v=\frac{V}{R(D)}=\frac{D_{\max}}{H(X)}$$

若 S 表示 $R(D)$函数的斜率，容易证明

$$\frac{\mathrm{d}V}{\mathrm{d}R}=-D'(R)=-\frac{1}{S}>0 \tag{7.4.5}$$

式（7.4.5）说明信息价值随着信息率的增加而增加，这意味着得到信息会获得利益。当然获取信息是要付出代价的。一般说来，获得的信息越多，付出的代价也越大，是否值得，应视具体情况而定。如在前面的例子中，完全正确检验的信息价值率是 12.2（元/比特）。也就是说，每获得 1 比特信息，可得到 12.2 元的利益。但如果获得 1 比特信息的代价超过

了 12.2 元，则宁愿放弃完全无误的检验准则，采用允许误检的检验准则。当允许误检时，虽然获得的利益减少了，但所需的信息也减少了，因此付出的代价相应减少。若付出的代价比获得的利益减少得更多，则有误差检验比无误差检验能获得更大的经济利益。由于产品检验又属于质量管理的内容，对这个问题的深入研究，最终导致了一门新兴学科的诞生——质量经济学。

信息价值的概念使我们认识到，通过获取信息可以得到经济利益，从理论上定量地证明了信息是财富的假说。进一步的研究还证明，信息还可以代替人力、物质、能源和资本，从而得到更多的经济利益。对这些问题的深入讨论，涉及信息经济学理论，属于广义信息论范畴，此处不赘述。

7.5 信道容量与信息率失真函数的比较

在数学意义上分析，信道容量和信息率失真函数的问题，都是求平均互信息量极值的问题，有相仿之处，故常称为对偶问题。现在我们对两者做一个比较。

（1）平均互信息量 $I(X;Y)$ 是信源概率分布 $\{p(a_i), i=1,2,\cdots,n\}$ 或概率密度函数 $p(x)$ 的上凸函数，根据上凸函数的定义，如果 $I(X;Y)$ 在定义域内对 $p(a_i)$ 或 $p(x)$ 的极值存在，则该极值一定是极大值。求信道容量 C 就是在固定信源的情况下，求平均互信息量极大值的问题，即

$$C=\max_{p(a_i)} I(X;Y) \quad 或 \quad C=\max_{p(x)} I(X;Y)$$

同时，$I(X;Y)$ 又是信道转移概率分布 $\left\{p(b_j/a_i),\ i=1,2,\cdots,n; j=1,2\cdots,m\right\}$ 或条件概率密度函数 $p(y/x)$ 的下凸函数，因此，在满足保真度准则的条件下，$I(X;Y)$ 对 $p(b_j/a_i)$ 或 $p(y/x)$ 的条件极值若存在，则一定是极小值。信息率失真函数就是在试验信道(满足保真度准则的信道)中寻找平均互信息量条件极小值或下确界的问题，即

$$R(D)=\min_{p(b_j/a_i)\in P_D} I(X;Y) \quad 或 \quad R(D)=\inf_{p(y/x)\in P_D} I(X;Y)$$

（2）信道容量 C 一旦求出后，就只与信道转移概率分布 $p(b_j/a_i)$ 或条件概率密度 $p(y/x)$ 有关，反映信道特性，与信源特性无关；而信息率失真函数 $R(D)$ 一旦求出后，就只与信源概率分布 $p(a_i)$ 或概率密度函数 $p(x)$ 有关，反映信源特性，与信道特性无关。

（3）信道容量是为了解决通信的可靠性问题，是信息传输的理论基础，通过信道编码增加信息的冗余度来实现；而信息率失真函数则是为了解决通信的有效性问题，是信源压缩的理论基础，通过信源编码减小信息的冗余度来实现。

习题

7.1 一个四元对称信源 $\begin{pmatrix} X \\ P(X) \end{pmatrix}=\begin{Bmatrix} 0 & 1 & 2 & 3 \\ 1/4 & 1/4 & 1/4 & 1/4 \end{Bmatrix}$，接收符号集 $Y=\{0, 1, 2, 3\}$，其失真矩阵为 $\boldsymbol{D}=\begin{bmatrix} 0 & 1 & 1 & 1 \\ 1 & 0 & 1 & 1 \\ 1 & 1 & 0 & 1 \\ 1 & 1 & 1 & 0 \end{bmatrix}$。求 $D_{\max}$ 和 D_{mim} 以及信源的 $R(D)$ 函数，并画出 $R(D)$ 的曲线（取 4 至 5 个点）。

7.2　若某无记忆信源 $\begin{pmatrix} X \\ P(X) \end{pmatrix} = \begin{Bmatrix} -1 & 0 & 1 \\ 1/3 & 1/3 & 1/3 \end{Bmatrix}$，接收符号集 $Y = \left\{-\frac{1}{2}, \frac{1}{2}\right\}$，其失真矩阵为 $\boldsymbol{D} = \begin{bmatrix} 1 & 2 \\ 1 & 1 \\ 2 & 1 \end{bmatrix}$。求信源的最大平均失真度和最小平均失真度，并求选择何种信道可达到该 $D_{\max}$ 和 $D_{\min}$ 的失真度。

7.3　某二元信源 $\begin{pmatrix} X \\ P(X) \end{pmatrix} = \begin{Bmatrix} 0 & 1 \\ 1/2 & 1/2 \end{Bmatrix}$ 的失真矩阵为 $\boldsymbol{D} = \begin{bmatrix} 0 & a \\ a & 0 \end{bmatrix}$。求该信源的 $D_{\max}$、$D_{\min}$ 和 $R(D)$ 函数。

7.4　已知信源 $X = \{0, 1\}$，信宿 $Y = \{0, 1, 2\}$。设信源输入符号为等概率分布，而且失真矩阵为 $\boldsymbol{D} = \begin{bmatrix} 0 & \infty & 1 \\ \infty & 0 & 1 \end{bmatrix}$，求信源的信息率失真函数 $R(D)$。

7.5　设信源 $X = \{0, 1, 2, 3\}$，信宿 $Y = \{0, 1, 2, 3, 4, 5, 6\}$。且信源为无记忆、等概率分布。失真函数定义为

$$d(a_i, b_j) = \begin{cases} 0, & i = j \\ 1, & i = 0,1 \text{ 且 } j = 4 \\ 1, & i = 2,3 \text{ 且 } j = 5 \\ 3, & j = 6, \quad i \neq 6 \\ \infty, & \text{其他} \end{cases}$$

证明信息率失真函数 $R(D)$ 如题 7.5 图所示。

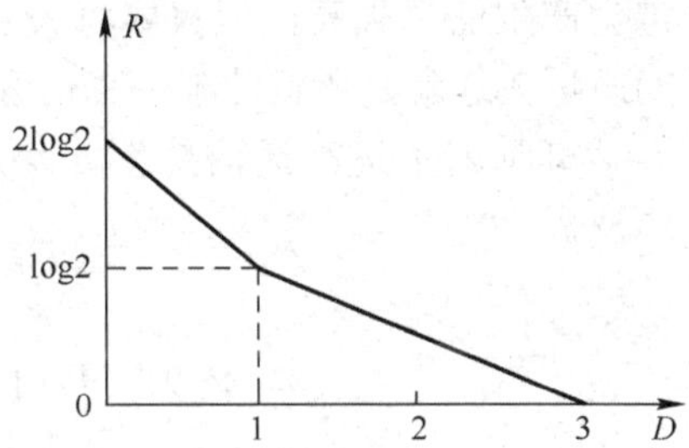

题 7.5 图

7.6　设信源 $X = \{0, 1, 2\}$，相应的概率分布为 $p(0) = p(1) = 0.4$，$p(2) = 0.2$。且失真函数为 $d(a_i, b_j) = \begin{cases} 0, & i = j \\ 1, & i \neq j \end{cases} \quad (i, j = 0,1,2)$。

（1）求此信源的 $R(D)$。

（2）若此信源用容量为 C 的信道传递，请画出 C 和其最小误码率 P_k 之间的曲线关系。

7.7　设 $0 < \alpha$，$\beta < 1$，$\alpha + \beta = 1$。证明：$\alpha R(D') + \beta R(D'') \geqslant R(\alpha D' + \beta D'')$。

7.8　试证明对于离散无记忆 N 次扩展信源，有 $R_N(D) = NR(D)$，其中 N 为任意正整数，$D \geqslant D_{\min}$。

7.9　设某地区的“晴天”概率 p(晴) = 5/6，“雨天”概率 p(雨) = 1/6，把“晴天”预报为“雨天”、把“雨天”预报为“晴天”造成的损失均为 a 元。又设该地区的天气预报系统把“晴天”预报为“晴天”、“雨天”预报为“雨天”的概率均为 0.9、把“晴天”预报为“雨天”、把“雨天”预报为“晴天”的概率均为 0.1。试计算这种预报系统的信息价值率 v（元/比特）。

7.10　有离散无记忆信源 $\begin{pmatrix} X \\ P(X) \end{pmatrix} = \begin{Bmatrix} a_1 & a_2 & a_3 \\ 1/3 & 1/3 & 1/3 \end{Bmatrix}$，其失真度为汉明失真度。

（1）求 $D_{\min}$ 和 $R(D_{\min})$，并写出相应试验信道的信道矩阵；

（2）求 $D_{\max}$ 和 $R(D_{\max})$，并写出相应试验信道的信道矩阵；

（3）若允许平均失真度 $D = 1/3$，试问信源的每一个信源符号平均最少由几个二进制码符号表示？

7.11　设信源 $\begin{pmatrix} X \\ P(X) \end{pmatrix} = \begin{Bmatrix} a_1 & a_2 \\ p & 1-p \end{Bmatrix}$ $(p < 1/2)$，其失真度为汉明失真度，试问当允许平均失真度 $D = \frac{1}{2}p$ 时，每一信源符号平均最少需要由几个二进制数据符号表示？

第 8 章　限失真信源编码

8.1　基 本 概 念

实际离散信源的取值是有限的，可以进行一一对应编码，完成对信源毫无遗漏的表达，做到无失真。而连续信源的取值无穷多，不可能做到一一对应编码，因此必然产生失真。所幸在许多实际通信系统中，并不要求信息的无失真传输。比如打电话，语音的频带宽度是 20kHz，但是语音的主要能量集中在 3.4kHz 以下，只要把这部分音频信号传送给接收端，就能保证语音的通信质量，满足通话的需求。换句话说，语音通信可以容忍一定的失真存在，因此编码时可以只考虑主要信号的编码而忽略一些无关紧要的信号，这样做一定会产生信息失真，但只要将失真限定在一定范围内，即满足保真度准则，就能保证通信的质量。这就是所谓的限失真信源编码。

有时为了提高通信效率，也选择限失真信源编码。所以限失真信源编码的应用非常广泛。

8.2　保真度准则下的信源编码定理

设离散平稳无记忆信源的输出随机变量序列为 $\boldsymbol{X}=(X_1 X_2 \cdots X_L)$，若该信源的信息率失真函数是 $R(D)$，并选定有限的失真函数。对于任意允许平均失真度 $D \geqslant 0$，和任意小的 $\varepsilon>0$，若信息率

$$R>R(D)$$

只要信源序列长度 L 足够长，就一定存在一种编码方式 C，使译码后的平均失真度

$$\bar{D}(C) \leqslant D+\varepsilon$$

反之，若

$$R<R(D)$$

则无论用什么编码方式，必有

$$\bar{D}(C)>D$$

即译码平均失真度必大于允许失真度。这就是保真度准则下的离散信源编码定理，也称为限失真信源编码定理，证明过程省略。该定理可推广到连续平稳无记忆信源的情况。

从定理的描述可知，$R(D)$也是一个界限。只要信息率大于这个界限，译码失真就可限制在给定范围内。换句话说，通信的过程中虽然有失真，但仍然能满足要求。否则就不能满足通信的要求。

总结起来，香农信息论的三个基本概念——信源熵、信道容量和信息率失真函数，都是临界值，是从理论上衡量通信能否满足要求的重要界限。对应这三个基本概念的是香农的三个基本编码定理——无失真信源编码定理、信道编码定理和限失真信源编码定理，分别又称为香农第一、第二和第三定理，或第一、第二和第三极限定理。这是三个理想编码的存在性定理。

虽然三个定理都指出理想编码方式是存在的，但如何寻找编码以及能否做到“理想编码”，则完全是另外一回事，第 3 章和第 5 章分别讨论了无失真信源编码和信道编码，本章讨论限失真信源编码问题。

8.3 量 化 编 码

连续信源输出的消息在时间和取值上都是连续的，因此其编码方法与离散信源的编码有所不同。首先它要在时间上进行采样，进而在取值上进行量化，然后再编码。在此过程中，必然会有信息损失，因此连续信源编码属于限失真编码。根据保真度准则下的信源编码定理，其编码效率受限于信息率失真函数 $R(D)$。

如果采用最简单的等间隔采样，由奈奎斯特采样定理可知，只要采样频率 $f_s = 1/T_s$ 大于等于承载消息的信号的最高频率 f_m 的两倍，在接收端只需通过简单的低通滤波器就可以恢复原来的波形。也就是说，在符合采样定理的条件下，采样所带来的信息失真可以忽略不计。

经过采样，时间连续的信号成了时间离散的信号序列。下一步需要对信号序列在取值上进行量化，进而编码。由于量化是用取值域上有限个称为量化值的离散数值来代替信号的无穷多连续取值的，因此量化必然带来误差。如果量化后采用无失真编码，那么连续信源编码中的信息失真主要来自量化过程。

量化有多种方法。一种是将各个采样时刻的信号值逐个进行量化，称为标量量化；另一种是将 L 个采样时刻的信号值组成一组，将其看作一个 L 维矢量，将这些 L 维矢量逐个进行量化，称为矢量量化。当然，也可以将标量量化看成矢量量化中 $L=1$ 的特殊形式。

所谓最佳量化，就是在给定信息失真的前提下编码效率最高的量化方法。我们先讨论最佳标量量化，然后再讨论矢量量化。

8.3.1 最佳标量量化编码

脉冲编码调制（Pulse Code Modulation，PCM）是研究最早、使用最广泛的一种最佳标量量化编码。

PCM 编码原理如图 8.3.1 所示。

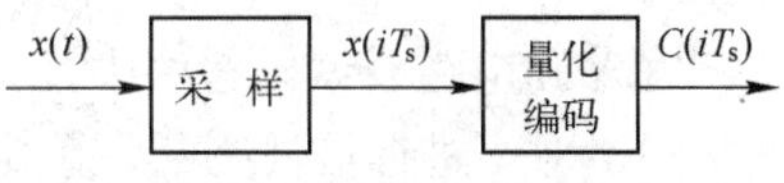

图 8.3.1 PCM 编码原理

模拟信号 $x(t)$经过采样，成为时间离散的信号序列 $x(iT_s),\ i=1,2,\cdots$，其中 T_s 为采样间隔。将各个采样时刻的信号值逐个量化、编码，得到与取值也是离散的信号量化值序列 $x_q(iT_s),\ i=1,2,\cdots$相对应的二进制编码序列 $C(iT_s),\ i=1,2,\ \cdots$。

由于每个采样时刻的量化、编码过程相同，为方便，我们可去掉时标。将量化、编码的输入信号值记为 x，量化、编码中的信号量化值记为 x_q，量化、编码的编码输出记为 C。

标量量化可分为两类：一类为均匀量化，另一类为非均匀量化。信号服从不同的分布，应采用不同的量化方法，否则不能做到最佳标量量化。

我们先讨论均匀量化，然后再讨论非均匀量化。

1. 均匀量化编码

均匀量化是指在整个量化范围内的量化间隔都是相等的，均匀量化也称为**线性量化**。

均匀量化的特性如图 8.3.2 所示，其中图(a)为中平量化，图(b)为中升量化，主要以有无零量化值来加以区别。

下面以中平量化为例讨论均匀量化。引入四舍五入原则的中平量化特性如图 8.3.3 所示。

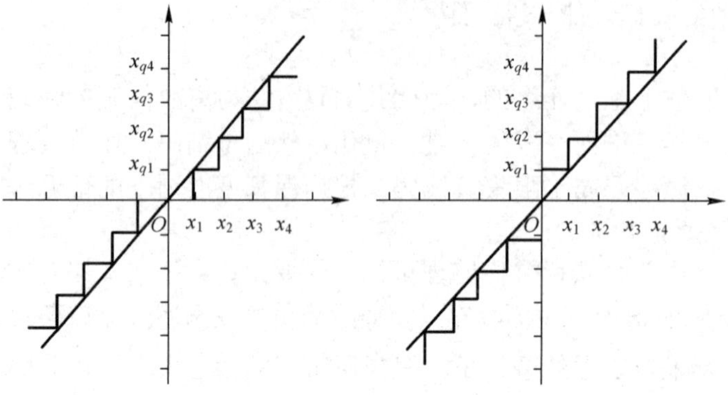

(a)　　　　(b)

图 8.3.2　均匀量化的特性

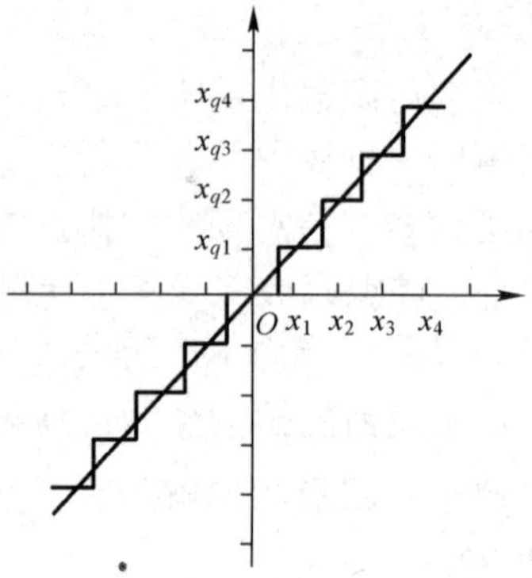

图 8.3.3　引入四舍五入原则的中平量化特性

由于归一化信号值满足$|x|\leqslant 1$，如果信号值的量化数目为 2M，取 $x_0=0$，$\pm x_M=\pm 1$，则量化间隔 $\Delta=\dfrac{1}{M}$，相应地，$\pm x_i=x_0\pm i\Delta=\pm i\Delta,\ i=1,2,\cdots,M-1$。当 $x_i-\dfrac{1}{2}\Delta\leqslant|x|<x_i+\dfrac{1}{2}\Delta,$ $i=1,2,\cdots,M-1$ 及 $x_M-\dfrac{1}{2}\Delta\leqslant|x|\leqslant x_M$ 时，将其量化为 x_{qi}，$i=1,2,\cdots,M$；当$|x|<\dfrac{1}{2}\Delta$时，将其量化为 $x_{q0}=0$。一般取 $x_{qi}=\dfrac{1}{\Delta}x_i,\ i=0,1,2,\cdots,M$。

由于均匀量化正反两个方向的对称性，可以将其分为极性判断和信号绝对值量化两个步骤，故常用的均匀量化编码是定长折叠二进制码。其码元安排为：最高位为极性码，用以表示信号极性，当归一化信号值 $x\geqslant 0$ 时，极性码取 1；当 $x\leqslant 0$ 时，极性码取 0。次高位以下为量化码，用以表示$|x|$的量化值 $x_{qi}, i=0,1,2,\cdots,M$。因此，当$|x|$的量化数目为 M，即量化间隔为Δ时，码长 $k=\log_2 M+1=\log_2\dfrac{1}{\Delta}+1$。

在编码电路或编码程序中，一般编码过程是：

（1）对 x 进行极性判断，确定极性码；

（2）通过$|x|$与量化码各位权值组合的逐次比较，确定量化码；

（3）将极性码和量化码组合起来，得到均匀量化编码。

【例 8.3.1】 已知某采样时刻的归一化信号值 $x=10.3/16$，设量化间隔 $\Delta=1/8$，求其均匀量化编码。

确定码长：$k=\log_2\dfrac{1}{\Delta}+1=\log_2 8+1=3+1=4$；

确定极性码：由于 $x>0$，所以极性码 $C_3=1$；

确定量化码：将$|x|$与量化码最高位权值比较，由于

$$|x|=\frac{10.3}{16}>\frac{4}{8}-\frac{\Delta}{2}=\frac{4}{8}-\frac{1}{16}=\frac{7}{16}$$

所以 $C_2=1$；将$|x|$与量化码最高位和次高位权值之和比较，由于

$$|x| = \frac{10.3}{16} < \frac{4}{8} + \frac{2}{8} - \frac{\Delta}{2} = \frac{4}{8} + \frac{2}{8} - \frac{1}{16} = \frac{11}{16}$$

所以 $C_1 = 0$；将 $|x|$ 与量化码最高位和最低位权值之和比较，由于

$$|x| = \frac{10.3}{16} > \frac{4}{8} + \frac{1}{8} - \frac{\Delta}{2} = \frac{4}{8} + \frac{1}{8} - \frac{1}{16} = \frac{9}{16}$$

所以 $C_0 = 1$。故量化码 $C_2C_1C_0 = 101$；将极性码和量化码组合，归一化信号值 $x = 10.3/16$ 的均匀量化编码为 $C_3C_2C_1C_0 = 1101$。

x_{qi} 与 $|x|$ 之间会由于四舍五入而产生量化误差，一般将其称为量化噪声。量化噪声 e 与信号值一样，也是随机变量，记为 $e = x_{qi} - |x|,\ i = 0,1,2,\cdots,M$ 。例如，例 8.3.1 的量化噪声 $e = x_{q6} - |x| = \frac{10}{16} - \frac{10.3}{16} = -\frac{0.3}{16}$ 。显然，对于均匀量化的量化噪声，$|e| \leqslant \frac{1}{2}\Delta$。

如果我们定义平方误差失真函数 $d(x, x_{qi}) = (x - x_{qi})^2$，则量化噪声直接反映了信息失真的程度。根据限失真编码的要求，可以决定均匀量化的量化噪声水平。当我们了解了均匀量化的量化噪声只与 Δ 有关后，就可以根据限失真编码的要求，由量化噪声确定均匀量化编码的码长。例如，根据限失真编码的要求，量化噪声水平要达到 $1/4096$，则均匀量化编码的码长 $k = \log_2 \frac{1}{\Delta} + 1 = \log_2 2048 + 1 = 11 + 1 = 12$ 。

均匀量化无论对于小信号还是大信号一律都采用相同的量化间隔。当 x 服从均匀分布时，这是合理的。因此，当 x 服从均匀分布时，均匀量化是最佳量化。

但是，很多常见信号并不服从均匀分布。例如，语音信号，一般将其近似看作服从拉普拉斯分布，因此其小信号出现的概率远大于大信号出现的概率。如果仍采用均匀量化，为保证小信号段的低量化噪声水平，只能选择较小的量化间隔，而小的量化间隔在大信号段就得不到充分利用，从而造成码长的冗余。为了减少码长冗余，做到最佳量化，对于非均匀分布的信号，合理的做法是采用非均匀的量化间隔：对于出现概率越大的信号段，量化间隔取得越小；对于出现概率越小的信号段，量化间隔取得越大。

2. 非均匀量化编码

只要在量化范围内的量化间隔不完全相等，就将其称为**非均匀量化**。非均匀量化也叫作**非线性量化**。

一类非线性量化是采用压扩技术来进行的。采用压扩技术的非线性量化原理图如图 8.3.4 所示。

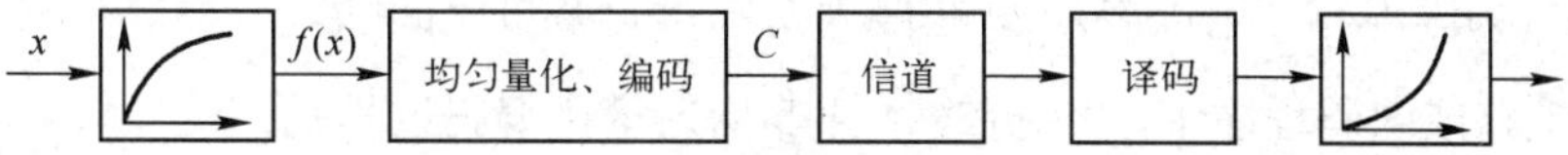

图 8.3.4　采用压扩技术的非线性量化原理图

在发送端，信号值首先通过一个电路或程序进行压缩，然后再进行均匀量化、编码；而在接收端，译码后也需通过一个电路或程序进行扩张。只要压缩和扩张特性相互补偿，压扩过程就不会引入新的信息失真。

这里，我们不打算讨论一般意义上的非线性量化，只以语音信号为例，了解非线性量化的主要概念和方法。

目前，在语音信号的非线性量化编码中，采用了两种压缩特性：一种称为μ律特性，另一种称为A律特性。

北美和日本等地区的数字电话通信中采用的μ律特性为

$$f_{\mu}(x)=\pm\frac{\ln(1+\mu|x|)}{\ln(1+\mu)} \qquad 0 \leqslant |x| \leqslant 1 \tag{8.3.1}$$

式中，x为归一化信号值，当$x\geqslant 0$时函数取正值，否则取负值，一般取$\mu=255$。

欧洲和中国（不包括台湾地区）的数字电话通信中采用的A律特性为

$$f_A(x)=\begin{cases}\pm\dfrac{A|x|}{1+\ln A}, & 0\leqslant|x|\leqslant\dfrac{1}{A}\\ \pm\dfrac{1+\ln A|x|}{1+\ln A}, & \dfrac{1}{A}<|x|\leqslant 1\end{cases} \tag{8.3.2}$$

式（8.3.2）中，x为归一化信号值，当$x\geqslant0$时函数取正值，否则取负值，一般取$A=87.6$。

为实现方便，大多采用 15 折线来逼近式（8.3.1）所示的μ律特性，用 13 折线来逼近式（8.3.2）所示的A律特性。图 8.3.5 所示为 0～1 量化范围的 13 折线A律特性。

从图中可以看出，x 被划分为 8 个不均匀的段落。其中第 8 段占 0～1 量化范围的$1/2$，除第 1 段外，其余各段的宽度均按$1/2$倍率减小，即第 7 段占$1/4$，第 6 段占$1/8$，…，第 2 段占$1/128$；第 1 段也占$1/128$。$f(x)$则被均匀地分成 8 段。原点与 x–$f(x)$相应各段交点连接得到 8 条折线。考虑到−1～0 量化范围也是 8 条折线，同时注意到正方向第 1 段、第 2 段的折线斜率与负方向第 1 段、第 2 段的折线斜率相同，该四条折线可以看成一条折线。于是，−1～1 量化范围共 13 折线用以逼近A律特性，这就是 13 折线A律名称的由来。

13 折线A律的每个段落再均匀地分为 16 份，每一份作为一个量化间隔。这样，0～1 量化范围内共划分出了 $8\times16=128$ 个不均匀的量化间隔。如果将最小的量化间隔记为$\varDelta$，则$\varDelta=\dfrac{1}{128\times16}=\dfrac{1}{2048}$；相应地，最大量化间隔为$64\varDelta=\dfrac{1}{2\times16}=\dfrac{1}{32}$。

与均匀量化一样，由于 13 折线A律正反两个方向的对称性，同样可以将其分为极性判断和信号绝对值量化两个步骤，故 13 折线A律非均匀量化编码也采用定长折叠二进制码，并将码长确定为 8 位。其 8 位码元安排如下：最高位 C_7 为极性码，用以表示信号极性，当$x\geqslant0$ 时，$C_7=1$；$x\leqslant0$ 时，$C_7=0$。$C_6C_5C_4$ 为段落码，用以表示$|x|$落在正方向的第几个段落。$C_3C_2C_1C_0$为段内码，用以表示$|x|$在段内落在第几个量化间隔。

在编码电路或编码程序中，13 折线A律非均匀量化编码过程是：

（1）对x进行极性判断，确定极性码C_7；

（2）通过段落码起始量化值的中位搜索，确定段落码$C_6C_5C_4$；

（3）信号绝对值与所确定段落起始量化值之差通过与段内码各位权值组合的逐次比较，确定段内码$C_3C_2C_1C_0$；

（4）极性码、段落码及段内码组合起来即得到 13 折线A律非线性量化编码。

每个段落的宽度不同，每个段落内段内码各位的权值也不同。表 8.3.1 所示为 13 折线A律每个段落内段内码各位的权值。

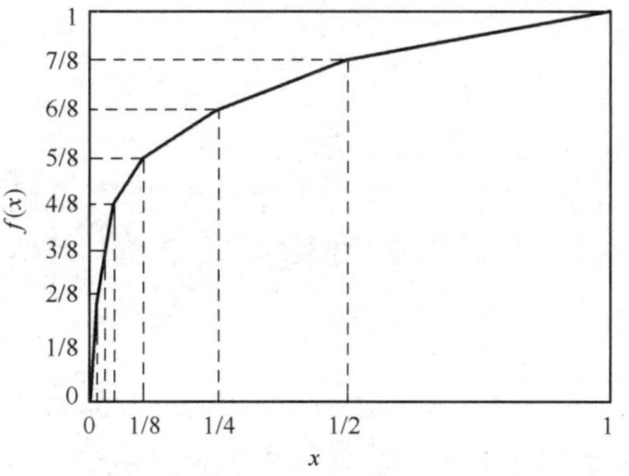

图 8.3.5　0～1 量化范围的 13 折线 A 律特性

表 8.3.1　13 折线 A 律段内码各位的权值

段落	$C_6C_5C_4$	起始量化值	$C_3C_2C_1C_0$ 权值			
1	000	0	8Δ	4Δ	2Δ	1Δ
2	001	$16\Delta=1/128$	8Δ	4Δ	2Δ	1Δ
3	010	$32\Delta=1/64$	16Δ	8Δ	4Δ	2Δ
4	011	$64\Delta=1/32$	32Δ	16Δ	8Δ	4Δ
5	100	$128\Delta=1/16$	64Δ	32Δ	16Δ	8Δ
6	101	$256\Delta=1/8$	128Δ	64Δ	32Δ	16Δ
7	110	$512\Delta=1/4$	256Δ	128Δ	64Δ	32Δ
8	111	$1024\Delta=1/2$	512Δ	256Δ	128Δ	64Δ

【例 8.3.2】 已知某采样时刻的归一化信号值 $x=-286\Delta$，求其 13 折线 A 律非均匀量化编码。

解： 确定极性码 C_7：由于信号值 $x<0$，$C_7=0$。

确定段落码 $C_6C_5C_4$：取第 2 段与第 8 段的中位第 5 段进行比较，由于 $|x|=286\Delta>128\Delta$，所以 $C_6=1$；取第 5 段与第 8 段的中位第 7 段进行比较，由于 $|x|=286\Delta<512\Delta$，所以 $C_5=0$；取第 7 段与第 5 段的中位第 6 段进行比较，由于 $|x|=286\Delta>256\Delta$，所以 $C_4=1$；故段落码 $C_6C_5C_4=101$，即落在第 6 段。

确定段内码 $C_3C_2C_1C_0$：第 6 段的起始量化值为 256Δ，量化间隔为 16Δ；与段内码最高位权值比较，由于 $|x|-256\Delta=286\Delta-256\Delta=30\Delta<128\Delta-8\Delta=120\Delta$，所以 $C_3=0$；与段内码次高位权值比较，由于 $|x|-256\Delta=286\Delta-256\Delta=30\Delta<64\Delta-8\Delta=56\Delta$，所以 $C_2=0$；与段内码第三位权值比较，由于 $|x|-256\Delta=286\Delta-256\Delta=30\Delta>32\Delta-8\Delta=24\Delta$，所以 $C_1=1$；与段内码第三位和最低位权值之和比较，由于 $|x|-256\Delta=286\Delta-256\Delta=30\Delta<32\Delta+16\Delta-8\Delta=40\Delta$，所以 $C_0=0$；故段内码 $C_3C_2C_1C_0=0010$。

将其组合，归一化信号值 $x=-286\Delta$ 的 13 折线 A 律非线性量化编码为 $C_7C_6C_5C_4C_3C_2C_1C_0=01010010$。

由于每个段落的量化间隔不同，13 折线 A 律非线性量化的量化噪声随着信号值落在不同段落而不同。例如，例 8.3.2 的量化码 $C_6C_5C_4C_3C_2C_1C_0=1010010$ 所代表的量化值为 $x_{q6,2}=288\Delta$，相应的量化噪声 $e=x_{q6,2}-|x|=288\Delta-286\Delta=2\Delta=1/1024<8\Delta=1/256$。显然，$x$ 的绝对值越小，13 折线 A 律非线性量化的量化噪声也越小，当 x 的绝对值落在第 1 段或第 2 段时，$|e|\leqslant\dfrac{1}{2}\Delta=\dfrac{1}{4096}$。

虽然当 x 的绝对值落在其他段落时，量化噪声会大于 1/4096，但由于语音信号小信号出现的概率远大于大信号出现的概率，所以 13 折线 A 律非线性量化的量化噪声功率与码长为 12 的均匀量化的量化噪声功率相差并不太大。换句话说，对于语音信号而言，码长为 8 的 13 折线 A 律非线性量化编码与码长为 12 的均匀量化编码的量化噪声水平基本相当，而编码效率却提高了 50%。

15 折线 μ 律非均匀量化编码的讨论与 13 折线 A 律非线性量化编码相仿。

对于语音信号，可以认为 15 折线 μ 律非均匀量化和 13 折线 A 律非线性量化是最佳量化。

8.3.2 矢量量化编码

矢量量化是在图像、语音信号编码中研究得较多的量化编码方法，它的出现不仅仅是作为量化，更多的是作为压缩编码而提出的。在矢量量化中，将 L 个采样时刻的信号值组成一组，将其看作一个 L 维矢量，以这些 L 维矢量为单位逐个进行量化编码。根据信息率失真理论，即使对于无记忆信源，以信号序列为基础的矢量量化的编码效率也优于以单一信号为基础的标量量化。

下面以 $L=2$ 为例讨论矢量量化。对于时间离散的信号序列 $x(iT_s), i=1,2,\cdots,n$，如果将每 2 个采样时刻的信号值构成 1 个二维矢量，就形成 $n/2$ 个二维矢量 $X_i=(a_{1i},a_{2i}), i=1,2,\cdots,n/2$。图 8.3.6 所示为二维矢量的形成。

由于每个二维矢量的矢量量化过程相同，为方便，我们也去掉时标，将二维矢量记为 X。所有可能的二维矢量构成一个平面，一般称其为二维欧氏空间。矢量量化最重要的工作是将这个平面划分为 N 块（相当于标量量化中的量化数目），记为 $S_i, i=1,2,\cdots,N$。这些块可以是均匀的，也可以是非均匀的（相当于标量量化中均匀或非均匀的量化间隔）。一般将这些块称为胞腔（Cell）。图 8.3.7 所示为平面的划分。

然后对于所划分的每一块给定一个量化矢量（相当于标量量化中的量化值），记为 $X_{qi}, i=1,2,\cdots,N$。通常取 X_{qi}，$i=1,2,\cdots,N$ 为所划分块的形心。在矢量量化中，一般将每个量化矢量 $X_{qi}, i=1,2,\cdots,N$ 称为码字或码矢，将所有 N 个量化矢量构成的集合 $\{X_{q1},X_{q2},\cdots,X_{qN}\}$ 称为码书。因此，矢量量化中这项最重要的工作称为码书的建立。

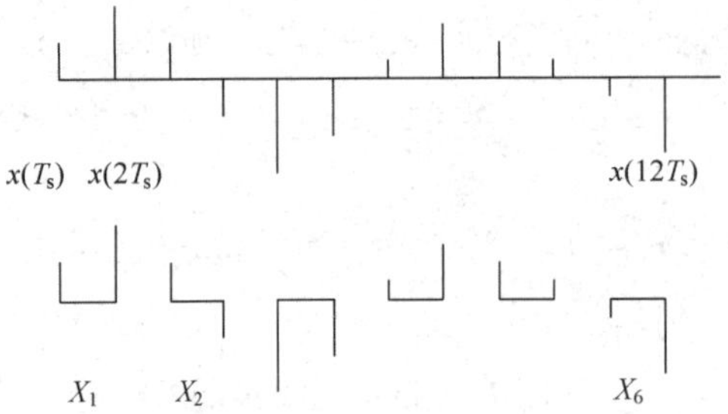

图 8.3.6　二维矢量的形成

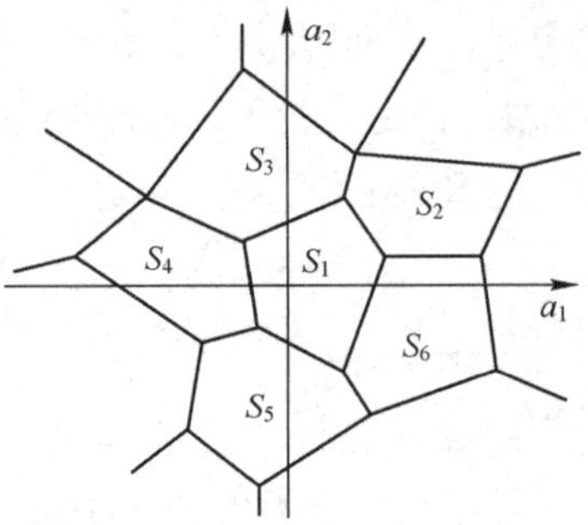

图 8.3.7　平面的划分

码书建立之后，矢量量化过程就成了在给定码书中搜索一个与信号矢量最接近的码字的过程。衡量信号矢量与量化矢量之间接近程度的度量标准用得较多的还是平方误差失真函数

$$d(X,X_{qi})=(a_1-a_{1qi})^2+(a_2-a_{2qi})^2,\ i=1,2,\cdots,N$$

当然，也可以用绝对误差失真函数和其他的误差失真函数。

矢量量化原理图如图 8.3.8 所示。

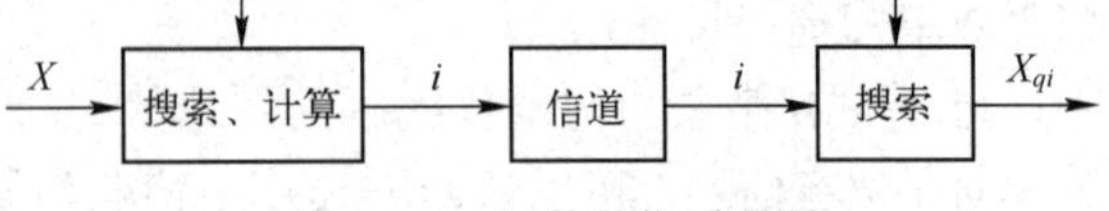

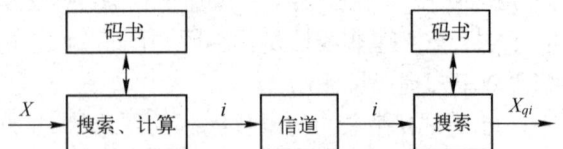

图 8.3.8　矢量量化原理图

在发送端，信号矢量 $\boldsymbol{X}$ 与码书中的每一个码字（量化矢量）$\boldsymbol{X}_{qi}, i=1,2,\cdots,N$，通过计算误差失真函数进行比较，搜索到失真最小的码字及其相应的序号 i（该码字

在码书中的地址）。在接收端，由于设置了一个与发送端相同的码书，故只需根据序号 i 就可通过查表搜索到与 $\boldsymbol{X}$ 最接近的码字 $\boldsymbol{X}_{qi}$。

当码书长度为 N 时，传输码字序号所需的比特数为 $\log_2 N$。由于矢量维数是 L，相当于每个信号值所对应的比特数仅为 $\frac{1}{L}\log_2 N$，可见其压缩比可以很高。

但是，要做到最佳矢量量化，应怎样建立一个合理的码书？当码书较大时，如何快速有效地搜索到与信号矢量最接近的码字？这就是矢量量化的两个关键问题。

1. LBG 算法

LBG 算法由 Linde、Buzo 和 Gray 在 1980 年提出，是目前比较常用的一种码书建立方法。该算法既可用于已知信源概率分布的情况，也可用于未知信源概率分布但知道一个信号序列（将其构成 L 维训练序列）的情况。由于实际信源很难准确得到多维概率分布，因此，利用训练序列建立码书的 LBG 算法用得更多一些。

利用训练序列建立码书的 LBG 算法的流程是：

（1）给定码书长度 N，置 $n=0$，初始平均失真 $D^{(n-1)}\to\infty$，给定初始码书 $\{X_{q1}^{(n)},X_{q2}^{(n)},\cdots,X_{qN}^{(n)}\}$，给定计算停止门限 $\varepsilon\in(0,1)$。

（2）用码书 $\{X_{q1}^{(n)},X_{q2}^{(n)},\cdots,X_{qN}^{(n)}\}$ 作为已知形心，利用信号序列构成的 L 维训练序列 $X_1X_2\cdots X_m$，根据最佳划分原则

$$S_j^{(n)}=\{X_r \,|\, d(X_r,X_{qj})\leqslant d(X_r,X_{qi}),i\neq j\}，\quad r=1,2,\cdots,m;\ \ i,j=1,2,\cdots,N$$

划分出 N 个胞腔。

（3）计算平均失真 $D^{(n)}=\dfrac{1}{m}\sum\limits_{r=1}^{m}\min\limits_{i} d(X_r,X_{qi})$ 和相对失真 $\tilde{D}^{(n)}=\left|\dfrac{D^{(n-1)}-D^{(n)}}{D^{(n)}}\right|$，如 $\tilde{D}^{(n)}\leqslant\varepsilon$，则停止计算，当前码书就是设计好的码书；否则，进行第（4）步。

（4）计算各胞腔的形心 $X_{qi}^{(n+1)}=\dfrac{1}{S_i^{(n)}}\sum\limits_{X\in S_i^{(n)}}X$，$i=1,2,\cdots,N$，置 $n=n+1$，返回第（2）步。

该流程还有两个问题，第一是初始码书的选取，第二是空胞腔的处理。

初始码书的选取常用以下两种方法：

（1）随机选取法

该方法最先用在 K-Means 聚类算法中，它从训练序列中随机选取 N 个矢量作为初始码字以构成初始码书。其优点是不用初始化计算，节省计算时间，而且初始码字选自训练序列，无空胞腔问题。其缺点是可能选到一些非典型的矢量作为码字，因而该胞腔中只有很少矢量，甚至只有一个初始码字，造成在某些空间将胞腔分得过细，码书中有限个码字得不到充分利用，其他空间又将胞腔分得太大，影响性能。该方法比较适用于平稳序列。

（2）分裂法

分裂法于 1980 年由 Linde, Buzo 和 Gray 提出。它的基本思想是由较小的码书生成较大的码书。其具体步骤是：

① 计算训练序列中所有矢量的形心，将此形心作为第一个码字 $X_{q1}^{(n)}$。

② 用合适的参数 A 乘以第一个码字，得到第二个码字 $X_{q2}^{(n)}=AX_{q1}^{(n)}$。

③ 以 $\{X_{q1}^{(n)},X_{q2}^{(n)}\}$ 为初始码书，用 LBG 算法设计出仅含两个码字的码书。

④ 用合适的参数 B 分别乘以码书中的两个码字，得到第三个、第四个码字 $X_{q3}^{(n)} = BX_{q1}^{(n)}$、$X_{q4}^{(n)} = BX_{q2}^{(n)}$。

⑤ 以 $\{X_{q1}^{(n)}, X_{q2}^{(n)}, X_{q3}^{(n)}, X_{q4}^{(n)}\}$ 为初始码书，用 LBG 算法，设计出含 4 个码字的码书。

再以合适的参数分别乘以码书中的码字并以此为基础，用 LBG 算法设计出含 8 个码字的码书……如此反复，经 $\log_2 N$ 次计算，得到有 N 个码字的初始码书。

该方法中参数 $A, B, \cdots$ 的选择对初始码书的性能有一定影响，一般选为固定常数或选为码字的增益。该方法的优点是性能较好，缺点是计算工作量较大。

处理空胞腔常采用去空胞腔分裂法。

该方法首先将空胞腔的形心，即码字 X_{qi} 去掉，然后将最大的胞腔 S_{M} 按下列步骤分裂为两个小胞腔 $S_{\mathrm{M1}}, S_{\mathrm{M2}}$：

① 用合适的参数 A 乘以最大胞腔的形心，即码字 $X_{q\mathrm{M}}$，得到两个码字 $X_{q\mathrm{M1}} = X_{q\mathrm{M}}$，$X_{q\mathrm{M2}} = AX_{q\mathrm{M}}$。

② 以这两个码字 $X_{q\mathrm{M1}} = X_{q\mathrm{M}}$，$X_{q\mathrm{M2}} = AX_{q\mathrm{M}}$ 为形心，根据最佳划分原则

$$S_{\mathrm{M1}} = \{X \mid d(X, X_{q\mathrm{M1}}) \leqslant d(X, X_{q\mathrm{M2}}), X \in S_{\mathrm{M}}\}$$

$$S_{\mathrm{M2}} = \{X \mid d(X, X_{q\mathrm{M2}}) \leqslant d(X, X_{q\mathrm{M1}}), X \in S_{\mathrm{M}}\}$$

划分出两个小胞腔。

2. 全搜索算法和树搜索算法

码书建立之后，矢量量化过程实际上就是一个搜索过程。矢量量化常采用全搜索算法和树搜索算法。

我们通常用时间复杂度和空间复杂度来衡量矢量量化的特点。时间复杂度是指每量化一个信号矢量所需的计算量，它主要取决于乘法运算的次数；空间复杂度是指码书所需的存储容量。

全搜索算法的特点是信号矢量与码书中的码字逐一进行比较，根据采用的误差失真函数找到失真最小的码字作为其量化矢量。采用全搜索算法的矢量量化也称为基本矢量量化。

对于基本矢量量化而言，设矢量维数为 L，码书长度为 N，平方误差失真函数 $d(X, X_{qi}) = \sum_{j=1}^{L} (a_j - a_{jqi})^2, i = 1, 2, \cdots, N$，则时间复杂度 $b = LN$（次/信号矢量），空间复杂度 $u = LN$（单元）。

8.4 相关信源编码

在上一节讨论连续信源编码时，我们将信源看成是无记忆的。因此采样后的信号序列 $x(iT_{\mathrm{s}}), i = 1, 2, \cdots$ 在时间上彼此独立，对各个采样时刻的信号值逐个进行量化，可以做到最佳标量量化。但如果是有记忆信源，采样后的信号序列就存在时间相关性。仍然对各个采样时刻的信号值逐个进行量化，就会造成码长的冗余。

为提高编码效率，对于时间相关的信号序列，通常用两类方法进行编码：第一类方法是利用信号序列的时间相关性，通过预测以减少信息冗余后再进行编码，这类方法称为预

测编码；另一类方法则是引入某种变换，将信号序列变换为另一个时间上彼此独立或者相关程度较低的序列，再对这个新序列进行编码，这类方法称为变换编码。

我们将变换编码放在下一节讨论。这里，我们先讨论预测编码。

8.4.1 预测编码

为方便，将第 n 个时刻的信号值 $x(nT_s)$ 记为 x_n，相应地，第 $n-1$, $n-2$,⋯时刻的信号值记为 $x_{n-1}, x_{n-2}, \cdots$。

对于时间相关的信号序列，由于 x_n 与 $x_{n-1}, x_{n-2}, \cdots$ 相关，故只要知道 $x_{n-1}, x_{n-2}, \cdots$，就可对 x_n 进行预测。设预测值为 $\tilde{x}_n$，则 $x_n = \tilde{x}_n + d_n$，d_n 称为预测误差。通过预测将 x_n 所携带的信息量分成了两部分：一部分为 $\tilde{x}_n$ 所携带的信息量，它实际上是 $x_{n-1}, x_{n-2}, \cdots$ 所携带的信息量的组合；另一部分是 d_n 所携带的信息量，它才是 x_n 所携带信息量的新增加部分。只要预测足够准确，d_n 就足够小。因此，如果是对 d_n 进行量化、编码而不是对 x_n 进行量化、编码，就会减少信息冗余，从而提高编码效率。这就是预测编码的基本思想。

预测编码是对 d_n 进行量化、编码的，接收端译码后也只能得到 d_n。接收端必须重建 x_n，而 $x_n = \tilde{x}_n + d_n$，因此接收端也同样需要进行预测。

显然，怎样通过 $x_{n-1}, x_{n-2}, \cdots$ 对 x_n 进行预测，预测的准确性如何，直接影响到预测编码的性能。

预测值的一般表达式为 $\tilde{x}_n = f(x_{n-1}, x_{n-2}, \cdots)$。如果该函数是线性函数，则相应的预测编码为线性预测编码（Linear Predictive Coding，LPC）。线性预测是最常用的预测方法，其表达式为 $\tilde{x}_n = \sum_{i=1}^{p} w_i x_{n-i}$，式中 $p \leqslant n-1$，称为预测阶数，$w_i\ (i=1,2,\cdots,p)$ 为加权系数。

线性预测又分为零点预测和极点预测两种。

零点预测原理图如图 8.4.1 所示。由图 8.4.1 可知，在接收端

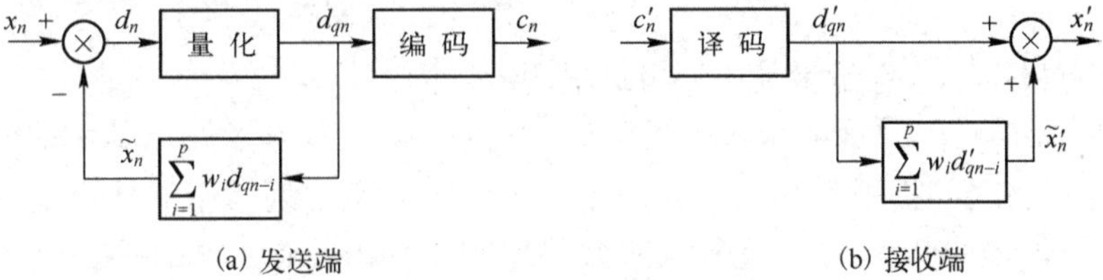

图 8.4.1 零点预测原理图

$$x'_n = d'_{qn} + \tilde{x}'_n = d'_{qn} + \sum_{i=1}^{p} w_i d'_{qn-i}$$

在发送端

$$d_{qn} \approx d_n = x_n - \tilde{x}_n = x_n - \sum_{i=1}^{p} w_i d_{qn-i}$$

在无传输差错条件下，$d'_{qn} = d_{qn}$，相应地 $\tilde{x}'_n = \tilde{x}_n$，$x'_n = x_n$。设接收端 z 传递函数为 $H(z)$，发送端 z 传递函数为 $D(z)$，则

$$H(z) = \frac{x'(z)}{d'_q(z)} = \frac{x(z)}{d_q(z)} = 1 + \sum_{i=1}^{p} w_i z^{n-i}$$

$$D(z)=\frac{d_q(z)}{x(z)}=\frac{1}{1+\sum_{i=1}^{p} w_i z^{n-i}}=\frac{1}{H(z)}$$

可见，$H(z)$只有零点，这也是将其称为零点预测的原因。

极点预测原理图如图 8.4.2 所示。由图 8.4.2 可知，在接收端

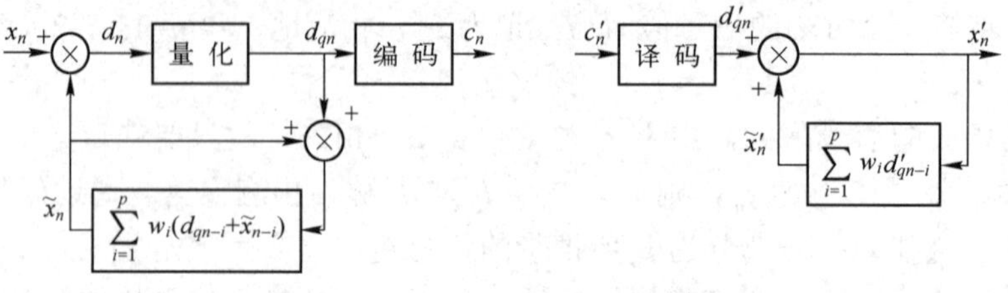

图 8.4.2　极点预测原理图

$$x_n'=d_{qn}'+\tilde{x}_n'=d_{qn}'+\sum_{i=1}^{p} w_i x_{n-i}'$$

在发送端
$$d_{qn}\approx d_n=x_n-\tilde{x}_n=x_n-\sum_{i=1}^{p} w_i(d_{qn-i}+\tilde{x}_{n-i})=x_n-\sum_{i=1}^{p} w_i x_{n-i}$$

在无传输差错条件下，$d_{qn}'=d_{qn}$，相应地 $\tilde{x}_n'=\tilde{x}_n$，$x_n'=x_n$。设接收端 z 传递函数为 $H(z)$，发送端 z 传递函数为 $D(z)$，则

$$H(z)=\frac{x'(z)}{d_q'(z)}=\frac{x(z)}{d_q(z)}=\frac{1}{1-\sum_{i=1}^{p} w_i z^{n-i}}$$

$$D(z)=\frac{d_q(z)}{x(z)}=1-\sum_{i=1}^{p} w_i z^{n-i}=\frac{1}{H(z)}$$

可见，$H(z)$只有极点，这也是将其称为极点预测的原因。

那么，预测阶数 p 应该取多大，加权系数 $w_i\ (i=1,2,\cdots,p)$ 又应该怎样选取，才能在性能和简单上得到合理的折中？为此，人们提出了许多方案。最常用的是增量调制（$\varDelta$M 或 DM，Differential Modulation）、差分脉冲编码调制（Differential Pulse Code Modulation，DPCM）和自适应差分脉冲编码调制（Adaptive Differential Pulse Code Modulation，ADPCM）。这类方案通常也称为差值编码。

下面，我们就来讨论差值编码。

8.4.2　差值编码

我们先讨论增量调制，然后再讨论差分脉冲编码调制和自适应差分脉冲编码调制。

1. 增量调制

增量调制是预测编码中最简单的一种。增量调制原理图如图 8.4.3 所示。

由图 8.4.3 可知，在发送端，将信号值 x_n 与量化预测值 $\tilde{x}_n$ 之差 d_n 进行 1 比特量化。所谓 1 比特量化，就是只对差值 d_n 的符号而不是大小进行编码，即当 $d_n>0$ 时，$d_{qn}=\varDelta$，否则，

$d_{qn}=-\Delta$。同时，在 $\tilde{x}_n$ 的基础上加减一个量化增量Δ，形成下一个采样时刻的量化预测值，以备下一个采样时刻求差值之用。当 $d_{qn}=\Delta$ 时，$c_n=1$，$d_{qn}=-\Delta$ 时，$c_n=0$，其码长为 1。

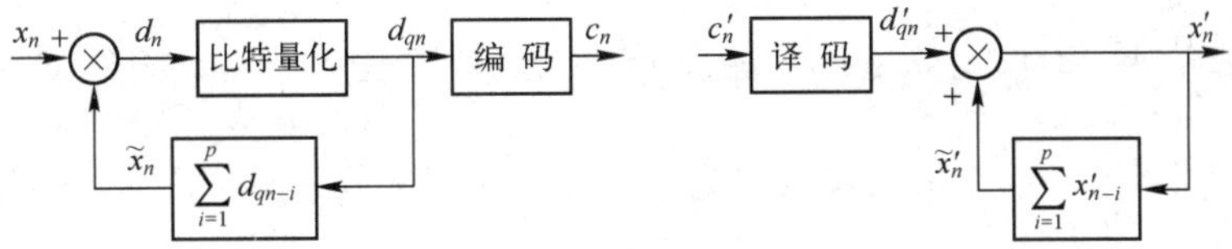

(a) 发送端　　　　(b) 接收端

图 8.4.3　增量调制原理图

在接收端，通过译码将 c'_n 还原为量化增量 d'_{qn} 后，将 d'_{qn} 与 $\tilde{x}'_n$ 相加即可得到量化值 x'_n。同时，在 $\tilde{x}'_n$ 的基础上加减一个Δ，形成下一个采样时刻的量化预测值，以备下一个采样时刻相加之用。

图 8.4.4 所示为增量调制过程的波形图。

【例 8.4.1】 已知某归一化信号序列 $x_1,x_2,x_3,x_4=0.05,0.15,0.23,0.2$，设初始量化 $d_{q0}=0$，量化增量$\Delta=0.125$，求其增量调制编码和量化值。

解： $\tilde{x}_1=d_{q0}=0$，$d_1=x_1-\tilde{x}_1=0.05-0>0$，$d_{q1}=\Delta=0.125$，$c_1=1$，$x'_1=d'_{q1}+\tilde{x}'_1=0.125+0=0.125$；

$\tilde{x}_2=d_{q0}+d_{q1}=0+0.125=0.125$，$d_2=x_2-\tilde{x}_2=0.15-0.125>0$，$d_{q2}=\Delta=0.125$，$c_2=1$，$x'_2=d'_{q2}+\tilde{x}'_2=0.125+0.125=0.25$；

$\tilde{x}_3=d_{q0}+d_{q1}+d_{q2}=0+0.125+0.125=0.25$，$d_3=x_3-\tilde{x}_3=0.23-0.25<0$，$d_{q3}=-\Delta=-0.125$，$c_3=0$，$x'_3=d'_{q3}+\tilde{x}'_3=-0.125+0.25=0.125$；

$\tilde{x}_4=d_{q0}+d_{q1}+d_{q2}+d_{q3}=0+0.125+0.125-0.125=0.125$，$d_4=x_4-\tilde{x}_4=0.2-0.125>0$，$d_{q4}=\Delta=0.125$，$c_4=1$，$x'_4=d'_{q4}+\tilde{x}'_4=0.125+0.125=0.25$；

ΔM 的编码 $c_1,c_2,c_3,c_4=1,1,0,1$；

ΔM 的量化值 $x'_1,x'_2,x'_3,x'_4=0.125,0.25,0.125,0.25$。

在增量调制中，量化噪声分为一般量化噪声和过载量化噪声。一般量化噪声 $e_n=x'_n-x_n=(d_{qn}-\tilde{x}_n)-(d_n+\tilde{x}_n)=d_{qn}-d_n$，即 1 比特量化的量化噪声，其幅度不会超过量化增量Δ。如例 8.4.1 中的一般量化噪声 $e_1,e_2,e_3,e_4=0.075,0.1,-0.105,0.05$，幅度均小于 $\Delta=0.125$。而过载量化噪声则是由信号斜率过大而产生的。因为在增量调制中，每个采样间隔只允许一个量化增量的变化，所以当信号斜率比这个固定斜率大时，就会产生过载量化噪声。图 8.4.5 所示为过载量化噪声的波形图。

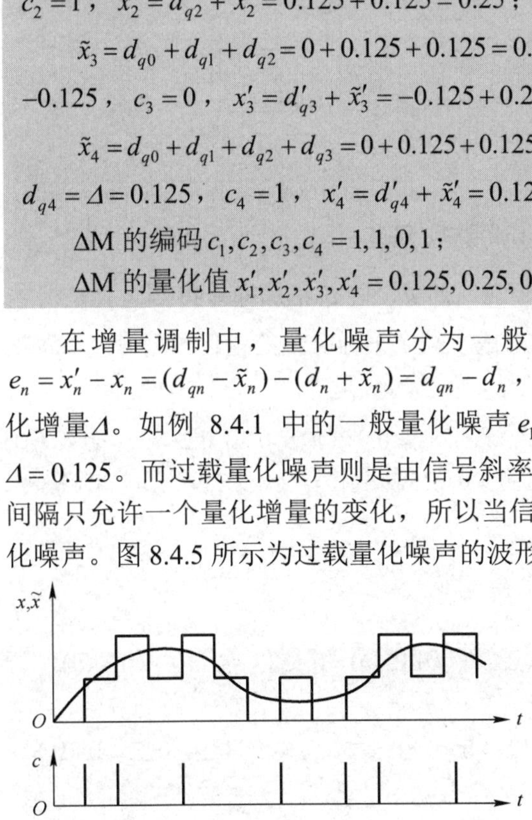

图 8.4.4　增量调制过程的波形图

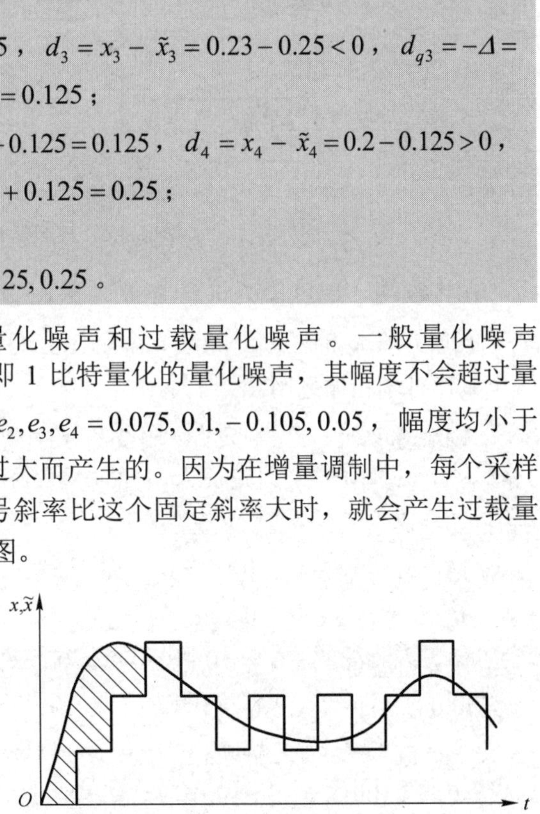

图 8.4.5　过载量化噪声的波形图

由图 8.4.5 可知，$\tilde{x}$ 的最大斜率是 Δ / T_s。因此，为了避免产生过载量化噪声，最大信号斜率必须满足 $\left|\frac{\mathrm{d}x}{\mathrm{d}t}\right|_{\max} \leqslant \frac{\Delta}{T_s}$。

对于正弦信号 $x(t) = A\sin\omega t$，避免产生过载量化噪声的条件是 $\left|\frac{\mathrm{d}x}{\mathrm{d}t}\right|_{\max} = A\omega \leqslant \frac{\Delta}{T_s} = f_s\Delta$，即 $f_s \geqslant \frac{A\omega}{\Delta}$。通常取 $\Delta \ll A$。为了避免产生过载量化噪声，增量调制的采样频率要远远大于奈奎斯特采样定理的要求。

有些信号的斜率相当大，例如，图像信号就有黑白突变，对这些信号采用增量调制很难保证不产生过载量化噪声。如果不进行预测，直接采用脉冲编码调制，又会造成码长的冗余。差分脉冲编码调制综合了增量调制和脉冲编码调制的特点，得到了广泛采用。

2. 差分脉冲编码调制

差分脉冲编码调制原理图如图 8.4.6 所示。由图 8.4.6 可知，在发送端，将信号值 x_n 与量化预测值 $\tilde{x}_n$ 之差 d_n 进行量化。可以采用均匀量化，也可以采用非均匀量化。由于 d_n 的动态范围一般比较小，通常用均匀量化且量化码的长度取 3 就可以了，因此 $\Delta = 1/8$。编码 c_n 一般也与均匀量化相同，在量化码基础上增加一位极性码，故码长为 4。同时，在 $\tilde{x}_n$ 的基础上加减一个量化信号值 $d_{qn} + \tilde{x}_n$，形成下一个采样时刻的量化预测值，以备下一个采样时刻求差值之用。

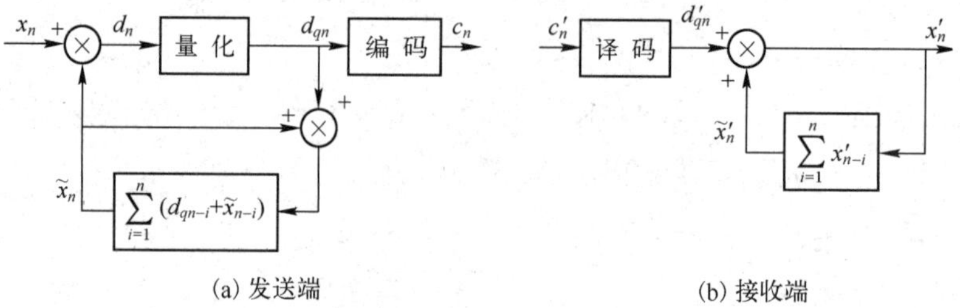

图 8.4.6　差分脉冲编码调制原理图

在接收端，通过译码将 c'_n 还原为量化值 d'_{qn} 后，将 d'_{qn} 与 $\tilde{x}'_n$ 相加即可得到量化信号值 x'_n。同时，在 $\tilde{x}_n$ 的基础上加减一个量化值 $\tilde{x}'_n$，形成下一个采样时刻的量化预测值，以备下一个采样时刻相加之用。

【例 8.4.2】 已知某归一化信号序列 $x_1, x_2, x_3, x_4 = 0.05, 0.15, 0.23, 0.2$，设初始值 $d_{q0} = 0$，$\tilde{x}_0 = 0$，采用码长为 4 的均匀量化，$\Delta = 0.125$，求其差分脉冲编码调制的编码和量化信号值。

解： $\tilde{x}_1 = d_{q0} + \tilde{x}_0 = 0 + 0 = 0$，$d_1 = x_1 - \tilde{x}_1 = 0.05 - 0 = 0.05$，$d_{q1} = 0(1000)_2$，$c_1 = 1000$，$x'_1 = d'_{q1} + \tilde{x}'_1 = 0 + 0 = 0$；

$\tilde{x}_2 = d_{q0} + \tilde{x}_0 + d_{q1} + \tilde{x}_1 = 0 + 0 + 0 + 0 = 0$，$d_2 = x_2 - \tilde{x}_2 = 0.15 - 0 = 0.15$，$d_{q2} = 0.125(1001)_2$，$c_2 = 1001$，$x'_2 = d'_{q2} + \tilde{x}'_2 = 0.125 + 0 = 0.125$；

$\tilde{x}_3 = d_{q0} + \tilde{x}_0 + d_{q1} + \tilde{x}_1 + d_{q2} + \tilde{x}_2 = 0+0+0+0+0.125+0 = 0.125$，$d_3 = x_3 - \tilde{x}_3 = 0.23 - 0.125 = 0.105$，$d_{q3} = 0.125(1001)_2$，$c_3 = 1001$，$x'_3 = d'_{q3} + \tilde{x}'_3 = 0.125 + 0.125 = 0.25$；

$\tilde{x}_4 = d_{q0} + \tilde{x}_0 + d_{q1} + \tilde{x}_1 + d_{q2} + \tilde{x}_2 + d_{q3} + \tilde{x}_3 = 0+0+0+0+0.125+0+0.125+0.125 = 0.375$，$d_4 = x_4 - \tilde{x}_4 = 0.2 - 0.375 = -0.175$，$d_{q4} = -0.125(0001)_2$，$c_4 = 0001$，$x'_4 = d'_{q4} + \tilde{x}'_4 = -0.125 + 0.375 = 0.25$；

差分脉冲编码调制的编码 $c_1, c_2, c_3, c_4 = 1000, 1001, 1001, 0001$；差分脉冲编码调制的量化信号值 $x'_1, x'_2, x'_3, x'_4 = 0, 0.125, 0.25, 0.25$。

在差分脉冲编码调制中，量化噪声 $e_n = x'_n - x_n = (d_{qn} + \tilde{x}_n) - (d_n + \tilde{x}_n) = d_{qn} - d_n$ 即均匀量化的量化噪声，其幅度不会超过量化间隔的一半($\Delta/2$)。如例 8.4.2 中的量化噪声 $e_1, e_2, e_3, e_4 = -0.05, -0.005, 0.02, 0.05$，幅度均小于量化间隔的一半($\Delta/2 = 0.0625$)。

差分脉冲编码调制的性能与信号的统计特性有关。如果信号特性随时间变化，要获得最佳效果，预测、量化应能跟踪信号特性的变化，这样就提出了自适应差分脉冲编码调制。

3. 自适应差分脉冲编码调制

自适应差分脉冲编码调制原理图如图 8.4.7 所示。由图 8.4.7 可知，在发送端，首先将 8 位非均匀量化码变成 12 位均匀量化码，然后将 12 位均匀量化码与量化预测值之差进行自适应量化，输出 4 位 ADPCM 码。ADPCM 码通过自适应逆量化产生量化差值，量化差值与量化预测值相加形成再建信号值，自适应预测对再建信号值及量化差值进行运算，产生下一个采样时刻的量化预测值，用作下一个采样时刻求差值。量化尺度适配通过对 ADPCM 码的适当滤波获得定标因子和速度控制信号，量化和逆量化的自适应即受其控制。

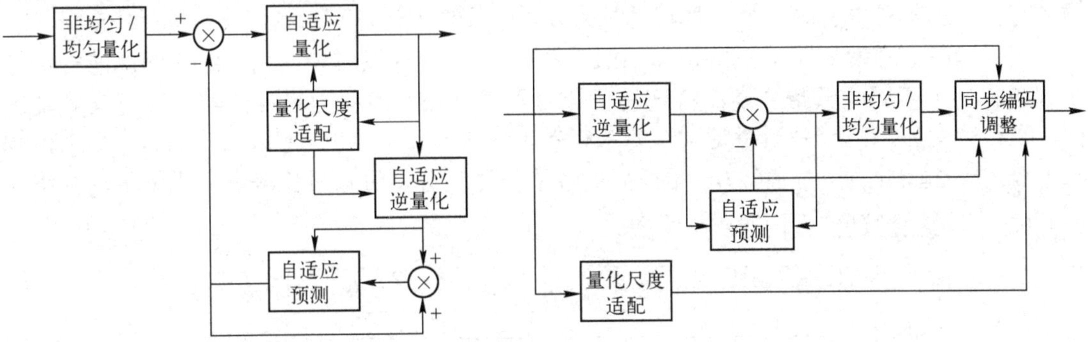

(a) 发送端　　(b) 接收端

图 8.4.7　自适应差分脉冲编码调制原理图

在接收端，除了与发送端相同或相近的部分，增加了一个同步编码调整，其作用是在级联工作时不致产生误差积累。

自适应差分脉冲编码调制主要用于卫星通信中的语音和数据传输。

8.5　变换编码

所谓变换编码，就是引入某种变换，通常是正交变换，将时间相关的信号序列变换成另一个域上彼此独立或者相关程度较低的序列，同时将能量集中在部分样值上，再对这个新序列进行编码，给能量较大的分量分配较多的比特，给能量较小的分量分配较少的比特，从而提高编码的整体效率。引入连续变换的变换编码如图 8.5.1 所示。当然，也可以引入离散变换，此时需将变换与采样交换位置。

图 8.5.1　引入连续变换的变换编码

变换编码的关键是找到一种合适的变换。一个好的变换要使时间相关的信号序列成为变换域上彼此独立或者相关程度较低的序列，同时将能量集中在部分样值上。满足这样条件的变换有傅里叶变换、余弦变换、阿达马变换、沃尔什变换、*K*–*L* 变换等。*K*–*L* 变换可以得到变换域上彼此完全独立的序列，能量较大的样值最少，编码效率最高，是最佳的变换，但其变换矩阵需根据信号序列计算求得，也无快速算法，因此一般只适用于理论分析。其他几种变换虽然只能得到变换域上相关程度较低的序列，能量较大的样值稍多，相应编码效率也稍低一点，但它们的变换矩阵是固定的，而且有快速算法，因此在实际上得到较为广泛的应用。由于基于这些变换的变换编码在各种资料中介绍得较多，这里不赘述。我们着重讨论两种主要应用于语音和图像的变换编码——子带编码（Sub-Band Coding，SBC）和小波（wavelet）变换。

8.5.1　子带编码

子带编码由 R. E. Crochiere 等人于 1976 年提出并应用于语音编码，1986 年 J. W. Woods 等人又将其引入到图像编码中。子带编码首先将信号分割成若干个不同的频带分量（一般称其为子带信号），然后再分别对子带信号进行时间采样和量化编码。可见，子带编码既与频域有关，也与时域有关，是一种基于时频分析的变换编码。

子带编码原理图如图 8.5.2 所示。由图 8.5.2 可知，在发送端，用一组带通滤波将信号分割成若干个不同的频带分量，将这些子带信号通过频率搬移为基带信号，再对其分别采样，采样频率应满足奈奎斯特定理。如果将各子带带宽记为 $\Delta W_i\ (i=1,2,\cdots,M)$，则采样频率可取 $f_{si}=2\Delta W_i\ (i=1,2,\cdots,M)$。采样后的各信号序列分别进行量化编码形成子带码，将其合并成一个总码通过信道传送到接收端。

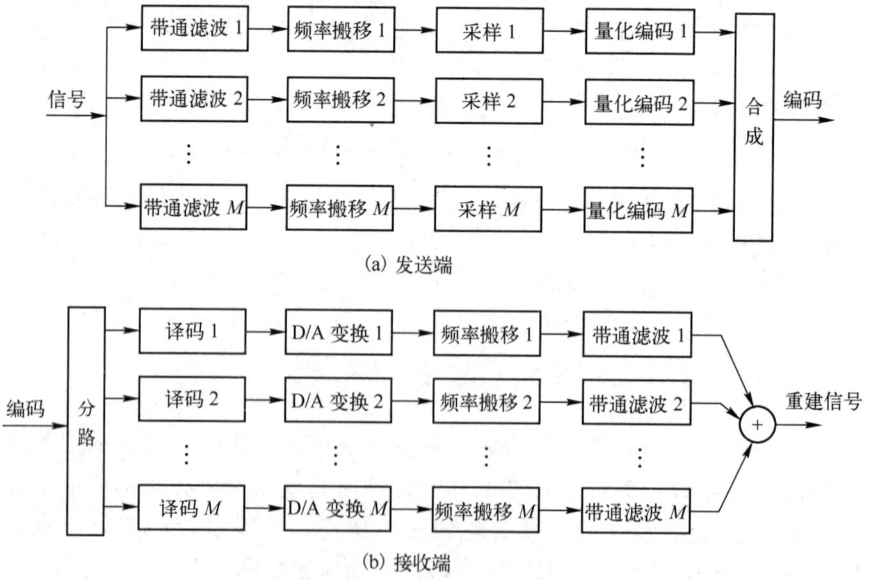

图 8.5.2　子带编码原理图

在接收端，将总码分路为子带码，分别通过译码重建信号序列，经 D/A 变换重建为基带信号，再通过将频率搬移重建子带信号，经带通滤波，最后合成得到重建信号。

在子带编码中，如果各子带的带宽 $\Delta W_i\ (i=1,2,\cdots,M)$相同，称为等带宽子带编码，否则，称为变带宽子带编码。

以语音信号为例，信号的分割通常采用二叉树结构。首先根据整个音频信号的带宽将信号分割成两个相等带宽的子带——高频子带和低频子带，然后将这两个子带或其中一个子带用同样的方法分割成 4 个或 3 个子带，这个过程可按需要重复下去，形成 $M \leqslant 2^k$ 个子带，k 为分割次数。如果分割是满树，所形成的是等带宽子带，如果分割是非满树，所形成的是变带宽子带。例如，带宽为 4000 Hz 的音频信号，当 $k=3$ 时，可以形成 8 个相等带宽的子带，每个子带的带宽为 500 Hz，也可以形成 5 个不等带宽的子带，分别为[0,250)，[250,500)，[500,1000)，[1000,2000)，[2000,4000] Hz。

子带编码的好处是：

（1）即使采用均匀量化，也可以利用人耳（或人眼）对不同频率信号感知灵敏度不同的特性，对人听觉（或视觉）不敏感的频带分量分配较少的比特数，以达到数据压缩的目的。例如，在语音高频子带采用较粗的量化，用较大的量化间隔；而在低频子带则采用较细的量化，用较小的量化间隔。

（2）各子带的量化噪声都束缚在本子带内，从而避免幅值较小的子带信号被其他子带的量化噪声所掩盖。

（3）各子带的采样频率可以成倍下降。例如，将信号分割成 M 个等带宽子带，则每个子带的采样频率可以降为原始信号采样频率的 $1/M$。

需要注意的是，由于实际应用中的带通滤波不是理想滤波，因而会使重建信号产生混叠效应。只有当信号的分割采用二叉树结构时，才可以采用正交镜像滤波（Quadrature Mirror Filter，QMF）抵消混叠效应。

在实际应用中，M 的取值一般为 2～4，这是由于 M 过大会使滤波运算量增大，从而使延时增大。目前，使用子带编码技术的编译码器已应用于语音存储转发和语音邮件，采用两个子带和 ADPCM 的编码系统已作为 G.722 标准推荐使用。

8.5.2 小波变换

我们知道，要深入研究信号的本质，需要从多个角度观察信号的不同表现形式。时域分析和频域分析是目前观察和处理信号的主要方法。但是，建立在傅里叶变换基础上的频域分析完全丧失了时域信息，其频率分辨率理论上可以达到无穷大而时域分辨率则为零。对于平稳信号而言，所有时刻的频率特性是相同的，因此对信号进行频域分析很有意义。但是对于非平稳信号而言，不同时刻的频率特性是不同的，再对信号进行频域分析就没什么意义了。我们希望有一种分析方法，它既有足够的频率分辨率，也有足够的时域分辨率，这就引出了时频分析的概念。从 1946 年 Gabor 提出的加窗傅里叶变换开始，人们对傅里叶变换进行了推广乃至革命，小波变换就是在这样的背景下由 J.Morlet 在 1984 年提出来的。

所谓小波变换，就是把傅里叶变换中的函数 $\mathrm{e}^{\mathrm{j}\omega t}$ 用小波 $\psi_{ab}(t)$ 取代后对信号 $x(t)$进行变换，即

$$X(a,b)=\int_{-\infty}^{+\infty}x(t)\psi_{ab}(t)\,\mathrm{d}t \tag{8.5.1}$$

其中，小波的数学表述如下。

如果一个函数$\psi(t)$满足条件

$$C_{\psi}=\int_{-\infty}^{+\infty}\frac{|\Psi(\omega)|^2}{|\omega|}\mathrm{d}\omega<\infty$$

则该函数$\psi(t)$称作一个基本小波或母小波。

对于实数对(a, b)，函数族

$$\psi_{ab}(t)=a^{-\frac{1}{2}}\psi\left(\frac{t-b}{a}\right)$$

称为小波或小波基。其中，a 称为尺度因子，它的作用是对基本小波进行缩放。当 $a=1$ 时，小波的波形与基本小波相同；当 $a>1$ 时，小波的波形与基本小波相比变得矮宽；当 $0<a<1$ 时，小波的波形与基本小波相比变得高窄。b 称为平移因子，它的作用是将基本小波平移。

由式（8.5.1）可知，信号 $x(t)$的小波变换 $X(a, b)$是一个二元函数。a 的不同取值对应着时频平面上如图 8.5.3 所示的可调分析窗口，b 的不同取值对应着分析窗口所处的时间位置。

由图 8.5.3 可知，当 a 较大时，有较高的时域分辨率、较低的频域分辨率，相当于对信号做概貌观察；而当 a 较小时，有较低的时域分辨率、较高的频域分辨率，相当于对信号做细节观察。一般将这种由粗到细逐级的分析称为多分辨分析。

信号的小波变换或者说多分辨分析的快速离散算法是由 Mallat 在 Burt 和 Adelson 的图像分解和重构的塔式算法的启发下，根据多分辨率框架提出来的，一般称为 Mallat 算法。该算法在小波分析中的地位相当于 FFT 在傅里叶分析中的地位。

Mallat 算法的基本原理如图 8.5.4 所示。

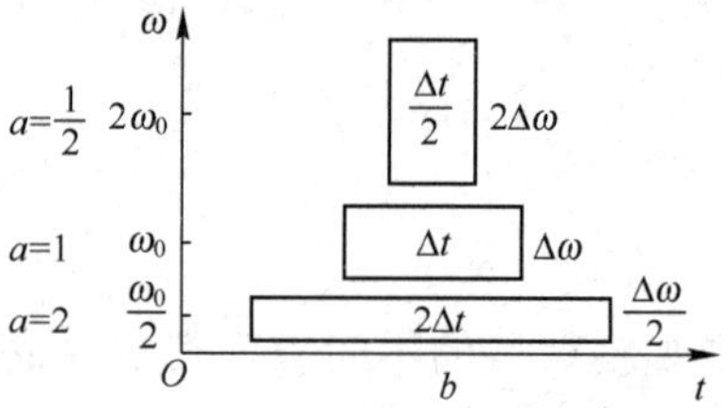

图 8.5.3　可调分析窗口

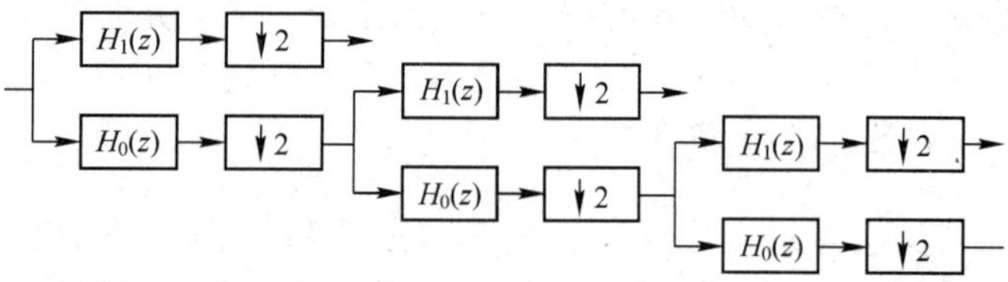

图 8.5.4　Mallat 算法的基本原理图

设信号 $x(t)$的归一化频带为 0～π，采样频率为 f_s。由图 8.5.4 可知，首先通过低通滤波 $H_0(z)$和高通滤波 $H_1(z)$将信号分割为频带为 0～π/2 的低频部分和频带为π/2～π的高频部分，它们的带宽比信号减小了一半，采样频率也可以减小一半，用 $f_s/2$ 就可以了。再通过低通滤波 $H_0(z)$和高通滤波 $H_1(z)$将低频部分分割为频带为 0～π/4 的低频部分和频带为π/4～π/2 的高低频部分，它们的带宽比低频部分减小了一半，采样频率也可以减小一半，用 $f_s/4$ 就可以了。这个过程可以继续下去。在分割过程中，每一级都有一个二抽取环节，它表示对每两个数据保存一个，所以采样频率降低一半。

可以看出，Mallat 算法实际上将信号分割成了二叉树结构的变带宽子带，如果对这些

子带做长度为 N 的 DFT，那么每个子带的频域分辨率是不一样的。高频子带的频域分辨率为 $f_s/2N$，高低频子带的频域分辨率为 $f_s/4N$，…。

由此，如果将信号的频带 0～π定义为空间 V_0，经第一级分割，划分为两个子空间：低频的 V_1 和高频的 W_1；经第二级分割，V_1 又划分为两个子空间：低频的 V_2 和高频的 W_2，……这种子空间分解过程可以记为：

$$V_0=V_1+W_1，\ V_1=V_2+W_2，\ \cdots$$

上式中的加法为模 2 加。这些子空间具有逐级包含和逐级替换的特性。并且，W_1 的中心频率为 $3\pi/4$，带宽为 $\pi/2$，W_2 的中心频率为 $3\pi/8$，带宽为 $\pi/4$；……品质因数相等，均为 $Q=\Delta\omega/\omega_0=2/3$。

可见，Mallat 算法实现了信号的小波变换。

此外，也可以将 Mallat 算法看成变带宽子带编码的特例。但是，一般子带编码并不强求滤波满足完全重构条件，而小波变换则必须要求严格的完全重构滤波。

大多数基于小波变换的编码都在变换域对小波系数采用标量量化。在实现标量量化时，如果知道每个子带小波系数的概率分布，则以信息熵为约束条件在每个子带建立最佳量化；如果不了解各个子带小波系数的概率分布，则一般采用均匀量化。

虽然小波分割的级数越多，频带的划分越细，但级数越多，滤波运算量也越大，从而延时越大。因此在实际应用中，确定小波分割的级数要兼顾不同方面的影响。目前，小波变换在图像编码中得到广泛应用，ISO 也将基于小波变换的图像编码技术作为 JPEG2000 和 MPEG4 标准推荐使用。

习题

8.1 将幅度为 3.25 V、频率为 800 Hz 的正弦信号输入采样频率为 8 kHz 的采样保持器后，通过一个如题 8.1 图所示量化数为 8 的中升均匀量化器。试画出均匀量化器的输出波形。

8.2 已知某采样时刻的信号值 x 的概率密度函数 $p(x)$如题 8.2 图所示，将 x 通过一个量化数为 4 的中升均匀量化器得到输出 x_q。试求：

（1）x_q 的平均功率 $S=E[x_q^2]$；

（2）量化噪声 $e=|x_q-x|$ 的平均功率 $N_q=E[\mathrm{e}^2]$；

（3）量化信噪比 S/N_q。

8.3 在 CD 播放机中，假设音乐均匀分布，采样频率为 44.1 kHz，采用 16 比特的中升均匀量化器进行量化。试确定 50 分钟音乐所需要的比特数，并求量化信噪比 S/N_q。

8.4 采用 13 折线 A 律非均匀量化编码，设最小量化间隔为Δ，已知某采样时刻的信号值 $x=635\Delta$。

（1）试求该非均匀量化编码 c，并求其量化噪声 e；

（2）试求对应于该非均匀量化编码的 12 位均匀量化编码 c'。

8.5 将正弦信号 $x(t)=\sin(1600\pi t)$输入采样频率为 8 kHz 的采样保持器后通过 13 折线 A 律非均匀量化编码器，设该编码器的输入范围是[−1，1]。试求在一个周期内信号值 $x_i=\sin(0.2i\pi)$，$i=0, 1, \cdots, 9$ 的非均匀量化编码 c_i，$i=0, 1, \cdots, 9$。

8.6 将正弦信号 $x(t)=A\sin 2\pi ft$ 进行增量调制，量化增量Δ和采样频率 f_s 的选择既要保证不过载，又要保证不致因振幅太小而无法工作。试证明 $f_s>\pi f$。

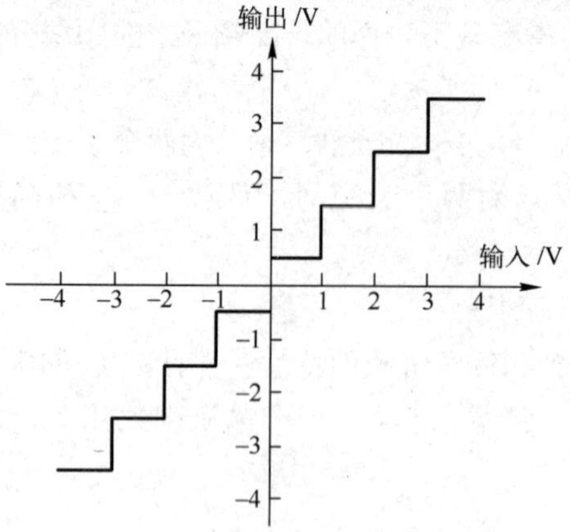

题 8.1 图

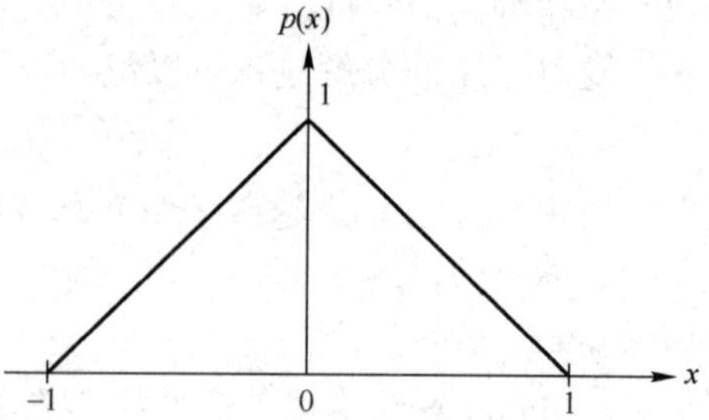

题 8.2 图

8.7　将正弦信号 $x(t)=0.25\sin(400\pi t)$输入采样频率为 4 kHz 的采样保持器后通过增量调制器，设该调制器的初始值 $d_{q0}=0$，量化增量$\varDelta=0.125$。试求在半个周期内信号值 $x_i=0.25\sin(0.1i\pi)$，$i=0, 1,\cdots, 9$ 的增量调制编码 c_i 和量化值 x_i'，$i=0, 1,\cdots, 9$。

8.8　将正弦信号 $x(t)=0.25\sin(400\pi t)$输入采样频率为 4 kHz 的采样保持器后通过差分脉冲编码调制器，设该调制器的初始值 $d_{q0}=0$，$\tilde{x}_0=0$，采用码长为 4 的均匀量化编码，量化间隔$\varDelta=0.03125$。试求在半个周期内信号值 $x_i=0.25\sin(0.1i\pi)$，$i=0, 1,\cdots, 9$ 的差分脉冲编码 c_i 和量化值 x_i'，$i=0, 1,\cdots, 9$。

8.9　$M=2$ 的子带编码如题 8.9 图所示。试证明要求 $\tilde{x}(\mathrm{z})=x(z)$ 的低通滤波器 $H_1(z)$，$\tilde{H}_1(z)$ 和高通滤波器 $H_\mathrm{h}(z)$，$\tilde{H}_\mathrm{h}(z)$ 满足：

$$\begin{cases}H_1(\mathrm{z})\tilde{H}_1(z)+H_\mathrm{h}(z)\tilde{H}_\mathrm{h}(z)=2\\H_1(-z)\tilde{H}_1(z)+H_\mathrm{h}(-z)\tilde{H}_\mathrm{h}(z)=0\end{cases}$$

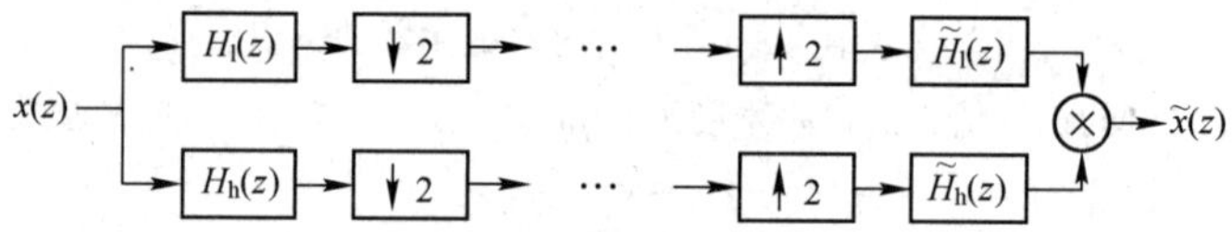

题 8.9 图

第 9 章　密码安全性的信息论测度方法

1949 年，香农在对密码体制进行深入研究后发表了著名论文《保密通信的数学理论》。在这篇划时代的论文中，香农首次证明了密码编码学能够置于坚实的数学基础之上，并证明一次一密的密码体制是理论上完全保密的密码体制。香农将信息论引入了密码，从而把已有数千年历史的密码推向了科学的轨道，使信息论成为研究密码学和密码分析的一个重要理论基础。该文利用数学方法对信息源、密钥源、接收和截获的密文进行了数学描述和定量分析，提出了通用的密钥密码体制模型，奠定了现代密码学的基础。所以有人认为香农才是密码学的真正创始人。在他之前的密码体制，都只能算是密码术，因为秘密消息多是采用某种简单的变换技巧产生的，没有理论的支撑，也没有系统的变换方法，因而不能成为系统的科学学科。如今，随着科学技术的不断发展，人们对通信安全性的要求已不仅仅是保密性，还有真实性、完整性、可用性和不可否认性。但不管怎样发展，信息论仍是评价密码体制安全性的理论工具之一。

9.1　基 本 知 识

9.1.1　保密通信系统模型

我们将第 1 章介绍的通信系统基本模型重绘于图 9.1.1。

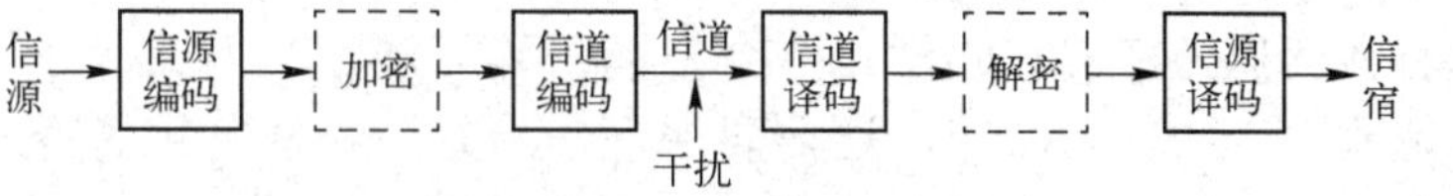

图 9.1.1　通信系统基本模型

由图 9.1.1 可见，加密是在信源编码完成后进行的。经过信源编码的信号很容易通过信源译码还原，因此仍然是可懂信息。加密的作用是把可懂信号变成不可懂信号，即使被非授权者截获也无法理解通信内容，达到保密通信的目的。保密通信也是信息安全最初、最基本的需求。如果我们暂时不考虑信道编译码问题，并将信源编码后的信号序列看作加密的输入，则保密通信系统模型可简化为如图 9.1.2 所示。

由图 9.1.2 可见，保密通信系统由五个部分组成：明文、密文、密钥、加密、解密。明文即可懂信号或文本，是来自信源编码器的输出。与非保密通信不同的是，保密通信系统收发端都有一个或一对特殊参数——密钥，用于控制加密和解密。密钥仅授权用户持有，以防范非授权用户对通信内容的窃听。加密器件的作用是在密钥的控制下将可懂明文变换成不可懂文本，即密文。解密器件的作用与加密相反，将不可懂密文还原为原始明文。

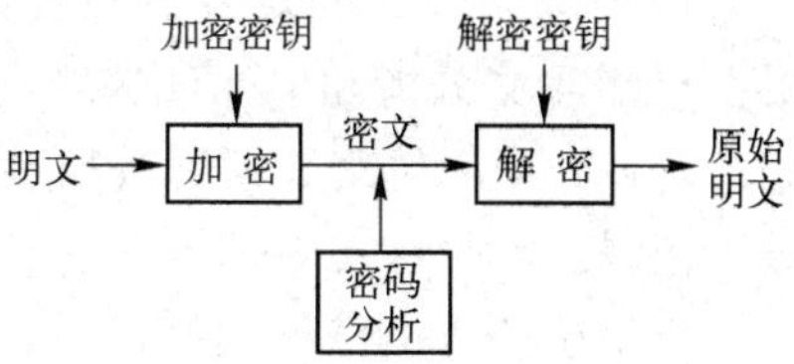

图 9.1.2　保密通信系统模型

保密通信系统的五个部分可用五个参数描述如下：

（1）P：明文空间，为全体明文的集合。

（2）C：密文空间，为全体密文的集合。

（3）K：密钥空间，为全体密钥的集合，通常由加密密钥 k_e 和解密密钥 k_d 组成，$k=(k_e, k_d)$。传统密码体制的加解密密钥一般是相等的，即 $k_e = k_d$。

（4）E_{k_e}：加密算法，由加密密钥控制的加密变换的集合。

（5）D_{k_d}：解密算法，由解密密钥控制的解密变换的集合。

下面我们就围绕保密通信系统，介绍密码分析的信息论方法。

9.1.2 密码基本概念

在香农之前，密码已存在数千年，但一直是一门技巧性很强的艺术。尽管有些密码算法也有数学计算，但都比较简单，直到香农发表了他的划时代论文——《保密通信的数学理论》，才将密码引入科学的轨道，成为密码学。

保密通信是推动密码学发展的重要因素，最初源于军事需求。发送者希望通信内容只有己方可以获知，敌方不能获知。于是出现了各种加密手段——把可懂的信息变成不可懂的信息进行传送，即使被截获，敌方也不知道通信内容，而本方掌握密码解译规则，很容易还原成可懂信息。最典型的事例就是军事电报，己方的战略战术意图绝不能泄露给敌方，否则必败无疑。

与普通通信不同的是，保密通信在信号传输过程中不可避免地会受到密码分析者的攻击。既然通信内容需要保密，那么获取保密通信内容必然获益。于是出现了另一种需求：截获密文后千方百计猜测密文字符与可懂明文字符之间的关联关系，最终获知通信内容。这一过程就是破译密码，专业术语称为**密码分析**。

为了保证密码不被破译，加密者想尽一切办法设计更复杂的加密规则，使其更难猜测。设计密码的过程称为密码编码学。一个好的密码算法除了能够保证保密通信双方能够正确地、容易地进行加密和解密，还需要保证在不知道秘密密钥的情况下很难推知密钥，也很难由密文推知明文。密码学就是在密码编码者和密码分析者的不断争斗中发展起来的。

密码编码学和密码分析学是密码学的两大分支。

密码编码学是设计加解密规则、算法、函数、程序、协议等的科学和技术。现代密码已不仅仅有保密通信的需求，还有保证通信内容的完整性及不可否认性等需求。密码算法可分为单钥算法和双钥算法，或称为对称密码和公钥密码；亦可分为序列密码和分组密码；还可分为代替密码和换位密码。

密码分析学是在不掌握密钥的情况下，研究从密文和已知的少量信息中破译密钥或明文的科学和技术。总体上可分为**经典密码分析**和**边信道分析**两大类。经典密码分析主要采用数学手段，分析的对象是形式化逻辑。根据密码分析者掌握的信息，可分为唯密文分析、已知明文分析和已知任选明文分析。边信道分析主要利用通信系统中密码算法运行时间、功耗、电磁辐射、声音等所谓的“边信息”，结合形式化逻辑分析、经典的数学分析来破译密码。它是这二十多年来发展起来的新型攻击技术，其威胁远远高于经典密码分析。

一个密码体制或密码算法设计好后，到底安全与否？有一系列评价标准，信息论是其中的评价方法之一。

9.2 密码算法的安全性测度

评价一个密码算法是否安全，有很多种标准。要做全面评价，其实很难，因为安全性实际上是一个相对的概念。第二次世界大战时期的密码，在当时是安全的，现在已经不安全了。因为科技发展了，密码分析者拥有更先进的破译工具和技术，以前破译不了的，现在可以了。所以评价密码算法安全性至少可以分成两类：理论安全和实际安全。**理论安全**指密码攻击者无论拥有多少金钱、资源和工具都不能破译密码，如香农证明一次一密的密码算法是完全保密的密码算法。**实际安全**指攻击者破译代价超过了信息本身的价值或在现有条件下破译所花费时间超过了信息的有效期。以前曾认为分析在计算上不可行即可做到实际安全，但 1998 年，Paul Kocher 等人发明了差分功耗分析攻击（Differential Power Analysis，DPA），使密码攻击所需的数学推导和计算量大幅度降低，给密码算法的实际安全带来了严重的威胁。最初的信息安全概念是狭义的，主要指保密性，即信息内容不会被泄露。现在的安全性内涵已远不止保密性。本节仅讨论信息保密问题。

9.2.1 完善保密性

密码算法的安全性通常针对某种攻击而言。以下仅研究唯密文攻击下密码算法的安全性，以此说明密码与信息论的关系。

对于一般的如图 9.1.2 所示的保密通信系统，若 P, C, K 分别代表明文、密文和密钥空间，$H(P), H(C), H(K)$ 分别代表明文、密文和密钥空间的熵，$H(P/C), H(K/C)$ 分别代表已知密文条件下明文和密钥的疑义度，从唯密文攻击角度来看，密码分析的任务是从截获的密文中提取关于明文的信息：

$$I(P;C) = H(P) - H(P/C)$$

或从密文中提取密钥信息：

$$I(K;C) = H(K) - H(K/C)$$

显然，$H(P/C)$ 和 $H(K/C)$ 越大，攻击者从密文获得的明文或密钥信息就越少。

合法用户掌握解密的密钥，收到密文后，用解密密钥控制解密函数通过运算，恢复出原始明文。此时必有

$$H(P/CK) = 0 \tag{9.2.1}$$

于是

$$I(P;CK) = H(P) - H(P/CK) = H(P)$$

说明合法用户在掌握密钥并已知密文的情况下，可以提取全部明文信息。

定理：对任意密码系统，有

$$I(P;C) \geqslant H(P) - H(K)$$

证明 由式（9.2.1）和熵的性质可导出

$$\begin{aligned} H(K/C) &= H(K/C) + H(P/CK) = H(KP/C) \\ &= H(P/C) + H(K/CP) \geqslant H(P/C) \end{aligned}$$

考虑到

$$H(K) \geqslant H(K/C)$$

故有

$$I(P;C) = H(P) - H(P/C) \geqslant H(P) - H(K) \tag{9.2.2}$$

上述定理说明，保密算法的密钥空间越大，从密文中可以提取的关于明文的信息量就越小，即密钥空间越大，破译越困难。如果密文与明文之间的平均互信息量为零，即

$$I(P;C)=0 \tag{9.2.3}$$

则攻击者不能从密文中提取到任何有关明文的信息。这种情况下，我们称密码系统是完善保密的或无条件安全的，亦即我们前面所说的理论安全。

若密钥空间大于明文空间，即

$$H(K)\geqslant H(P)$$

则由式（9.2.2）和平均互信息量的非负性可知，$I(P;C)$ 必等于零，这是完善保密系统存在的必要条件。对于二元保密通信系统，如果我们设计一个信道，使符号正确发送和错误发送的概率各等于 1/2，这种方案可用简单的异或逻辑来实现。该方案等价于信源通过二元对称信道。由第 4 章的分析可知，此时信道容量为零，故式（9.2.3）必成立。说明完善保密系统是存在的，但这种系统仅在唯密文攻击下是安全的。

香农证明了一次一密的密码算法不仅能抗击唯密文攻击，亦能抗击已知明文攻击。从理论上来说，它具有完善保密性，应该是理想的保密体制，但是后来人们发现了这种体制存在密钥管理的脆弱性。但一次一密的思想，在现代安全通信系统中被广泛应用。

9.2.2 唯一解距离

香农从密钥疑义度出发，引入了一个非常重要的概念——**唯一解距离**(unicity distance) V_0。V_0 是密码攻击者在进行唯密文攻击时必须处理的密文量的理论下界。当攻击者获得的密文量大于这个界限时，密码有可能会被破译；如果小于这个界限，则密码在理论上是不可破译的。

设给定 N 长密文序列 $C=c_1,c_2,\cdots,c_N\in Y^N$，其中 Y 为密文字母表。根据条件熵的性质

$$H\left(K/c_1,c_2,\cdots,c_{N+1}\right)\leqslant H\left(K/c_1,c_2,\cdots,c_N\right)$$

易知，随着 N 的增大，密钥疑义度减小。亦即截获的密文越多，从中提取的关于密钥的信息就越多。当疑义度减小到零，即 $H(K/C)=0$ 时

$$I(K;C)=H(K)-H(K/C)=H(K)$$

密钥被完全确定，从而实现破译。

如果

$$I_{0\infty}=H_0-H(P)$$

代表明文信息变差，其中 $H(P)$ 和 H_0 分别代表明文熵和明文最大熵，可以证明，唯一解距离

$$V_0\approx H(K)/I_{0\infty} \tag{9.2.4}$$

即破译密码所需的最小密文长度。

由第 2 章的讨论已知，$I_{0\infty}$ 代表明文冗余度。式（9.2.4）表明，唯一解距离与密钥熵成正比，与明文冗余度成反比。由此可知，提高密码安全性有两条途径：增大密钥熵或减小明文冗余度。增大密钥熵可通过扩展密钥空间或加大密码算法复杂度实现，减小明文冗余度可通过压缩编码实现。

应该注意的是，唯一解距离是破译密码所需的最小密文数量的理论下界。达到这个下界，不代表一定能破译密码。还需要指出的是，唯一解距离与编码定理一样，只给出了一

个理论界限，并没有给出求解密钥的具体方法，也没有给出求解密钥所需的工作量。有许多密码算法，理论上可以破译，但所需的工作量在计算上不可行。这种密码算法属于实际保密的密码算法，即所谓计算上安全的保密算法。

9.3 古典代替密码的安全性分析

古典密码按照加密思想总体可分为代替密码和换位密码两个大类。现代密码规则要复杂得多，但分组密码基本上是代替和换位思想的交替应用。方便起见，我们仅讨论代替密码的安全性问题。

代替密码的思想是将明文序列中的每一个字母用另外的字母代替，这样重新组合后的字母序列，不符合语言规则，于是成为不可懂的密文。早期古典密码中的代替密码又分为单表密码、多表密码。

单表密码是按照设定的规则将明文字母和密文字母的一一对应关系构造成一张固定的代替表，加密和解密都用查表方式完成，因为只有一张表，故称单表密码。单表密码又大体分为加法密码（也称移位密码）、乘法密码和仿射密码。

多表密码则由多个单表密码组成，每次加密用不同的密码表。本章仅讨论单表密码。

9.3.1 加法密码的安全性分析

方便起见，我们以英语为例讨论密码的加解密方法及其安全性。

加法密码也称为移位密码，是最简单的代替密码。已知最早的加法密码是凯撒密码。凯撒密码的加密规则十分简单，把字母表按照正常顺序列表，加密时把每个字母用其后第 3 个字母代替，可以构成表 9.3.1 所示的明文、密文对照表。为便于区分，我们用小写字母表示明文，用大写字母表示密文。容易看出，密文字母表是明文字母表的循环左移，这也是移位密码的由来。

表 9.3.1 凯撒密码

明 文	a	b	c	d	e	f	g	h	i	j	k	l	m	n	o	p	q	r	s	t	u	v	w	x	y	z
密 文	D	E	F	G	H	I	J	K	L	M	N	O	P	Q	R	S	T	U	V	W	X	Y	Z	A	B	C

【例 9.3.1】 用凯撒密码对明文“information theory”进行加密。

解法一：查表法。

在明文表中查找每一个字母，然后用该字母下方对应的密文字母进行替代。如第一个字母是 i，其下方对应的字母是 L，用 L 代替 i，完成第一个字母的加密。第二个字母是 n，对应的密文字母是 Q，用 Q 代替 n。以此类推，直至所有明文字母被替代完毕。得到密文：

LQIRUPDWLRQ WKHRUB

显然上述密文是不可懂信息。但是这种密码泄露了明文的一些信息：在明文中出现一次的字母，在对应的密文中也只出现了一次；在明文中出现了两次的字母，如 i, n, r，对应的密文字母 L, Q, U 也出现了两次；在明文中出现了三次的字母 o，对应的密文字母 R 也出现了三次。这很容易理解，因为密码表是固定的，又是一一对应的。

解密的过程与加密相反。收到密文后，先在密文字母表中查找字母，然后用其上方对应的明文字母代替。如第一个密文字母是 L，其上方对应的明文字母是 i，用 i 代替 Q，解密出第一个字母。以此类推，直至收到的所有密文字母被还原。

解法二：计算法。

将明文字母表中的字母用 0～25 进行编码，结果见表 9.3.2。

表 9.3.2　字母编码表

明　文	a	b	c	d	e	f	g	h	i	j	k	l	m	n	o	p	q	r	s	t	u	v	w	x	y	z
编　码	0	1	2	3	4	5	6	7	8	9	10	11	12	13	14	15	16	17	18	19	20	21	22	23	24	25

凯撒密码可以用模 26 加法表示为

$$C_i = E_k(p_i) = p_i + 3 \pmod{26}, \quad i = 1,2,\cdots,17 \tag{9.3.1}$$

其中，C_i 代表第 i 个密文字母，p_i 代表第 i 个明文字母，3 是凯撒密码算法密钥 k。

加密步骤：先将明文字母编码代入式（9.3.1）右端进行计算，然后将计算结果放入表 9.3.2 进行检索，对应字母即为密文字母。

本例中第一个明文字母 i 的编码是 8，代入式（9.3.1）得 11，与编码 11 对应的字母是 L，这就是第一个密文字母。第二个明文字母 n 的编码是 13，代入式（9.3.1）得 16，与编码 16 对应的字母是 Q。以此类推，直至明文序列所有字母被计算并代替完毕。

很容易验证，解法一和解法二的加密结果相同。

解密运算是式（9.3.1）的逆运算

$$p_i = D_k(C_i) = C_i - 3 \pmod{26}, \quad i = 1,2,\cdots,17 \tag{9.3.2}$$

解密步骤：将明文字母编码代入式（9.3.2）进行计算，操作步骤与加密相同。

将凯撒密码加以推广，选择 $k = (1, 2, \cdots, 25)$中的任意值，得到加法密码的通用加密式

$$C_i = E_k(p_i) = p_i + k \pmod{26}, \quad i = 1,2,\cdots,n$$

式中 n 为明文长度。相应的通用解密表达式

$$p_i = D_k(C_i) = C_i - k \pmod{26}, \quad i = 1,2,\cdots,n$$

现在我们用 9.2 节介绍的方法对加法密码的安全性进行分析。

单表代替密码明文、密文字母是一一对应关系，所以密文字母统计规律与明文相同，将 26 个英文字母连同空格，共 27 个符号的概率列于表 9.3.3。该表构成单符号离散信源，根据最大离散熵定理，其最大熵为

$$H_0 = \log_2 27 \approx 4.76(\text{比特/符号})$$

在不考虑字母间依赖关系的情况下，表 9.3.3 可以近似地看作离散无记忆信源，根据离散熵的定义可得

$$H_1(X) = -\sum_{i=1}^{27} p(a_i)\log_2 p(a_i) \approx 4.03(\text{比特/符号})$$

考虑两个字母间依赖关系，可把英语信源近似地看作 1 阶马尔可夫信源，求得相应的熵

$$H_2 \approx 3.32(\text{比特/符号})$$

加法密码只进行了字母代替，因此其信源熵

表 9.3.3　27 个英语符号出现的概率

符号	概率	符号	概率	符号	概率
空格	0.1987	S	0.052	Y，W	0.012
E	0.105	H	0.047	G	0.011
T	0.072	D	0.035	B	0.01
O	0.065	L	0.029	V	0.008
A	0.063	C	0.023	K	0.003
N	0.059	F，U	0.022	X	0.002
I	0.055	M	0.021	J，Q	0.0008
R	0.054	P	0.017	Z	0.0007

$$H(p)=H_1(X)=4.03(\text{比特/符号}) \tag{9.3.3}$$

该信源的信息变差 $$I_{0\infty}=H_0-H(p)=4.76-4.03\approx 0.73(\text{比特/符号}) \tag{9.3.4}$$

加法密码的密钥 k 共有 25 种有效取值，可认为 25 种取值等概率分布，即

$$p(k_i)=1/25,\quad i=1,2,\cdots,25$$

所以 $$H(K)=\log_2 25\approx 4.64(\text{比特/符号}) \tag{9.3.5}$$

由式（9.3.3）和式（9.3.5）可见，密钥熵大于信源熵，由式（9.2.2）和互信息量的非负性可知

$$I(P;C)=0$$

意味着从密文得不到关于明文的任何信息。但这只是完善保密性的必要条件，非充分条件。

将式（9.3.5）、式（9.3.4）代入式（9.2.4）得加法密码唯一解距离

$$V_0\approx H(K)/I_{0\infty}\approx 4.64/0.73\approx 6.36 \tag{9.3.6}$$

式（9.3.6）可解读为：破译 1 比特加法密码，至少需要 7 比特（大于 6.36 的最小整数）密文。也就是说，要破译 1 比特加法密码信息，少于 7 比特一定不会成功。这是破译加法密码的理论下界，并不保证大于等于 7 比特一定能成功，实际破译所需样本量远远高于此下界。由此可以看出，加法密码的安全性很弱。

与编码定理类似，香农唯一解距离只给出了密码安全性评估的理论下界，并未给出具体的破译方法。

实际上，对于这种简单的加法密码，只需穷举搜索 25 次，也就是把所有可能的密钥全试一遍，必能找到正确的密钥。

9.3.2 乘法密码的安全性分析

乘法密码的通用加密公式为

$$C_i=E_k(p_i)=kp_i \pmod{26},\quad i=1,2,\cdots,n \tag{9.3.7}$$

式中 n 为明文长度。

加法密码的明密文是按照正常字母表顺序进行对应的，通过简单的移位即可实现。方便加解密的同时也为密码分析者提供了便利。乘法密码试图打破顺序代替的规律，使密码分析者更难猜测，从而提高密码的安全性。

尽管式（9.3.7）的模数为 26，但是乘法密码的密钥并不能取 1～25 的任意数。例如，取 k=13，构造出的乘法密码表见表 9.3.4。当明文 p 的编码为 0～25 中的任意偶数时，式（9.3.7）右端恒为 0；p 的编码为 0～25 中的任意奇数时，加密结果恒等于 13。

表 9.3.4　*k*=13 的乘法密码表

编　码	0	1	2	3	4	5	6	7	8	9	10	11	12	13	14	15	16	17	18	19	20	21	22	23	24	25
明　文	a	b	c	d	e	f	g	h	i	j	k	l	m	n	o	p	q	r	s	t	u	v	w	x	y	z
C	0	13	0	13	0	13	0	13	0	13	0	13	0	13	0	13	0	13	0	13	0	13	0	13	0	13
密　文	A	N	A	N	A	N	A	N	A	N	A	N	A	N	A	N	A	N	A	N	A	N	A	N	A	N

由表 9.3.4 看出，密文只有两个不同的字母，那么在解密时必然出现多义性，无法正确解密。为了解决这一问题，需要对密钥进行一定的约束。当密钥与模数 26 互素时，即

$$(k,26)=1 \tag{9.3.8}$$

明密文有一一对应性。此时，密钥 k 的逆 k^{-1} 存在，满足

$$kk^{-1}=1 \pmod{26} \tag{9.3.9}$$

逆密钥的存在保证了解密的唯一性。

满足式（9.3.8）的密钥 k 共有 12 个，其中 k=1 是无效密钥，所以有效密钥只有 11 个，分别为(3,5,7,9,11,15,17,19,21,23,25)。

【例 9.3.2】 用乘法密码对明文"information theory"进行加密和解密，其中 $k=9$。

解法一：查表法。

构造 k=9 的乘法密码表，见表 9.3.5，仔细观察可以发现，密文序列是明文序列的等间隔选取。加密步骤与加法密码相同。查表得密文：

UNTWXEAPUWN PLKWXI

解密时反查乘法表即可。

表 9.3.5　$k=9$ 的乘法密码表

编码	0	1	2	3	4	5	6	7	8	9	10	11	12	13	14	15	16	17	18	19	20	21	22	23	24	25
明文	a	b	c	d	e	f	g	h	i	j	k	l	m	n	o	p	q	r	s	t	u	v	w	x	y	z
C	0	9	18	1	10	19	2	11	20	3	12	21	4	13	22	5	14	23	6	15	24	7	16	25	8	17
密文	A	J	S	B	K	T	C	L	U	D	M	V	E	N	W	F	O	X	G	P	Y	H	Q	Z	I	R

解法二：计算法。

将 k=9 代入式（9.3.7）得到本例加密算式：

$$C_i=E_k(p_i)=9p_i \pmod{26},\ i=1,2,\cdots,17 \tag{9.3.10}$$

将第一个密文字母 i 的编码 8 代入式（9.3.10）得 $C_1=20$，对应的密文字母为 U。第二个字母 n 的编码是 13，代入式（9.3.10）得 $C_2=13$，密文字母仍然是 N。以此类推，直至所有字母加密完成。所得密文与查表法相同。

解密时需要先计算出加密密钥 k 的逆 k^{-1}。用辗转相除法将 k 与模数 26 的关系表示为

$$26=9\times 2+8$$

$$9=8+1$$

然后将 1 表示为 26 和密钥 9 的线性组合

$$1=9-8=9-(26-9\times 2)=9\times 3-26 \tag{9.3.11}$$

式（9.3.11）两端对 26 取模得

$$9\times 3=1 \pmod{26}$$

对比式（9.3.9）可知，k^{-1}=3。于是本例中解密算式为

$$p_i=D_{k^{-1}}(C_i)=3C_i \pmod{26},\ i=1,2,\cdots,17 \tag{9.3.12}$$

将第一个密文字母 U 的编码 20 代入式（9.3.12）得 $p_1=8$，对应的密文字母为 i。以此类推，直至完成所有字母译码。

与加法密码密文对照，一一对应的特点依然存在。明文字母出现了几次，对应的密文字母也出现了同样多次数。但明文相邻字母间的依赖关系被打破。如明文中"on"是两个

相邻的字母，在加法密文中对应的“RQ”也是字母表中相邻的字母，而乘法密文对应的“WN”则相隔了 9 个字母。

仔细观察表 9.3.5，发现有两个不动点 a 和 n，即明密文字母相同，没有被加密。这一特性在所有符合式（9.3.8）约束条件的乘法密码中都存在，是乘法密码的固有缺陷。

现在来分析乘法密码的安全性。

由本节的讨论可知，乘法密码的有效密钥只有 11 个，通常密钥的取值是等概率的，故有密钥熵

$$H(K) = \log_2 11 \approx 3.46(\text{比特}/\text{符号})$$

根据香农的完善保密性原理

$$I(P;C) \geqslant H(P) - H(K) = 4.03 - 3.46 \approx 0.57(\text{比特}/\text{符号})$$

由于单表密码明文和密文是一一对应关系，密文熵与明文熵相等，故有

$$I(P;C) \geqslant H(C) - H(K) \approx 0.57(\text{比特}/\text{符号}) \tag{9.3.13}$$

式（9.3.13）说明，接收端平均每收到一个密文符号，可以获得关于明文的 0.57 比特信息。计算香农唯一解距离得

$$V_0 \approx H(K)/I_{0\infty} = 3.46/0.73 \approx 4.74$$

理论上获得 5 倍密文字符长度可破译密码。当然这也只是破译该密码的理论下界。

比较加法密码和乘法密码的安全性分析可知，乘法密码安全性比加法密码更弱。实际上，因为乘法密码密钥空间更小，只有 11 个有效密钥，最多穷举搜索 11 次，必能破译该密码。

当然，这里只考虑了信源的单字母统计规律，如果考虑更多因素，比如字母间的依赖性，对上述密码的安全性评价则会有所不同。

9.3.3 仿射密码的安全性分析

仿射密码是加法密码和乘法密码的线性组合。其通用加密算式为

$$C_i = p_i k_1 + k_2 \pmod{26}, \quad i = 1,2,\cdots,n \tag{9.3.14}$$

式中 n 为明文长度。仿射密码的密钥是一对参数 (k_1,k_2)，其中参数 k_1 满足

$$(k_1,26) = 1$$

显然，仿射密码的密钥空间比加法密码和乘法密码的大。已知 k_1 有 11 种取值，k_2 有 25 种取值，仿射密码密钥 $k = (k_1,k_2)$ 的所有可能组合是 275。

【例 9.3.3】 用(9,3)仿射密码对消息“information theory”进行加密和解密。

解法一：查表法。

构造(9,3)仿射密码表，见表 9.3.6。

表 9.3.6 (9,3)仿射密码表

编码	0	1	2	3	4	5	6	7	8	9	10	11	12	13	14	15	16	17	18	19	20	21	22	23	24	25
明文	a	b	c	d	e	f	g	h	i	j	k	l	m	n	o	p	q	r	s	t	u	v	w	x	y	z
C	3	12	21	4	13	22	5	14	23	6	15	24	7	16	25	8	17	0	9	18	1	10	19	2	11	20
密文	D	M	V	E	N	W	F	O	X	G	P	Y	H	Q	Z	I	R	A	J	S	B	K	T	C	L	U

仿射密码参数只比上一例乘法密码多了一个移位因子 3，但是对照表 9.3.5 可知，(9,3) 仿射密码密文序列是 k=9 乘法密码循环左移 9 位的结果，这是乘法因子作用的缘故。

查表得仿射密码加密结果：

XQWZAHDSXZQ SONZAL

解密时反查上表即可。

解法二：计算法。

本例加密公式为

$$C_i = 9p_i + 3 \pmod{26}, \quad i = 1, 2, \cdots, 17 \tag{9.3.15}$$

将第一个密文字母 i 的编码 8 代入式（9.3.15）得 C_1=23，对应的密文字母为 X。第二个字母 n 的编码是 13，代入上式得 C_2=16，密文字母仍然是 Q。以此类推，直至所有字母加密完成。所得密文与查表法相同。

例 9.3.2 中已计算出 $k_1 = 9$ 的逆为 $k_1^{-1} = 3$。由仿射密码加密算式（9.3.14）推导对应的解密算式

$$p_i = k_1^{-1}(C_i - k_2) \pmod{26}, \quad i = 1, 2, \cdots, n \tag{9.3.16}$$

将密钥 $k = (k_1, k_2) = (9,3)$ 和密文长度 n 代入式（9.3.16）得本例解密算式为

$$p_i = 3(C_i - 3) \pmod{26}, \quad i = 1, 2, \cdots, 17 \tag{9.3.17}$$

将第一个密文字母“X”的编码 23 代入式（9.3.17）

$$p_1 = 3(23 - 3) = 8 \pmod{26}$$

编码 8 对应的字母是 i。第二个密文字母 Q 的编码是 16，代入式（9.3.17）得

$$p_2 = 3(16 - 3) = 13 \pmod{26}$$

编码 13 对应的密文字母是 n。以此类推，直至解密所有字母。

现在来分析仿射密码的安全性。

由前面的讨论可知，仿射密码的有效密钥有 275 个，假设密钥的取值是等概率的，密钥熵为

$$H(K) = \log_2 275 \approx 8.10 \text{ (比特 / 符号)}$$

明文熵不变，$H(P) = 4.03$(比特 / 符号)。显然 $H(K) \geqslant H(P)$，根据香农完善保密性原理

$$I(P;C) = 0$$

满足完善保密性必要条件。计算其唯一解距离

$$V_0 \approx H(K) / I_{0\infty} = 8.10 / 0.73 \approx 11.10$$

可见仿射密码比加法密码和乘法密码的安全性都高。如果用穷举搜索法攻击该密码，最多时需要搜索 275 次。

需要注意的是，上述三个例子都只考虑了信源单字母统计特性，实际信源字母间也有很强的依赖关系，构成了信息的冗余度。例如，我们在 2.3.5 节讨论的英语信源，冗余度高达 70%。如果充分考虑英语信源的冗余度，则 $I_{0\infty}$=4.76−1.4=3.36，随之加法、乘法和仿射密码的唯一解距离分别降为 4.64/3.36≈1.38、3.46/3.36≈1.03 和 8.10/3.36≈2.41。可见单表密码的安全强度非常低。当密文序列足够长时，由于单表密码的一一对应性，明文的统计特性会完全暴露在密文中，利用这些统计特性也能迅速破译密文。统计法更适于破译多表密码。

总结加法密码、乘法密码和仿射密码的安全性，唯一解距离最短的是乘法密码，最长的是仿射密码。用穷举法破译这三种密码时，仿射密码需要搜索的次数最多，乘法密码则

最少。分析的难易程度与唯一解距离成正比。由此可见，唯一解距离虽然没有给出具体的分析方法，但却宏观地对密码算法的安全性做出了评估。

9.4 边信息泄露的互信息分析

1999 年，Paul Kocher、Joshua Jae 和 Benjamin Jun 的论文《Differential Power Analysis》（以下简称 DPA）在 Lecture Notes in Computer Science 上发表。与经典密码分析的思路迥异，密码分析的对象不再拘泥于形式化逻辑。三位作者通过对著名分组密码算法 DES（Data Encryption Standard，数据加密标准）在运算过程中的功耗进行采集、分类和差分计算，获得了算法的密钥。这一通过“边信息”破译密钥的方法称为“边信道分析（攻击）”，对密码设备产生的威胁远高于经典密码分析，因此在国际密码学界产生了强烈的震动。但最初的边信道分析方法通用性较差，为了解决这一问题，B. Gierlichs 等人提出了边信道分析的互信息方法。下面我们以 DES 算法为例，介绍信息论方法在密码边信道分析中的应用。

9.4.1 数据加密标准简介

数据加密标准（DES）曾是国际上应用最广泛的商用对称密码算法之一，尽管已经被破译，但其简单扩展——3 重 DES 仍是目前广泛应用的分组密码算法。DES 算法的加密和解密密钥相同，分组长度是 64 位，有效密钥长度是 56 位，整个算法由 3 个部分组成：初始置换和末置换、子密钥产生、乘积变换，如图 9.4.1 所示。

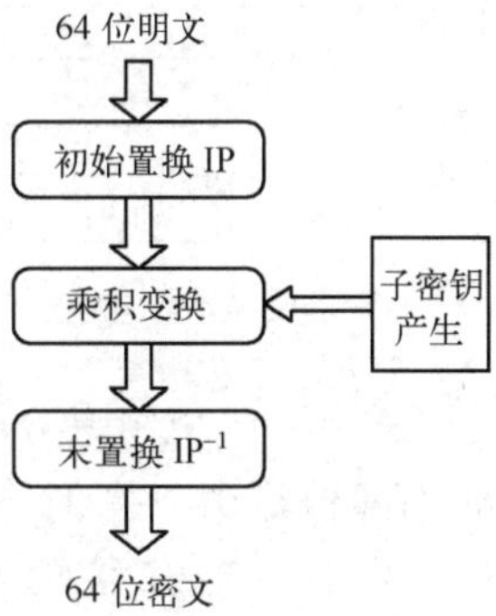

图 9.4.1 DES 算法框图

DES 算法通过一个初始置换，将一组 64 位明文分成左右两半部分，各 32 位长。然后在密钥控制下进行 16 轮加密运算 f。接着将左右两半部分合在一起，经过一个末置换，完成加密，如图 9.4.2 所示。从图中可以看出，每轮加密除了子密钥不同，其他操作都一样。

初始置换和末置换是一对可逆的换位操作，目的是乱序，对算法安全性没有实质性影响，因此有些软件的 DES 算法省略了这一部分。乘积变换是 DES 的核心部分，为 16 轮相同运算的迭代。子密钥由外部输入的 64 位密钥去掉 8 个奇偶校验位后，用余下的 56 比特母密钥产生 16 个 48 比特的子密钥，分别控制 DES 的 16 轮迭代。

DES 算法的解密过程与加密过程相同，唯一区别是子密钥控制顺序不同。加密时，由 $K_1,K_2,\cdots,K_{16}$ 分别控制 1～16 轮加密运算。解密时，用相反的子密钥顺序 $K_{16},K_{15},\cdots,K_1$ 分别控制 1～16 轮解密运算。

一轮迭代过程见图 9.4.3。图中虚线框所包含的即为非线性变换 f。每轮输入被分成左右两半部分，各 32 比特，分别用 L_{i-1} 和 R_{i-1} 表示。R_{i-1} 在轮密钥 K_i 的控制下经非线性变换 f 的作用得到 32 位输出。非线性变换 f 包含 4 个运算步骤：

（1）扩展变换 E。将 32 位输入 R_{i-1} 扩展成 48 位 $E(R_{i-1})$；

（2）将 48 比特扩展变换输出 $E(R_{i-1})$ 与本轮 48 位子密钥 K_i 进行异或，即 $E(R_{i-1})\oplus K_i$，得到 48 位结果；

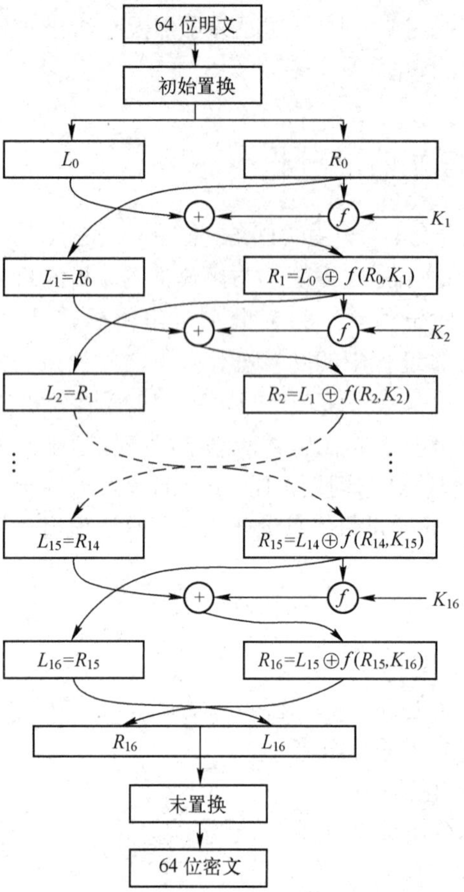

图 9.4.2　DES 算法加密过程

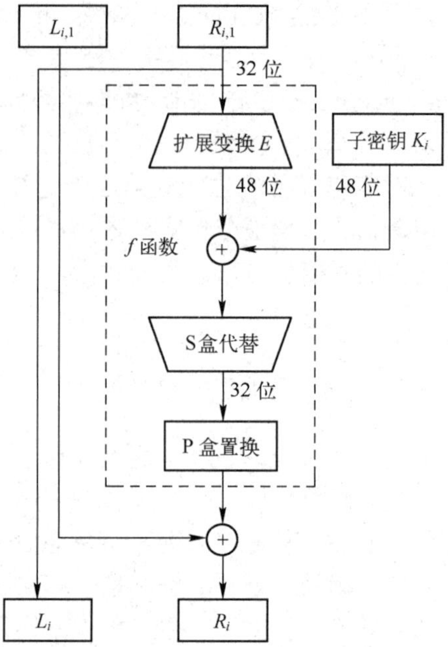

图 9.4.3　一轮迭代过程

（3）将 48 位结果分成 6 比特一组，共 8 组，分别输入到 8 个 S 盒进行压缩代替，每个 S 盒有 4 位输出，共 32 位；

（4）S 盒的 32 位输出经 P 盒置换进行换位重排，得到 f 函数输出。

最后 f 函数输出再与左半部分 32 位进行异或，得到本轮右半部分 32 位输出 R_i；左半部分输出直接复制右半部分输入，即 $L_i = R_{i-1}$，这样就完成了一轮迭代。

由一轮迭代过程可以看出，算法是交替使用代替和换位操作完成的。每一轮操作都不复杂，但 16 轮迭代后，输出与输入之间成了复杂的非线性函数关系。子密钥产生部分也应用了代替和换位操作。代替和换位是古典密码设计中两个最基本的思想，在现代密码设计中也是必不可少的技术手段，但是应用方法比古典密码复杂得多。

传统密码分析的主要方法是对分析密码算法的形式化逻辑进行分析，寻找明文与密文、密文与密钥之间的逻辑关联性，进而破译密码。由 9.2 节的讨论可知，当密钥空间足够大，密文的信息变差很小时，唯一解距离很大，破译困难。而现代商用密码都是经过无数分析、改进，最后投入实际应用的，从传统视角来看，安全性都很高。

自从 P.Kocher 等人发表《差分功耗分析》论文后，密码算法和密码设备的边信道攻击技术受到了空前的关注。所谓边信道攻击，是指通过采集硬件设备上密码算法的运行时间、功耗、电磁辐射、温度、声音等“边信息”，采用信号处理、去噪、统计分析、人工智能、信息论、密码分析等一系列方法和手段破译密码的新技术。新技术的问世对密码算法的评估标准产生了很大的冲击。

9.4.2 DES算法的边信道安全性分析

美国密码学研究所的 P.Kocher 等人 20 世纪末对 DES 算法的功耗信息泄露情况进行了分析和研究，仅采集 DES 算法的 1000 条功耗曲线，就破译了算法密钥。本节讨论 DES 算法的边信道安全性。

1. DES算法的差分功耗分析攻击

针对 DES 算法进行差分功耗分析攻击 DPA 的攻击点在图 9.4.3 中 S 盒代替的输出端。由图可见 S 盒代替是压缩变换，输入为 48 比特，输出为 32 比特。整个变换由 8 个 S 盒完成，每个 S 盒是 6 入 4 出的代替。具体操作如下：

（1）48 比特输入分为 8 组，每组 6 比特；

（2）每个分组对应一个 S 盒，共 8 个不同的 S 盒；

（3）每个 S 盒是 4 行 16 列的代替表，每个替换值是 0～15 之间的某个二进制数，所以每个 S 盒是 6 比特输入 4 比特输出的部件（图 9.4.4）；

（4）每组首尾 2 比特作为行索引，中间 4 比特作为列索引；

（5）查本组对应的 S 盒，得 4 比特输出。

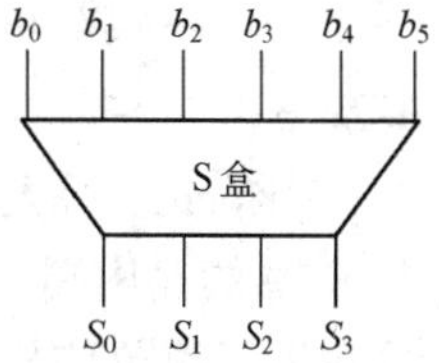

图 9.4.4 S 盒

表 9.4.1 S 盒代替表

		0	1	2	3	4	5	6	7	8	9	10	11	12	13	14	15
S1	0	14	4	13	1	2	15	11	8	3	10	6	12	5	9	0	7
	1	0	15	7	4	14	2	13	1	10	6	12	11	9	5	3	8
	2	4	1	14	8	13	6	2	11	15	12	9	7	3	10	5	0
	3	15	12	8	2	4	9	1	7	5	11	3	14	10	0	6	13
S2	0	15	1	8	14	6	11	3	4	9	7	2	13	12	0	5	10
	1	3	13	4	7	15	2	8	14	12	0	1	10	6	9	11	5
	2	0	14	7	11	10	4	13	1	5	8	12	6	9	3	2	15
	3	13	8	10	1	3	15	4	2	11	6	7	12	0	5	14	9
S3	0	10	0	9	14	6	3	15	5	1	13	12	7	11	4	2	8
	1	13	7	0	9	3	4	6	10	2	8	5	14	12	11	15	1
	2	13	6	4	9	8	15	3	0	11	1	2	12	5	10	14	7
	3	1	10	13	0	6	9	8	7	4	15	14	3	11	5	2	12
S4	0	7	13	14	3	0	6	9	10	1	2	8	5	11	12	4	15
	1	13	8	11	5	6	15	0	3	4	7	2	12	1	10	14	9
	2	10	6	9	0	12	11	7	13	15	1	3	14	5	2	8	4
	3	3	15	0	6	10	1	13	8	9	4	5	11	12	7	2	14
S5	0	2	12	4	1	7	10	11	6	8	5	3	15	13	0	14	9
	1	14	11	2	12	4	7	13	1	5	0	15	10	3	9	8	6
	2	4	2	1	11	10	13	7	8	15	9	12	5	6	3	0	14
	3	11	8	12	7	1	14	2	13	6	15	0	9	10	4	5	3
S6	0	12	1	10	15	9	2	6	8	0	13	3	4	14	7	5	11
	1	10	15	4	2	7	12	9	5	6	1	13	14	0	11	3	8
	2	9	14	15	5	2	8	12	3	7	0	4	10	1	13	11	6
	3	4	3	2	12	9	5	15	10	11	14	1	7	6	0	8	13

续表

S7	0	4	11	2	14	15	0	8	13	3	12	9	7	5	10	6	1
	1	13	0	11	7	4	9	1	10	14	3	5	12	2	15	8	6
	2	1	4	11	13	12	3	7	14	10	15	6	8	0	5	9	2
	3	6	11	13	8	1	4	10	7	9	5	0	15	14	2	3	12
S8	0	13	2	8	4	6	15	11	1	10	9	3	14	5	0	12	7
	1	1	15	13	8	10	3	7	4	12	5	6	11	0	14	9	2
	2	7	11	4	1	9	12	14	2	0	6	10	13	15	3	5	8
	3	2	1	14	7	4	10	8	13	15	12	9	0	3	5	6	11

8 个 S 盒代替表见表 9.4.1。例如 S1 盒输入 110101，首尾 2 比特为 11，中间 4 比特为 1010，查表 S1 盒第 3 行第 10 列，得 S1 盒输出为 3，即 0011。

传统密码分析的最大搜索空间为 2^{56}，考虑弱密钥、对称性等因素，至少搜索 2 的 40 多次方密钥空间。而边信道攻击的效率远高于传统密码分析。

P.Kocher 等人对 DES 算法进行差分功耗分析（边信道攻击的主要方式之一）的攻击点放在 S 盒的输出端。例如，在 S_0 处采集功耗信息。攻击的主要过程是，采集密码算法的功耗曲线并进行简单信号处理；用区分器将功耗曲线进行分类；计算每一类功耗曲线同一时刻采样点的均值，然后计算两者的差分；最后根据差分结果是否有尖峰，判定猜测的部分密钥是否正确。如果没有尖峰，判定猜测错误，重新猜测；如果有尖峰，判定猜测正确，结束分析。DPA 曲线见图 9.4.5。

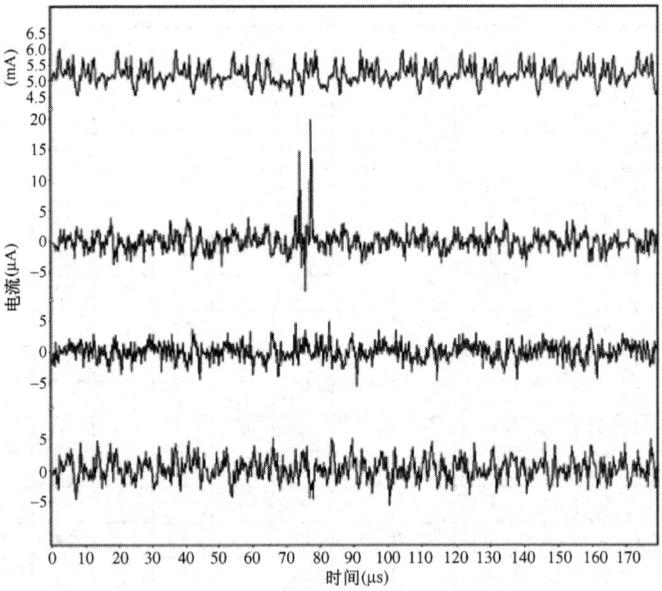

图 9.4.5　DES 算法的 DPA 曲线

（第一条：参考曲线，第二条：密钥正确，第三、四条：密钥错误）

差分功耗分析的基本原理是，输出取值为 0 或 1 时，功耗是不一样的。对于假设的密钥，如果输出应该为 0，我们就把这条曲线分到集合Ⅰ，否则分到集合Ⅱ。如果分类正确，则集合Ⅰ同一时刻点的均值与集合Ⅱ的均值明显不同，二者差分必然很大，DPA 曲线会出现尖峰，说明猜测的密钥正确。如果猜测的密钥不正确，则功耗曲线分类与实际取值不相符，等同于将功耗曲线随机分配给两个集合，此时每个集合同一时刻点各自的均值差不多，二者差分必然很小，DPA 曲线也就不会出现尖峰。

为了便于理解 DPA 原理，我们举一个简单的例子。假设有数量相等的 n 个白球和黑球，每一个白球赋值为 1，黑球赋值为-1，充分混合后放在纸箱内，再进行盲抽取，并按照一左一右的顺序分成两堆。因为盲抽取是随机的，所以每一堆里白球和黑球的数量大体相当，求和时，+1 与-1 相互抵消，和值很小，均值就更小，均值差也不会大。如果每次抽取的白球都放在一堆，黑球放在另一堆，则白球堆的均值为 1，黑球堆的均值为-1，二者的差是 2（或-2），明显大于盲抽取的差值。前者相当于 DPA 的猜测错误，后者相当于 DPA 的猜测正确。当白球和黑球数量不完全相同时，由于计算的是均值，上述结果依然存在。

有时因为噪声的干扰，分类未必完全正确，只要错误概率不大，DPA 依然奏效，但分析的成功率会受影响。由上述分析过程不难发现：①DPA 攻击的关键是区分器设计；②DPA 攻击与具体曲线的幅值有关。后者意味着 DPA 的通用性受限。

2. DES 算法功耗分析攻击的互信息分析

DPA 攻击只考虑了实测功耗与假设功耗之间的线性依赖关系，实测功耗曲线的噪声对分析的影响较大，通用性受限。为了解决这一问题，L. Batina 等人在 2008 年提出了边信道攻击的互信息分析方法。功耗分析攻击是边信道攻击最常用的方法，我们仍以功耗分析攻击为例进行阐述。如果 Y 表示实测功耗，X_j 表示与子密钥 K_j 部分信息相关的泄露模型，定义功耗分析攻击区分器 d_j 为 X_j 与 Y 之间的平均互信息量估值

$$d_j = \hat{I}(X_j;Y) \tag{9.4.1}$$

为简单起见，我们忽略 X_j 的下标 j。X 可以是单比特泄露模型；也可以是多比特泄露模型，如 S 盒输入 $b_0,b_1,\cdots,b_5$；还可以是其他泄露模型，如汉明重量模型。不论是哪种模型，由式（9.4.1) 可知，都需要计算实测 Y 与候选泄露 X 之间的联合概率分布或条件概率分布 (密度) 以及候选或实测变量的概率分布 (密度) 。互信息分析 (Mutual Information Analysis, MIA) 方法不再比较实测功耗与假设功耗之间的均值差，而是比较两者之间的信息差，即平均互信息量。平均互信息量与概率分布或概率密度函数有很大关系，如果密钥猜测正确，则 Y 的分类正确，功耗样值的条件概率分布 $P(Y/X)$ 与全局分布 $P(Y)$ 有明显区别，此时的平均互信息量估值较大；如果密钥猜测不正确，则导致 Y 随机分类，全局概率分布与条件概率分布没有明显区别，平均互信息量估值趋于 0。图 9.4.6 描述了单比特 DPA 密钥猜测正确与错误的概率密度计算结果。

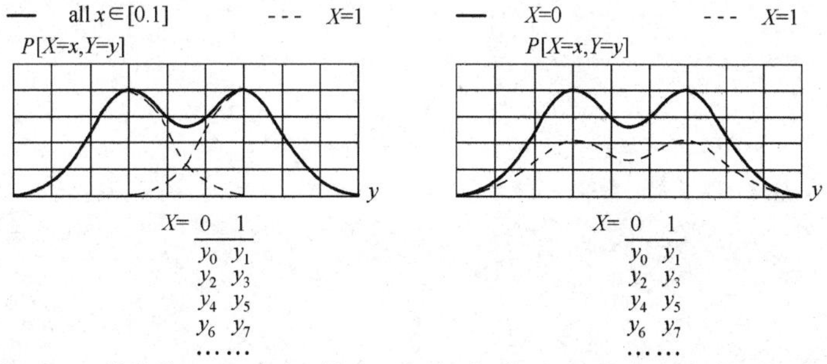

图 9.4.6　单比特 DPA 密钥猜测正确(左)与错误(右)的概率密度计算结果

平均互信息量分析模型不仅考虑了实测功耗 Y 与某一猜测密钥相对应的候选功耗之间

的线性依赖关系，也考虑了它们之间的非线性依赖关系，因此区分的准确度高于 DPA。这意味着 MIA 攻击的成功率高于 DPA。而且，MIA 不关心具体的功耗值，只考虑总体平均意义上实测与假设功耗之间的统计关联性，因此，其通用性高于 DPA。文献[29]实验验证了上述结果，并认为在功耗泄露模型不明确以及要求攻击成功率较高的时候最适于应用 MIA 模型。当然，MIA 往往要付出效率代价。

习题

9.1 用凯撒密码加密，已知 p = polyalphabetic cipher，试求密文。

9.2 明文 p = themachineisnotbreakable，若用密钥 $K = 9$ 的乘法密码加密，求密文。

9.3 对明文 p = probability density functions 用（17,12）仿射密码加密，然后再对密文解密。

9.4 截取一段明文如下：

The Mutual Information Analysis (MIA) is a generic side channel distinguisher that has been introduced at CHES 2008. This paper brings three contributions with respect to its applicability to practice. First, we emphasize that the MIA principle can be seen as a toolbox in which different（more or less effective）statistical methods can be plugged in. Doing this, we introduce interesting alternatives to the original proposal. Second, we discuss the contexts in which the MIA can lead to successful key recoveries with lower data complexity than classical attacks such as, e.g. using Pearson’s correlation coefficient. We show that such contexts exist in practically meaningful situations and analyze them statistically. Finally, we study the connections and differences between the MIA and a framework for the analysis of side-channel key recovery published at Eurocrypt 2009. We show that the MIA can be used to compare two leaking devices only if the discrete models used by an adversary to mount an attack perfectly correspond to the physical leakages.

忽略文中的数字和符号，试用(11,9)仿射密码加密。然后对密文进行破密。

9.5 假设用 DES 算法对题 9.4 中的明文段进行加密，计算其唯一解距离。

9.6 忽略题 9.4 中明文的数字和符号，计算明文的单字母熵。用 k_1=3，k_2=5，k_3=7 的加法密码轮流对该明文进行逐字母加密，计算其密文单字母熵，并对结果进行讨论。

部分习题答案

第2章

2.1　2倍和3倍。

2.2 （1）225.581(比特)　（2）13.208(比特)

2.3　1.415(比特)

2.4 （1）87.811(比特)　（2）1.951(比特/符号)

2.5　2.657(比特/符号)。概率不满足归一性。

2.6 （1）4.170(比特)　（2）5.170(比特)　（3）4.337(比特/符号)　（4）3.274(比特/符号)　（5）1.710(比特)

2.7　提示：运用条件熵小于等于无条件熵的性质

2.8　提示：运用 $\ln x \leqslant x-1, x>0$ 的性质

2.9　提示：考虑 X, Y 相互独立的概率特性

2.10 （1）平稳的。

（2）1.942(比特/符号); 0.971(比特/符号); 0971(比特/符号)。

（3）3.884(比特/符号); 略(0～15 的二进制)。

2.11　提示：反复运用熵的性质

2.12 （1）0.811(比特/符号)　（2）41.5+1.585m (比特)　（3）81.1(比特/符号)

2.13 （1）$p(a_i)=1/3, i=1,2,3$　（2）$H_\infty=H(p)$

2.14 （1）0.881(比特/符号)　（2）0.553(比特/符号)　（3）$\eta_1=11.9\%$; $\eta_2=44.7\%$;　$H(X)>H_2(X)$

第3章

3.1 （1）2.609(比特/符号)　（2）$a_1 \sim a_7$: 000,001,011,100,101,1110,1111110　（3）$\bar{K}=3.14$(比特); $\eta=83.1\%$

3.2　$a_1 \sim a_7$: 00,010,011,10,110,1110,1111;　$\bar{K}=2.74$(比特); $\eta=95.2\%$

3.3　二进制霍夫曼码：$a_1 \sim a_7$: 10,11,000,001,010,0110,0111;　$\bar{K}=2.72$(比特); $\eta=95.9\%$

　三进制霍夫曼码：$a_1 \sim a_7$:2,00,01,02,10,11,12;　$\bar{K}=1.8$(符号); $\eta=91.4\%$

3.4 （1）1.984(比特/符号)

（2）香农码 $a_1 \sim a_8$: 0,10,110,1110,11110,111110,1111110,1111111。

费诺码 $a_1 \sim a_8$: 0,10,110,1110,11110,111110,1111110,1111111。

（3）香农码 $\bar{K}=1.984$(比特); $\eta=100\%$;　费诺码 $\bar{K}=1.984$(比特); $\eta=100\%$。

（4）三进制费诺码 $a_1 \sim a_8$: 0,1,20,21,220,221,2220,2221

（5）$\bar{K}=1.328$(符号); $\eta=94.3\%$

3.5 （2）$\bar{K}_1=5.6953$(比特)　（3）$\bar{K}_2=2.7086$(比特)　（4）$\bar{K}_2/\bar{K}_1=0.4756$; $\eta=98.6\%$　（5）$\bar{K}=1.9702$; $\eta=95.2\%$

3.6　$\bar{K}=2.616$; $\eta=97.19\%$

3.7　$\eta=97.19\%$

第 4 章

4.1　3.837(比特), 0.105(比特), 0.366(比特/符号), 0.045(比特/符号)

4.2　（1）0.964(比特/符号)　（2）0.859(比特/符号)　（3）0.105(比特/符号)

4.3　（1）$H(X)$=1(比特/符号), $H(Y)$=1(比特/符号), $H(Z)$=0.544(比特/符号), $H(XZ)$=1.406(比特/符号), $H(YZ)$=1.406(比特/符号), $H(XYZ)$=1.811(比特/符号)

（2）$H(X/Y)$=0.811(比特/符号), $H(Y/X)$=0.811(比特/符号), $H(X/Z)$=0.862(比特/符号), $H(Z/X)$=0.406(比特/符号), $H(Y/Z)$=0.862(比特/符号), $H(Z/Y)$=0.406(比特/符号), $H(X/YZ)$=0.405(比特/符号) , $H(Y/XZ)$=0.405(比特/符号), $H(Z/XY)$=0(比特/符号)

（3）$I(X;Y)$ = 0.189(比特/符号), $I(X;Z)$ = 0.138(比特/符号), $I(Y;Z)$=0.138(比特/符号), $I(X;Y/Z)$=0.457(比特/符号), $I(Y;Z/X)$=0.457(比特/符号), $I(X;Z/Y)$=0.406(比特/符号)

4.4　每帧图像信息量：2.1×10^6(比特/符号)；所需汉字数：158037

4.5　（1）$I(a_1)$=0.737(比特), $I(a_2)$=1.322(比特)

（2）$I(a_1;b_1)$=0.474(比特), $I(a_1;b_2)$= −1.263(比特), $I(a_2;b_1)$= −1.263(比特), $I(a_2;b_2)$=0.907(比特)

（3）$H(X)$=0.971(比特/符号), $H(Y)$=0.971(比特/符号)

（4）$H(X/Y)$=0.715(比特/符号), $H(Y/X)$=0.715(比特/符号)

（5）$I(X;Y)$=0.256(比特/符号)

4.6　（1）0.811(比特/符号), 0.749(比特/符号), 0.918(比特/符号), 0.062(比特/符号)　（2）0.082(比特/符号), {0.5,0.5}

4.7　0.186(比特/符号)

4.8　提示：按定义推导

4.10　不能(要求信息率 1400(比特/秒)，实际信息率 1288(比特/秒))

4.11　（1）z 信道：$C=\log_2[1+(1-s)s^{s/(1-s)}]$；　$p(0)=(1-s^{s/(1-s)})/[1+(1-s)\,s^{s/(1-s)}]$, $p(1)=(s^{s/(1-s)})/[1+(1-s)\,s^{s/(1-s)}]$, $0\leqslant s\leqslant1$

（2）可抹信道：$C=-(1-s_1)\log_2[(1-s_1)/2]+(1-s_1-s_2)\log_2(1-s_1-s_2)+s_2\log_2 s_2$;

输入等概率分布时可达，$0\leqslant s_1+s_2\leqslant1$

（3）非对称信道：C=0.049(比特/符号); {0.488,0.512}

（4）准对称信道：C=0.041(比特/符号)；输入等概率分布

4.12　（1）0.04　（2）0.19　（3）0.136

4.13　提示：运用熵的性质和贝叶斯公式

4.14　提示：运用熵的性质和贝叶斯公式

4.15　提示：运用无记忆信道条件概率的性质

4.17　（1）2(比特/符号)　（2）1.585(比特/符号)　（3）1.585(比特/符号)

第 5 章

5.1　$R > C$

5.2　见 5.1.2 节图 5.1.4。

5.6　（3）不满足加法封闭性。

5.7　FE6292DC6D8A04

5.8　$n, k, n-k, 2^k, r = k/n$

5.10 （1）$\boldsymbol{G}_s=\begin{bmatrix}1&0&0&1&1&0\\0&1&0&0&1&1\\0&0&1&1&0&1\end{bmatrix}$ $\boldsymbol{H}_s=\begin{bmatrix}1&0&1&1&0&0\\1&1&0&0&1&0\\0&1&1&0&0&1\end{bmatrix}$

（2）$\boldsymbol{c}$=(111000010011) （3）$\hat{\boldsymbol{m}}$ = (111010)

5.11 （1）$\boldsymbol{G}_s=\begin{bmatrix}1&0&0&0&1&0&1\\0&1&0&0&1&1&1\\0&0&1&0&1&1&0\\0&0&0&1&0&1&1\end{bmatrix}$ （2）$\boldsymbol{c}$ = (1011000) （3）$\hat{\boldsymbol{m}}$ = (1011)

5.12 （1）$\boldsymbol{G}_s=\begin{bmatrix}1&0&0&1&1&1&0\\0&1&0&0&1&1&1\\0&0&1&1&1&0&1\end{bmatrix}$

（2）(0000000), (0011101), (0100111), (0111010), (1001110), (1010011), (1101001), (1110100)

（3）4

5.13 x^3+1

5.14 x^4+x^2+x+1

5.15 （1）不是。因为$r(x)$不是$g(x)$的倍式。 （2）$s(x)=x^3+x$

5.16 （1）$\boldsymbol{G}_s=\begin{bmatrix}1&0&0&1&1&1&0\\0&1&0&0&1&1&1\\0&0&1&1&1&0&1\end{bmatrix}$ （2）$\boldsymbol{H}_s=\begin{bmatrix}1&0&1&1&0&0&0\\1&1&1&0&1&0&0\\1&1&0&0&0&1&0\\0&1&1&0&0&0&1\end{bmatrix}$

（3）$\boldsymbol{G}=\begin{bmatrix}1&1&1&0&1&0&0\\0&1&1&1&0&1&0\\0&0&1&1&1&0&1\end{bmatrix}$

（4）(0000000), (0011101), (0111010), (0100111), (1110100), (1101001) , (1001110), (1010011)

（5）

$\boldsymbol{s}$	0000	1110	0111	1101	1000	0100	0010	0001
$\boldsymbol{e}$	0000000	1000000	0100000	0010000	0001000	0000100	0000010	0000001

（6）(0100111) （7）(010)

5.17 （1）$\boldsymbol{g}_\infty$ = [110 101 000 ⋯] $\boldsymbol{G}_\infty=\begin{bmatrix}110&101&000&000&000&\cdots\\000&110&101&000&000&\cdots\\000&000&110&101&000&\cdots\\\vdots&\vdots&\vdots&\vdots&\vdots&\cdots\end{bmatrix}$

（3）$\boldsymbol{c}$ = (110 101 000 110 011 101)

5.18 （2）$\boldsymbol{c}$ = (11 10 00 01 10 01 11)，图略。 （3）$\hat{\boldsymbol{c}}$ = (11100001100111)， $\hat{\boldsymbol{m}}$ = (1011100)

第6章

6.2 $H_c(X)=H_c(Y)=\log_2 \pi r-(1/2)\log_2 \mathrm{e}$; $H_c(XY)=\log_2 \pi r^2$; $I(X;Y)=\log_2(\pi/\mathrm{e})$

6.4 （1）$H_c(X)=\log_2 a-0.6297$ （2）$H_c(Y)=H_c(X)=\log_2 a-0.6297$ （3）$H_c(Y_2)=\log_2 a+0.3703$

6.5 略(见 6.3 节香农公式的证明)

6.6 C_t = 9.9658(kb/s)

6.7 W≈15.049(kHz)

6.8 0.32766(W); 0.1954(mW)

第 7 章

7.1 $(D_{\min}, D_{\max})=(0, 0.75)$；$R(D)=\ln 4+D\ln(D/3)+(1-D)\ln(1-D)$；图略。

7.2 （1）$D_{\min}=1$；$D_{\max}=(4/3)$；

（2）达到 $D_{\min}$ 的信道：$\begin{bmatrix}1 & 0\\0 & 1\\0 & 1\end{bmatrix}$，$\begin{bmatrix}1 & 0\\1 & 0\\0 & 1\end{bmatrix}$ 或 $\begin{bmatrix}1 & 0\\0.5 & 0.5\\0 & 1\end{bmatrix}$

（3）达到 $D_{\max}$ 的信道：$\begin{bmatrix}1 & 0\\1 & 0\\1 & 0\end{bmatrix}$，$\begin{bmatrix}0 & 1\\0 & 1\\0 & 1\end{bmatrix}$ 或 $\begin{bmatrix}\alpha & 1-\alpha\\\alpha & 1-\alpha\\\alpha & 1-\alpha\end{bmatrix}$，$0\leqslant\alpha\leqslant 1$

7.3 $(D_{\min}, D_{\max})=(0, \alpha/2)$；$R(D)=\ln 2-\left[\frac{D}{\alpha}\ln\frac{D}{\alpha}+\left(1-\frac{D}{\alpha}\right)\ln\left(1-\frac{D}{\alpha}\right)\right]$

7.4 $(D_{\min}, D_{\max})=(0, 1)$； $R(D)=\begin{cases}1-D & 0\leqslant D\leqslant 1\\ 0 & D>0\end{cases}$

7.6 （1）$(D_{\min}, D_{\max})=(0, 0.6)$；

$$R(D)=\begin{cases}1.522-D-H(D) & 0\leqslant D\leqslant 0.4\\ (D-0.2)\log_2(D-0.2)+(1-D)\log_2(1-D)+1.057 & 0.4\leqslant D\leqslant 0.6\\ 0 & D>0.6\end{cases}$$

（2）C 与 P_k 的曲线关系与 $R(D)$与 D 之间的曲线关系相同，图略。

7.9 0.212α

7.10 （1）$D_{\min}=0$, $R(0)=1.585$(比特/符号) （2）$D_{\max}=2/3$, $R(2/3)=0$ （3）$R(1/3)=(1/3)$(比特/符号)

7.11 $R(D)=[1-(p/2)]\log_2[1-(p/2)]-(1-p)\log_2(1-p)-(p/2)(1+\log_2 p)$

第 8 章

8.1

i	0	1	2	3	4	5	6	7	8	9
采样值	0	1.91	3.09	3.09	1.91	−0	−1.91	−3.09	−3.09	−1.91
量化值	0.5	1.5	3.5	3.5	1.5	−0.5	−1.5	−3.5	−3.5	−1.5

8.2 （1）3/16 （2）1/48 （3）9

8.3 2.12×10^9(比特); $S/N_q=2^{32}$

8.4 （1）$e=11\Delta$ （2）$c'=101001111011$

8.5

i	0	1	2	3	4	5	6	7	8	9
采样值	0	0.59	0.95	0.95	0.59	−0	−0.59	−0.95	−0.95	−0.59
编码	10000000	11110010	11111110	11111110	11110010	00000000	01110010	01111110	01111110	01110010

8.7

i	0	1	2	3	4	5	6	7	8	9
编码	0	1	1	0	1	0	1	0	1	0
量化值	0	0.125	0.25	0.125	0.25	0.125	0.25	0.125	0.25	0.125

8.8

i	0	1	2	3	4	5	6	7	8	9
编码	1000	1010	1011	1001	1010	0000	0000	0010	0001	0011
量化值	0	0.0625	0.1563	0.1876	0.2501	0.2501	0.2501	0.1876	0.1563	0.0625

第 9 章

9.1 SORBDOSKDEHWLFFLSKHU

9.2 PLKEAGLUNKUGNWPJXKAMAJVK

9.3 HPQDMDSRSJELCZGSJETNZUJSQZG

9.4 a～z 对应的密文字母：JUFQBMXITEPALWHSDOZKVGRCNY。密文略(编程实现)。

9.5 假设明文空间是 26 个英文字母+空格：V_0=1.221×10^{18}。密文略(编程实现)

9.6 略(编程实现)

本书文字符号释义

A

a_i 信源集合中第 i 个元素

a_{i_k} α_i序列的第 k 个元素

A/D 模拟/数字（变换）

ADPCM 自适应差分脉冲编码调制

ARQ 反馈重传/自动请求重传

B

b 时间复杂度

b_j 集合 Y 中第 j 个元素

bit 比特

bit/s 比特/秒

bit/sign 比特/符号

BCH BCH 码

BSC 二元对称信道

C

$\boldsymbol{c}$ 码字

$\boldsymbol{c}_0$ 0 游程码字

$\boldsymbol{c}_1$ 1 游程码字

c_i 第 i 个码位取值

$\boldsymbol{c}_i$ 第 i 个码字

$\hat{c}$ 码字估值

$\boldsymbol{c}^i$ 矢量 $\boldsymbol{c}$ 的 i 次循环右移

c_n 编码输出

c_n' 接收的编码

$\boldsymbol{c}(i)$ i 时刻码字

$c_j(i)$ i 时刻码字 $\boldsymbol{c}(i)$的第 j 位

$c(x)$ 码多项式

$c^i(x)$ $c(x)$系数循环右移 i 次

C 信道容量/信号编码输出值/密文空间

C_i 量化码的第 i 位/密文序列的第 i 位

C^N 离散无记忆 N 次扩展信道的容量

C_r 第 r 个接入信道的条件信道容量

单位时间的信道容量

C_r 多址接入信道的总信道容量

$C(iT_s)$ 采样间隔为 T_s 的编码序列

D

d_j 功耗分析区分器

$d_{\min}$ 最小汉明距离

d_n 预测误差

d_{qn} 预测误差量化值

d_{qn}' 译码输出

$d(a_i, b_j)$ 失真度/失真函数

$d(\boldsymbol{c}, \boldsymbol{c}')$ 长度相等码字 $\boldsymbol{c}$ 和 $\boldsymbol{c}'$的汉明距离

$d(x, x_{qi})$ 量化失真函数

$d(x, y)$ 连续信源失真度/失真函数

$d(\alpha_i, \beta_j)$ 两个序列之间的失真度

D_{k_d} 解密算法

$\boldsymbol{D}$ 失真矩阵

$\bar{D}$ 平均失真度

D/A 数字/模拟（变换）

DES 数据加密标准

DFT 离散傅里叶变换

$\boldsymbol{D}_j$ 失真矩阵第 j 列的平均失真度

$\bar{D}_k$ 相同信源在 k 时刻经过同一信道造成的平均失真度

$D_{\max}$ 最大平均失真度

$D_{\min}$ 最小平均失真度

DM 增量调制

$D^{(n)}$ 平均失真

$\tilde{D}^{(n)}$ 相对失真

$D^{(n-1)}$ 初始平均失真

DPA 差分功耗分析攻击

DPCM 差分脉冲编码调制

$\bar{D}(C)$ 编码方式 C 的译码平均失真度

$D_k(C_i)$ 用密钥 k 对 C_i 解密

$\bar{D}(N)$	N 次离散无记忆扩展信源和信道的平均失真度
$D(S)$	失真度的参量表达式
$D(y)$	Y=y 条件下，随机变量 X 的条件方差
$D(z)$	发送端 z 传递函数

E

e	自然数（≈2.71828）
e	量化噪声
$\boldsymbol{e}$	差错图案
$\lvert e\rvert$	量化噪声（误差）绝对值
e_i	差错图案的第 i 位
e_n	一般量化噪声
$e(x)$	差错多项式
E	DES 算法中的扩展变换
E_{k_e}	加密算法
$E[I(a_i)]$	自信息（量）的数学期望
$E_k(p_i)$	用密钥 k 对 p_i 加密
$E(X)$	X 的数学期望
$E[X_{t_i}]$	X_{t_i} 的集平均（数学期望）

F

$f_{\rm m}$	信源信号最高频率
$f_{\rm s}$	采样频率
f_{si}	第 i 个子带采样频率
$f_A(x)$	A 律量化特性
$f_\mu(x)$	μ 律量化特性
$f(\boldsymbol{X})$	矢量函数
$f(\boldsymbol{Y})$	矢量函数
FEC	前向纠错控制
FFT	快速傅里叶变换
$F(x)$	一维概率分布函数
$F(y)$	一维概率分布函数

G

$\boldsymbol{g}_i$	生成矩阵第 i 行向量
g_{ij}	生成矩阵第 i 行第 j 列元素
$\boldsymbol{g}_{si}$	系统生成矩阵第 i 行向量
$\boldsymbol{g}_\infty$	卷积码基本生成矩阵
g_{jk}^i	生成子矩阵 $\boldsymbol{g}(i)$的 j 行 k 列元素
$\boldsymbol{G}$	生成矩阵
$\boldsymbol{G}_s$	系统生成矩阵
$\boldsymbol{G}_\infty$	卷积码生成矩阵
$\boldsymbol{g}(i)$	组成卷积码基本生成矩阵的第 i 个子矩阵
$g(x)$	生成多项式
GF(2)	二元有限域
GF(2^m)	二元有限域扩域

H

h	编码路径
h_{ij}	一致校验矩阵第 i 行、第 j 列元素
$h(x)$	一致校验多项式
Hart	哈特(迪特)
H_0	最大信源熵
H_{mi}	已知输入 a_i 的条件下，所有 m 个输出符号条件自信息量的加权和
H_{m+1}	m 阶马尔可夫信源熵
H_∞	极限熵/极限信息量
$\boldsymbol{H}$	一致校验矩阵
HEC	混合纠错控制
$\boldsymbol{H}_{\rm s}$	系统性一致校验矩阵
$\boldsymbol{H}^{\rm T}$	一致校验矩阵的转置
Hz	赫兹
$H(C)$	密文熵
$H(K)$	密钥熵
$H(K/C)$	已知密文，密钥的条件熵
$H_{\rm c}(N)$	(连续)噪声熵
$H(p)$	二元离散信源的熵
$H(P)$	明文熵
$H(\boldsymbol{P})$	概率矢量 $\boldsymbol{P}$ 决定的熵
$H(P/C)$	已知密文，明文的条件熵
$H(P/CK)$	已知密文和密钥，明文的条件熵
$H_{\rm c}[p(x), X]$	概率密度函数为 $p(x)$的连续信源熵
$H_{\rm c}[p(x), X_{\bar{P}}]$	概率密度函数为 $p(x)$，平均功率限制为 $\bar{P}$ 的连续信源熵
$H(\boldsymbol{Q})$	概率矢量 $\boldsymbol{Q}$ 决定的熵
$H(X)$	单符号离散信源熵
$H(\boldsymbol{X})$	序列信息熵
$H_{\rm c}(X)$	连续信源熵
$H_{\rm c}(\boldsymbol{X})$	多维连续信源熵

$H_c(XY)$	连续信源联合熵
$H_c(X/Y)$	已知 Y 条件下，X 的连续条件熵
$H_{max}(X)$	最大离散信源熵
$H_N(\boldsymbol{X})$	N 维平稳随机变量序列的平均符号熵
$H(X^N)$	X 的 N 次扩展信源的熵
$H(XY)$	X 和 Y 的联合熵/共熵
$H(\boldsymbol{XY})$	矢量 $\boldsymbol{X}$ 和 $\boldsymbol{Y}$ 的联合熵
$H_{cmax}(X/y)$	$Y=y$ 条件下，X 的最大连续条件熵
$H(X/Y)$	Y 已知的条件下，X 的条件熵/信道疑义度/损失熵
$H(\boldsymbol{X}/\boldsymbol{Y})$	矢量 $\boldsymbol{Y}$ 已知的条件下，矢量 $\boldsymbol{X}$ 的条件熵。
$H(XY/Z)$	Z 已知的条件下，XZ 的联合条件熵
$H(X/YZ)$	YZ 已知的条件下，X 的条件熵。
$H(Y)$	离散信宿熵
$H_c(Y)$	连续信宿熵
$H(Y/X)$	已知 X，Y 的条件熵/噪声熵
$H(\boldsymbol{Y}/\boldsymbol{X})$	矢量 $\boldsymbol{X}$ 已知的条件下，矢量 $\boldsymbol{Y}$ 的条件熵。
$H_c(Y/X)$	已知 X 条件下，Y 的连续条件熵
$H(z)$	接收端 z 传递函数

I

I	整数域
$I_{0\infty}$	信息变差/结构信息
$\boldsymbol{I_k}$	构成系统生成矩阵的 k 行 k 列单位子矩阵
$\boldsymbol{I_{n-k}}$	构成系统校验矩阵的$(n-k)$行$(n-k)$列单位子矩阵
$I_{p,q}$	信息变差
$I_{p,q(N)}$	N 维连续信源的信息变差
ISO	国际标准化组织
$I(a_i)$	a_i 的自信息量
$I(a_ib_j)$	a_i 和 b_j 的联合自信息量
$I(a_i/b_j)$	b_j 已知的条件下，a_i 的条件自信息量
$I(a_i;b_j)$	b_j 对 a_i 的互信息量(交互信息量)
$I(a_i;b_jc_k)$	消息对 b_jc_k 对 a_i 的互信息量
$I(a_i;b_j/c_k)$	c_k 已知条件下，b_j 对 a_i 的条件互信息量
$I(b_j/a_i)$	a_i 已知的条件下，b_j 的条件自信息量
$I(K;C)$	密文对密钥的平均互信息
$I(P;C)$	密文对明文的平均互信息
$I(P;CK)$	密文和密钥对明文的平均互信息
$I(X;Y)$	Y 对 X 的平均互信息(量)/平均交互信息量/交互熵
$I(\boldsymbol{X};\boldsymbol{Y})$	矢量 $\boldsymbol{Y}$ 对矢量 $\boldsymbol{X}$ 的平均互信息（量）
$I_c(X;Y)$	连续信源平均互信息量
$I(X;YZ)$	YZ 对 X 的平均互信息量
$I(X;Y/Z)$	Z 已知条件下，Y 对 X 的平均条件互信息量
$I_0(X_1;X_2)$	X_1 和 X_2 的公信息
$I_0(X_1X_2;W)$	公信息对联合私信息的平均互信息(量)
$I(\alpha_i;\beta_j)$	序列 β_j 对序列 α_i 的平均互信息（量）

J

JPEG2000	基于小波变换的图像压缩国际标准

K

k	信息位长度/码长/密钥，对称密钥
k^{-1}	密钥 k 的模逆
k_d	解密密钥
k_e	加密密钥
kHz	千赫兹
k_i	码字 c_i 的长度
K	码序列长度/密钥空间
K_i	第 i 轮子密钥
$\bar{K}$	平均码长
K-Means	一种聚类算法

L

l	检错数目/卷积码约束长度$(l+1)$
l_0	0 游程长度
l_1	1 游程长度
l_i^0	长度为 i 的 0 游程长度
l_j^1	长度为 j 的 1 游程长度
$\lg x$	x 以 10 为底的对数
$\ln x$	x 的自然对数
$\log_2 p(\boldsymbol{r}/\boldsymbol{c})$	码字 $\boldsymbol{c}$ 的似然函数
$\log_2 x$	x 以 2 为底的对数
L	随机序列长度/码序列长度

LBG	LBG码书算法
LFSR	线性反馈移位寄存器
LPC	线性预测编码

M

m	有限或可数无穷大整数
m	均值
$\boldsymbol{m}$	消息
$\boldsymbol{m}_l$	第 l 个信息矢量或消息
$\hat{m}$	消息估值
m_i	第 i 个信息位取值
max R	R 的最大值
$\boldsymbol{m}(i)$	i 时刻信息矢量
$m(x)$	消息多项式
M	码字个数
$\boldsymbol{M}$	信息空间
M_k	第 k 个子集
Mallat	一种小波变换算法
MDC	极大最小距离码
MIA	互信息分析
MPEG4	音、视频编码国际标准

N

n	有限或可数无穷大整数/码字长度
N	随机序列长度
N_0	加性高斯噪声的单边功率谱密度
Nat	奈特

P

p	预测阶数/明文
p_0	符号 0 发生的概率
p_1	符号 1 发生的概率
p_i	明文序列的第 i 位
P	明文空间
P_{e}	差错概率
$\overline{P}$	平均功率
P_D	D 失真许可的试验信道
$P_{D(N)}$	对应离散无记忆信源和信道 N 次扩展的试验信道集合
$\boldsymbol{P}_k$	含 k 列的子矩阵
P_N	噪声 N 的平均功率
P_X	均值为 0 的输入端平均功率
P_Y	均值为 0 的输出端平均功率
PCM	脉冲编码调制
$p(a_i)$	X 取值 a_i 的概率
$p_a(a_j)$	第 j–1 个码字的累加概率
$p(a_ib_j)$	a_i 和 b_j 同时发生的联合概率
$p(a_i/b_j)$	已知 b_j 的条件下，a_i 发生的条件概率
$p(a_{k_{m+1}}/s_i)$	状态 s_i 已知条件下，符号 $a_{k_{m+1}}$ 发生的条件概率
$p(b_j)$	Y 取值 b_j 的概率
$p(b_j/a_i)$	已知 a_i 的条件下，b_j 发生的条件概率
$\overline{p}(b_k)$	第 k 个子集所含概率 $p(b_j)$的均值
$p(\boldsymbol{c})$	码字 $\boldsymbol{c}$ 发生概率
$p(\boldsymbol{c}/\boldsymbol{r})$	接收矢量 $\boldsymbol{r}$ 已知条件下，码字 $\boldsymbol{c}$ 出现的条件概率
$p(k_i)$	k_i 发生的概率
$p(l_i^0)$	0 游程长度概率
$p(l_j^1)$	1 游程长度概率
$p(n)$	噪声 N 的概率密度函数
$p(\boldsymbol{r})$	接收矢量 $\boldsymbol{r}$ 发生概率
$p(\boldsymbol{r}/\boldsymbol{c})$	码字 $\boldsymbol{c}$ 已知条件下，收到接收矢量 $\boldsymbol{r}$ 的条件概率
$p(s_i)$	状态 s_i 发生的(极限)概率
$p(s_j/s_i)$	状态一步转移概率。即状态由 s_i 转移到 s_j 的条件概率
$p(x)$	概率密度函数
$p(\boldsymbol{x})$	N 维连续信源的概率密度函数
$p(xy)$	联合概率密度函数
$p(x/y)$	已知 y 条件下，x 的条件概率密度函数
$p(y)$	概率密度函数
$p(y/x)$	连续随机变量 x 已知的条件下，连续随机变量 y 的条件概率密度函数
$p(y_1y_2/x)$	连续随机变量 x 已知的条件下，连续随机变量 y_1y_2 的条件概率密度函数
$p(\alpha_i)$	序列 α_i 的概率
$p(\alpha_i\beta_j)$	序列 α_i 和 β_j 的联合概率
$p(\beta_j)$	序列 β_j 的概率
$p(\beta_j/\alpha_i)$	序列 α_i 已知的条件下，序列 β_j 发生的条件概率

$\boldsymbol{P}$	概率矢量/概率矩阵
$P(S)$	状态概率分布
$P(X)$	X 的概率分布
$P(X^N)$	X 的 N 次扩展信源的概率分布
$P(XY)$	XY 的联合概率分布
$P(X/Y)$	Y 已知条件下，X 的反向条件概率分布/反向转移概率分布/反信道转移概率分布/反信道传递概率分布
$P(Y)$	Y 的概率分布
$P(Y/X)$	X 已知条件下，Y 的条件概率分布/转移概率分布/信道转移概率分布/信道传递概率分布
$\boldsymbol{P}(Y/X)$	信道转移概率矩阵

Q

q_{ij}	校验子矩阵第 i 行、第 j 列元素
$\boldsymbol{Q}$	概率矢量
$\boldsymbol{Q}_{k\times(n-k)}$	构成系统生成矩阵的 k 行$(n-k)$列校验子矩阵
$Q^{\mathrm{T}}_{k\times(n-k)}$	子矩阵 $\boldsymbol{Q}_{k\times(n-k)}$的转置
Q	品质因数
QMF	正交镜像滤波

R

r	校验位长度
$\boldsymbol{r}$	接收矢量
r_i	接收矢量的第 i 位取值
$\boldsymbol{r}_l$	第 l 个接收矢量
R	信息传输率/信息率/实数域
$\boldsymbol{R}$	接收矢量集合
R_r	第 r 个编码器输出消息的信息率
RS	Reed-Solomon 码
$\boldsymbol{r}(i)$	i 时刻接收矢量
$r(x)$	接收多项式
$r_d(x)$	码多项式对生成多项式的余式
$R(D)$	（信息）率失真函数
$R_N(D)$	离散无记忆 N 次扩展信源和信道的（信息）率失真函数
$R(S)$	（信息）率失真函数的参量表达式

S

s	正整数
$\boldsymbol{s}$	伴随式向量
s_i	状态 i/随机变量序列的第 i 个取值
$\boldsymbol{s}_i$	第 i 个伴随式
s_j	状态 j
S	状态空间/拉格朗日乘数
SBC	子带编码
S_j	第 j 个寄存器
$S_j^{(n)}$	第 j 个胞腔
S_M	最大胞腔
$S_{\max}$	$D_{\max}$ 对应的参量值
$s(x)$	伴随多项式

T

t	纠错数目
T_{s}	采样间隔

U

u	空间复杂度
U	编码器输入
$\hat{U}$	译码器输出

V

v	校验位取值/R 的信息价值率
V	信息率 R 的价值
V_0	唯一解距离
Viterbi	维特比译码算法

W

w_i	第 i 阶加权系数
W	信道带宽
Wavelet	小波（变换）
$w(\boldsymbol{c})$	码字 $\boldsymbol{c}$ 的汉明重量
$w(\boldsymbol{m})$	消息（信息矢量）$\boldsymbol{m}$ 的汉明重量
$w(\boldsymbol{r})$	接收矢量 $\boldsymbol{r}$ 的汉明重量

X

x	信号输入值
$\lvert x\rvert$	x 的绝对值
x_0	最小量化值
$\pm x_M$	正负最大量化值

x_n	n 时刻信号值
$\tilde{x}_n$	x_n 的预测值
x_n'	恢复的信号
$\tilde{x}_n'$	译码预测估值
x_q	信号量化值
x_{qi}	第 i 个量化值
X	离散随机变量/编码器输入
$\boldsymbol{X}$	离散随机矢量
$\hat{X}$	编码器输出
X^N	X 的 N 次扩展信源
XY	二维联合随机变量
X_i	2 个采样时刻信号值构成的二维矢量
X_{qi}	二维矢量 X_i 量化值
$X_{qi}^{(n)}$	胞腔的第 i 个形心
X_{t_i}	随机过程 $\{x(t)\}$ 在 t_i 时刻的随机变量
$x(iT_s)$	采样间隔为 T_s 的时间离散信号序列
$x_q(iT_s)$	采样间隔为 T_s 的信号量化值序列
$x(t)$	样本函数/模拟信号（连续信号）
$\{x(t)\}$	随机过程
$\overline{x}(t)$	$x(t)$的时间平均值

Y

Y	离散随机变量
$\boldsymbol{Y}$	离散随机矢量

Z

Z	离散随机变量

希腊字母

α	本原元
α_i	随机矢量集合中的第 i 个随机变量序列
β_j	N 次离散无记忆扩展信道的第 j 个输出序列
δ	无穷小
ε	无穷小
η	信源熵的相对率，编码效率
$\boldsymbol{\theta}$	零矢量
λ	待定常数
μ_i	拉格朗日乘数
ξ	信源冗余度/多余度/剩余度/富余度
σ^2	方差
σ_X^2	输入端随机变量方差
σ_Y^2	输出端随机变量方差
Δ	（量化）间隔
ΔM	增量调制
ΔW_i	第 i 个子带带宽
$\rho(XY)$	X 和 Y 的相关系数
$\sigma^2[I(a_i)]$	自信息的方差
$\psi(t)$	基本小波，母小波
$\psi_{ab}(t)$	小波(基)

数学运算符

$\frac{\mathrm{d}R}{\mathrm{d}D}$	R 对 D 的导数
$\frac{\mathrm{d}p(b_j)}{\mathrm{d}p(a_i)}$	$p(b_j)$对 $p(a_i)$的导数
$\frac{\partial\varphi}{\partial p(a_i)}$	函数 φ 对 $p(a_i)$的偏导数
$\frac{\partial\Phi}{\partial p(a_i)}$	函数 Φ 对 $p(a_i)$的偏导数
$\partial^{\circ}c(x)$	码多项式次数

参 考 文 献

[1] C E Shannon. Mathematical Theory of Communication. Bell System Technical Journal. Vol.27，pp. 379～423, July 1948

[2] 陈运，周亮，陈新，陈伟建. 信息论与编码(第 3 版). 北京：电子工业出版社，2016

[3] 陈运．信息论与编码(第 2 版)．北京：电子工业出版社，2007

[4] T M Cover，J A Thomas．Elements of Information Theory．New York：Wiley，1991

[5] M J Usher．Information Theory for Information Technologysts．London：Macmillan，1984

[6] 周炯槃．信息理论基础．北京：人民邮电出版社，1983

[7] 陈运．密码学简明教程．北京：电子工业出版社，2022

[8] 曹雪虹，张宗橙．信息论与编码(第 3 版)．北京：清华大学出版社，2016

[9] 周迥槃，丁晓明．信源编码原理．北京：人民邮电出版社，1996

[10] 陈运．信息工程理论基础．成都：电子科技大学出版社，1989

[11] 陈运．信息理论与编码．成都：电子科技大学出版社，1996

[12] S G Wilson.Digital Modulation and Coding．北京：电子工业出版社，1998

[13] S Benedetto, E Biglieri, V Castellani. Digital Transmission Theory. Prentice-Hall Inc. 1987

[14] 王新梅，肖国镇．纠错码——原理与方法(修订版)．西安：西安电子科技大学出版社，2001 年

[15] W W Peterson, E J Weldon Jr. Error Correcting Codes. MIT Press，1972

[16] R E Blahut. Theory and Practice of Error Control Codes. Addison-Wesley Pub., 1983

[17] 傅祖芸．信息论基础．北京：电子工业出版社，1989

[18] 姜丹．信息论与编码．合肥：中国科学技术大学出版社，2001

[19] 傅祖芸．信息论——基础理论与应用．北京：电子工业出版社，2001

[20] 陈运．信息加密原理．成都：电子科技大学出版社，1996

[21] Williams Stanllings. 孟庆树，等译．密码编码学与网络安全：原理与实践(第四版)．北京：电子工业出版社，2006

[22] C.E.Shannon. Communication Theory of Secrecy Systems. Conference dential report, Sept.1, 1946

[23] Nicolas, V.C. and Standaert, F.X.:Mutual Information Analysis: How, When and Why? In：Clavier, C., Gaj, K. (Eds.): CHES 2009, LNCS 5747, pp. 429–443, 2009.

[24] 孙丽华. 信息论与纠错编码. 北京：电子工业出版社，2008

[25] 姜丹，钱玉美．信息理论与编码．合肥：中国科学技术大学出版社，1992

[26] 朱雪龙．应用信息论基础．北京：清华大学出版社，2001

[27] 张旭东. 图像编码基础和小波压缩技术——原理、算法和标准. 北京：清华大学出版社，2004

[28] Kocher, P., Jaffe, J., Jun, B.: Differential Power Analysis. In: Wiener, M. (Eds.) CRYPTO 1999. LNCS, vol. 1666, pp. 388–397. Springer, Heidelberg (1999)

[29] Batina, L., Tuyls, P., Preneel, B.: Mutual Information Analysis - A Generic Side-Channel Distinguisher. In: Oswald, E., Rohatgi, P. (Eds.) CHES 2008. LNCS, vol. 5154, pp. 426–442. Springer, Heidelberg (2008)

[30] 钟义信．信息科学原理．北京：北京邮电大学出版社，1996

[31] 仇佩亮．信息论及其应用．杭州：浙江大学出版社，2000